高等职业教育系列教材
制冷与空调、制冷与冷藏专业

空气调节技术

主　编　殷　浩
副主编　王凌杰
参　编　龚锡成
主　审　钱沛如

机械工业出版社

本书系统地介绍了湿空气的物理性质和焓湿图的应用、空调负荷与送风量的计算、空气调节系统、空调系统的全年运行调节与节能、空调房间的气流组织、空气的净化及其质量控制、空调系统的风道设计、空调系统的消声和隔振技术、空调建筑的排风与防火排烟、空调系统的测定与调整等内容。每章配有适量的思考与练习题，可供教学、自修参考。

本书既可作为高等职业技术院校、高等专科院校、成人高校、民办院校等制冷与冷藏技术、制冷与空调技术、供热通风与空调工程技术、给排水工程技术、建筑设备工程技术、建筑工程技术、建筑智能化工程技术等专业的教学用书及相关工种职业技能鉴定用书，也可以作为从事空调工程设计、施工、设备安装、运行管理、维修以及产品营销人员的培训和自学教材，还可作为制冷空调行业从业人员的业务参考书及培训用书。

本书配有电子课件，凡使用本书作为教材的教师可登录机械工业出版社教育服务网 www.cmpedu.com 注册后下载。咨询邮箱：cmpgaozhi@sina.com。咨询电话：010-88379375。

图书在版编目（CIP）数据

空气调节技术/殷浩主编. —北京：机械工业出版社，2016.8（2025.7重印）

高等职业教育系列教材. 制冷与空调、制冷与冷藏专业

ISBN 978-7-111-53786-1

Ⅰ.①空…　Ⅱ.①殷…　Ⅲ.①空气调节-高等职业教育-教材
Ⅳ.①TU831

中国版本图书馆 CIP 数据核字（2016）第 181390 号

机械工业出版社（北京市百万庄大街 22 号　邮政编码 100037）
策划编辑：刘良超　责任编辑：刘良超　责任校对：刘怡丹
封面设计：马精明　责任印制：张　博
北京机工印刷厂有限公司印刷
2025 年 7 月第 1 版第 9 次印刷
184mm×260mm · 17.5 印张 · 427 千字
标准书号：ISBN 978-7-111-53786-1
定价：49.80 元

电话服务	网络服务
客服电话：010-88361066	机　工　官　网：www.cmpbook.com
010-88379833	机　工　官　博：weibo.com/cmp1952
010-68326294	金　　书　　网：www.golden-book.com
封底无防伪标均为盗版	机工教育服务网：www.cmpedu.com

前　言

随着国民经济与科学技术的发展，以及人民生活水平的提高，空调制冷技术的应用日益广泛，越来越多的高职高专院校增设了制冷与空调专业，制冷空调行业的发展要求毕业生具有较宽的知识面，并具有一定的空调系统设计能力。

为了适应空调制冷技术发展的要求，编者以“必需、够用”为度，以适应高职高专教学改革发展的要求和满足制冷与空调以及相关专业课程教学的需要为原则，结合目前制冷与空调行业发展的现状及相关职业技术岗位的要求，选取了相关内容编写了本书。本书按“双证课程”体系设计核心双证课程。学生在学习中普遍反映“空气调节技术”课程理论性太强，学习难度较大。“双证课程”体系和职业标准给该课程的教材编写工作指明了方向。本书是在与“中央空调系统操作员”（高级、技师）职业标准融通的课程标准基础上开发的高职“双证教材”。

本书共分十章，内容包括湿空气的物理性质和焓湿图的应用、空调负荷与送风量的计算、空气调节系统、空调系统的全年运行调节与节能、空调房间的气流组织、空气的净化及其质量控制、空调系统的风道设计、空调系统的消声和隔振技术、空调建筑的排风与防火排烟、空调系统的测定与调整，在技术上体现节能、新颖，在内容上突出简明实用，在章节安排上顺理成章。与同类教材相比，本书增加了净化空调系统等方面的知识，以使学生对空气净化系统有一个更全面的了解。

本书突出能力的培养，即强调基本技能的提高，培养学生适应职业变化的能力，使学生初步具备严谨的思维能力和分析问题的能力。为了加强学生的知识和技能培养，在每章教学内容之后，都附有一定量的思考与练习题，这也便于教师的备课和教学。

本书建议教学总学时数为 70 ~ 80 学时，考虑到各院校教学计划和课程设置的区别以及侧重点的不同，教材编写时选取的信息量较大，知识点较多，任课教师可根据具体情况对书中内容及相关章节酌情取舍。

本书由苏州经贸职业技术学院殷浩任主编，苏州经贸职业技术学院王凌杰任副主编，具体分工为：殷浩编写绪论、第一章、第八章、第九章、第十章，王凌杰编写第二章、第三章、第四章、第六章、第七章，苏州工业园区嘉合环境技术工程有限公司龚锡成编写第五章，全书由殷浩统稿。

苏州市建筑设计研究院有限责任公司、苏州市制冷学会理事长钱沛如审阅了本书，并提出了宝贵的修改意见，特予致谢。

由于编写人员水平所限，书中缺点及不足之处在所难免，恳请读者批评指正。

编　者

目 录

绪论

人类生存于自然环境中，为了满足人们生活和生产科研活动对室内气候条件的要求，就需要对空气进行适当的处理，使室内空气的温度、相对湿度、压力、洁净度和气流速度等各项参数能保持在稳定的范围。这种制造人工室内气候环境的技术称为空气调节，简称空调。

根据服务的对象不同，通常把空调分为舒适性空调和工艺性空调两大类。前者是为了满足人体健康和舒适性要求，以室内人员为对象；后者是为了满足生产过程的需要，以工艺过程为对象，同时尽量兼顾人体的卫生要求。民用建筑和公共建筑的空调多属于舒适性空调，工厂车间、仓库、计算机机房等的空调多属于工艺性空调。

一、空气调节的历史变革

空气调节技术是在20世纪初开始形成的，并随着工业发展和科学技术水平的提高而日益完善。19世纪后半叶，发达国家纺织工业的发展促进了空调技术的发展。当时一位叫克勒谋（Stuart W. Cramer）的工程师负责设计和安装了美国南部三分之一纺织厂的空调系统。这套系统中已经使用了集中处理空气的喷水室、洁净空气的过滤设备等。空气调节的英文名称 Air Conditioning 就是他在1906年确定的。

在美国，开利尔（Willis H. Carrier）对空调事业的进步和发展所做出的贡献是超过当代任何人的。1901年，他创建了第一所暖通空调方面的实验研究室，提出了多个实践验证理论的计算方程式。1902年，他通过实验结果，设计和安装了彩色印刷厂的全年性空气调节系统。早在1905年，他就把喷嘴和挡水板安装在喷水室内，改善了温湿度控制的效果，使全年运行空调系统能够令人满意地应用于200种以上不同类型的工厂。在1911年12月，他得出了空气干球、湿球和露点温度之间关系，以及空气显热、潜热和焓值之间关系的计算公式，并绘制了空气的焓湿图，这是空气调节史上的一个重要里程碑。美国人称开利尔为“空气调节之父”。

在空调系统方面，首先出现的是全空气系统，随后又发展出了空气-水系统。由于空气-水系统由水管来代替大部分的大截面风道，既节约了金属材料，又节省了风道所占建筑物的空间，经济效益很高。在空气-水系统方面，先是采用诱导器系统，这是开利尔在1937年所发明的。它在以后的20多年中，曾风行于旅馆、医院、办公楼等公共建筑。20世纪60年代，风机盘管的出现消除了诱导器噪声大和不易调节等主要缺点，使空气-水系统更加具有生命力，直到今天，世界各国仍然大量使用这一系统。令空气系统进一步发展的，则是变风量的应用，它可以按负荷变化来改变送风量，起到了节能的作用。因此，20多年来各国变风量全空气系统的使用日渐增多。

除了集中式空调系统外，20 世纪 20 年代末期还出现了整体式的空调机组。它是将制冷机、通风机、空气处理装置等组合在一起的成套空调设备。自出现以来，空调机组发展迅速，现在通用的已有窗式、分体式壁挂和柜式等几类机组，并发展了制冷剂的逆向循环在冬季供热的热泵型机组。近年来，多联式空调机组在一些商业建筑上大量使用，其内机有卡式、嵌入式、风管机等多种形式，其组合灵活，操作方便。

在我国，空气调节的发展并不晚。工艺性空调和舒适性空调几乎同时起步。1931 年，上海纺织厂首先安装了带喷水室的空气调节系统，其冷源为深井水。随后，一些电影院和银行也实现了空气调节，几座高层建筑的大旅馆也先后安装了空气式的空调系统。当时，在高层建筑装有空调方面上海是居亚洲之冠的。

新中国成立以后，随着国民经济的发展，空调事业逐步发展壮大，我国第一台风机盘管机组是 1966 年研制成功的，组合式空调机组在 20 世纪 50 年代已经应用于纺织工业。现在我国已能独立设计、制造和装配多种空调系统，如高精度的恒温恒湿洁净室、地下除湿、人工气候室以及大型公共建筑和高层建筑的空调系统。一些专门生产空调设备的工厂，已具有定型化、系列化生产各种空气设备和不同规格空调机组的能力。配用在空调系统上的测量和控制仪表以及控制机构的生产，也有了一定的基础。在全国范围内，从事暖通空调专业的设计、研究和施工管理的队伍，已具有相当的规模。不少大、中专院校已设有供热通风和空气调节专业，以培养专门技术人才。

二、空气调节的任务和作用

空气调节的任务，就是在任何自然环境下将室内空气维持在一定的温度、湿度、气流速度以及一定的洁净度。这也是对所有空气调节系统的一般要求。具体要求的数值和允许波动的范围，则视各种工业建筑和民用建筑的类别和性质而有所不同。因此，空气调节不仅要研究并解决对空气的各种处理方法（如加热、加湿、干燥、冷却、净化等），而且要研究和解决空间内、外干扰量（即空调负荷）的计算，空气的输送和分配，处理空气所需要的冷热源以及在干扰变化情况下的调节问题等。

空气调节对国民经济各部门的发展和对人民物质文化生活水平的提高具有重要意义。在工艺性空调中，为了保证产品的质量和必要的工作条件，形成了各具特点的典型部门。有以高精度、恒温、恒湿为特征的精密机械及仪器制造业，在这些工业生产过程中，为避免元器件由于温度变化产生膨胀及湿度过大引起表面锈蚀，对空气的温度和相对湿度有严格规定，如 (20 ± 0.1)℃、相对湿度 $50\%\pm5\%$；有对空气的洁净度有高度要求的电子工业，它除对空气的温度、湿度有一定要求外，还对室内的洁净度有严格的要求，如超大规模集成电路的某些工艺过程，空气中悬浮粒子的控制粒径已降低到 $0.1\mu m$，并规定每升空气中等于和大于 $0.1\mu m$ 的粒子总数不得超过一定的数量，如不超过 3.5 粒、0.35 粒等。在纺织、印刷等工业部门，对空气的相对湿度要求较高，如在合成纤维工业中，锦纶长丝的多数工艺过程要求相对湿度的控制精度为 $\pm2\%$。此外，如胶片、光学仪器、纸张、橡胶、烟草等产品的工艺也有一定的温度、湿度控制要求。工业中常用的计量室、控制室及计算机房，均要求有比较严格的空气调节。药品、食品工业以及生物实验室、医院病房及手术室等，不仅要求一定的空气温、湿度，而且要求控制空气的含尘浓度及细菌数量。飞机、轮船中的座舱等均需采用空气调节。同时，在公共及民用建筑中，装有空调的大会堂、图书馆、商店、宾馆与酒店、展览馆、音乐厅、影剧院、办公楼、民用住宅随处可见。随着国民经济的发展和人民生活水平的提高，空调的应用将更加广泛。

三、空气调节系统的组成

众所周知，一个既定空间内的空气环境，一般会受到两方面的干扰：一是来自空间内部的生产过程和人所产生的热、湿及其他有害物的干扰；另一方面则是来自空间外部的太阳辐射和气候变化所产生的热作用及外部有害物的干扰。排除干扰的方法主要是向空间内输送并分配一定的按需要处理的空气，与内部环境的空气之间进行热、湿交换，然后将完成调节作用的空气排除，使室内空气保持要求的状态。

一个典型建筑的中央空调系统主要由流体输送与分配系统、空气处理装置、冷热源以及控制和调节装置四部分组成，如图 0-1 所示。

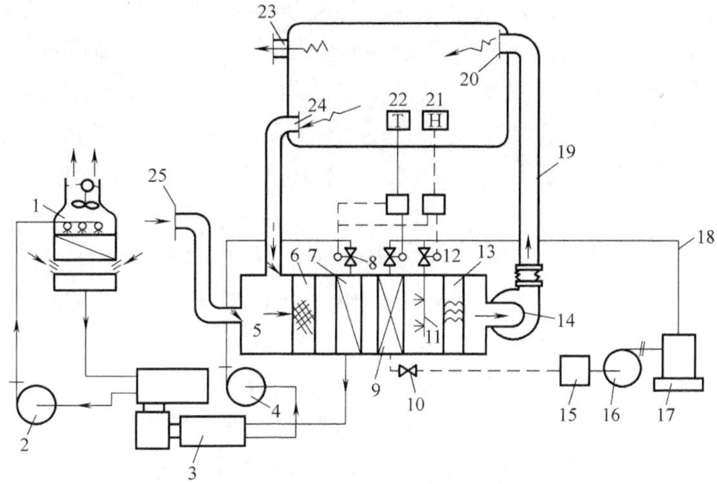

图 0-1　典型的建筑中央空调系统

1—冷却塔　2—冷却水泵　3—制冷机组　4—冷水循环泵　5—空气混合室　6—空气过滤器　7—空气冷却器　8—冷水调节阀　9—空气加热器　10—疏水器　11—空气加湿器　12—蒸汽调节阀　13—挡水板　14—风机　15—回水过滤器　16—锅炉给水泵　17—锅炉　18—蒸汽管　19—送风管　20—送风口　21、22—温度、湿度感应控制元件　23—排风口　24—回风口　25—新风进口

按中央空调系统形式不同，流体输送与分配系统可分为空调风系统和空调水系统两种类型。空调风系统包括送风系统和排风系统。送风系统的作用是将处理过的空气送到空调房间，风机、风管系统和室内送风口是其基本组成部分。排风系统的作用是将空气从室内排出，可以直接排到室外，也可以部分排至空气处理装置，与室外新鲜空气混合后经处理重新送入室内。这一部分重复使用的排风称为回风。室内排（回）风口、风管系统和风机是排风系统的基本组成部分。在小型空调系统中，有时送排风系统合用一台风机。空调水系统的作用是将冷水或热水从冷源或热源输送至空气处理装置，水泵和水管系统是其基本组成部分。

空气处理装置的作用是将准备送入室内的空气进行加热、冷却、加湿、减湿以及净化等处理到规定的状态。空气处理装置可以集中于一处，为整幢建筑物或建筑物内某一区域服务，也可以分散设置在建筑物的各个层面；可以设在专用空调机房内，也可以直接安装在室内就地处理空气。常用的空气处理装置有空气冷却器、空气加热器、空气加湿器、空气过滤器以及喷水室等。这些装置可以单独使用，也可以组合使用。

冷源是为空气处理装置对空气进行冷却处理提供冷量的，常用的人工冷源是能生产低温水的各种冷水机组，也有用制冷装置的蒸发器来直接冷却空气的。热源用来为空气处理装置提供加热空气需要的热量，常用的空调热源有各种锅炉、热泵型冷热水机组、热网等。空调工程采用的天然冷热源主要是江河湖海地表水和地下水。

空调系统配备的控制和调节装置（包括各种测量元件、调节器和执行机构），能自动或人工手动调节送风的参数、送排风量或供水量等，以适应空调系统的负荷变化，保持符合要求的空气状态，同时保证空调系统经济、节能地运行。

四、空气调节的发展方向

与空调广泛应用密切相关的两个全球性环境保护问题分别是地球变暖和大气臭氧层遭破坏。由于使用空调要消耗能量，在一些工业企业（如电子厂），空调能耗约占其全部能耗的40%以上，在高档写字楼和星级酒店也要占到30%以上。而空调消耗的电能或热能，大多又来自发电厂、热电站或独立的锅炉房，其燃烧过程的排放物是造成大气层温室效应的根源。此外，空调用制冷装置中大量采用的CFC和HCFC类氟利昂又是大气臭氧层遭到破坏的根源之一。

还应引起注意的是，在空间内部空气质量方面，由于目前大量合成材料被用于建筑内部装饰，同时为了节能而尽量提高建筑物的密闭性，降低新风供给量，造成了空间内部空气质量下降，出现了“令人疲倦和致病”的建筑物（即所谓“病态建筑”）。人们长期生活或工作在这种人工控制的环境内，则会产生闷气、黏膜刺激、头疼及昏睡等症状。

舒适、健康、节能、环保是采用空调技术时需要综合考虑的重要因素，也是衡量采用的空调技术是否先进的重要标准之一。因为创造舒适、健康的空调环境要以消耗能源为代价，而自然能源（主要是煤、石油、天然气）是有限的，而且不可再生。从社会经济的可持续发展、人类的生存环境及空调使用的经济性考虑，必须重视节能和环保问题。为此，空调技术的发展不仅要在能源利用、能量的节约和回收、改进能量转换和传递设备的性能、提高系统能量的综合利用效果、寻求更合理的运行规律、优化系统的技术经济分析以及计算机控制等方面继续加强研究和开发，而且要在更广泛的范围内研究、创造适合于人工作和生活并有利于健康的空间内部空气环境。

在发达国家，用于空调的电能约占全国总消耗电能的20%～30%。在我国，随着人民物质生活水平的提高，应用空调设备的场所也越来越多，所占总能耗比例也会越来越高，所以要求空调装置大量节约能源，大量节省投资是一种必然的趋势。

在节能方面所采取的措施，一方面是热量的回收利用，例如应用转换转轮式热交换器、板翅式热交换器等；另一方面是节约热源和改善冷源，例如将分散的锅炉群改为区域供热的热网，研制和推广成本低、效能高的新型制冷循环、制冷机和制冷剂。太阳能和地热能的利用也应该走出小型、样机化阶段，逐渐达到商品化。在空调系统方面，由定风量系统发展到变风量系统，将逐渐在国内推广。在节省投资方面，应做到投资费用最少，并能节省大量的金属材料。例如空气-水系统中以水管代替风道，可以比全空气系统节省不少金属。

在有些空调房间，出于对生产工艺上的特殊要求，要求有较高的空调精度水平。例如，±0.01～±0.001℃的恒温，±1%RH～±0.25%RH的恒湿，0.1μmM1级洁净环境，这要求空调技术水平有更大提高。但是实现高精度的代价是不小的，如果实际上不需要而盲目提出高精度指标，将是一种严重的浪费。

在设计、工艺、运行控制及管理方面广泛应用计算机技术，将是空气调节技术发展的必然趋势。目前，暖通空调工程的计算机应用在专业计算、施工图绘制方面已经推广，并将进一步普及。

思考与练习题

1. 空气调节的任务是什么？
2. 空调对国民经济发展和提高人民生活方面有什么作用？
3. 简述典型的中央空调系统的组成。各部分的作用什么？
4. 空气调节技术的发展方向及关注的问题是什么？

第一章

湿空气的物理性质和焓湿图的应用

空气调节的任务是创造一个满足不同需要的空气环境。为此，首先了解空气的组成成分以及空气的物理性质，同时还应熟悉反映空气物理性质的焓湿图及其应用。除此之外，还应了解湿空气的干、湿球温度和露点温度在焓湿图上的表示和两种不同空气混合过程的计算方法。

第一节　湿空气的组成和物理性质

一、湿空气的组成

环绕地球的空气层称为大气层。大气层中除了液体、水蒸气和杂质外，其余即为干空气。由空气和水蒸气混合的气体称为湿空气。

干空气是由氮、氧、氩、二氧化碳、氖、氦和其他的一些微量气体所组成的混合气体。广泛的测定结果表明，干空气的组成是比较稳定的，只有少数成分随时间、地理位置、海拔等因素有少许变化。在空调工程中，为了进行热工计算，必须确定干空气的热工性质，而热工性质又与干空气的组成成分有关。海平面附近清洁的干空气的标准成分见表 1-1。

表 1-1　海平面附近清洁的干空气的标准成分

成分气体(分子式)	体积分数(%)	对于成分标准值的变化	相对分子质量(C-12 标准)
氮(N_3)	78.084	—	28.013
氧(O_2)	20.9476	—	31.9988
氩(Ar)	0.934	—	39.934
二氧化碳(CO_2)	0.0314	—	44.00095
氖(Ne)	0.001818	—	21.183
氦(He)	0.000524	—	4.0026
氪(Kr)	0.000114	—	83.80
氙(Xe)	0.0000087	—	131.30
氢(H_2)	0.00005	?	2.01594
甲烷(CH_4)	0.00015	*	16.04303
氧化氮(N_2O)	0.00005	—	44.0128
臭氧(O_3)　夏	0 ~ 0.000007	*	47.9982
冬	0 ~ 0.000002	*	47.9982
二氧化硫(SO_2)	0 ~ 0.0001	*	64.0828
二氧化氮(NO_2)	0 ~ 0.000002	*	46.0055
氨(NH_4)	0 ~ 微量	*	17.03061
一氧化碳(CO)	0 ~ 微量	*	28.01055
碘(I_2)	0 ~ 0.000001	*	253.8088
氡(Rn)	6×10^{-13}	?	+

注：* 表示随时间和场所的不同，该成分对标准值有较大变化。

+表示氡有放射性，由 ^{220}Rn 和 ^{222}Rn 两种同位素构成，因为同位素混合物的相对原子质量变化，所以不做规定（^{220}Rn 的半衰期为 54s，^{222}Rn 的半衰期为 3.83 天）。

干空气中除了二氧化碳外，其他气体的含量很稳定，二氧化碳的含量随全球动植物生长状态、气象条件、海水表面温度、污染状态等因素的变化而有较大的变化。然而，由于其平均含量非常少，故其含量的变化对干空气性质的影响可忽略不计。在研究空气物理性质时，允许将干空气作为一个整体来对待。

湿空气中水蒸气的含量很少，它来源于地球上的江、河、湖、海表面水分的蒸发，各种生物的新陈代谢过程以及生产工艺过程。水蒸气在湿空气中占有的百分比是经常变化的，虽然湿空气中水蒸气的含量很少，但它对湿空气状态变化的影响却很大：它的变化会引起湿空气干、湿度的变化，从而对人体的感觉、产品质量、工艺过程和设备维护等都有直接的影响，这是不能忽视的。同时，空气中水蒸气含量的变化又会使湿空气的物理性质随之改变，所以本章将重点介绍有关这方面的问题。

此外，在接近地球表面的大气中还悬浮有灰尘、烟雾、微生物以及废气、化学排放物等，它们对空气品质的影响及处理方法将在有关章节中介绍。

二、湿空气的状态参数

湿空气的物理性质除和其组成成分有关外，还取决于它所处的状态。湿空气的状态通常可以用压力、温度、比体积等参数来描述，这些参数称为湿空气的状态参数。

在热力学中，将常温常压下（空调属于此范畴）的干空气视为理想气体，存在于湿空气中的水蒸气由于处于过热状态，加之数量微小，分压力很低，比体积很大，也可近似地作为理想气体来对待。所以，由空气和水蒸气所组成的湿空气也应遵循理想气体的变化规律，其状态参数之间的关系可以用下列理想气体状态方程式表示：

$$pv = R_g T \tag{1-1}$$

对于质量为 m 的理想气体，状态方程式为

$$pV = mR_g T \tag{1-2}$$

式中 p——气体压力（Pa）；

v——气体的比体积（m^3/kg）；

R_g——气体常数，取决于气体的性质［J/(kg·K)］；

V——气体的体积（m^3）；

T——气体的热力学温度（K）；

m——气体的总质量（kg）。

当气体的总质量以 mol（摩尔）为单位时，1mol 物质的质量为摩尔质量，以 M 表示，单位为 kg/mol。1mol 物质的体积称为摩尔体积，用 V_m 表示，$V_m = Mv$。

对于理想气体，由式（1-1）可得

$$pV_m = MR_g T$$

令 $R = MR_g$，则得

$$pV_m = RT \tag{1-3}$$

式中 V_m——摩尔体积（m^3/mol;）

R——摩尔气体常数［J/(mol·K)］。

根据阿伏伽德罗定律，在同温、同压下，所有气体的摩尔体积 V_m 都相等，所以由式(1-3)可得所有气体 R 值相等，并且其数值与气体所处的具体状态无关。R 可由任意状态下的参数确定，如在标准状态（$p_0 = 101325Pa$，$T_0 = 273.15K$）下，1kmol 气体占有的容积都

等于 22.4m^3。因此，可计算出摩尔气体常数为

$$R=\frac{p_0 V_m}{T_0}=\frac{101325\times 22.4}{273.15}\text{J/(mol·K)}\approx 8309\text{J/(mol·K)}$$

有了摩尔气体常数 R，只要知道气体的摩尔质量，任何一种气体的气体常数 R_g 就可按下式确定：

$$R_g=\frac{R}{M}$$

如果干空气和水蒸气的气体常数分别用 R_a 和 R_v 表示（下标 a 表示干空气，下标 v 表示水蒸气），则

$$R_a=\frac{R}{M_a}=\frac{8309}{28.97}\text{J/(kg·K)}=287\text{J/(kg·K)}$$

$$R_v=\frac{R}{M_v}=\frac{8309}{18.02}\text{J/(kg·K)}=461\text{J/(kg·K)}$$

下面分别叙述空调工程中几种常用湿空气的状态参数。

1. 压力

（1）大气压力　围绕地球表面的空气层在单位面积上形成的压力称为大气压力，单位为 Pa（帕）或 kPa（千帕）。大气压力不是一个定值，它随着各地海拔高度的不同而存在差异，同时还随着季节、天气的变化而稍有不同。

通常以北纬 45°海平面的全年平均气压作为一个标准大气压或物理大气压，其数值为 101325Pa。海拔越高的地方大气压力越低。例如，我国北部沿海城市天津的海拔为 3.3m，夏季大气压为 100480Pa，冬季为 102660Pa；青藏高原上的拉萨市海拔为 3658m，夏季大气压为 65230Pa，冬季大气压为 65000Pa。由上可见，大气压不仅与海拔有关，还随季节、气候不同而有微小的变化。由于大气压力不同，空气的状态参数也要发生变化。因此在空调系统设计和运行中使用的一些空气参数，如果不考虑当地大气压力的大小，就会造成一定的误差。

在空调系统中，空气的压力是用仪表测量的，但仪表的指示压力不是空气压力的绝对值，而当地大气压力的差值，称之为工作压力（旧称表压力）。它不能代表空气压力的真正大小，只有空气的绝对压力才是空气的一个基本状态参数。工作压力与绝对压力的关系为

$$\text{绝对压力}=\text{当地大气压}+\text{工作压力} \tag{1-4}$$

本书凡未标明是工作压力时，均应理解为绝对压力。

（2）水蒸气分压力　湿空气中，水蒸气单独占有湿空气的容积，并具有与湿空气相同的温度时所产生的压力，称为水蒸气压力，用 p_v 表示。

道尔顿定律指出．混合气体的总压力等于各组成气体分压力之和。每种气体都处于各分压力之下，参与组成的各种气体都具有与混合气体相同的体积和温度。

如前所述，大气既然是由于空气和水蒸气组成的，那么大气压力也必然是水蒸气分压力和干空气分压力之和，即

$$p_b=p_a+p_v \tag{1-5}$$

或

$$B=p_a+p_v \tag{1-6}$$

式中　p_b、B——湿空气的总压力，即大气压力；

p_a——干空气分压力；

p_v——水蒸气分压力。

从气体分子运动的观点来看，气体分子越多，即撞击容器的机会越多，表现出来的压力就越高。因此，水蒸气分压力的大小反映了水蒸气含量的多少。

2. 温度

空气的温度表示空气的冷热程度，它是分子动能的宏观结果。温度的高低用“温标”来衡量。

目前国际上常用的有热力学温标（又称开氏温标），符号为 T，单位为 K；摄氏温标符号为 t，单位为℃。摄氏温标 1℃ 和热力学温标 1K 的分度是相等的，两者的关系为

$$t = T - 273.15\text{K} \approx T - 273\text{K} \tag{1-7}$$

式中　273.15K——冰点的热力学温度。

温度是空气调节中的一个重要参数。当空气受热后，其内部分子动能增大，表现为温度升高。

3. 含湿量

1kg 干空气所带有的水蒸气质量，称为含湿量 d，即

$$d = \frac{m_v}{m_a}\text{kg/kg(干空气)} \tag{1-8}$$

式中　m_v——湿空气中水蒸气的质量（kg）；

m_a——湿空气中干空气的质量（kg）。

若湿空气中含有 1kg 干空气及 $d$kg 水蒸气，那么湿空气的质量应为（$1+d$）kg。

由于干空气和水蒸气在常温常压下都可当作理想气体，因此都应该遵循理想气体状态方程式：

对于水蒸气
$$p_v V_v = m_v R_v T_v \tag{1-9}$$

对于干空气
$$p_a V_a = m_a R_a T_a \tag{1-10}$$

由于空气中气体分子的自由度很大，因此湿空气中干空气和水蒸气是均匀混合的，两者有相同的容积和相等的温度，即 $V_a = V_v = V$，$T_a = T_v = T$，同时又知道水蒸气和干空气的气体常数 $R_v = 461\text{J/(kg·K)}$，$R_a = 287\text{J/(kg·K)}$，将以上关系代入式（1-8）~式（1-10），经整理得

$$d = \frac{R_a p_v}{R_v p_a} = \frac{287 p_v}{461 p_a} = 0.622\frac{p_v}{p_a}\text{kg/kg(干空气)} \tag{1-11}$$

或
$$d = 0.622\frac{p_v}{B - p_v}\text{kg/kg(干空气)} \tag{1-12}$$

考虑到湿空气中水蒸气的含量较少，因此 d 的单位也可以用 g/kg（干空气）表示，则式（1-12）变为

$$d = 622\frac{p_v}{B - p_v}\text{g/kg(干空气)}$$

式（1-12）表明，当大气压力一定时，水蒸气分压力和含湿量近似为直线关系。水蒸气分压力 p_v 越大，含湿量 d 也随着增大。如果含湿量 d 不变，水蒸气分压力将随大气压力的增加而上升，随着大气压力的减小而下降。

在空气调节中，含湿量也是空气的一个重要参数，在对空气进行加湿、减湿处理过程中都用含湿量来衡量空气中水蒸气含量的变化。

4. 相对湿度

在一定的温度下，湿空气所含的水蒸气有一个最大限度，超过这个限度，多余的水蒸气就会从湿空气中凝结出来。这种含有最大限度水蒸气量的湿空气称为饱和空气。与之相对应的水蒸气分压力和含湿量，称为该温度下和饱和水蒸气分压力和饱和含湿量。它们随温度的变化而发生相应的变化，表 1-2 反映了空气饱和水蒸气分压力、饱和含湿量与温度的对应关系，从中也可以看出它们随温度变化而发生变化的规律。

表 1-2 空气温度与饱和水蒸气分压力、饱和含湿量的关系

空气温度 t/℃	饱和水蒸气分压力 $p_{v,s}$/Pa	饱和含湿量 d_s[g/kg(干空气)]
10	1225	7.63
20	2331	14.70
30	4232	27.20

由于含湿量只能反映空气中水蒸气的量，而不能反映空气的吸湿能力，因此引出了另一个湿空气的状态参数——相对湿度。

所谓相对湿度，就是空气中的水蒸气分压力和相同温度下饱和水蒸气分压力之比，即

$$\phi = \frac{p_v}{p_{v,s}} \times 100\% \tag{1-13}$$

式中 ϕ——相对湿度；

p_v——空气中水蒸气分压力；

$p_{v,s}$——相同温度下空气的饱和水蒸气分压力。

由式（1-13）可知，相对湿度表示空气接近饱和的程度。ϕ 值小，说明空气饱和程度小，吸收水蒸气的能力强；ϕ 值大，则说明空气饱和程度大，吸收水蒸气能力弱。当 ϕ 为 100% 时，指的是饱和空气；反之，ϕ 为零，指的是干空气。

应该注意的是，相对湿度 ϕ 和含湿量 d 虽然都是表示空气湿度的参数，但意义不同。ϕ 能够表示空气接近饱和的程度，却不能表示水蒸气含量，而 d 恰好与之相反，能表示水蒸气的含量，却不能表示空气的饱和程度。

另外，将 $p_v = \phi p_{v,s}$ 代入式（1-12），又可得到含湿量［单位：kg/kg（干空气）］的另一种表达式，即

$$d = 0.622 \frac{\phi p_{v,s}}{B - \phi p_{v,s}} \tag{1-14}$$

5. 焓

在空调工程中，湿空气的状态经常发生变化，也经常需要确定此状态变化过程中的热交换量。例如，对空气进行加热和冷却时，常需要确定空气吸收或放出多少热量的问题，这时就需要一个代表空气能量状态的参数来进行空气能量变化的计量，这个参数就是“焓”。

湿空气的焓等于干空气焓和水蒸气焓之和，即

$$H = m_a h_a + m_v h_v$$

考虑到湿空气中水蒸气的质量在热力过程中常常是变化的，而干空气的质量往往是恒定的，所以湿空气的比焓 h 通常以单位质量的干空气为基准计算，即

$$h=\frac{H}{m_a}=h_a+dh_v \tag{1-15}$$

由热工基础可知，在压力不变的情况下，焓差值等于热交换量 Q，即

$$Q=m\Delta h=mc_p\Delta t \tag{1-16}$$

在空调工程中，湿空气的状态变化过程可近似于定压过程，所以能够用空气状态前后的焓差值来计算空气热量的变化。

如果取0℃的水蒸气的焓值和0℃的干空气的焓值为零，由式（1-16）可得

$$h_a=m_ac_{p,a}(t-0)=1c_{p,a}t=1.01t \tag{1-17}$$

$$h_v=2500+m_vc_{p,v}(t-1)=2500+1.84t \tag{1-18}$$

式中 h_a——温度为 t 的1kg 干空气的比焓［kJ/kg（干空气）］；

h_v——1kg 水蒸气的比焓［kJ/kg（水蒸气）］；

$c_{p,a}$——干空气的比定压热容，常温下 $c_{p,a}=1.005\text{kJ}/(\text{kg}\cdot\text{K})\approx1.01\text{kJ}/(\text{kg}\cdot\text{K})$；

$c_{p,v}$——水蒸气的比定压热容，常温下 $c_{p,v}=1.84\text{kJ}/(\text{kg}\cdot\text{K})$。

将式（1-17）、式（1-18）代入式（1-15）可得湿空气比焓［单位：kJ/kg（干空气）］的计算式为

$$\begin{aligned}h&=h_a+dh_v\\&=1.01t+d(2500+1.84t)\end{aligned} \tag{1-19}$$

或

$$h=(1.01+1.84d)t+2500d \tag{1-20}$$

由式（1-20）可以看出，$(1.01+1.84d)t$ 是与温度有关的热量，称为“显热”。由此可见，湿空气的比焓（简称焓）将随温度和含湿量的改变而变化，当温度和含湿量升高时，h 值增加；反之，h 值则降低。在使用焓这个参数时需注意一点，由于2500 较1.84 和1.01 大得多，因而在温度升高的同时，含湿量又有所下降时，湿空气的 h 值不一定会增加，完全有可能出现 h 值不高或 h 值减少的现象。

6. 密度和比体积

单位体积干空气所具有的质量称为干空气的密度，用 ρ_a 表示。而单位质量的干空气所占有的体积称为干空气的比体积，用 v 表示。两者互为倒数，因此只能视为一个状态参数。其表达式为

$$\rho_a=\frac{m_a}{V_a}=\frac{p}{R_aT}\quad(\text{单位:kg/m}^3) \tag{1-21}$$

$$v=\frac{1}{\rho_a}=\frac{V_a}{m_a}=\frac{R_aT}{p}\quad(\text{单位:m}^3\text{/kg}) \tag{1-22}$$

式中 m_a——干空气的总质量（kg）；

V_a——干空气的总体积（m^3）。

由前述可知，湿空气为干空气与水蒸气的混合物，两者均匀混合并占有相同的体积。因此不难理解，湿空气的密度 ρ 为干空气密度 ρ_a 与水蒸气密度 ρ_v 之和，即

$$\rho=\rho_a+\rho_v=\frac{p_a}{R_aT}+\frac{p_v}{R_vT} \tag{1-23}$$

将 $p_a=B-p_v$、$p_v=\phi p_{v,s}$ 及 R_a、R_v 值代入上式，经整理得

$$\rho=0.00349\frac{B}{T}-0.00134\frac{p_{v,s}}{T}\phi\quad(\text{单位:kg/m}^3) \tag{1-24}$$

式（1-24）就是计算湿空气密度的公式。

综上所述，干空气、水蒸气及湿空气三者之间的关系可归纳于图 1-1。

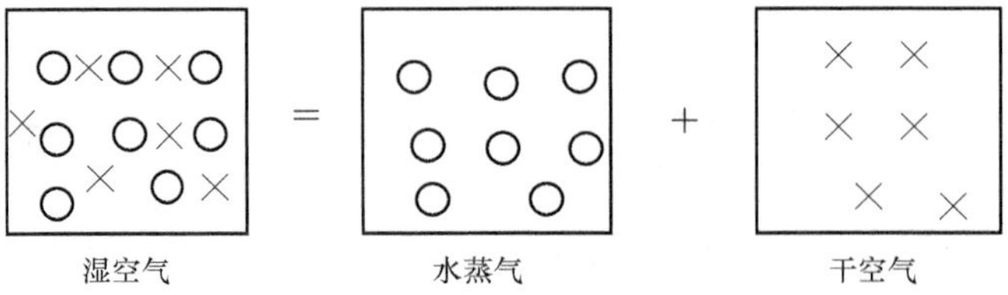

图 1-1　湿空气与干空气、水蒸气的关系

$$V=V_a=V_v \quad T=T_a=T_v$$
$$p=p_a+p_v \quad m=m_a+m_v$$
$$\rho=\rho_a+\rho_v \quad h=h_a+dh_v$$

湿空气的部分状态参数可查附录 A-1，也可以通过公式计算得出。计算过程虽较繁琐，但通过它可以对湿空气的物理性质及各状态参数之间的关系有较透彻的了解。

【例 1-1】 试计算当大气压力 $B=101325\text{Pa}$、温度 $t=20℃$ 时干空气的密度 ρ。

【解】 已知干空气的气体常数 $R_a=287\text{J/(kg·K)}$，干空气的压力 p 即大气压力 B，则式（1-21）可变为

$$\rho=\frac{B}{R_aT}$$

上式也可将式（1-24）中的 ϕ 化为零而求得。

将已知数代入上式，得干空气的密度为

$$\rho=0.00349\times\frac{101325}{273+20}\text{kg/m}^3=1.205\text{kg/m}^3$$

【例 1-2】 在大气压力、温度与上题相同的条件下，试计算相对湿度 $\phi=90\%$ 的湿空气的密度，并比较两题的计算结果。

【解】 由附录 A-1 查得 20℃时饱和水蒸气的分压力 $p_{v,s}=2331\text{Pa}$，将已知数代入式（1-24），得湿空气的密度为

$$\begin{aligned}\rho&=0.00349\frac{B}{T}-0.00134\frac{\rho_{v,s}}{T}\phi\\&=\left(0.00349\times\frac{101325}{273+20}-0.00134\times\frac{0.9\times2331}{273+20}\right)\text{kg/m}^3=1.19\text{kg/m}^3\end{aligned}$$

$\rho=1.19\text{kg/m}^3$ 小于上题的计算结果（1.205kg/m^3），说明在相同的大气压力及温度下，干空气的密度大于湿空气的密度。此结论从式（1-24）中也可看出，等式右边第一项为干空气密度，它与 $0.00134\frac{p_{v,s}}{T}\phi$ 之差为湿空气密度，故相同体积的湿空气比干空气轻。

【例 1-3】 试求上题中空气的含湿量及比焓值。

【解】 按式（1-14）计算含湿量，即

$$d=0.622\frac{p_{v,s}\phi}{B-p_{v,s}\phi}=0.622\times\frac{2331\times0.9}{101325-2331\times0.9}\text{kg/kg(干空气)}=0.0132\text{kg/kg(干空气)}$$

按式（1-19）计算空气比焓值为

$$h = 1.01t + d(2500 + 1.84t)$$
$$= [1.01\times20 + 0.0132\times(2500 + 1.84\times20)]\text{kJ/kg(干空气)} = 53.7\text{kJ/kg(干空气)}$$

第二节　湿空气的焓湿图

上节介绍了湿空气的主要状态参数 t、d、B、ϕ、h、p_v 及 ρ。其中部分参数可以查附录 A-1 获取，也可用公式计算出来。在空调工程中，为了避免繁琐的公式计算，在设计和运行中需要有个线算图，它既能联系以上 7 个参数，又能表达空气状态的各种变化过程，这就是本节要介绍的焓湿图。

线算图有多种形式，我国现在使用的是以焓和含湿量为纵、横坐标的焓湿图，也叫 h-d 图，如图 1-2 所示。为了更好地掌握和运用焓湿图，下面先介绍该图的绘制过程。湿空气状态取决于 t、d、B 三个基本参数，因而应有三个独立的坐标。然而可以选定大气压力 B 为已知（在空气调节中，空气的状态变化过程可以认为是在一定大气压力下进行的），这样只剩下 t、d 两个坐标参数，即可以进行图形绘制了。但是，因焓 h 与温度 t 有关，为了便于使用，用焓 h 代替温度 t。因此选定焓 h 为纵坐标，以含湿量 d 为横坐标建立坐标系。为使图面展开、线条清晰，两坐标轴之间的夹角由常用的 90°扩展为大于或等于 135°。为避免图面过长，又常取一水平线画在图的上方代替实际的 d 轴。

一、等焓线和等含湿量线

确定坐标比例尺之后，就可以在图上绘出一系列与纵坐标平行的等 d 线及与横坐标平行的等 h 线。$t=0$ 和 $d=0$ 的干空气状态点为坐标原点。

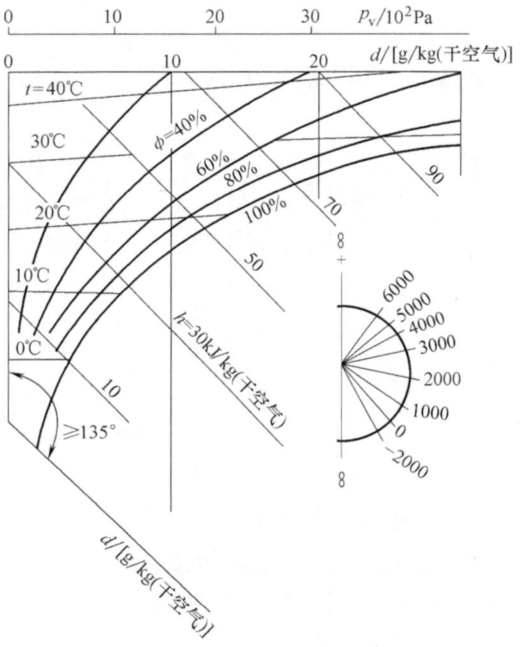

图 1-2　焓湿图

二、等温线

等温线是根据公式 $h=1.01t+d(2500+1.84t)$ 制作而成的。可见，当温度等于常数时公式为直线方程，h、d 相对应，因此只需已知两个点即可绘出等温线。若温度常数值分别为 −10℃、0、10℃、20℃、…，则得到一系列对应的等温线。

显然，等温线为一组不平行的直线。公式中 $1.01t$ 为截距，$2500+1.84t$ 为斜率，由于 t 值不同，因而每一条等温线的斜率是不相同的。但是由于 $1.84t$ 远小于 2500，温度对斜率的影响不明显，因此等温线又近似平行。

三、等相对湿度线

根据公式 $d=0.622\dfrac{\phi p_{v,s}}{B-\phi p_{v,s}}$ 可以绘出等相对湿度线。在一定的大气压力 B 下，当相对

湿度 ϕ 为常数时，含湿量 d 就取决于 $p_{v,s}$，而 $p_{v,s}$ 又是温度 t 的单值函数，其值可从附录 A-1 或水蒸气性质表中查出。因此，给定不同的温度 t 可求得对应的 d 值，根据 t、d 值就可以在 h-d 图上找出若干点，连接各点即成等相对湿度线。等相对湿度线是一组发散形曲线：$\phi=0$ 的等相对湿度线即是纵坐标轴，$\phi=100\%$ 的等相对湿度线就是饱和湿度线。公式表明，等相对湿度线为曲线，对应点取得越多，曲线越准确。

以 $\phi=100\%$ 的等相对湿度线为界，曲线以下为过饱和区，由于过饱和状态是不稳定的，常出现凝结现象，所以又称为“有雾区”；曲线以上为湿空气区（又称为“未饱和区”），在湿空气区，水蒸气处于过热状态。

四、水蒸气分压力线

公式 $d=0.622\dfrac{p_v}{B-p_v}$ 可变换为 $p_v=\dfrac{Bd}{0.622+d}$。当大气压力 B 为定值时，上式为 $p_v=f(d)$ 的函数形式，水蒸气分压力 p_v 仅取决于含湿量 d。因此可在 d 轴的上方设条水平线，标上 d 值所对应的 p_v 值即可。

五、热湿比线

在空调过程中，被处理的空气常常由一个状态变为另一个状态。在整个过程中，如果空气的变化是同时进行的，那么在 h-d 图上由状态 A 到状态 B 的直线连线就代表空气状态变化过程线，如图 1-3 所示。为了说明空气状态变化的方向和特征，常用状态变化前后焓差和含湿量差的比值来表示，称为热湿比，用 ε 表示。

$$\varepsilon=\frac{h_B-h_A}{d_B-d_A}=\frac{\Delta h}{\Delta d} \tag{1-25}$$

将上式分子、分母同乘以总空气质量 m，得到

$$\varepsilon=\frac{\Delta h}{\Delta d}=\frac{m\Delta h}{m\Delta d}=\frac{Q}{W} \tag{1-26}$$

由式（1-26）可见，总空气质量 m 在处理过程中所得到（或失去）的热量 Q 和湿量 W 的比值，与相应 1kg 空气焓差和含湿量差的比值是完全一致的。

式（1-25）、式（1-26）中，Δd 和 W 是以 kg（千克）为单位来度量的，若改用 g（克）为单位，则公式变为：

$$\varepsilon=\frac{\Delta h}{\dfrac{\Delta d}{1000}}=\frac{Q}{\dfrac{W}{1000}} \tag{1-27}$$

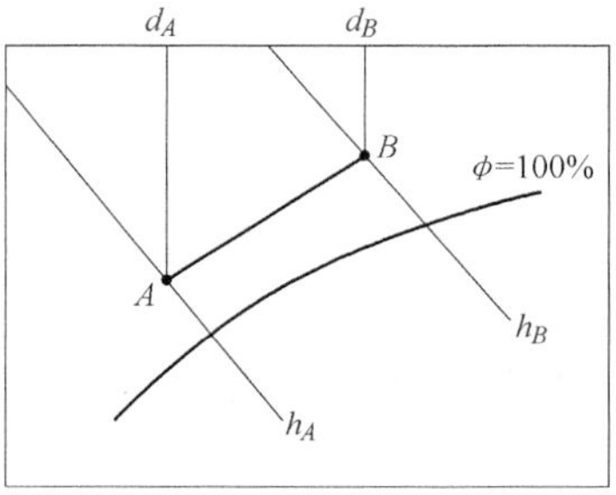

图 1-3　空气状态变化在 h-d 图上的表示

由式（1-26）、式（1-27）可知，ε 就是直线 AB 的斜率，它反映了过程线的倾斜角度，故又称角系数。斜率与起始位置无关，因此起始状态不同的空气只要斜率相同，其变化过程线必定互相平行。根据这一特性，就可以在 h-d 图上以任意点为中心作出一系列不同值的 ε 标尺线。实际应用时，只需把等值的 ε 标尺线平移到空气状态点，即可绘出该空气状态的变化过程。

【例 1-4】　已知大气压力 $B=101325$Pa，空气的初状态为点 A，初状态参数为 $t_A=20$℃、$\phi=60\%$。当进行空气处理，热湿比 ε 为 5000kJ/kg，含湿量变为 $d_B=12$g/kg（干空气），求

终状态 B。

【解】 方法一：平行线法。

大气压力为101325Pa，空气初状态参数为 $t_A=20℃$、$\phi=60\%$。确定空气初状态为点 A。

已知空气所吸收的热量与湿量，则热湿比为500kJ/kg，根据比值，在图1-4的热湿比标尺上找到相应的 ε 线。然后过点 A 作该线的平行线，即为空气状态变化过程。此线与 $d_B=12\text{g/kg}$（干空气）的等含湿量线的交点 B 就是空气终状态点（见图1-4）。由图1-4可知，$\phi_B=51\%$，$t_B=28℃$，$h_B=59\text{kJ/kg}$（干空气）。

方法二：辅助点法。

由已知条件求得 $\varepsilon=5000\text{kJ/kg}$，如 Δd 以g（克）为单位表示，则 $\Delta h:\Delta d=5:1$，由 Δh 与 Δd 的比例关系可以绘出过 A 点的 ε 线（见图1-5）。Δd 可任意取，如取 $\Delta d=4\text{g/kg}$（干空气），则 $\Delta h=5\times4\text{kJ/kg}$（干空气）$=20\text{kJ/kg}$（干空气）。

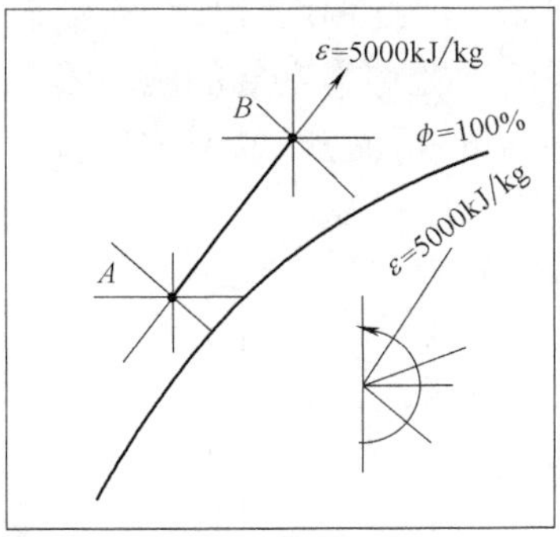

图1-4 用 ε 线确定空气终状态

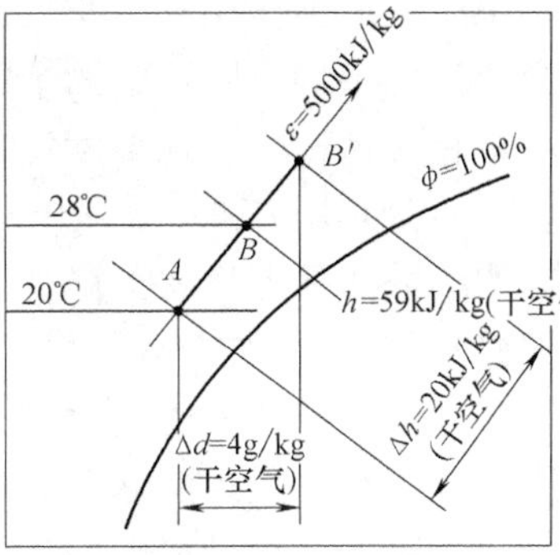

图1-5 用辅助点法绘制占线

现分别作离开空气状态点 A 的 Δd 等含湿量线与 Δh 等焓线，两线交于 B' 点，AB' 即为 $\varepsilon=5000\text{kJ/kg}$ 的空气状态变化过程线。如图1-5所示。AB' 线与 $d=12\text{g/kg}$（干空气）等含湿量线的交点 B，就是所求的空气状态点。这里 B' 点是辅助点。

为了清楚地表示空气过程进行的方向是由 $A\rightarrow B$，也可将 ε 线画成带箭头的线。

六、大气压力变化对 *h-d* 图的影响

根据公式 $d=0.622\dfrac{\phi p_{v,s}}{B-\phi p_{v,s}}$ 可知，在不同的大气压力 B 下，ϕ 相同时求得的 d 值不同，而且 d 值随着大气压力 B 的增加而减少，随着 B 的减少而增加，因此绘出的等相对湿度线也不同，如图1-6所示。计算时，对于不同的大气压力，应采用与之相应的 h-d 图，否则所得的参数将会有误差。

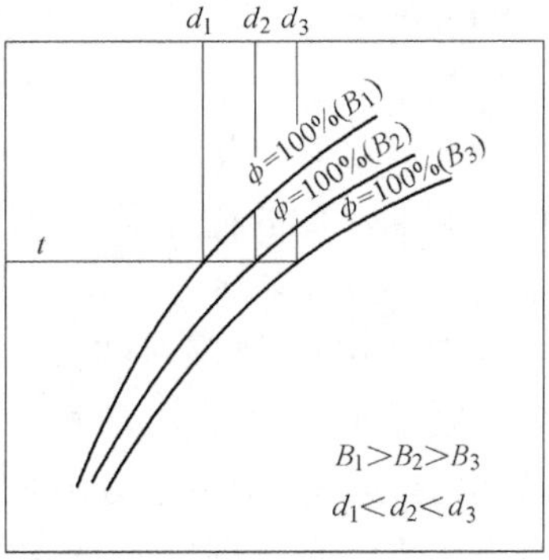

图1-6 等相对湿度线随大气压力变化图

但是大气压力相差不大（一般 B 的变化不大于 10^3Pa）时，所得结果误差不大，因而采用同一张 h-d 图在工程上是允许的。

但是当大气压力变化大时，就需要有若干个 h-d 图。但图的数量终究是有限的，不可能适用于一种压力的情况，使用上也很不方便。有时空气状态变化过程是在大气压力变化的条件下进行的，更无法确定大气压力在 h-d 图

中表示。为了解决上述问题，可利用有关公式来计算所需要的参数值，或者参考适用于不同大气压力的通用焓湿图。这里不再详细介绍。

上面介绍了 h-d 图的组成和绘制方法，但图中还缺少空气的另一个参数——密度（或比体积）的等值线。这是因为在空调范围内，空气的密度变化不大，一般为 $1.1 \sim 1.3 kg/m^3$，在计算中常取为 $1.2kg/m^3$，因而在 h-d 上不再绘出。

第三节　干、湿球温度和露点温度

一、干、湿球温度

在空调运行中，经常使用干湿球温度计来测量空气的温、湿度。干湿球温度计由两支相同的温度计组成。其中一支感温包裹上了脱脂棉纱布（见图 1-7），纱布的下端浸入盛有蒸馏水的玻璃小杯中，在毛细作用下纱布长期处于湿润状态，将此温度计称为湿球温度计。使用时，在热湿交换达到平衡，即稳定的情况下，所测得的读数称为空气的湿球温度；另一支未包纱布的温度计相应地称为干球温度计，它所测得的温度称为空气的干球温度，也就是实际的空气温度。以后分别用 t 和 t_w 表示空气的干球湿度和湿球温度。

湿球温度计的读数实际上反映了湿纱布上水的温度。但是值得注意的是，并不是任一读数都可以是湿球温度，只有在热湿交换达到平衡，即稳定条件下的读数才称为湿球温度 t_w。下面用传热传湿原理分析空气流经湿球表面时所发生的热湿交换过程。

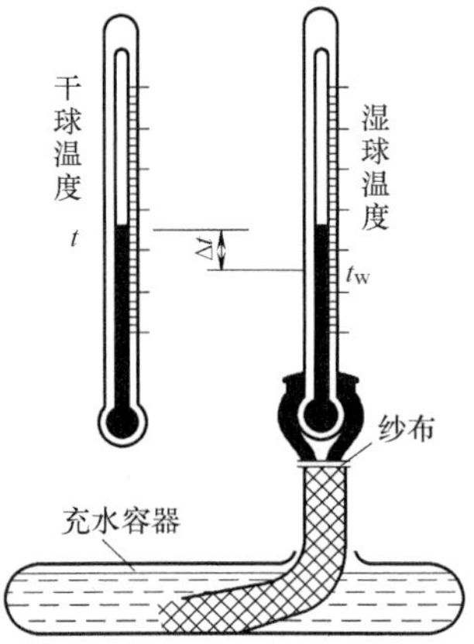

图 1-7　干湿球温度计

当空气的相对湿度 $\phi < 100\%$ 时，纱布上的水必然产生蒸发现象。若水温高于空气的温度，蒸发所需要的汽化热必然首先取自水分本身，因此纱布上的水温下降。湿球温度计上的读数开始时高于干球温度计上的读数，随后下降。无论原来水温多高，经过一段时间后，水温终将降至空气干球温度以下。这时，也就出现了空气向水面的传热，此热量随着空气与水之间温差的加大而增加。当水温降到某一数值时，空气向水面的温差传热恰好补偿水分蒸发所吸收的汽化热，此时水温不再下降，反映在湿球温度计上的这一稳定的温度就是空气的湿球温度。如果湿球纱布上最初水温低于湿球温度，则空气向水面的温差传热一方面供给水蒸发所需的汽化热，另一方面供给水温的升高。随着水温的升高，传热量减少，最终仍将达到温差传热与蒸发需热的平衡，水温稳定并等于空气湿球温度。在空气相对湿度不变的情况下，湿纱布上水分蒸发可以认为是稳定的，从而蒸发所需的热量也是一定的。

当空气相对湿度较低时，湿球纱布上的水分蒸发快，蒸发需要的热量多，水温下降得也越多，因而干、湿球温差大。反之，如果空气相对湿度大，则干、湿球温差小。当 $\phi = 100\%$ 时，湿纱布上的水分蒸发达到动平衡，干、湿球温度相等。由此可见，在一定的空气状态下，干、湿球温度的差值反映了空气相对湿度的大小。

根据传湿原理可知，水分蒸发时，在湿球纱布表面上首先形成一层温度等于水温的饱和空气边界层，如图 1-8 所示。如果该饱和空气边界层的水汽分压力大于周围空气的水汽分压力，饱和空气边界的水汽分子就要向空气扩散，而水中的分子也不断脱离水面进入饱和边界层，即水不断向空气蒸发。这一过程即为空气与水之间的湿交换过程。

另外应该指出的是，水与空气之间的传热过程及水蒸发过程都与湿球表面的流速有关。流速不同时，所测得的基本湿球温度也会产生差异。当空气不流动或流速很低，热湿交换不充分时，出现的误差较大。空气的流速越高，传热与蒸发进行得越充分，湿球温度越准确。实验证明，当空气流速为 2.5 ~ 4m/s 时，空气流速对热、湿交换过程的影响已不显著，湿球温度趋于稳定。因此，要准确地反映空气的相对湿度，应使湿球周围的空气流速保持在 2.5m/s 以上。

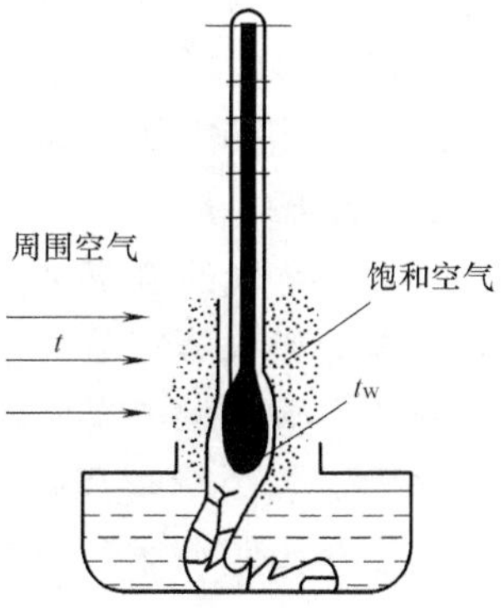

图 1-8　湿球表面空气状态

二、湿球温度在 *h-d* 图上的表示

由前述可知，当空气流经湿球时，由于空气与水之间存在热湿交换现象，因而在湿球周围形成了一层与水温相等的薄饱和空气层。设该饱和空气状态为 B，原空气状态为 A。空气由状态 A 变为状态 B 的过程中，传给水的热量又由水以潜热的形式带了回来，因而空气焓值基本不变，A-B 可近似认为是等焓过程。在 h-d 图上由 A 点垂直作等焓线与 $\phi=100\%$ 饱和线交相得 B 点，该点的温度即是湿球温度 t_w（见图 1-9）。

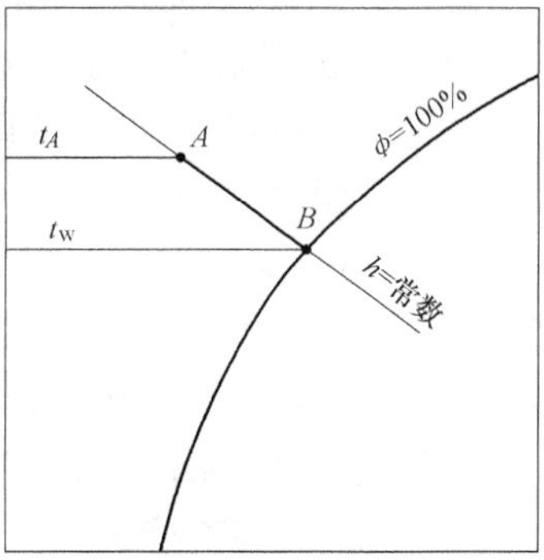

图 1-9　湿球温度在 h-d 图上的近似表示法

但是严格地说，空气的焓值并非不变，而是略有增加。这是因为，在水蒸发到空气中去的过程中，除带进汽化热外，还带进了水本身的液体热，此时空气增加的比焓［单位：kJ/kg（干空气）］为

$$\Delta h = h_W - h_A = \Delta d c t_w \tag{1-28}$$

式中　Δd——空气所吸收的水蒸气量，$\Delta d = d_w - d_A$，因而 A 状态的空气达到饱和时，其状态变化过程的热湿比为

$$\varepsilon = \frac{\Delta h}{\Delta d} = \frac{\Delta d c t_w}{\Delta d} c t_w = 4.19 t_w \tag{1-29}$$

式中　c——水的比热容，$c = 4.19\text{kJ/(kg}\cdot\text{K)}$。

即状态 A 的空气沿热湿比 $\varepsilon = 4.19t_w$ 过程线达到饱和状态，实际湿球温度是 t_w。而不是 t_B，如图 1-10 所示。因而 $\varepsilon = 4.19t_w$ 线又称为空气的等湿球温度线。但在空气调节中，一般 $t_w \leqslant 30℃$，$\varepsilon = 4.19t_w$ 的等湿球温度线和 $\varepsilon = 0$ 的等焓线非常接近，而且当 $t_w = 0$ 时，两线完全重合，因此以等焓线代替等湿球温度线在工程上是允许的。

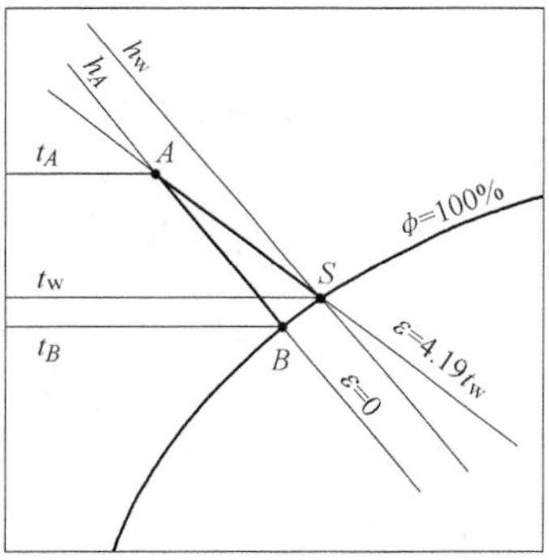

图 1-10　空气的等湿球温度线

三、露点温度

前面已经述及，空气的饱和含湿量随着空气温度的下降而减少。现把不饱和状态 A 的空气沿等含湿量线冷却

（见图 1-11）。随着空气温度的下降，对应的饱和含湿量减少，而实际含湿量并未变化，因此空气相对湿度增大。当温度下降至 t_d时，相对湿度达 100%，这时空气本身的含湿量也已饱和，如再继续冷却，则会有冷凝水产生。由此可见，t_d为空气结露与否的临界温度。沿等含湿量线冷却，最终达到饱和时所对应的温度为 t_d，而饱和点 C 称为露点。显然，空气的露点取决于空气的含湿量，当含湿量不变时，露点温度也为定值。

含湿量和水蒸气分压力成对应关系，因此露点温度也可理解为饱和水蒸气分压力所对应的温度。

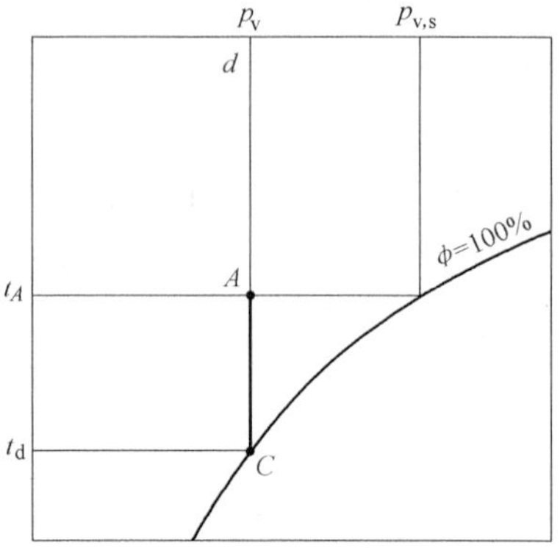

图 1-11　露点温度在 h-d 图上的表示法

空气调节中，常用等湿冷却将空气温度降到露点，再进一步冷却使水蒸气凝结，从而达到干燥空气的目的。

【例 1-5】 已知某地大气压 $B=101325\text{Pa}$，用通风干湿球温度计测得 $t=45℃$、$t_w=30℃$，试用 h-d 图求出该空气的状态（ϕ、h、d）。

【解】 在 $B=101325\text{Pa}$ 的 h-d 图上，用 $t_w=30℃$ 的等湿线与 $\phi=100\%$ 的饱和线相交得 B 点，过 B 点作等焓线与 $t=45℃$ 的等温线交于 A 点。该点即是所求的空气状态点（见图 1-12）。由 h-d 图可知 $\phi_A=34.8\%$、$h_A=100\text{kJ/kg}$（干空气）、$d=0.0211\text{kg/kg}$（干空气）。

A 点实际为近似的空气状态点，而真正的状态点应是 A'，即过 B 点 $\varepsilon=4.19\times30\text{kJ/kg}=125.7\text{kJ/kg}$ 过程线与 $t=45℃$ 的等温线所交之点。由 h-d 图得知 $\phi_{A'}=34\%$、$h_{A'}=98.6\text{kJ/kg}$（干空气）、$d_{A'}=0.0206\text{kg/kg}$（干空气）。

比较以上两种求法的结果，其误差很小。说明以等焓线代替湿球温度线，用 A 点代替空气状态点是足够准确的。

【例 1-6】 已知某地大气压力 $B=101325\text{Pa}$，温度 $t=20℃$，相对湿度 $=60\%$，求空气的湿球温度和露点温度。

【解】 在 h-d 图（见图 1-13）上，按 $t_w=20℃$，$\phi=60\%$ 确定空气状态点 A，过 A 点引等焓线［$h=42.5\text{kJ/kg}$（干空气）］与 $\phi=100\%$ 的等相对湿度线相交得 B 点，B 点的温度即为空气状态 A 点的湿球温度，$t_w=15.2℃$。

过 A 点引等含湿量线［$d=0.0088\text{kg/kg}$（干空气）］与 $\phi=100\%$ 的等相对湿度线相交

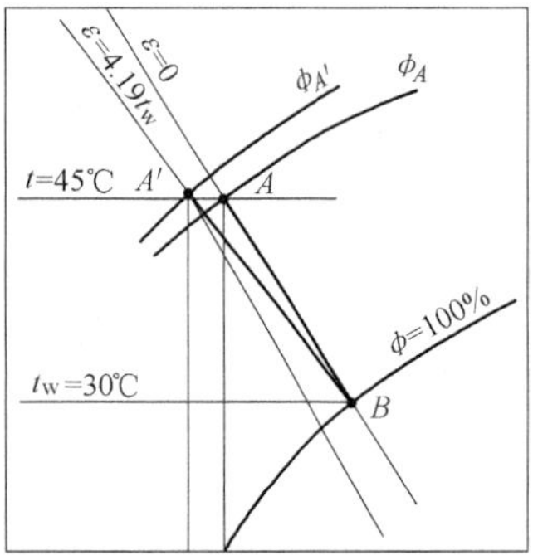

图 1-12　根据干、湿球温度确定空气状态

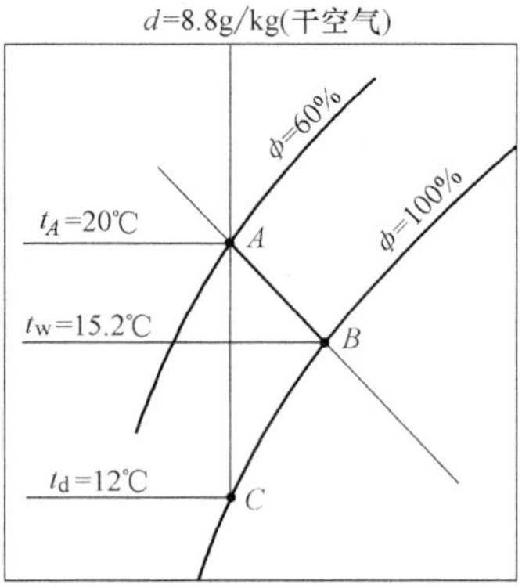

图 1-13　由空气状态确定

得露点温度 C 点，露点温度 $t_d=12.0℃$。

第四节 焓湿图的应用

一、空气状态变化过程在 *h-d* 图上的表示方法

由前述可知，h-d 图不仅能确定空气的状态和参数，而且能显示空气状态变化过程，其变化过程的方向和特征可用热湿比 ε 表示。图 1-14 示出了空气状态变化的几种典型过程，现分述如下。

1. 等湿（干式）加热过程

空气调节中常用加热器来处理空气。当空气通过加热器时获得了热量，提高了温度，但含湿量并没有变化。因此，空气状态变化是等湿增焓升温过程，过程线为 A-B。

在状态变化过程中 $d_A=d_B$，$h_B>h_A$，故其热湿比 ε 为

$$\varepsilon=\frac{\Delta h}{\Delta d}=\frac{h_B-h_A}{d_B-d_A}=\frac{h_B-h_A}{0}=+\infty$$

2. 等湿（干式）冷却过程

如果用表面式冷却器（表冷器）处理空气，且其表面温度比空气露点温度高，则空气将在含湿量不变的情况下冷却，其焓值必相应减少。因此，空气状态为等湿、减焓、降温过程，如图 1-14 中 A-C 所示。由于 $d_A=d_C$，$h_C>h_A$，故其热湿比 ε 为

$$\varepsilon=\frac{\Delta h}{\Delta d}=\frac{h_C-h_A}{d_C-d_A}=\frac{h_C-h_A}{0}=-\infty$$

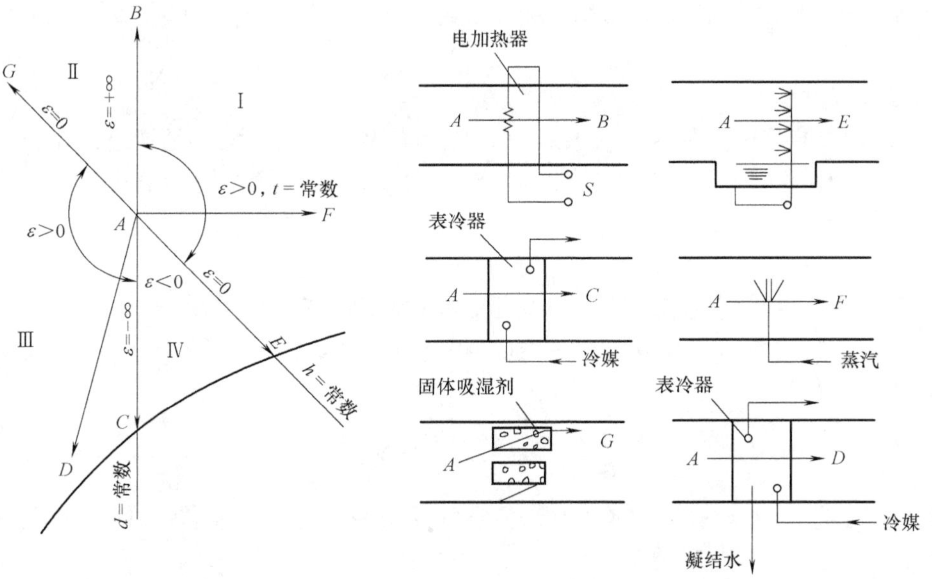

图 1-14 几种典型的空气状态变化过程

3. 减湿冷却过程

如果用表面式冷却器处理空气，当冷却器的表面温度低于空气的露点温度时，空气中的水蒸气将凝结为水，从而使空气减湿（或称干燥），空气的变化过程为减湿冷却过程或冷却

干燥过程，此过程线如图 1-14 中 A-D 所示。因为空气焓值及含湿量均减少，故热湿比 ε 为

$$\varepsilon=\frac{h_D-h_A}{d_D-d_A}=\frac{-\Delta h}{-\Delta d}>0$$

用水温低于空气露点温度的水处理空气，也能实现此过程。

4. 等焓减湿过程

用固体吸湿剂（例如硅胶）处理空气时，水蒸气被吸附，空气的含湿量降低，空气失去潜热，而得到水蒸气凝结时放出的汽化热使温度升高，但焓值基本不变，只是略微减少了凝结水带走的液体热，空气近似按等焓减湿升温过程变化，如图 1-14 中 A-G 所示。其热湿比 ε 值为

$$\varepsilon=\frac{h_G-h_A}{d_G-d_A}=\frac{0}{d_G-d_A}=0$$

5. 等焓加湿过程

用喷水室循环水处理空气时，水吸收空气的热量而蒸发为水蒸气，空气失掉显热量，温度降低，水蒸气到空气中使含湿量增加，潜热量也增加。由于空气失掉显热，得到潜热，因而空气焓值基本不变，所以称此过程为等焓加湿过程。由于此过程与外界没有热量交换，故又称为绝热加湿过程。此时，循环水将稳定在空气的湿球温度上。如图 1-14 中 A-E 所示。由于状态变化前后空气焓值相等，其热湿比 ε 值为

$$\varepsilon=\frac{h_E-h_A}{d_E-d_A}=\frac{0}{\Delta d}=0$$

此过程和湿球温度计表面空气的状态变化过程相似。严格地讲，空气的焓值也是略有增加的，其增加值为蒸发到空气中的水的液体热。但由于这部分热量很少，因而近似认为绝热加湿是一个等焓过程。

6. 等温加湿过程

如图 1-14 中 A-F 过程所示，它也是一个典型的状态变化过程，是通过向空气中喷蒸汽而实现的。空气中增加水蒸气后，其焓和含湿量都将增加，焓的增加值为加入蒸汽的全热量，即

$$\Delta h=\Delta d h_v$$

式中　Δd——每千克干空气增加的含湿量［kg/kg（干空气）］；

h_v——水蒸气的焓，其值由 $h_v=2500+1.84t_v$ 计算。

此过程的 ε 值为

$$\varepsilon=\frac{\Delta h}{\Delta d}=\frac{\Delta d h_v}{\Delta d}=h_v=2500+1.84t_v$$

以上介绍了空气调节中常用的六种典型空气状态变化过程。从图 1-14 可以看出，代表四种过程的 $\varepsilon=\pm\infty$ 和 $\varepsilon=0$ 的两条线将 h-d 图平面分成了四个象限，每个象限内的空气状态变化过程都有各自的特征，详见表 1-3。

表 1-3　空气状态变化的四个象限及特征

象　限	热湿比	状态变化的特征
Ⅰ	$\varepsilon>0$	增焓加温升温（或等温、降温）
Ⅱ	$\varepsilon<0$	增焓减温升温

（续）

象　限	热湿比	状态变化的特征
Ⅲ	$\varepsilon>0$	减焓减湿降温（或等温、升温）
Ⅳ	$\varepsilon<0$	减焓加湿降温

二、两种不同状态空气混合过程的计算

在空气调节系统的计算过程中，经常遇到不同状态的空气相混合的情况，为此必须研究空气的混合规律。

假设质量流量为 q_{mA}（kg/s）、状态为 A（h_A，d_A）的空气和质量流量为 q_{mB}（kg/s）、状态为 B（h_B，d_B）的两种空气相混合，混合后空气质量为：$q_{mC}=q_{mA}+q_{mB}$、状态为 C（h_C，d_C）。

在混合过程中，如果与外界没有热、湿的交换，根据热平衡、湿度平衡原理，可以列出下列方程式，即

$$q_{mA}h_A+q_{mB}h_B=q_{mC}h_C \tag{1-30}$$

$$q_{mA}d_A+q_{mB}d_B=q_{mC}d_C \tag{1-31}$$

将 $q_{mC}=q_{mA}+q_{mB}$代入以上两式，并经整理后得

$$q_{mA}h_A+q_{mB}h_B=(q_{mA}+q_{mB})h_C \tag{1-32}$$

$$q_{mA}d_A+q_{mB}d_B=(q_{mA}+q_{mB})d_C \tag{1-33}$$

用 q_B除以上两式，并经整理后得

$$\frac{q_{mA}}{q_{mB}}=\frac{h_B-h_C}{h_C-h_A}$$

$$\frac{q_{mA}}{q_{mB}}=\frac{d_B-d_C}{d_C-d_A}$$

综合两式可得

$$\frac{q_{mA}}{q_{mB}}=\frac{h_B-h_C}{h_C-h_A}=\frac{d_B-d_C}{d_C-d_A} \tag{1-34}$$

$$\frac{h_B-h_C}{d_B-d_C}=\frac{h_C-h_A}{d_C-d_A} \tag{1-35}$$

由前述可知，在 h-d 图上$\frac{h_B-h_C}{d_B-d_C}$是直线 BC 的斜率。而$\frac{h_C-h_A}{d_C-d_A}$是直线 CA 的斜率。两条直线的斜率相同，因此直线 BC 和 CA 互相平行，但又有 C 为公共点，因而 A、B、C 三点必须在同一条直线上，如图 1-15 所示。

下面进一步分析混合点 C 在 AB 线上的位置。如图 1-15 所示，根据三角形相似原理及式（1-34），可得到

$$\frac{BC}{CA}=\frac{d_B-d_C}{d_C-d_A}=\frac{h_B-h_C}{h_C-h_A}=\frac{q_{mA}}{q_{mB}}$$

上式表明，混合点 C 将线段 AB 分成两段，两段长度之比和参与混合的两种空气的质量成反比，混合点靠近质量大的空气状态一端。

以上即为“混合规律”。利用混合规律可以很快地求出混合空气状态点。即只要已知参与混合的两种空气的状态及质量，就可按质量反比分割其连线，分割点即为混合状态点，状态参数可查图求出，也可以根据已知条件列出相应的比例式来解出。

如果混合点 C 出现在“有雾区”，这种空气状态只能是暂时的，多余的水蒸气立即凝结为水从空气中分离出来，空气仍恢复到饱和状态。空气的状态变化过程为 C-D，如图 1-16 所示。

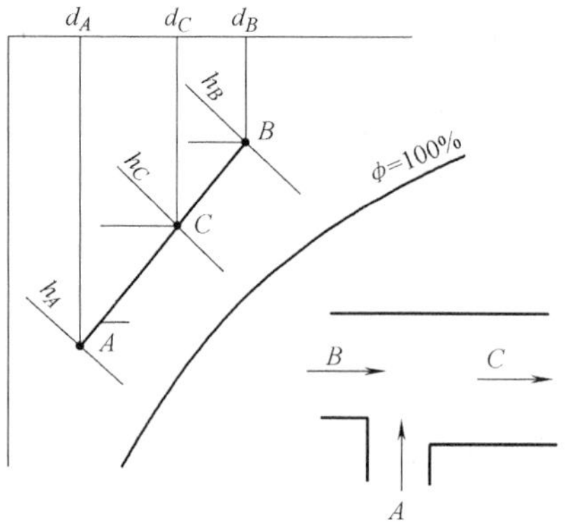

图 1-15　两种状态空气的混合过程

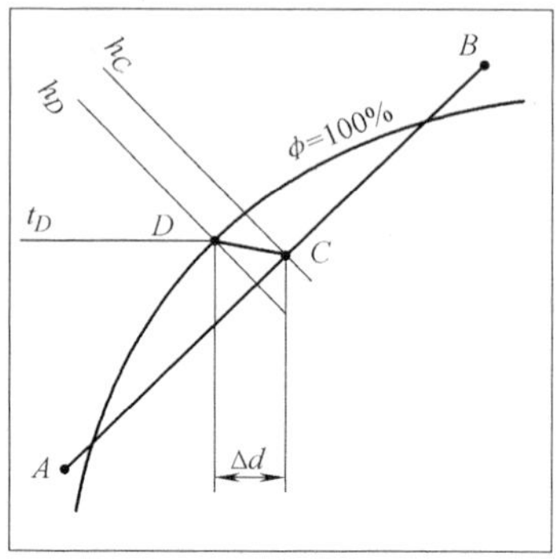

图 1-16　过饱和空气状态变化过程

因为空气在变化过程中凝结水带走了水的显热（即液体热），因此空气的焓值略有降低（$h_D < h_C$。）。h_D 与 h_C 间存在下列关系，即

$$h_D = h_C - 4.19\Delta d t_D$$

式中，h_D、Δd、t_D是三个相互关联的未知数。要确定 h 值，必须通过试选法，从 C 点引出很多过程线，分别与 $\phi = 100\%$ 的饱和线交于不同的 D 点，从中找出一组 h_D、Δd、t_D值正好符合式（1-35）的恒等关系，则该 h_D即为真正的饱和空气焓，D 点就是所求的混合空气状态点。

【例 1-7】 如图 1-17 所示，某空调系统采用新风与室内循环风混合进行处理，然后送至室内。已知大气压力 $B = 101325\text{Pa}$，回风量 $q_{mA} = 1000\text{kg/h}$，状态为 $t_A = 20℃$、$\phi_A = 60\%$，新风量 $q_{mB} = 250\text{kg/h}$，状态为 $t_B = 35℃$、$\phi_B = 80\%$，求混合空气的状态。

【解】 1）在大气压力为 101325Pa 的 h-d 图上找到状态点 A、B，并以直线相连。

2）设混合点为 C，根据混合定律得

$$\frac{BC}{CA} = \frac{q_{mA}}{q_{mB}} = \frac{1000}{250} = \frac{4}{1}$$

3）将线段 AB 分为五等份，则 C 点位于靠近 A 点的一等份处。查图得 $t_C = 23.1℃$，$\phi_C = 70\%$，$h_C = 56\text{kJ/kg}$（干空气），$d_C = 12.8\text{g/kg}$（干空气）。混合空气状态也可通过计算确定，从图 1-17 上查出 $h_A = 42.5\text{kJ/kg}$（干空气），$d_A = 8.8\text{g/kg}$（干空气），$h_B = 109.44\text{kJ/kg}$（干空气），$d_B = 29.0\text{g/kg}$（干空气），将已知数据代入式（1-32）、式（1-33）得

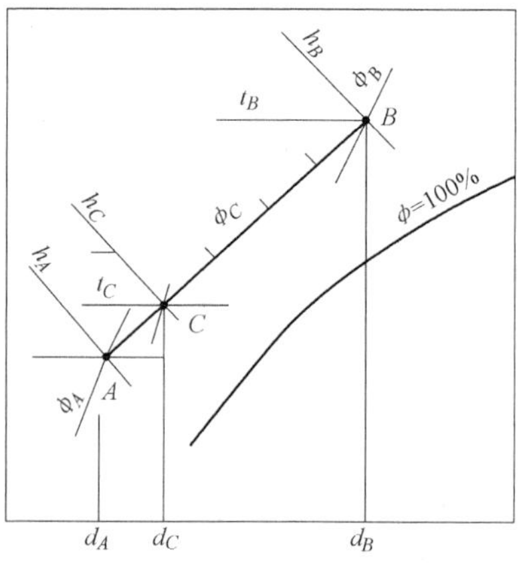

图 1-17　例 1-7 图

$$h_C = \frac{q_{mA}h_A + q_{mB}h_B}{q_{mA} + q_{mB}} = \frac{1000 \times 42.5 + 250 \times 109.44}{1000 + 250}\text{kJ/kg(干空气)} = 56\text{kJ/kg(干空气)}$$

$$d_C = \frac{q_{mA}d_A + q_{mB}d_B}{q_{mA} + q_{mB}} = \frac{1000 \times 8.8 + 250 \times 29}{1000 + 250}\text{g/kg(干空气)} = 12.8\text{g/kg(干空气)}$$

h_C、d_C已知，于是混合点 C 及其余参数也就确定了。以上两方法结果相同。

【例 1-8】 例 1-7 中，A、B 两状态的空气混合后，$q_C = 1000\text{kg/h}$，$t_C = 32℃$，试问 A、B 两状态的空气量。

【解】 A、B 两空气状态的连线和 32℃ 的等温线交于 C 点（见图 1-18）。从图上量得

$$AC:CB = 3.8:1$$

式（1-34）变换为如下形式：

$$\frac{AC}{AB} = \frac{q_B}{q_C} \qquad \frac{CB}{AB} = \frac{q_A}{q_C}$$

因此有

$$q_B = \frac{3.8}{(3.8+1)} \times 1000\text{kg/h} = 792\text{kg/h}$$

$$q_A = \frac{1}{(3.8+1)} \times 1000\text{kg/h} = 208\text{kg/h}$$

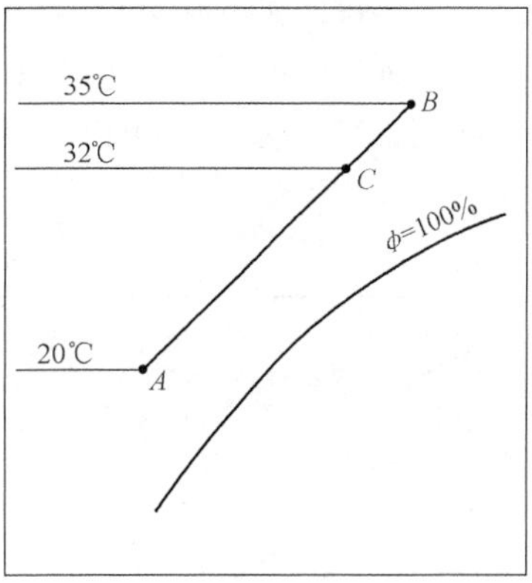

图 1-18　例 1-8 图

思考与练习题

1. 空气有哪几种基本状态？能否相互转化？
2. 空气中的水蒸气从何而来？含量情况如何？会对什么有影响？
3. 什么是干空气？其基本性质是什么？从空调的角度如何对待？
4. 大气压力是不是定值？其与什么有关？原因是什么？
5. 空气中的水蒸气分压力是什么压力？空气中的干空气分压力又称什么压力？
6. 大气压力与干空气分压力和水蒸气分压力之间是什么关系？
7. 简述湿球温度的含义。其大小说明什么？
8. 用生活中“结露”现象理解露点温度。
9. 含湿量与相对湿度有何区别？
10. 两种温度不同而相对湿度一样的空气环境，从吸湿能力上看是否同样干燥？能吸收的水蒸气量是一样多吗？为什么？
11. 当空气的状态变化时，根据什么来判断其热量是否有变化？为什么？
12. 空气的温度或含湿量变化时，其焓值是否有变化？结合实例分析。
13. 描述空气状态参数之间关系的数学表达式有哪些？
14. 焓湿图有哪些作用？由哪几种参数线组成？
15. 焓湿图是否为通用的？各种参数线是否都与大气压力值有关？为什么？
16. 简述热湿比的含义。热湿比线是什么性质的图线？
17. 空气的干球、湿球、露点三个温度能否相等？试说明之。
18. 如何在焓湿图上确定空气状态点、判断状态及查找参数？
19. 六种典型空气状态变化过程的特点各是什么？在焓湿图上如何表示？

20. 两种不同状态的空气混合规律说明了混合状态点在哪里？

21. 空气的温度 $t=22℃$，相对湿度 $\phi=50\%$，大气压力 $B=100\text{kPa}$，试求其水蒸气分压力、干空气分压力、含湿量及焓。

22. 在下列变化过程中，空气的焓是增加还是减少？

1）$t_1=30℃$，$d_1=14\text{g/kg}$（干空气）→$t_2=30℃$，$d_2=18\text{g/kg}$（干空气）。

2）$t_1=30℃$，$d_1=14\text{g/kg}$（干空气）→$t_2=25℃$，$d_2=14\text{g/kg}$（干空气）。

3）$t_1=30℃$，$d_1=14\text{g/kg}$（干空气）→$t_2=18℃$，$d_2=12\text{g/kg}$（干空气）。

4）$t_1=30℃$，$d_1=14\text{g/kg}$（干空气）→$t_2=35℃$，$d_2=14\text{g/kg}$（干空气）。

23. 已知空气的干球温度 $t=20℃$，湿球温度 $t_w=25℃$，查焓湿图求其水蒸气分压力、含湿量、相对湿度、零点温度（大气压力 $B=101325\text{Pa}$）。

24. 查焓湿图完成表 1-4。

表 1-4　题 24 表

参数 序号	h/ [kJ/kg(干空气)]	d/ [kg/kg(干空气)]	ϕ(%)	t/℃	t_w/℃	t_d/℃	p_v/℃	$p_{v,s}$/Pa
1			50	32				
2	62.85	12						
3				30		17		
4		16	45					
5	58.66					14		
6	67.04		35					
7				25			2000	
8				20			$p_v=p_{v,s}$	
9			70		25			
10				23	20			

25. 已知室外空气的 $t=9℃$，$\phi=50\%$，大气压力 $B=101325\text{Pa}$，由于室内有多余的热量和湿量要去除，为维持室内状态参数 $t_i=24℃$，$\phi_i=60\%$，若将室外空气送入室内，每千克空气要吸收多少水蒸气和热量才能达到室内空气的控制状态？画出室外空气状态变化过程的焓湿图。

26. 先将质量流量为 6000kg/h、状态为 $t_1=25℃$、$\phi_1=70\%$ 的空气，与 1500kg/h、状态为 $t_2=35℃$、$\phi_2=80\%$ 的空气混合，混合后的空气（状态为 3）再处理到 $t_3=20℃$、$\phi_3=60\%$，处理过程中这些空气将放出多少热量？凝结出多少水量？画出空气状态变化过程的焓湿图。

27. 已知 $t_1=10℃$、$\phi_1=60\%$ 的某空气的质量流量为 700kg/h，$t_2=24℃$，$\phi_2=65\%$ 的另一空气的质量流量为 7800kg/h，需要将状态 1 的空气加热到多少摄氏度与状态 2 的空气混合才能保证混合空气湿球温度为 17.8℃？画出空气状态变化过程的焓湿图。

第二章

空调负荷与送风量的计算

空调房间冷（热）、湿负荷是确定空调系统送风量和空调设备容量的基本依据。

在室内外热、湿干扰量作用下，某一时刻进入一个恒温恒湿房间内的总热量和总湿量称为在该时刻的得热量和得湿量，得热量为负值时称为耗（失）热量；在某一时刻为保持房间恒温恒湿需向房间提供的冷量称为冷负荷；反之，为补偿房间失热而需向房间提供的热量称为热负荷；为维持室内相对湿度所需从房间除去或增加的湿量称为湿负荷。

房间的得热量通常包括以下几方面：

1）由于太阳辐射进入的热量和由于室内外空气温差作用经围护结构传入的热量。

2）人体、照明设备、各种工艺设备及电气设备散入房间的热量。

得湿量主要为人体散湿量和工艺过程与工艺设备散出的湿量。

房间冷（热）、湿负荷的计算必须以室外气象参数和室内要求维持的空气条件为依据。

第一节　室内外空气计算参数

一、室内空气计算参数

空调房间室内温度、湿度通常用温、湿度基数和空调精度这两组指标来表达。

室内温、湿度基数是指在空调区域内所需保持的空气基准温度与基准相对湿度，空调精度是指在空调区域内，在工件旁一个或数个测温（或相对湿度）点上水银温度计（或相对湿度计）在要求的持续时间内，测得的空气温度（或相对湿度）偏离室内温（湿）度基数的最大差值。例如，$t=20\pm0.5$℃和$\phi=(50\pm5)\%$，$t=20$℃和$\phi=50\%$为温、湿度基数，±0.5℃和$\pm5\%$为空调精度。

对于舒适性空调，主要从人体舒适感出发确定室内温、湿度设计标准，一般不提空调精度要求，工艺性空调主要满足工艺过程对温、湿度基数和空调精度的特殊要求，同时兼顾人体的卫生要求。

1. 人体热平衡和舒适感

人体靠摄取食物（糖、蛋白质等碳水化合物）获得能量维持生命。食物在人体的新陈代谢过程中被分解氧化，同时释放出能量。其中一部分直接以热能形式维持体温恒定并散发到体外，其他为机体所利用的能量，最终也都转化为热能散发到体外。人体为维持正常的体温，必须使产热量和散热量保持平衡。人体热量平衡可用下式表示：

$$S=M-W-E-R-C \tag{2-1}$$

式中 S——人体蓄热率（W/m^2）；

M——人体能量代谢率，取决于人体的活动量大小（W/m^2）；

W——人体所做的机械功（W/m^2）；

E——汗液蒸发和呼出的水蒸气所带走的热量（W/m^2）；

R——穿衣人体外表面与周围物体表面间的辐射换热量（W/m^2）；

C——穿衣人体外表面与周围环境之间的对流换热量（W/m^2）。

在稳定的环境条件下，人体保持能量平衡，此时 S 应为零。若周围环境温度（空气温度及围护结构、周围物体表面温度）提高，则人体的对流和辐射散热量将减少。为了保持热平衡，人体会自动调节并加强汗腺分泌，排汗量的增加一定程度上会补偿人体对流和辐射散热的减少。当人体余热量难以全部散出时，就会在体内蓄存起来，S 变为正值，导致体温上升，人体会感到很不舒适。当体温上升到 40℃时，出汗停止，当体温上升到 43.5℃时，人将死亡。在冷的空气环境中，人体的对流和辐射散热量会增加。如果人体比正常热平衡情况多散出 87W 的热量，则睡眠者将被冻醒，这时皮肤平均温度相当于下降了 2.8℃，人体感到不舒适，甚至会生病。

周围物体表面的温度决定了人体辐射散热的强度。在同样的室内空气参数条件下，围护结构内表面温度高，增加人体热感，反之，表面温度低则会增加冷感。

汗液的蒸发强度不仅与周围空气温度有关，而且和相对湿度、空气流动速度有关。在一定温度下，相对湿度的大小表示空气中水蒸气含量接近饱和的程度。相对湿度越高，空气中水蒸气分压力越大，人体汗液蒸发量则越少。因此增加室内空气湿度，在高温时，会增加人体的热感；在低温下，由于空气潮湿增强了导热和辐射散热，加剧了人体的冷感。

周围空气的流动速度是影响人体对流散热和水分蒸发散热的主要因素之一。空气速度大时，由于提高了对流传热系数及湿交换系数，使对流散热和水分蒸发散热随之增强，也加剧了人体的冷感。

综上所述，人体冷热感与下述因素有关：

1）室内空气的温度。

2）围护结构内表面及其他物体表面的温度。

3）室内空气的相对湿度。

4）人体附近的空气流速。

人的冷热感除了与上述四项因素有关外，还和人体活动量、衣着情况（衣服热阻）以及年龄有关。

（1）新有效温度图和舒适区　图 2-1 是美国供暖、制冷、空调工程师学会（ASHRAE）1977 年版手册基础篇里给出的新有效温度图和舒适区。新有效温度 ET^* 是通过对身着 0.6clo 的服装、在流速为 0.15m/s 的空气中的静坐人进行热感觉实验得出的，ET^* 表示同样着装和活动的人，在某环境中的冷热感与在相对湿度为 50% 的空气环境中的冷热感相同，其值为相对湿度为 50% 的空气环境的干球温度。图 2-1 中斜画的一组虚线为相应 ET^* 的等效温度线，其数值是在 $\phi=50\%$ 的相对湿度曲线上标注的。例如，通过 $t=25℃$ 和 $\phi=50\%$ 两线交点的虚线即为 25℃等效温度线，该线上各点所表示的空气实际干球温度均不相等，相对湿度也不相同，但各点空气状态给人体的冷热感却相同，都相当于 $t=25℃$、$\phi=50\%$ 时的感觉。

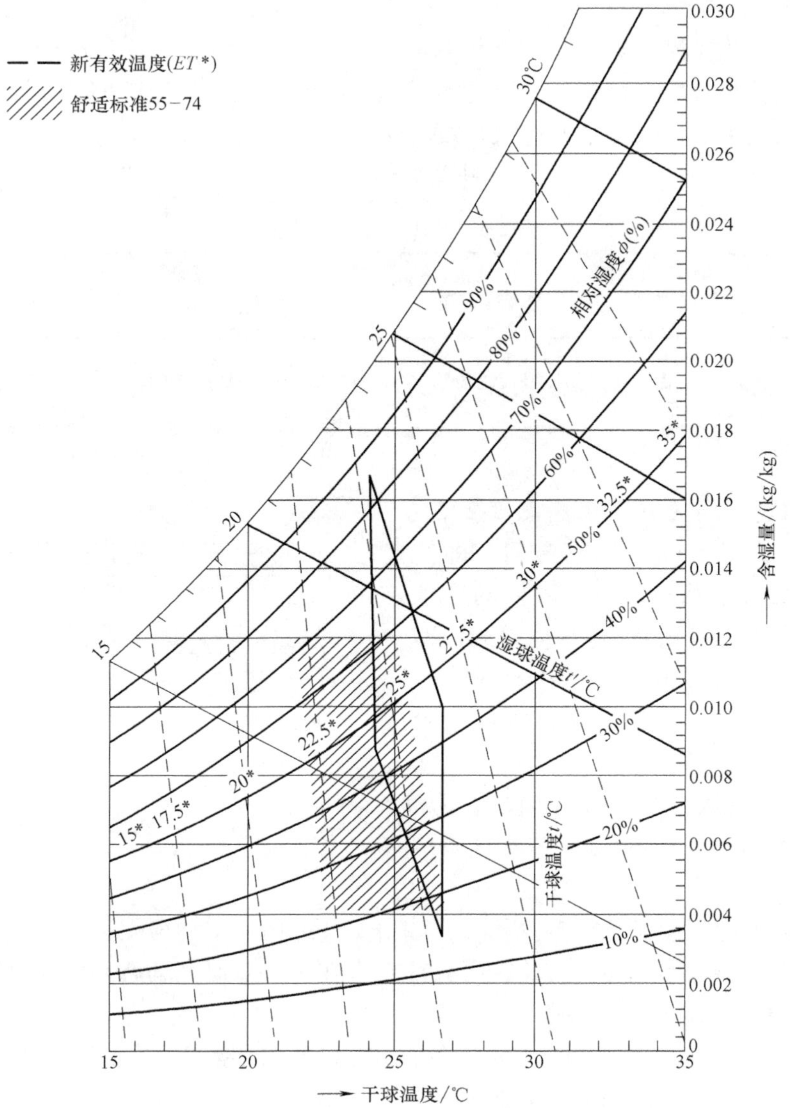

图 2-1　ASHRAE 新有效温度图和舒适区（ASHRAE 手册，1977）

clo 是衣服的热阻单位，1clo = 0. 155m^2 · K/W。国外资料给出，内穿衬衣外套普通衣服，其热阻为 1clo；正常冬服（室外穿着）为 1. 5 ~2. 0clo，在北极地区的服装为 4. 0clo。

在图 2-1 中还画出了两块舒适区，一块是菱形，它是美国堪萨斯州立大学通过实验所得到的；另一块是平行四边形，是 ASHRAE 推荐的舒适标准 55-74 所绘出的舒适区。两者实验条件不同，前者适用于身着 0. 6 ~0. 8clo 服装坐着的人，后者适用于身着 0. 8 ~1. 0clo 服装坐着但活动量稍大的人。两块舒适区重叠处则是推荐的室内空气设计条件。25℃等效温度线正好穿过重叠区的中心。

（2）人体热舒适 PMV-PPD 指标　热舒适感作为一种人的主观感觉，很难给出确切的定义，即使在大多数人满意的热舒适环境下，总还有一部分人感觉不舒适。20 世纪 60 年代，丹麦工业大学的 P. O. Fanger 教授在大量的研究工作基础上，提出了 PMV（Predicted Mean

Vote)-PPD（Predicted Percentage of Dissatisfied）评价方法。1984 年国际标准化组织在 Fanger 教授的基础上，提出了室内热环境的评价与测量的新标准化方法（ISO7730），以 PMV-PPD 指标来描述和评价热环境。该指标综合考虑了人体活动程度、衣服热阻（衣着情况）、空气温度、平均辐射温度、空气流速和空气湿度六个因素。

PMV（预期平均投票）指标作为一种度量热感觉的尺度，其分度见表 2-1。

表 2-1 PMV 热感觉分度

热感觉	热	暖	微暖	适中	微凉	凉	冷
PMV 值	+3	+2	+1	0	-1	-2	-3

PMV 指标代表了对同一环境绝大多数人的冷热感觉，因此可用来预测热环境下人体的热反应。由于人与人之间生理上的差别，故可用预期不满意百分率（PPD）指标来表示对热环境不满意的百分数。

PPD 和 PMV 之间的关系可用图 2-2 表示。在 PMV = 0 处，PPD = 5%，这意味着，即使室内环境为最佳热舒适状态，由于人体的生理差别，还有 5% 的人感到不满意。ISO7730 对 PMV-PPD 指标的推荐值为：PPD < 10%，即 PMV 值为 -0.5 ~ +0.5，相当于在人群中允许有 10% 的人感觉不满意。

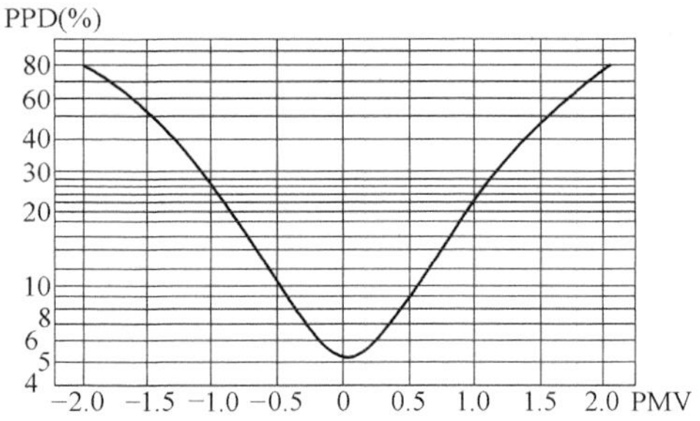

图 2-2 PPD 与 PMV 的关系

我国《采暖通风与空气调节设计规范》（GB 50019—2003）中规定，采暖与空气调节室内的热舒适性指标宜为：-1≤PMV≤+1，PPD≤27%。

对于人们在不稳定情况下的多变环境，如由室外或由非空调房间进入空调房间，或由空调房间走出，人的热感觉不同，因此，国内外有人在进一步研究动态环境下的热感觉指标。

2. 室内空气温、湿度计算参数

室内空气温、湿度设计参数的确定，除了要考虑室内参数综合作用下的舒适条件外，还应依据室外气温、经济条件和节能要求进行综合考虑。

（1）舒适性空调　根据我国《采暖通风与空气调节设计规范》（GB 50019—2003）的规定，舒适性空调室内计算参数按规定数值选取。

夏季：温度　　应采用 22 ~ 28℃；
　　　相对湿度　应采用 40% ~ 65%；
　　　风速　　不应大于 0.3m/s；

冬季：温度　　应采用 18 ~ 24℃；
　　　相对湿度　应采用 30% ~ 60%；
　　　风速　　不应大于 0.2m/s。

（2）工艺性空调　工艺性空调可分为一般降温性空调、恒温恒湿空调和净化空调等。工艺性空调室内温、湿度基数及其允许波动范围，应根据工艺需要并考虑必要的卫生条件确定。

降温性空调对温、湿度的要求是夏季工人操作时手不出汗、不使产品受潮。因此一般只规定温度或湿度的上限，不再注明空调精度。如某些电子工业车间规定夏季室温不大于28℃，相对湿度不大于60%即可。如棉纺工业有关车间夏季温度一般在27～31℃范围，工艺上的特殊要求只是相对湿度不能太低，一般在50%～75%范围，随生产工艺性质不同取高值或低值。这主要是因为纯棉纤维具有吸湿和放湿性能，对湿度比较敏感，直接影响纤维强度和纤维相互摩擦时产生的静电大小。

恒温恒湿空调室内空气的温、湿度基数和精度都有严格要求，如某些计量室的室温要求全年保持（20±0.1）℃，相对湿度保持（50±5）%。

净化空调不仅对空气的温、湿度提出一定要求，而且对空气中所含尘粒的大小和数量有严格要求。

必须指出，在确定工艺性空调室内计算参数时，一定要了解实际工艺生产过程对温、湿度的要求。各种建筑物内室内空气计算参数详见《采暖通风与空气调节设计规范》（GB 50019—2003）和有关规定。

二、室外空气计算参数

计算通过围护结构传入室内或由室内传至室外的热量，都要以室外空气计算温度为依据，另外，空调房间一般使用部分新鲜空气供人体需要，加热或冷却这部分新鲜空气所需热量或冷量也都与室外空气计算干、湿球温度有关。

室外空气的干、湿球温度不仅随季节变化，即使在同一个季节的每个昼夜里，室外空气的温、湿度每时每刻都在变化。

1. 室外空气的温、湿度变化规律

（1）室外空气温度的日变化　室外空气温度在一昼夜内的波动称为气温的日变化（或日较差）。气温日变化是由于地球每天接受太阳辐射热和放出热量而形成的。白天，随着太阳的逐渐升高，地面获得的太阳辐射热量逐渐增多，靠近地面的空气温度升高，到下午两、三点钟达到全天的最高值。此后，气温又随太阳辐射热的减少而下降。夜晚，地面得不到太阳照射，还要向大气层放散热量。黎明前为地面放热的最后阶段，气温一般在凌晨四五点钟最低。在一段时间（比如一个月）内，可以认为各地气温的日变化是以24h为周期的周期性波动。图2-3所示为北京地区1975年夏季最热一天的气温日变化曲线。

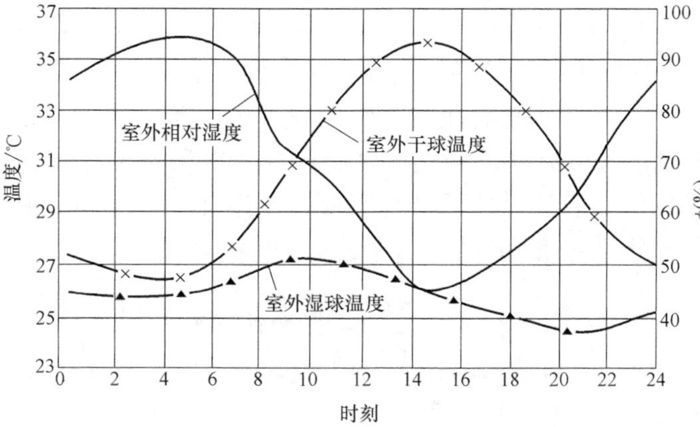

图2-3　气温日变化曲线

（2）气温的季节性变化　气温季节性变化也呈周期性。全国各地的最热月份一般在七八月，最冷月份在一月。图 2-4 给出了北京、西安、上海三个地区的十年（1961～1970 年）平均气温月变化曲线。

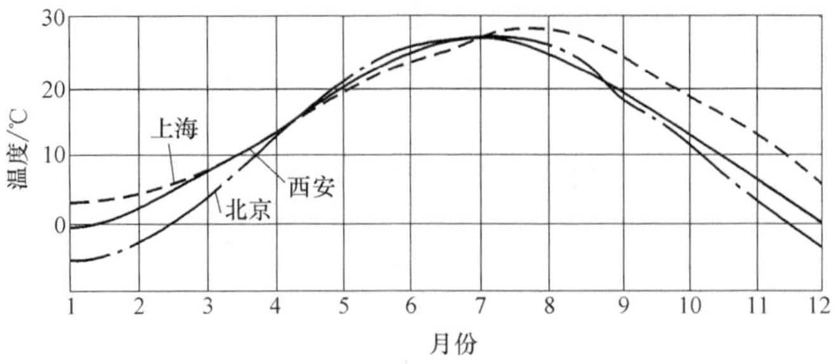

图 2-4　气温月变化曲线

（3）室外空气相对湿度的变化　空气的相对湿度取决于空气的干球温度和含湿量，如果空气的含湿量保持不变，干球温度升高，则相对湿度变小；干球温度降低，则相对湿度加大。就一昼夜内的大气而论，含湿量变化不大（可看作定值），大气的相对湿度变化规律正好与干球温度的变化规律相反，即中午相对湿度低，早晚相对湿度高（见图 2-3）。

2. 夏季室外空气计算参数

室外空气计算参数的取值，直接影响通过建筑围护结构的传热量和新风处理能耗。若夏季取很多年才出现一次而且持续时间较短（如几小时）的当地室外最高干、湿球温度作为计算干、湿球温度，则会因设备庞大而导致投资浪费。因此，设计规范中规定的设计参数是按照全年大多数时间里能满足室内参数要求而确定的。下面介绍我国《采暖通风与空气调节设计规范》（GB 50019—2003）中规定的室外空气计算参数。

（1）夏季空调室外计算干、湿球温度　夏季空调室外计算干球温度应采用历年平均不保证 50h 的干球温度，夏季空调室外计算湿球温度应采用历年平均不保证 50h 的湿球温度。

按标准规定，统计干、湿球温度时，宜采用当地气象台每天 4 次的定时温度记录，并以每次记录值代表 6h 的温度值。

（2）夏季空调室外计算日平均温度和逐时温度　夏季计算经围护结构传入室内的热量时，应按不稳定传热过程计算，因此必须知道设计日的室外日平均气温和逐时气温。

《采暖通风与空气调节设计规范》（GB 50019—2003）中规定，夏季空调室外计算日平均温度采用历年平均不保证 5 天的日平均温度。

室外逐时气温受日照影响呈周期性变化，同时，因受到一系列随机因素（如风、雨、云等）的影响，使其具体数值有一定的随机性。但夏季空调室外计算逐时温度仍可以用正弦（或余弦）函数项的级数表达，即可将其变换为傅里叶（Fourier）级数展开式，分解为多阶谐波的组合，则 τ 时刻室外气温为

$$t_{w,\tau} = A_0 + \sum_{n=1}^{m} A_n \cos(\omega_n \tau - \varphi_n) \tag{2-2}$$

式中　A_0——零阶外扰，即计算周期内室外空气平均温度 $t_{w,p}$（℃）；

A_n——第 n 阶外温变化的振幅；

φ_n——第 n 阶外温变化的初相位；

ω_n——第 n 阶外温变化的频率。

式（2-2）是利用谐波反应法计算空调冷负荷所采用的夏季空调室外逐时气温的计算式，工程计算中一般不采用。根据 GB 50019—2003 的有关规定，夏季空调室外逐时温度采用下式计算：

$$t_{w,\tau}=t_{w,p}+\beta\Delta t_r \tag{2-3}$$

式中　$t_{w,p}$——夏季空调室外计算日平均温度（见附录 B-1，℃）；

β——室外气温逐时变化系数，见表 2-2；

Δt_r——夏季室外计算平均日较差（℃），其值按下式计算，即

$$\Delta t_r=\frac{t_{w,g}-t_{w,p}}{0.52} \tag{2-4}$$

式中　$t_{w,g}$——夏季空调室外计算干球温度（见附录 B-1，℃）。

表 2-2　室外温度逐时变化系数

时刻	1	2	3	4	5	6	7	8	9	10	11	12
β 值	-0.35	-0.38	-0.42	-0.45	-0.47	-0.41	-0.28	-0.12	0.03	0.16	0.29	0.40
时刻	13	14	15	16	17	18	19	20	21	22	23	24
β 值	0.48	0.52	0.51	0.43	0.39	0.28	0.14	0.00	-0.10	-0.17	-0.23	-0.26

【例 2-1】　试求北京市夏季 14 时室外计算温度。

【解】　由附录 B-1，查得北京市 $t_{w,p}=28.6℃$，计算 $\Delta t_r=8.8℃$，由表 2-2 查得 $\beta=0.52$。

根据式（2-3），得 $t_{w,14}=t_{w,p}+\beta\Delta t_r=(28.6+0.52\times8.8)℃=33.2℃$。

（3）冬季空调室外计算温、湿度的确定　由于冬季空调系统加热加湿所需费用小于夏季冷却减湿的费用，为便于计算，冬季围护结构传热按稳定传热计算，不考虑室外气温的波动。可以只给定一个冬季空调室外计算温度作为计算新风负荷和围护结构传热之用。

冬季空调室外计算温度应采用历年平均不保证 1 天的日平均温度。若冬季不使用空调设备送热风，仅采用采暖装置补偿房间失热时，计算围护结构传热应采用采暖室外计算温度。

由于冬季室外空气含湿量远低于夏季，且变化量很小，因此不必给出湿球温度，只给出冬季室外计算相对湿度值。冬季空调室外计算相对湿度应采用累年最冷月平均相对湿度。

第二节　太阳辐射热对建筑物的热作用

一、太阳辐射热的基本知识

1. 太阳辐射强度

太阳是一表面温度约 6000℃的高温气团，内部温度高达 2×10^7℃。太阳表面不停地以辐射形式向外散出巨大的热能，投射到地球所在范围内的能量仅为其总能量的二十亿分之一左右。

当太阳辐射线到达大气层时，其中一部分辐射能量被大气层中的臭氧、水蒸气、二氧化碳和尘埃等吸收（其中大部分被水蒸气所吸收），另一部分被云层中的尘埃、冰晶、微小水珠及各种气体分子等反射或折射，形成漫无方向的散射辐射，又称天空辐射（其中大部分返回宇宙空间中去，另一部分反射到地球表面）。其余未被吸收和散射的辐射能，则仍按原

来的辐射方向，透过大气层沿直线继续前进，直达地面，这部分称为直射辐射。到达地面的太阳辐射能量是直射辐射能量和散射辐射能量之和。

太阳直射辐射是指太阳平行光线直接投射到地面上的能量，故而是有方向的，它受到一系列因素影响。散射辐射可认为没有方向性，它只占总辐射能量的一小部分，所以影响太阳直射辐射的因素可认为是影响总辐射的因素。

太阳辐射热量的大小用辐射强度 I 来表示，它是指 $1m^2$ 黑体表面在太阳照射下所获得的热量值，单位为 kW/m^2（或 W/m^2）。太阳辐射强度可用仪器直接测量。

2. 太阳与地球间的相对位置

在地球围绕太阳旋转过程中，地球自转的轴线（即南北极连线）和它绕太阳旋转（即公转）轨道的平面始终保持一个固定的66.5°的倾斜角，而且其自转轴总是指向大致相向的方向（北极星附近）。

图2-5所示为夏至、冬至时太阳高度与纬度的关系。图中 O 点表示地心，QQ' 表示赤道，NS 线表示地球轴线。

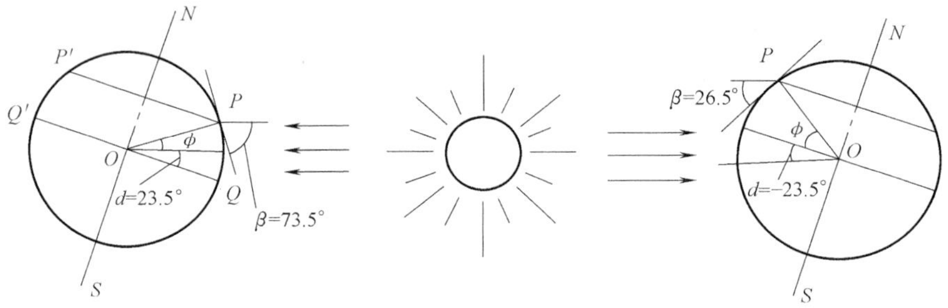

图2-5 夏至、冬至时太阳高度与纬度的关系（地点 P 为北纬40°）

（1）纬度（ϕ） 地球表面某地的纬度是该点对赤道平面偏北或偏南的角位移（由地心度量），即 OP 与 QQ' 的角度数（见图2-5）。

（2）太阳赤纬（d） 太阳光线对地球赤道的角位移称为太阳赤纬，即太阳与地球中心连线和地球赤道平面的夹角。赤纬全年在 $+23.5° \sim -23.5°$ 范围内变化，在夏至时为23.5°，冬至时为 $-23.5°$，在春、秋分时赤纬 $d=0$。

（3）时角（h） 如图2-6所示，太阳时角是指 OP 线在地球赤道平面上的投影与当地时间12时日、地中心连线在赤道平面上的投影之间的夹角。当地时间12时的太阳时角为零，前、后每隔1h，时角增加 $360/24=15°$，如10点和14点均为 $15°\times2=30°$。

地球上某一点所看到的太阳方向，称为太阳位置。太阳位置有两个角度表示，太阳高度角 β 和太阳方位角 A。太阳高度角为太阳光线与地平面的夹角，太阳方位角为太阳方向的水平投影偏离南向的角度（见图2-7）。

当在中午太阳照射时，太阳高度角 β 与当地纬度和赤纬有关，可用下式表示，即

$$\sin\beta = \cos\phi\cos h\cos d + \sin\phi\sin d \tag{2-5}$$

$$\sin A = \frac{\cos d\sin h}{\cos\beta} \tag{2-6}$$

3. 影响到达地面的太阳辐射强度的因素

到达地面的太阳辐射强度的大小取决于地球对太阳的相对位置（即地理纬度、季节、

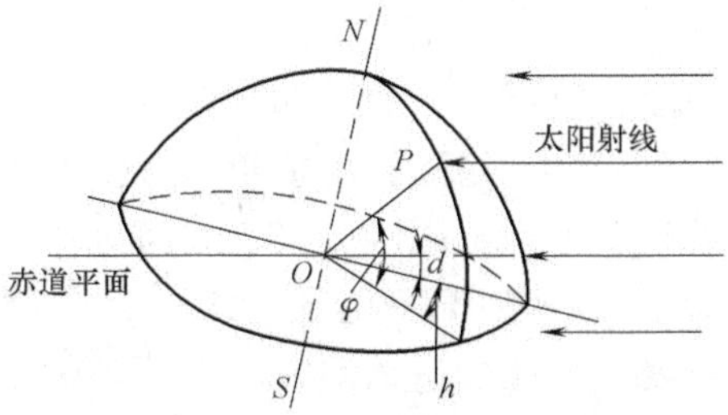

图 2-6 太阳与地球间各种角度关系

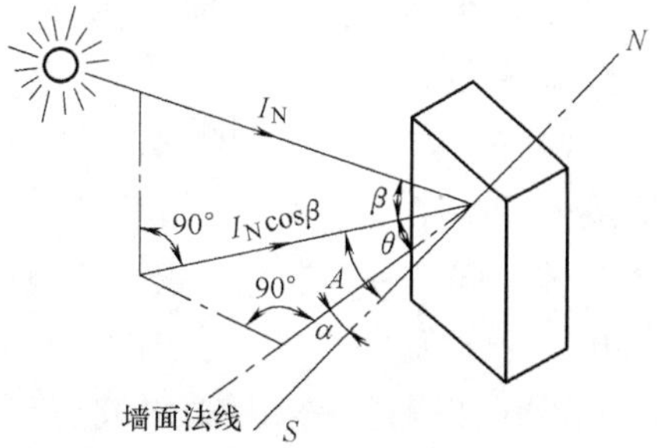

图 2-7 太阳射线与建筑物表面所形成的各种角度

昼夜等)，即与太阳辐射线对地面的高度角和它通过大气层的路径等因素有关。此外，高空中云量的多少（即透明度）对太阳辐射强度大小影响也很大，当遇到100%的云量时，太阳直射辐射会减小到零。

（1）地理纬度的影响　太阳高度角越小，太阳射线穿越大气层的路程越长，到达地面的辐射强度则越小，反之越大。由式（2-5）可知，太阳高度角与地理纬度有关，故辐射强度的大小与地理纬度有关。仅就中午而言，地理纬度高的地区，太阳高度角小，因而太阳辐射强度小，反之则大。就全天而论，高度角因时而异，则太阳辐射强度也因时而异。

（2）季节影响　在同纬度地区，不同季节的太阳高度角不同，北半球夏季太阳光线与地面接近垂直，太阳高度角远大于冬季，因而辐射强度大于冬季，且日照时间较长，冬季则照射时间短。

（3）昼夜关系　昼夜变化使地面的太阳辐射强度发生变化。地球上任何地点只能是在当地的白天接受太阳辐射，而且太阳高度角是逐时变化的，即中午太阳高度角最大，辐射强度最大，早晨与黄昏则因太阳高度角很小，辐射强度较小。

二、建筑物表面所受到的太阳辐射强度

到达地面的太阳辐射能一部分被地面所吸收，另一部分被地面反射出去，形成地面的反射辐射。由于地面吸收太阳的辐射热后温度升高，形成一个辐射热源而发出长波辐射，所以建筑物所受到的太阳辐射热，除了太阳的直射辐射与散射辐射外，还接受地面的反射与长波辐射。同样，建筑物表面由于受辐射而提高了表面温度，也变成了辐射热源，散出辐射热，称为有效辐射。建筑物表面所受到的辐射强度 I 可表示为

$$I = I_Z + I_S + I_D + I_C - I_Y \tag{2-7}$$

式中 I_Z——太阳直射辐射强度（kW/m^2）；

I_S——太阳散射辐射强度（kW/m^2）；

I_D——地面反射辐射强度（kW/m^2）；

I_C——地面长波辐射强度（kW/m^2）；

I_Y——建筑物表面有效辐射强度（kW/m^2）。

建筑物各个朝向的外表面（屋顶、各墙面）所受到的辐射热强度是各不相同的。以上各项均可用公式计算，本书这里不做介绍。

附录 B-2 和附录 B-3 给出了北纬 40°不同朝向各时刻的太阳总辐射强度和透过标准玻璃窗的太阳辐射强度，可以供计算空调负荷时选用。其他纬度的太阳辐射照度值可详见设计规范。

应用附录 B-2 和附录 B-3 时，当地的大气透明度等级，应根据当地夏季大气压力和附录 B-4 和附录 B-5 确定。

当太阳射线照射到非透明的围护结构外表面时，一部分被反射，另一部分被吸收，二者的比例取决于围护结构表面材料的种类、粗糙度和颜色。表面越粗糙，颜色越深，吸收的太阳辐射热越多。同一种材料对于不同波长的辐射光的吸收率也是不同的。黑色表面对各种波长的辐射几乎全部吸收，白色表面对不同波长则吸收率不同，对于可见光线几乎 90% 都反射回去。所以在外围护结构上刷白或在玻璃窗上挂白色窗帘可减少进入室内的太阳辐射热。

各种材料的围护结构外表面对太阳辐射热的吸收系数 ρ 值见附录 B-6。

三、室外空气综合温度

由于围护结构外表面同时受到太阳辐射和室外空气温度的热作用，外表面单位面积上得到的热量为

$$q = \alpha_W(t_W - \tau_W) + \rho I = \alpha_W\left[\left(t_W + \frac{\rho I}{\alpha_W}\right) - \tau_W\right] = \alpha_W(t_Z - \tau_W) \tag{2-8}$$

式中 α_W——围护结构外表面与室外空气间的传热系数 [W/(m^2 · K)]；

t_W——室外空气计算温度（K）；

τ_W——围护结构外表面温度（K）；

ρ——围护结构外表面对太阳辐射的吸收系数；

I——围护结构外表面接受的总太阳辐射强度（W/m^2）。

在式（2-8）中，称 $t_Z = t_W + \rho I/\alpha_W$ 为综合温度。所谓综合温度是相当于室外气温由原来的 t_W 值增加了一个太阳辐射的等效温度 $\rho I/\alpha_W$ 值，显然这只是为了计算上的方便所得到的一个相当的室外温度，并非实际的空气温度。

式（2-8）只考虑了来自太阳对围护结构的中短波辐射，没有考虑围护结构表面与天空和地面之间存在的长波辐射。近年来对式（2-8）做了如下修改

$$t_Z = t_W + \frac{\rho I}{\alpha_W} - \frac{\varepsilon \Delta R}{\alpha_W} \tag{2-9}$$

式中 ε——围护结构外表面的长波辐射系数；

ΔR——围护结构外表面向外界发射的长波辐射和由天空及周围物体向围护结构外表面的长波辐射之差（W/m^2）。

ΔR 值可近似取用：

水平面 $\dfrac{\varepsilon \Delta R}{\alpha_W} = 3.5 \sim 4.0℃$

垂直面 $\Delta R = 0$

可见，考虑了长波辐射作用后，综合温度 t_Z 值有所下降。若不考虑长波辐射对围护结构外表面的热作用，夏季空调冷负荷计算偏安全。

由于太阳辐射强度因朝向而异，吸收系数 ρ 因外围护结构表面材料而不同，所以一个建筑物的屋顶和各朝向的外墙表面有不同的综合温度值。

室外空气综合温度用于谐波反应法计算空调冷负荷中，工程上常用的冷负荷系数法不需要考虑。

第三节　空调房间冷（热）、湿负荷的计算

一、建筑物空调冷负荷的形成过程

在进行建筑物空调冷负荷的计算时，首先必须分清两个含义不同而又相互关联的量，即得热量和冷负荷。

房间得热量是指某一时刻由室外和室内热源进入房间的热量的总和，按是否随时间变化，得热量分为稳定得热和瞬时得热；按性质不同，得热量又可分为显热得热和潜热得热，而显热得热又包括以对流和辐射两种方式传递的得热。

瞬时冷负荷是指为了维持室温恒定，空调设备在单位时间内必须从室内取走的热量，即在单位时间内需向室内空气提供的冷量。

瞬时得热中以对流方式传递的显热得热和潜热得热部分，直接放散到房间空气中，立刻构成房间瞬时冷负荷，而显热得热借助辐射方式传递的得热量，首先投射到具有蓄热性能的围护结构和家具等室内物体表面上，并为之所吸收，只有当这些室内物体表面温度高于室内空气温度后，所蓄存的一部分热量才会借助对流方式逐渐放出，加热室内空气形成房间冷负荷，空调冷负荷应是以上两部分冷负荷之和。

可见，任一时刻房间瞬时得热量的总和未必等于同一时间的瞬时冷负荷，只有当瞬时得热量全部以对流方式传递给室内空气时（如新风和渗透风带入室内的得热量），或围护结构和家具没有蓄热能力的情况下，得热量的数值才等于瞬时冷负荷。

当空调系统间歇使用时，室温有一定的波动，引起围护结构额外的蓄热和放热，结果使得空调设备要自室内多取走一些热量。这种在非稳定工况下空调设备自室内带走的热量称为“除热量”，也就是空调设备的实际供冷量。

图 2-8 表示一个朝西的房间，当其温度保持一定、空调装置连续运行时，进入室内的瞬时太阳辐射热与冷负荷之间的关系。

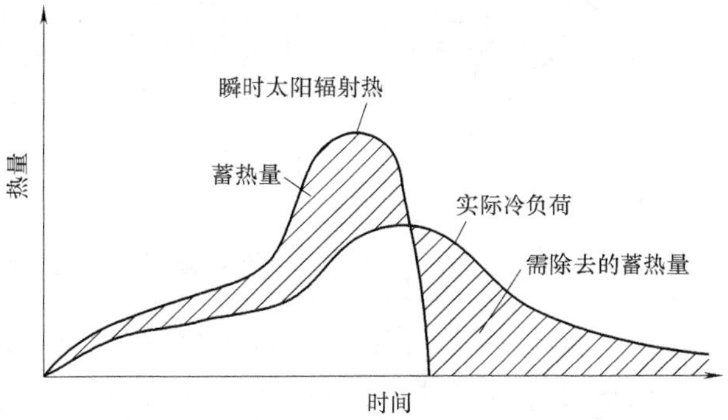

图 2-8　瞬时太阳辐射热与冷负荷之间的关系

由图 2-8 可知，实际冷负荷的峰值大约比太阳辐射热的峰值少 40%，而且出现的时间也迟于太阳辐射热峰值出现的时间。图中左侧阴影部分表示蓄存于结构中的热量。由于保持室温不变，两部分阴影面积是相等的。

由以上分析可见，得热量转化为冷负荷过程中，存在着衰减和延迟现象。冷负荷的峰值不但低于得热量的峰值，而且在时间上有所滞后，这是由建筑物的蓄热能力所决定的。蓄热能力越强，则冷负荷衰减越大，延迟时间也越长。围护结构的蓄热能力和其热容量有关，热容量越大，蓄热能力也越大，反之则小。材料的热容量等于重量与比热容的乘积，而一般建筑结构材料的比热容大致相等，因此材料热容量就单一地与其质量成正比关系。图 2-9 所示为不同质量的围护结构的蓄热能力对冷负荷的影响，重型结构的蓄热能力比轻型结构蓄热能力大得多，其冷负荷的峰值就比较

小，延迟时间也长得多。

灯光照明散热则比较稳定，灯具开启后，大部分热量被蓄存起来，随着照明时间的延续，蓄存的热量就逐渐减少，图2-10表示灯光散热量与冷负荷的关系。图中上部曲线表示荧光灯的瞬时得热，下部曲线表示使空调房间保持温度恒定时，由荧光灯引起的实际冷负荷。阴影部分表示蓄热量和从结构中除去的蓄热量。

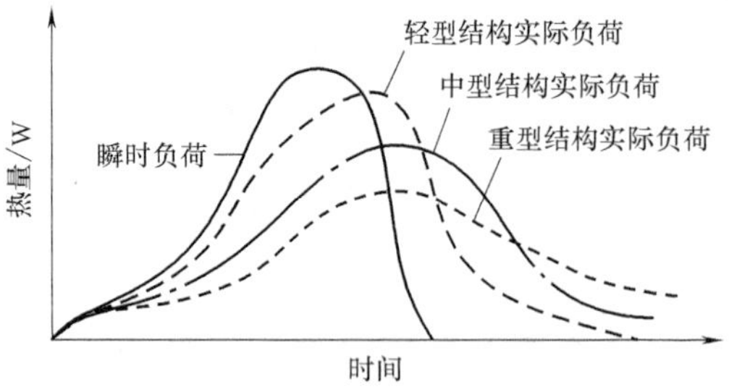

图2-9　不同重量的围护结构的蓄热能力对冷负荷的影响

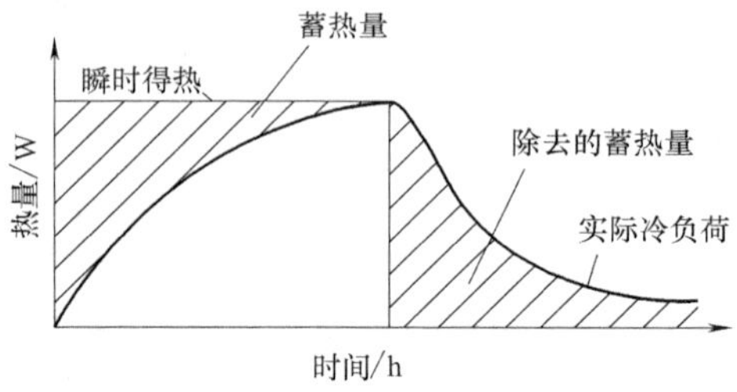

图2-10　灯光散热量与冷负荷的关系

图2-11所示为空气调节负荷方框图。

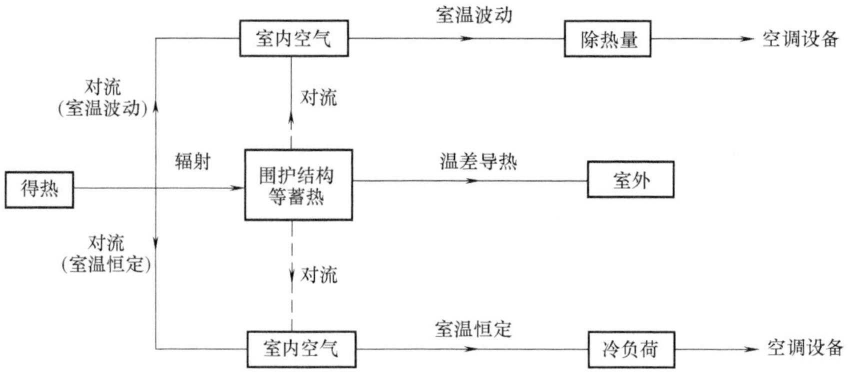

图2-11　空气调节负荷方框图

由以上分析可知，在计算空调负荷时，必须考虑围护结构的吸热、蓄热和放热效应，在确定房间逐时冷负荷时，必须按不同性质的得热分别计算，然后取逐时冷负荷分量之和。

二、冷负荷计算方法

我国过去沿用谐波分解法计算围护结构的冷负荷，由于该法对得热量和冷负荷不加区分，计算出的冷负荷往往偏大，造成设备容量的浪费。

20世纪70~80年代开展了新计算方法的研究，全国空调负荷计算课题组在1982年提出采用冷负荷系数法和谐波反应法计算空调冷负荷，本书仅介绍工程上常用的冷负荷系数法。

冷负荷系数法建立在传递函数法的基础上，是便于在工程上进行手工计算的一种简化计算方法。下面介绍其具体计算方法。

1. 围护结构传热及窗户因日射得热形成的冷负荷

（1）外墙和屋顶瞬变传热引起的冷负荷　在日射和室外气温综合作用下，墙体、屋顶瞬变传热所形成的逐时冷负荷，可用下列简化公式计算，即

$$Q_{n(q)} = KA(t_{1,n} - t_N) \tag{2-10}$$

式中 A——外墙和屋顶的计算面积（m^2）；

K——外墙和屋顶的传热系数 [$W/(m^2 \cdot K)$]，可由附录 B-7 表 1、表 2 中查得；

t_N——室内设计温度（℃）；

$t_{1,n}$——外墙和屋顶的冷负荷温度的逐时值（℃），根据外墙和屋顶的不同类型可在附录 B-7 表 3、表 4 中查得。

必须指出，附录 B-7 表 3、表 4 中给出的各围护结构的冷负荷计算温度都是以北京地区气象参数为依据计算出来的；所采用的外表面传热系数为 $\alpha_W = 18.6W/(m^2 \cdot K)$；内表面传热系数 $\alpha_N = 8.72W/(m^2 \cdot K)$；外墙和屋顶的吸收系数采用 $\rho = 0.90$。对不同地区应按实际情况进行修正，详细修正方法参见附录 B-7 表 5 ~ 表 7。

（2）外玻璃窗瞬变传热引起的冷负荷　在室内外温差作用下，玻璃窗瞬变传热引起的逐时冷负荷可按下式计算，即

$$Q_{n(c)} = KA(t_{1,c} - t_N) \tag{2-11}$$

式中 A——窗口面积（m^2）；

K——玻璃窗的传热系数 [$W/(m^2 \cdot K)$]，可由附录 B-7 表 8、表 9 中查得，不同类型玻璃窗的 K 值根据窗框和遮阳等情况不同，按附录 B-7 表 10 加以修正；

t_N——室内设计温度（℃）；

$t_{1,c}$——玻璃窗的冷负荷温度的逐时值（℃），可由附录 B-7 表 11 中查得，根据情况不同，表 11 中的 $t_{1,c}$ 值需按表 12 进行地点修正（见附录 B-7 说明）。

（3）透过玻璃窗日射得热引起的冷负荷

1）日射得热因数。透过玻璃窗进入室内的日射得热分为两部分，即透过窗玻璃直接透射到室内的太阳辐射热 Q_t 和玻璃吸收太阳辐射后传入室内的热 Q_a。

由于窗的类型、遮阳设施、太阳入射角及太阳辐射强度等因素的各种组合太多，无法建立太阳辐射得热与太阳辐射强度之间的函数关系，工程上采用一种对比的计算方法。

以 3mm 厚的普通平板玻璃作为"标准玻璃"，在一定的条件下 [$\alpha_N = 8.72\ W/(m^2 \cdot K)$ 和 $\alpha_W = 18.6\ W/(m^2 \cdot K)$]，得出夏季（以 7 月份为代表）通过这一"标准玻璃"的日射得热量 Q_t 和 Q_a 值，令 $D_j = Q_t + Q_a$，称 D_j 为日射得热因数。

经过大量统计计算，得出我国 40 个城市夏季 9 个不同朝向的逐时日射得热因数值 D_j 及其最大值 $D_{j,max}$。经过相似性分析，给出了适用各地区 [不同纬度（每一纬度带带宽为 ±2°30′纬度）] 的 $D_{j,max}$，其值可由附录 B-8 的表 1 查得。

考虑到在非标准玻璃情况下，以及不同窗类型和遮阳设施对日射得热的影响，可对日射得热加以修正，通常乘以窗玻璃的综合遮挡系数 C_Z。

$$C_Z = C_s C_n \tag{2-12}$$

式中 C_s——窗玻璃的遮挡系数，C_s = 实际窗玻璃的日射得热/"标准"窗玻璃的日射得热，可由附录 B-8 的表 2 查得；

C_n——室内遮阳设施的遮阳系数，由附录 B-8 表 3 查得。

关于有外遮阳的算法基本与此相同，但更为繁琐，本书不再详细介绍，需要时可查阅有关资料。

2）透过玻璃窗日射得热引起的冷负荷计算方法。透过玻璃窗进入室内的日射得热形成的逐时冷负荷 $Q_{n(r)}$ 按下式计算，即

$$Q_{n(r)} = AC_Z D_{j,max} C_L \tag{2-13}$$

式中 A——窗玻璃的净面积（m^2），其值为窗口面积乘以有效面积系数 C_a，C_a 值可由附录 B-8 表 4 查得；

C_Z——窗玻璃的综合遮挡系数；

$D_{j,max}$——日射得热的最大值（W/m^2），可由附录 B-8 表 1 查得；

C_L——冷负荷系数，可由附录 B-8 表 5 ~ 表 8 中查得。

这样，由式（2-13）就可以简便地算出全国范围内任一地点、不同朝向的日射透过玻璃窗进入室内得热形成的逐时冷负荷。

附录 B-8 表 5 ~ 表 8 是以北纬 27.5°为界，将全国分成南北两区，查询 C_L 时，应明确设计地处在南区还是北区。

2. 通过内围护结构传热形成的冷负荷

若邻室为非空调区时，且与空调区的夏季温差大于 3℃，则邻室将通过内围护结构向空调区传热。通过隔墙、楼板等内围护结构传热形成的冷负荷（单位：W）应按下式进行计算

$$Q_{n(1)} = KA(t_{ls} - t_N) \tag{2-14}$$

式中 K——内围护结构传热系数 [$W/(m^2 \cdot K)$]，可参考表 2－3 选取；

A——隔墙、楼板等内围护结构的面积（m^2）；

t_{ls}——邻室计算平均温度（℃），可按下式进行计算：

$$t_{ls} = t_{w,p} + \Delta t_{ls} \tag{2-15}$$

式中 $t_{w,p}$——夏季空调室外计算日平均温度（见附录 B-1，℃）；

Δt_{ls}——邻室计算平均温度与夏季空调室外计算日平均温度的差值（℃），可按表 2-4 选取。

表 2-3 内墙和楼板的传热系数

室温允许波动范围/℃	±(0.1 ~ 0.2)	±0.5	≥ ±1.0
内墙和楼板的传热系数/[$W/(m^2 \cdot K)$]	0.7	0.9	1.2

注：表中数值仅适用于相邻空气调节区的温差大于 3℃时。

表 2-4 邻室计算平均温度与夏季空调室外计算日平均温度的差值

邻室散热量/(W/m^2)	Δt_{ls}/℃
很少(如办公室和走廊等)	0 ~ 2
< 23	3
23 ~ 116	5

3. 内部热源散热引起的冷负荷

室内热源包括工艺设备散热、照明散热及人体散热等。

室内热源散出的热量包括显热和潜热两部分，潜热散热为瞬时冷负荷，显热散热中对流

散热为瞬时冷负荷，而辐射热部分则先被围护结构等物体表面所吸收，然后再逐渐散出，形成滞后冷负荷。因此，必须采用相应的冷负荷系数。

（1）设备散热形成的冷负荷　设备和用具显热散热形成的冷负荷按下式计算，即

$$Q_{LS}=QC_{LS} \tag{2-16}$$

式中　Q——设备和用具的实际显热散热量（W）；

C_{LS}——设备和用具显热散热冷负荷系数，根据设备和用具开始使用后的小时数和从开始使用时刻到计算冷负荷时刻的小时数，以及有罩和无罩等不同，可按附录B-9表1和表2选取。

设备显热散热量 Q 按下式计算：

1）电动设备散热量。当工艺设备及其电动机都放在室内时

$$Q=1000n_1n_2n_3P/\eta \tag{2-17}$$

当只有工艺设备在室内，而电动机不在室内时

$$Q=1000n_1n_2n_3P \tag{2-18}$$

当工艺设备不在室内，而只有电动机在室内时

$$Q=1000n_1n_2n_3P\frac{1-\eta}{\eta} \tag{2-19}$$

式中　P——电动设备的安装功率（kW）；

η——电动机效率，可由产品样本查得，或按表2-5推荐值选取；

n_1——利用系数（安装系数），为电动机最大实耗功率与安装功率之比，一般可取0.7~0.9，可用来反映安装功率的利用程度；

n_2——电动机负荷系数，指电动机每小时平均实耗功率与机器设计时最大的实耗功率之比，对精密机床可取0.15~0.40，对普通机床可取0.50左右；

n_3——同时使用系数，指室内电动机同时使用的安装功率与总安装功率之比，应根据工艺过程中设备的实际使用情况来确定，一般取0.5~0.8。

上述各系数的确切数据需要根据设备的实际使用情况来确定。

表2-5　电动机效率

电动机效率/kW	0.25~1.1	1.5~2.2	3~4	5.5~7.5	10~13	17~22
电动机效率 η(%)	76	80	83	85	87	88

2）电热设备散热量。对于保温闭罩的电热设备，按下式计算，即

$$Q=1000n_1n_2n_3n_4P \tag{2-20}$$

式中　n_4——考虑排风带走热量的系数，一般取0.5，式中其他系数意义同前。

3）电子设备散热量。计算公式同式（2-20），其中系数 n_3 的值根据使用情况而定，对于已给出实测的实耗功率值的电子计算机可取1.0；一般仪表取0.5~0.9。

（2）照明散热形成的冷负荷　室内照明设备散热属于稳定得热，只要电压稳定，这一得热量是不随时间变化的。

根据照明灯具的类型和安装方式不同，其冷负荷计算式分别如下：

白炽灯

$$Q_m=1000PC_{LZ} \tag{2-21}$$

荧光灯

$$Q_m=1000n_1n_2PC_{LZ} \tag{2-22}$$

式中 P——照明灯具所需功率（W）；

n_1——镇流器消耗功率系数，当明装荧光灯的镇流器装在空调房间内时，取 $n_1=1.2$，当暗装荧光灯镇流器装设在顶棚内时，可取 $n_1=1.0$；

n_2——灯罩隔热系数，当荧光灯罩上部穿有小孔（下部为玻璃板），可利用自然通风散热于顶棚内时，取 $n_2=0.5\sim0.6$，而荧光灯罩无通风孔者，则视顶棚内通风情况，取 $n_2=0.6\sim0.8$；

C_{LZ}——照明散热冷负荷系数，根据明装和暗装荧光灯及白炽灯，按照不同的空调设备运行时间和开灯时间以及开灯后的小时数，由附录 B-9 表 3 查得。

（3）人体散热引起的冷负荷 人体散热与性别、年龄、衣着、劳动强度以及环境条件（温、湿度）等多种因素有关。从性别上看，可以认为成年女子总散热量约为男子的 85%，儿童约为 75%。人体显热散热中的对流部分成为瞬时冷负荷，潜热散热量则直接成为瞬时冷负荷，故在计算显热散热引起的冷负荷时需要考虑冷负荷系数。

由于性质不同的建筑物中有不同比例的成年男子、女子和儿童数量，而成年女子和儿童的散热量低于成年男子。为了实际计算方便，以成年男子的散热量为基础，乘以考虑了各类人员组成比例的系数（称群集系数），表 2-6 给出了一些数据，供参考。人体显热散热引起的冷负荷计算式为

$$Q_x = q_x n n' C_{L,x} \tag{2-23}$$

式中 q_x——不同室温和劳动性质成年男子显热散热量，见表 2-7。

n——室内全部人数。

n'——群集系数，见表 2-6。

$C_{L,x}$——人体显热散热冷负荷系数，见附录 B-9 表 4。这一系数取决于人员在室内停留的总小时数及由进入室内的时刻至计算时刻为止的小时数。

表 2-6 群集系数 n'

工作场所	群集系数 n'	工作场所	群集系数 n'
影剧院	0.89	图书阅览室	0.96
百货商店	0.89	工厂轻劳动	0.90
旅馆	0.93	银行	1.00
体育馆	0.92	工厂重劳动	1.00

表 2-7 不同室温和劳动性质下成年男子显热散热量和散湿量

体力活动性质		热量或湿量/W或(g/h)	室内温度/℃										
			20	21	22	23	24	25	26	27	28	29	30
静坐	影剧院 会堂 阅览室	显热	84	81	78	74	71	67	63	58	53	48	43
		潜热	26	27	30	34	37	41	45	50	55	60	65
		全热	110	108	108	108	108	108	108	108	108	108	108
		湿量	38	40	45	50	56	61	68	75	82	90	97
极轻劳动	旅馆 体育馆 手表装配	显热	90	85	79	75	70	65	61	57	51	45	41
		潜热	47	51	56	59	64	69	73	77	83	89	93
		全热	137	136	135	134	134	134	134	134	134	134	134
		湿量	69	76	83	89	96	102	109	115	123	132	139

（续）

体力活动性质		热量或湿量/W或(g/h)	室内温度/℃										
			20	21	22	23	24	25	26	27	28	29	30
轻度劳动	百货商店 化学实验室 电子计算机机房	显热	93	87	81	76	70	64	58	51	47	40	35
		潜热	90	94	100	106	112	117	123	130	135	142	147
		全热	183	181	181	182	182	181	181	181	182	182	182
		湿量	134	140	150	158	167	175	184	194	203	212	220
中等劳动	纺织车间 印刷车间 机加工车间	显热	117	112	104	97	88	83	74	67	61	52	45
		潜热	118	123	131	138	147	152	161	168	174	183	190
		全热	235	235	235	235	235	235	235	235	235	235	235
		湿量	175	184	196	207	219	227	240	250	280	273	283
重度劳动	炼钢车间 铸造车间 排练厅 室内运动场	显热	169	163	157	151	145	140	134	128	122	116	110
		潜热	238	244	250	256	262	267	273	279	285	291	297
		全热	407	407	407	407	407	407	407	407	407	407	407
		湿量	356	365	373	382	391	400	408	417	425	434	443

人体潜热散热引起的冷负荷计算式为

$$Q_q = Q_q n n' \tag{2-24}$$

式中 Q_q——不同室温和劳动性质成年男子潜热散热量，见表2-7；

n、n'——同式（2-23）。

人体散热引起的冷负荷 Q 为显热冷负荷与潜热冷负荷之和，即 $Q = Q_x + Q_q$。

三、空调房间湿负荷的计算

室内湿源的散湿量包括人体散湿和工厂设备散湿，室内湿源的散湿量即形成空调房间湿负荷。

1. 人体散湿引起的湿负荷

人体散湿量应与散热量同样考虑和计算。不同室温和劳动性质下成年男子散湿量可直接由表2-7查得。

2. 其他湿源散湿量

（1）敞开水槽表面散湿量（单位：kg/s）

$$W = \beta(p_{q,b} - p_q) A \frac{B}{B'} \tag{2-25}$$

式中 $p_{q,b}$——相应水表面温度下饱和空气的水蒸气分压力（Pa）；

p_q——空气中水蒸气分压力（Pa）；

A——蒸发水槽表面积（m^2）；

β——蒸发系数［kg/(N·s)］，$\beta = (a + 0.00363v) \times 10^{-5}$；

B——标准大气压力，其值为101325Pa；

B'——当地实际大气压力（Pa）；

a——周围空气温度为15~30℃时，不同水温下的扩散系数［kg/(N·s)］，其值见表2-8；

v——水面上周围空气流速（m/s）。

表 2-8 不同水温下的扩散系数 a

水温/℃	<30	40	50	60	70	80	90	100
a/[kg/(N·s)]	0.0043	0.0058	0.0069	0.0077	0.0088	0.0096	0.0106	0.0125

(2) 地面积水蒸发量 计算方法与水槽蒸发量计算方法相同。

在工业厂房中，随着工艺流程的进行，可能有各种材料表面蒸发水气或管道漏气，其散湿量确定方法视具体情况而定，可从现场调查得其数据，也可从有关资料中查得。

四、冷负荷计算示例

【例 2-2】 试计算北京地区某手表装配车间夏季的空调设计负荷。已知条件为：

1）屋顶：结构同附录 B-7 表 2 中序号 2，属Ⅲ型，$K=1.16\text{W}/(\text{m}^2\cdot\text{K})$，$A=40\text{m}^2$。

2）南窗：双层全部玻璃钢窗，挂浅色活动百叶窗帘，$A=16\text{m}^2$。

3）南墙：红砖墙 $K=1.55\text{W}/(\text{m}^2\cdot\text{K})$，序号 1，属Ⅱ型，$A=22\text{m}^2$。

4）内墙：邻室包括走廊，均与车间温度相同。

5）室内设计温度：$t_N=27$℃。

6）室内有 8 人工作（上午 8 时～下午 6 时）。

7）室内压力稍高于室外大气压力。

【解】 按本题条件，不考虑邻室传热引起的冷负荷，只有前三项围护结构和人员需分别计算冷负荷。由于室内压力高于大气压力，所以不需要考虑由于室外空气渗透所引起的冷负荷。现分项计算如下：

1. 屋顶逐时冷负荷

由附录 B-7 表 4 查得冷负荷计算温度逐时值，即可按式（2-10）计算出屋顶逐时冷负荷，计算结果列于表 2-9 中。

表 2-9 屋顶冷负荷

时间	7:00	8:00	9:00	10:00	11:00	12:00	13:00	14:00	15:00	16:00	17:00	18:00	19:00
$t_{1,n}$/℃	35.5	34.1	33.1	32.7	33.0	34.0	35.8	38.1	40.7	43.5	46.1	48.3	49.9
$(t_{1,n}-t_N)$/℃	8.5	7.1	6.1	5.7	6.0	7.0	8.8	11.1	13.7	16.5	19.1	21.3	22.9
A/m²	40												
K/[W/(m²·K)]	1.16												
$Q_{n(q)}$/W	395	330	284	265	279	326	409	516	637	768	889	991	1065

2. 南外墙逐时冷负荷

由附录 B-7 表 3 查取Ⅱ型外墙逐时冷负荷计算温度。表 2-10 列入了其逐时值及冷负荷计算结果，冷负荷计算方法同上。

表 2-10 南外墙逐时冷负荷

时间	7:00	8:00	9:00	10:00	11:00	12:00	13:00	14:00	15:00	16:00	17:00	18:00	19:00
$t_{1,n}$/℃	35	34.6	34.2	33.9	33.5	33.2	32.9	32.8	32.9	33.1	33.4	33.9	34.4
$(t_{1,n}-t_N)$/℃	8	7.6	7.2	6.9	6.5	6.2	5.9	5.8	5.9	6.1	6.4	6.9	7.4
A/m²	22												
K/[W/(m²·K)]	1.55												
$Q_{n(q)}$/W	273	259	246	235	222	211	201	198	201	208	218	235	252

3. 南玻璃窗传热引起冷负荷

由附录 B-7 表 9 查得双层玻璃窗的传热系数 K 值，当 $\alpha_N=8.7\text{W}/(\text{m}^2\cdot\text{K})$、$\alpha_W=18.6\text{W}/(\text{m}^2\cdot\text{K})$ 时，$K=3.01\text{W}/(\text{m}^2\cdot\text{K})$。再由表 10 查得玻璃窗传热系数的修正值，对全部玻璃双层窗应乘以 1.0 的修正系数，最后传热系数 $K=3.01\text{W}/(\text{m}^2\cdot\text{K})$。由附录 B-7 表 11 查出玻璃冷负荷计算温度 $t_{1,c}$，根据式（2-11）计算，结果见表 2-11。

表 2-11 南玻璃窗瞬变传热冷负荷

时间	7:00	8:00	9:00	10:00	11:00	12:00	13:00	14:00	15:00	16:00	17:00	18:00	19:00
$t_{1,c}$/℃	26	26.9	27.9	29.0	29.9	30.8	31.5	31.9	32.2	32.2	32.0	31.6	30.8
$(t_{1,c}-t_N)$/℃	−1	−0.1	0.9	2.0	2.9	3.8	4.5	4.9	5.2	5.2	5.0	4.6	3.8
A/m^2	16												
$K/[\text{W}/(\text{m}^2\cdot\text{K})]$	3.01												
$Q_{n(c)}$/W	−48	−4.8	43	96	140	183	216	236	250	250	241	222	183

4. 透过玻璃窗进入日射得热引起冷负荷

已知所用玻璃为 3mm 普通平板玻璃钢窗，由附录 B-8 表 4 中查得双层玻璃钢窗有效面积系数 $C_a=0.75$，故窗的有效面积 $A=16\times0.75\text{m}^2=12\text{m}^2$。

由附录 B-8 表 2 中查得遮挡系数 $C_s=0.86$，由表 3 中查出遮阳系数 $C_n=0.6$，综合遮阳系数 $C_Z=0.86\times0.6=0.516$。

再由附录 B-8 表 1 查出纬度为 40°时南向日射得热因数最大值 $D_{j,max}=302\text{W}/\text{m}^2$。因北京地处北纬 27°30′以北，为北区，由附录 B-8 表 6 查得北区有内遮阳的窗玻璃冷负荷系数 C_L。根据式（2-13）计算逐时进入玻璃日射得热引起的冷负荷，并记入表 2-12 中。

表 2-12 南窗进入的日射得热引起的冷负荷

时间	7:00	8:00	9:00	10:00	11:00	12:00	13:00	14:00	15:00	16:00	17:00	18:00	19:00
C_L	0.18	0.26	0.40	0.58	0.72	0.84	0.80	0.62	0.45	0.32	0.24	0.16	0.10
$D_{j,max}/(\text{W}/\text{m}^2)$	302												
C_Z	0.516												
A/m^2	12												
$Q_{n(r)}$/W	337	486	748	1085	1346	1571	1496	1159	841	598	449	299	187

5. 人员散热引起冷负荷

手表配装属极轻度劳动，查表 2-7，当室温为 27℃时，每人散发的显热量与潜热量分别为 57W 和 77W，取群集系数 $n'=0.96$（见表 2-6）。根据室内工作人员自上午 8 时至下午 6 时共停留 10h（中午两小时也算在内），由附录 B-9 表 4 查得人体显热散热冷负荷系数逐时值（表 4 左列中 10h 对应一行的数值），按式（2-23）和式（2-24）计算人体显热散热逐时冷负荷与潜热散热冷负荷，结果列于表 2-13 中。

表 2-13 人员散热引起的冷负荷

时间	7:00	8:00	9:00	10:00	11:00	12:00	13:00	14:00	15:00	16:00	17:00	18:00	19:00
$C_{L,x}$	0.07	0.05	0.53	0.62	0.69	0.74	0.77	0.80	0.83	0.85	0.87	0.89	0.42
Q_x	0	26	232	271	302	324	337	350	363	372	381	390	184
Q_q	0	591	591	591	591	591	591	591	591	591	591	591	591
Q	0	617	823	862	893	915	928	941	954	963	972	981	775

最后将前五项逐时冷负荷值相加，列于表 2-14 中。

表 2-14 逐时冷负荷汇总 （单位：W）

时间	7:00	8:00	9:00	10:00	11:00	12:00	13:00	14:00	15:00	16:00	17:00	18:00	19:00
屋顶负荷	395	330	284	265	279	326	409	516	637	768	889	991	1065
外墙负荷	273	259	246	235	222	211	201	198	201	208	218	235	252
窗传热负荷	-48	-4.8	43	96	140	183	216	236	250	250	241	222	183
窗日射负荷	337	486	748	1085	1346	1571	1496	1159	841	598	449	299	187
人员负荷	0	617	823	862	893	915	928	941	954	963	972	981	775
总计	957	1687.2	2144	2543	2880	3206	3250	3050	2883	2787	2769	2728	2462

由逐时冷负荷汇总表可以看出，最大冷负荷值出现在 13：00 时，其值为 3250W，即为该手表装配车间夏季空调设计冷负荷。

在各项冷负荷中，以窗的日射冷负荷最大，因此，朝阳的（指东、南、西向）空调房间应尽量采用外遮阳设施，以降低房间冷负荷。

第四节 空气调节负荷估算指标

一、空调系统负荷的估算

民用建筑空气调节系统的夏季冷负荷，应尽量按冷负荷系数法计算确定，当计算条件不具备或是在民用建筑空调系统方案设计阶段时，也可采用估算指标进行负荷计算。工程上常常采用单位面积冷负荷指标法，即根据建筑物每平方米的空调面积所需的冷负荷，乘以建筑物的空调面积，即可得夏季空调制冷系统的总负荷估算值。国内部分建筑空调冷负荷概算指标见表 2-15。

表 2-15 国内部分建筑空调冷负荷概算指标

序号	建筑类型及房间名称	冷负荷指标/(W/m^2)	序号	建筑类型及房间名称	冷负荷指标/(W/m^2)
1	旅馆:客房(标准层)	80~110	17	一般手术室	100~150
2	酒吧、咖啡厅	100~180	18	洁净手术室	300~500
3	西餐厅	160~200	19	X 光、CT、B 超诊断	120~150
4	中餐厅、宴会厅	180~350	20	商场、百货大楼、营业厅	150~250
5	商店、小卖部	100~160	21	影剧院观众席	180~350
6	中庭、接待厅	90~120	22	休息厅(允许吸烟)	300~400
7	小会议室(允许少量吸烟)	200~300	23	化妆间	90~120
8	大会议室(不允许吸烟)	180~280	24	体育馆比赛馆	120~250
9	理发、美容	120~180	25	观众休息厅(允许吸烟)	300~400
10	健身房、保龄球	100~200	26	贵宾室	100~120
11	弹子房	90~120	27	展览厅、陈列室	130~200
12	室内游泳池	200~350	28	会堂、报告厅	150~200
13	舞厅(交谊舞)	200~250	29	图书阅览室	75~100
14	舞厅(迪斯科)	250~350	30	科研、办公	90~140
15	办公	90~120	31	公寓、住宅	80~90
16	高级病房	80~110	32	餐馆	200~350

注：1. 上述指标为总建筑面积的冷负荷指标，建筑物的总建筑面积小于 $5000m^2$ 时，取上限值，大于 $10000m^2$ 时，取下限值。

2. 按上述指标确定的冷负荷即制冷机的容量，不必再考虑扩大系数。

3. 由于地区差异较大，上述指标仅供参考，设计时应以本地区主管部门或设计部门推荐指标为准。

二、采暖负荷的估算

对于设空调系统的建筑物，冬季热负荷可按采暖热负荷指标估算后，再乘以空调系统冬季室外新风量的加热系数 1.3～1.5 即可得总热负荷。当只知道总建筑面积时，其采暖负荷指标可参考表 2-16 所列的数值。

表 2-16　部分建筑采暖设计指标

建筑类型及房间名称	采暖负荷指标/(W/m²)	建筑类型及房间名称	采暖负荷指标/(W/m²)
住宅	46～70	商店	64～87
办公楼、学校	58～80	单层住宅	80～140
医院、幼儿园	64～80	食堂、餐厅	116～140
旅馆	58～70	影剧院	93～116
图书馆	46～70	大礼堂、体育馆	116～163

注：总建筑面积大，外围护结构热工性能好，窗户面积小，采用较小的指标。总建筑面积小，外围护结构热工性能差，窗户面积大，采用较大的指标。

第五节　空调房间送风量的确定

在已知空调冷（热）湿负荷的基础上，本节将讨论如何利用不同的送风和排风状态来消除室内的余热、余湿，以维持空调房间所要求的空气参数。下面介绍送入空气的状态及送风量的确定。

一、夏季送风状态及送风量

图 2-12 表示空调房间送风示意图。室内余热量（即室内冷负荷）为 Q（W），余湿量为 W（kg/s）。为了消除余热、余湿，保持室内空气状态为 N 点，送入风量 G（kg/s）的空气，其状态为 O。当送入的空气吸收余热 Q 和余湿 W 后，由状态 O（h_O、d_O）变为状态 N（h_N、d_N）排出房间，从而保证了室内空气状态为 n_N、d_N。

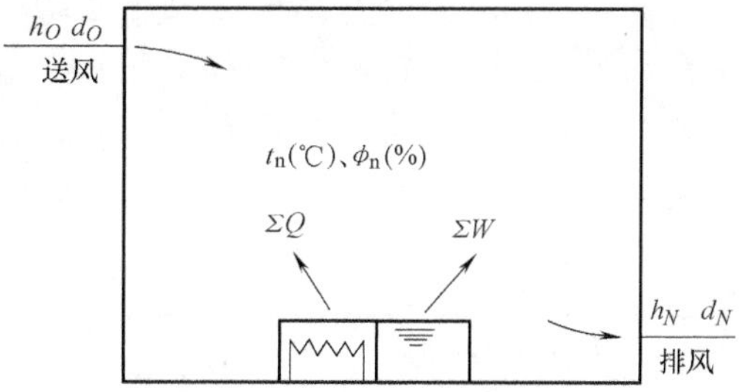

图 2-12　空调房间送风示意图

根据热平衡可得

$$\left.\begin{aligned} Gh_O + Q &= Gh_N \\ \text{或}\quad n_N - h_O &= \frac{Q}{G} \end{aligned}\right\} \tag{2-26}$$

根据湿平衡可得

$$\left.\begin{aligned} G\frac{d_O}{1000} + W &= G\frac{d_N}{1000} \\ \text{或}\quad \frac{d_N - d_O}{1000} &= \frac{W}{G} \end{aligned}\right\} \tag{2-27}$$

式（2-27）中除以 1000 是将 g/kg 的单位化为 kg/kg，该式说明送入 1kg 风量吸收了 W/G 的湿量后，送风含湿量由 d_O 变为 d_N。

由于送入空气同时吸收了余热量 Q 和余湿量 W，其状态由 O（h_O、d_O）变为状态 N（h_N、d_N），将式（2-26）和式（2-27）相除，即得送入空气由 O 点变为 N 点时的状态变化过程（或方向）的热湿比（或角系数）ε。

$$\varepsilon=\frac{Q}{W}=\frac{h_N-h_O}{(d_N-d_O)/1000} \tag{2-28}$$

这样，在 h-d 图上就可利用热湿比 $\varepsilon=Q/W$ 的过程线（即方向线）来表示送入空气状态变化过程的方向（见图2-13）。就是说，只要送风状态点 O 位于通过室内空气状态点 N 的热湿比线上，那么将一定数量的这种状态的空气送入室内，就能同时吸收余热和余湿，从而保证室内要求的状态 N（h_N、d_N）。

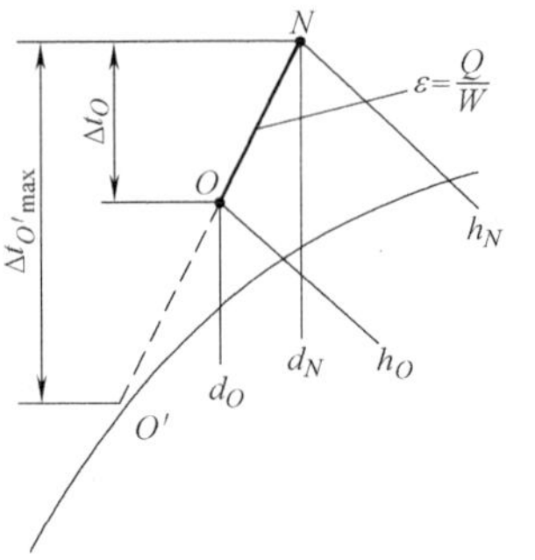

图 2-13　送入空气状态变化过程

既然送入的空气同时吸收房间的余热、余湿，则送风量必定符合以下等式，即

$$G=\frac{Q}{h_N-h_O}=\frac{1000W}{d_N-d_O} \tag{2-29}$$

余热量 Q 和余湿量 W 都是已知的，室内状态点 N 在 h-d 图上的位置也已确定，因而只要经 N 点作出 $\varepsilon=Q/W$ 的过程线，即可在该过程线上确定 O 点，从而算出送风量 G。但从式（2-28）的关系上看，凡是位于 N 点以下的该过程线上的诸点直到 O 点（见图2-13）均可作为送风状态点，只不过 O 点距离 N 点越近，送风量则越大，距 N 点越远，则送风量越小。送风量小一些，则处理空气和输送空气所需设备可相应地小一些，从而减小初投资和运行费用。但是如果送风温度过低、送风量过小，可能使人感受有冷气流的作用，且室内温度和湿度分布的均匀性和稳定性将受到影响。

暖通空调规范规定了夏季送风温差的建议值，该值和恒温精度有关（见表2-17）。表2-17还推荐了换气次数。换气次数是空调工程中常用的衡量送风量的指标，它的定义是房间通风量 L（m^3/h）与房间体积 V（m^3）的比值，即 $n=L/V$（次/h）。如果用送风温差计算所得送风量折合的换气次数大于表中的 n 值，则符合要求。

表 2-17　送风温差与换气次数

室温允许波动范围	送风温差/℃	换气次数/(次/h)
±(0.1～0.2)℃	2～3	20～150
±0.5℃	3～6	>8
±1.0℃	6～10	≥5
>±1℃	人工冷源：≤15 天然冷源：可能的最大值	

对于有洁净度要求的净化厂房，换气次数有的高达每小时数百次，这种情况不在此限。

选定送风温差之后，即可按以下步骤确定送风状态和计算送风量。

1）在 h-d 图上找出室内空气状态点 N。

2）根据计算出的 Q 和 W 求出热湿比 $\varepsilon=Q/W$，再通过 N 点作出过程线。

3）根据所取定的送风温差 Δt_O 求出送风温度 t_O，t_O 等温线与过程线 ε 的交点 O 即为送风状态点。

4）按式（2-28）计算送风量。

【例 2-3】　某空调房间总余热量 $\Sigma Q = 3314\text{W}$，总余湿量 $\Sigma W = 0.264\text{g/s}$，要求室内全年维持空气状态参数为：$t_N =（22 \pm 1）℃$、$\phi_N =（55 \pm 5）\%$，当地大气压力为 101325Pa，求送风状态和送风量。

【解】

1）求热湿比：$\varepsilon = \dfrac{Q}{W} = \dfrac{3314}{0.264}\text{J/g} = 12553$。

2）在 h-d 图上（见图 2-14）确定室内空气状态点 N，通过该点画出 $\varepsilon = 12553$ 的过程线。取送风温差 $\Delta t_O = 8℃$，则送风温度 $t_O = (22-8)℃ = 14℃$，从而得出

$h_O = 36\text{kJ/kg}$，$d_O = 8.5\text{g/kg}$，$h_N = 46\text{kJ/kg}$，$d_N = 9.3\text{g/kg}$

3）计算送风量。按消除余热计算的送风量：

$$G = \frac{Q}{h_N - h_O} = \frac{3314}{46-36}\text{g/s} = 0.33\text{kg/s}$$

按消除余湿计算的送风量：

$$G = \frac{1000W}{d_N - d_O} = \frac{0.264}{9.3-8.5}\text{kg/s} = 0.33\text{kg/s}$$

按消除余热和余湿所求送风量相同，说明计算无误。

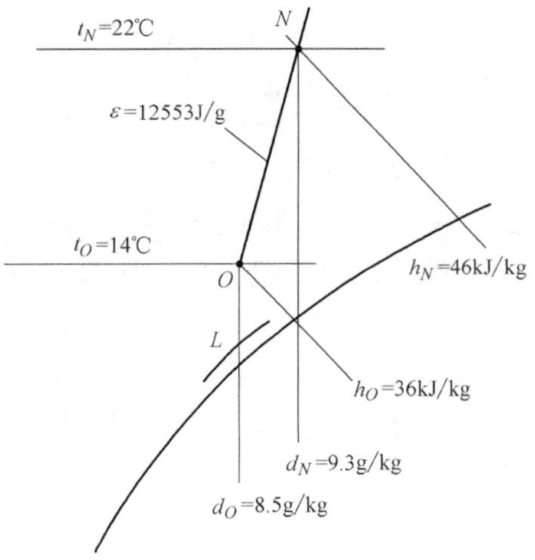

图 2-14　例 2-3 图

顺便指出，计算送风量和确定送风状态也可利用余热量中的显热部分和送风温差来计算。因为在总余热量中既包括引起空气温度变化的显热部分，也包括引起空气含湿量变化的潜热部分，即

$$Q = Q_x + Q_q \tag{2-30}$$

式中　Q_x——只对空气温度有影响的显热量；

Q_q——由于人体等散发水汽所带给空气的潜热量。

由于显热部分只对空气温度变化起作用，则 G（kg/s）空气送入室内后温度由 t_O 变为 t_N，它就吸收了余热量中的显热部分 Q_x。Q_x 可近似用下式表示，即

$$Q_x = G \times 1.01(t_N - t_O) \tag{2-31}$$

$$G = \frac{Q_x}{1.01(t_N - t_O)} \tag{2-32}$$

式中　1.01——干空气的比定压热容［kJ/(kg·K)］。

用上式所求出的送风量是近似的，但误差不大。根据所求送风量，利用式（2-29）求出 d_O，即可得出送风状态点。

二、冬季送风状态与送风量的确定

在冬季，通过围护结构的温差传热往往是由内向外传递，只有室内热源向室内散热，因此冬季室内余热量往往比夏季少很多，有时甚至为负值，而余湿量在冬、夏季一般相同。这

样，冬季房间的热湿比值常小于夏季，也可能是负值。所以空调送风温度 $t_{O'}$往往接近或高于室温 t_N，$h_{O'} > i_N$（见图2-15）。由于送热风时的送风温差值可比送冷风时的大，所以冬季送风量可以比夏季小，故空调送风量一般是先确定夏季送风量，在冬季可采取与夏季相同的风量，也可少于夏季。全年采取固定送风量是比较方便的，只需要调节送风参数即可。而冬季采用提高送风温度以减少送风量的方法，可以节约电能，尤其对较大的空调系统，减少风量的经济意义更为突出。当然减少风量也是有所限制的，它必须满足最少换气次数的要求，同时送风温度也不宜过高，一般以不超过45℃为宜。

【例2-4】 仍按上题的基本条件，如冬季余热量 $\Sigma Q = -1.105\text{kW}$，余湿量 $\Sigma W = 0.264\text{g/s}$，试确定冬季送风状态及送风量。

【解】 1）求冬季热湿比。

$$\varepsilon = \frac{Q}{W} = \frac{-1105}{0.264}\text{J/g} = -4185。$$

2）按全年送风量不变计算送风参数。由于冬、夏季室内散湿量相同，所以冬季送风含湿量应与夏季相同，即 $d_{O'} = d_O = 8.6\text{g/kg}$。

过 N 点作 $\varepsilon = -4185$ 的过程线（见图2-15）与 $d_{O'} = 8.6\text{g/kg}$ 等含湿量线的交点即为冬季送风状态点 O'。在全年送风量不变的条件下，送风量为已知，因而可算出送风状态点 O'的焓值。

$$h_{O'} = h_N + \frac{Q}{G} = \left(46 + \frac{1.105}{0.33}\right)\text{kJ/kg} = 49.35\text{kJ/kg}$$

由 $h\text{-}d$ 图查得：$t_{O'} = 28.5℃$

如希望冬季减少送风量，提高送风温度，例如使 $t_{O''} = 36℃$，则在 $\varepsilon = -4185\text{J/g}$ 过程线上可得到 O''点，查得 $h_{O''} = 54.9\text{kJ/kg}$，$d_{O''} = 7.2\text{g/kg}$。

则冬季送风量为 $G = \dfrac{-1.105}{46-54.9}\text{kg/s} = 447\text{kg/h}$。

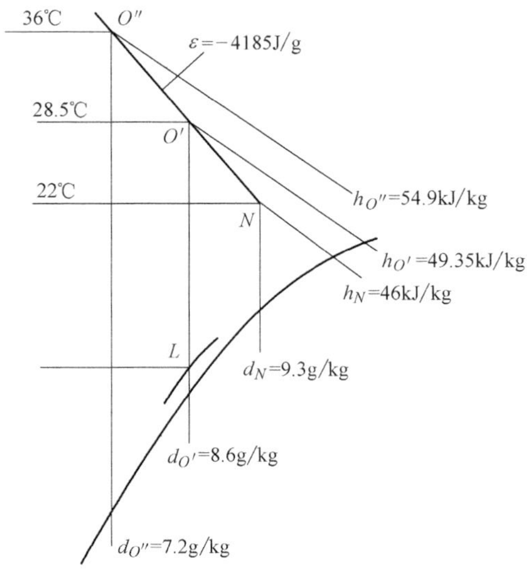

图2-15 例2-4图

第六节 新风量的确定和空气平衡

在处理空气时，大多数场合要利用相当一部分回风，所以在夏、冬季节混入的回风量越多，使用的新风量越少，空调系统就越显得经济。但如果新风量过少，将会使空调房间的空气质量变得很差。确定新风量的依据有下列三个因素：

一、卫生要求

在人长期停留的空调房间内，新鲜空气的多少对人体健康有直接影响。人体总要不断地吸进氧气、呼出二氧化碳。表2-18 给出了人体在不同条件下呼出的二氧化碳量，表2-19 则规定了不同场合下二氧化碳的允许浓度。

表 2-18 人体在不同条件下呼出的二氧化碳量

工作状态	CO_2呼出量/[(L/(h·人)]	CO_2呼出量/[g/(h·人)]
安静时	13	19.5
极轻的工作	22	33
轻劳动	30	45
中等劳动	46	89
重劳动	74	111

表 2-19 不同场合下二氧化碳的允许浓度

房间性质	CO_2 的允许浓度	
	L/m^3	g/kg
人长期停留的地方	1	1.5
儿童和病人停留的地方	0.7	1.0
人周期性停留的地方(机关)	1.25	1.75
人短期停留的地方	2.0	3.0

一般农村和城市的室外空气中二氧化碳含量为0.5~0.75g/kg（0.33~0.5L/m^3）。

根据室内CO_2的允许浓度、室外空气中CO_2的含量和人们在各种活动状态下所呼出的CO_2量，可根据其他相关资料中确定全面通风量的基本原理，利用质量平衡的计算方法求出所需要的新风量。

在实际工作中，新风量一般可按规范确定：不论每人占房间体积多少，新风量按大于或等于30m^3/(h·人）采用；对于人员密集的建筑物，如采用空调的体育馆、会场，每人所占的空间较少（不到10m^3），但停留时间很短，可分别按吸烟或不吸烟的情况，新风量以7~15m^3/(h·人）计算。由于这类建筑物按此确定的新风量占总风量的百分比可达30%~40%，从而对冷量的消耗影响很大，所以在确定新风量时应十分慎重。

二、补充局部排风量

当空调房间内有排风柜等局部排风装置时，为了不使房间产生负压，在系统中必须有相应的新风量来补偿排风量。

三、保持空调房间的“正压”要求

为了防止外界环境（室外的或相邻的要求较低的空调房间）的空气渗入空调房间，干扰空调房间内的温、湿度或破坏室内的洁净度，需要在空调系统中用一定量的新风来保持房间的正压（即室内空气压力高于外界环境压力）。图2-16表示了空调系统的空气平衡关系。从图2-16中可以看出：当把这个系统中的送、回风口调节阀调节到使送风量L大于从房间吸走的回风量（如0.9L）时，房间即呈正压状态，而送、回风量差L_s就通过门窗的不严密处（包括门的开启）或从排风孔渗出。室内的正压值Δp_H（Pa）正好相当于空气从缝隙渗出时的阻力。

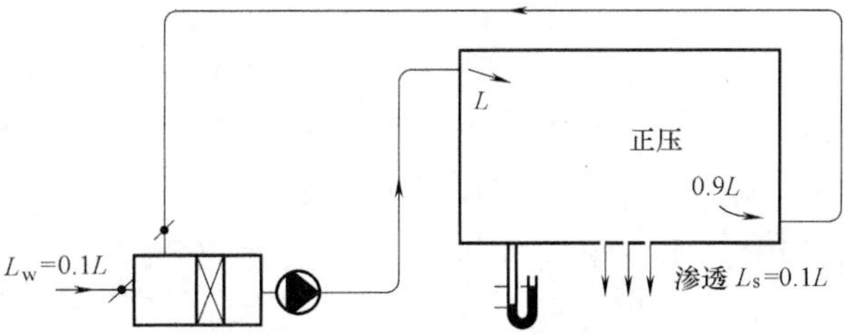

图2-16 空调系统的空气平衡关系

一般情况下室内正压保持在 5 ~ 10Pa 即可满足要求，过大的正压不但没有必要，反而还会降低系统运行的经济性。

不同窗缝结构情况下，内外压差为 Δp_H 时，经过窗缝的渗透风量可参考图 2-17 查得。因此可以根据室内需要保持的正压值，确定空调系统中的新风量。

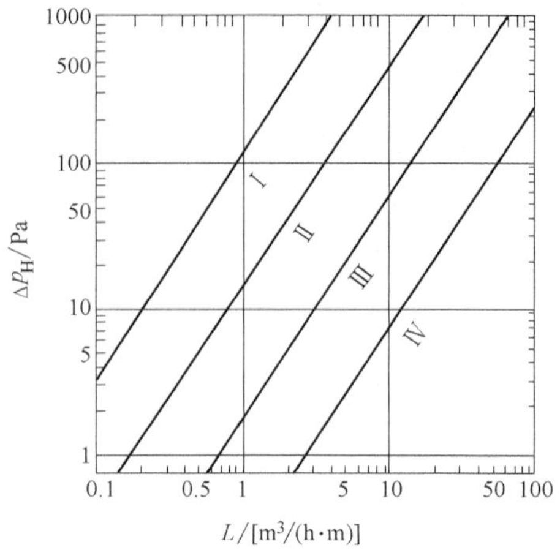

图 2-17　在内外压差作用下每米窗缝的渗透风量
Ⅰ—窗缝有气密设施，平均缝宽 0.1mm　Ⅱ—有气密压条，可开启的木窗，缝宽 0.2 ~ 0.3mm　Ⅲ—气密压条安装不良，优质木窗框，缝宽 0.5mm　Ⅳ—无气密压条，中等质量以下的木窗框，缝宽 1 ~ 1.5mm

综上所述，新风量的确定方法如下：

1）局部排风量与维持正压所需的渗透风量之和。

2）求出满足卫生要求所需的最小新风量。

3）将总风量乘以 10% 得新风量。

系统最小新风量应为满足上述三种要求计算的新风量的最大值。在实际工程设计中，对于绝大多数场合来说，当按上述方法计算出的新风量不足总风量的 10% 时，也应按 10% 计算，以确保卫生和安全。

应当注意，在冬、夏季室外计算参数下规定最小新风百分比，是出于经济方面的考虑。多数情况下，在春、秋过渡季节中，可以提高新风比例，从而利用新风所具有的冷量或热量以节约系统的运行费用，这就成了全年新风量变化的系统。为了保持室内恒定的正压和调节新风量，必须进一步讨论空调系统中的空气平衡问题。

对于全年新风量可变的系统，在室内要求正压并借门窗缝隙渗透排风的情况下，空气平衡的关系如图 2-18 所示。设房间内从回风口吸走的风量为 L_a，门窗渗透排风量为 L_s，进空调处理箱的回风量为 L_h，新风量为 L_w。则

对房间来说，送风量

$$L = L_a + L_s$$

对空调处理箱来说，送风量

$$L = L_h + L_w$$

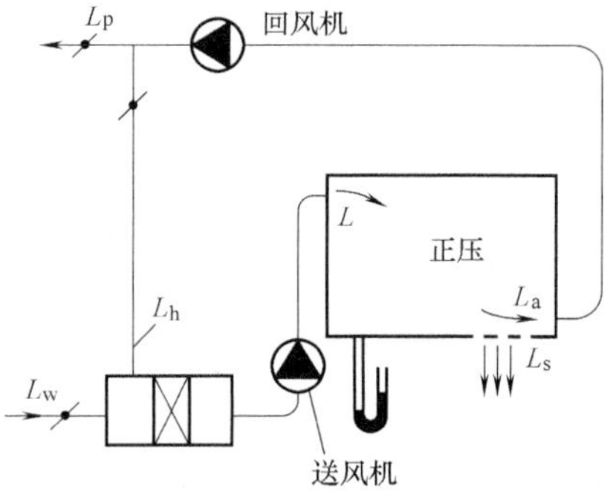

图 2-18　全年新风量变化时的空气平衡关系

当过渡季节采用比额定新风比大的新风量，同时要求室内恒定正压时，则在上面两式中必然要求 $L_a > L_h$ 及 $L_w > L_s$，而 $L_a - L_h = L_p$，L_p 即系统要求的机械排风量。通常在回风管路上装回风机和排风管（见图 2-18）进行排风，根据新风量的多少来调节排风量，这样就可能保持室内恒定的正压（如果不设回风机，则像图 2-16 那样，室内正压随新风多少而变化）。

对于其他场合（例如室内有局部排风等），可用同样的原则去分析空气平衡问题。

思考与练习题

1. 写出表达人体与其周围环境热平衡的方程式，并说明人体是如何调节体温基本恒定的。
2. 列出影响人体舒适感的环境因素，并说明它们如何影响人体的散热率。
3. 阐述新有效温度的概念及其特点。
4. 确定室内空气设计条件时需要考虑哪些因素？试具体加以说明。
5. 简要说明室外空气温度日变化的原因。
6. 简述夏季空调室外空气设计条件的确定方法。
7. 冬季空调室外空气条件的确定方法与夏季有哪些不同？
8. 列出影响到达地球表面的太阳直射辐射强度的主要因素。
9. 房间得热量与冷负荷有什么区别？为什么不能用得热量代替冷负荷？
10. 室内冷负荷包括哪些部分？各部分冷负荷应如何计算？
11. 何谓玻璃窗的日射得热量和瞬变传热量？
12. 夏季在计量室内有 8 人（包括男子和女子）工作，从上午 8：00 至下午 16：00。试确定该计量室在 12：00、14：00 和 16：00 由于人体散热引起的冷负荷（计量室温度为 20℃）。
13. 某空调室内有烘箱一个，$P_1=0.5$kW，无保温密闭罩和局部排风罩；室内有机械泵一个，$P_2=0.6$kW，设备效率 $\eta=0.76$；40W 日光灯 4 支，明装在室内。上述设备和灯具从上午 8：00 开始连续使用至下午 16：00 时，试分别确定该空调室在 10：00、13：00 和 16：00 由于设备和灯具散热引起的冷负荷。
14. 空调房间的送风量可用哪些公式计算？
15. 某会议室为 20m×15m×3.5m，夏季冷负荷 $Q_0=41800$kJ/h，不考虑湿负荷，房间空气要求为 $t_N=(26\pm1)$℃、$\phi_N=(55\pm5)\%$，试确定空调送风状态参数及送风量。
16. 某恒温恒湿空调房间，室内要求全年控制在 $t_N=(23\pm0.5)$℃、$\phi_N=(50\pm5)\%$ 范围内，当地大气压力为 101325Pa。夏季冷负荷为 20kW，湿负荷为 0.2g/s，求夏季空调送风状态参数及送风量。如果房间冬季热负荷为 3 kW，其他条件不变且采用与夏季相同的送风量，求冬季空调送风状态参数。
17. 什么是新风比？新风量与回风量、送风量有什么关系？
18. 新风与回风混合的状态点怎么确定？
19. 如何确定最小新风量？
20. 如何调节风量才能使房间保持正压？

第三章

空气调节系统

空气调节系统一般由空气处理设备和空气输送管道以及空气分配装置所组成，根据需要可组成许多不同形式的系统。在工程上应考虑建筑物的用途和性质、热湿负荷特点、温湿度调节和控制的要求、空调机房的面积和位置、初投资和运行维修费用等许多方面的因素，选定合理的空调系统。

第一节　空气调节系统的分类

一、按空气处理设备的设置情况分类

1. 集中式系统

集中式系统的所有空气处理设备（包括风机、冷却器、加湿器、过滤器等）都设在一个集中的空调机房内。

2. 半集中式系统

除了集中空调机房外，半集中式系统还设有分散在被调房间内的二次设备（又称末端装置），其中多半设有冷热交换装置（又称二次盘管），它的功能主要是在空气进入被调房间之前，对来自集中处理设备的空气做进一步补充处理，例如风机盘管系统、诱导空调系统就属于半集中式系统。

3. 全分散式系统（局部机组）

局部机组把冷、热源和空气处理、输送设备（风机）集中设置在一个箱体内，形成一个紧凑的空调系统。机组可以按照需要，灵活而分散地设置在空调房间内，因此这种系统不需要集中的机房。

二、按负担室内负荷所用的介质种类分类

1. 全空气系统

全空气系统是指空调房间的室内负荷全部由经过处理的空气来负担的空调系统，如图3-1a 所示。在室内热湿负荷为正值的场合，用低于室内空气焓值的空气送入房间，吸收余热、余湿后排出房间。由于空气的比热容较小，需要用较多的空气量才能达到消除房间余热、余湿的目的，因此要求有较大断面的风道或较高的风速。

2. 全水系统

空调房间的热湿负荷全靠水作为冷热介质来负担（见图 3-1b）。由于水的比热容比空气大得多，所以在相同条件下只需较小的水量，从而使管道所占的空间减小许多。但是，仅靠

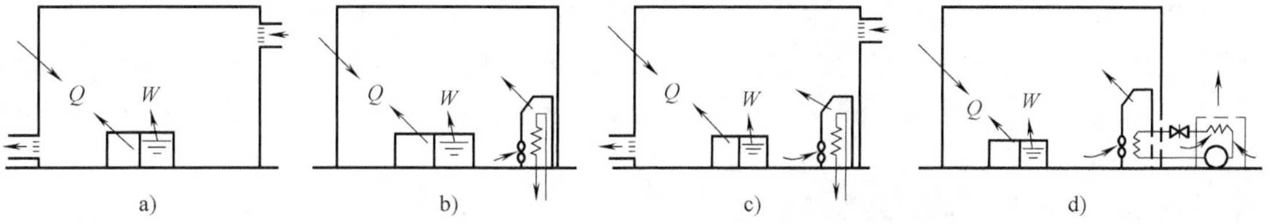

图 3-1 按负担室内负荷所用的介质种类对空调系统分类
a）全空气系统 b）全水系统 c）空气-水系统 d）制冷剂系统

水来消除余热、余湿，并不能解决房间的通风换气问题，因而通常不单独采用这种方法。

3. 空气-水系统

由于完全依靠空气来负担建筑物的热湿负荷，将导致空调系统占用较多的建筑空间，因此可以同时使用空气和水来负担室内的热湿负荷（见图 3-1c）。诱导空调系统和带新风的风机盘管系统就属于这种形式。

4. 制冷剂系统

制冷剂系统是将制冷系统的蒸发器直接放在室内来吸收余热、余湿，通常用于分散安装的局部空调机组（见图 3-1d）。由于制冷剂管道不便于长距离输送，因此不宜作为集中式空调系统来使用。

三、根据集中式空调系统处理的空气来源分类

1. 封闭式空调系统

封闭式空调系统处理的空气全部来自空调房间本身，全部为再循环空气，没有室外空气补充，因此房间和空气处理设备之间形成了一个封闭环路（见图 3-2a）。这种系统用于密闭空间且无法（或不需要）采用室外空气的场合，系统冷、热消耗量最少，但卫生效果较差。当室内有人长期停留时，必须考虑空气的再生。这种系统主要应用于地下防空洞等战备工程以及很少有人进出的仓库。

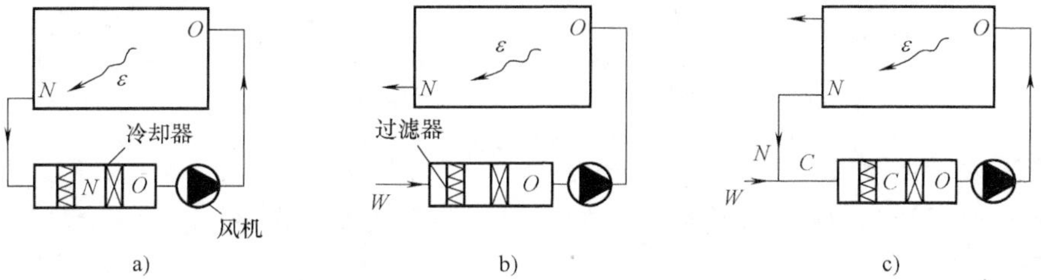

图 3-2 按处理的空气来源不同对空调系统分类
a）封闭式系统 b）直流式系统 c）混合式系统

2. 直流式空调系统

直流式空调系统所处理的空气全部来自室外，室外空气经处理后送入室内，吸收室内的余热、余湿后全部排出室外（见图 3-2b）。与封闭式系统相比，直流式空调系统耗能最多，但室内空气得到了百分之百的交换。这种系统适用于不允许采用回风的场合，如放射性实验室以及散发大量有害物的车间等。为了利用排出空气的热量（或冷量）用来加热（或冷却）新风，可以在系统中设置热回收设备。

3. 新、回风混合式空调系统

由于封闭式系统不能满足卫生要求，而直流式系统经济上不合理，所以两者都只在特定情况下使用，对于绝大多数场合，往往要综合这两者的利弊，采用混合一部分回风的系统，即新、回风混合式系统（见图 3-2c）。这种系统既能满足卫生要求，又经济合理，故应用最广。

四、空调系统的其他分类方法

上面列举了三种空调系统主要的分类方法。实际上空调系统还可以根据另外一些原则进行分类，例如：

按空调系统的风量固定与否，可分为定风量空调系统和变风量空调系统。

按风道中空气流速的高低可分为高速空调系统（$v=20\sim30\text{m/s}$）和低速空调系统（$v=8\sim12\text{m/s}$）。

按空调系统的用途不同可以分为工艺性空调系统和舒适性空调系统。

按空调系统的控制精度不同，可以分为一般空调系统和高精度空调系统。

按空调系统的运行时间不同，可以分为全年性空调系统和季节性空调系统。

第二节 普通集中式空调系统

普通集中式空调系统是典型的全空气系统。根据前面介绍的空调系统分类方法，普通集中式空调系统又可以分为封闭式系统，直流式系统和新、回风混合式系统。

在集中式空调系统中，最常用的是混合式系统，即处理的空气来源一部分是新鲜空气，另一部分是室内的回风。夏季送冷风和冬季送热风都用一条风道，此外管道内风速一般都较低（不大于 8 m/s），因此风管断面较大，它常用于工厂、公共建筑等有较大空间可供设置风管的场合。根据新风、回风混合过程的不同，工程上常见的有两种形式：一种是回风与室外新风在喷水室（或空气冷却器）前混合，称一次回风系统；另一种是回风与新风在喷水室前混合并经喷雾处理后，再次与回风混合，称二次回风系统。

封闭式系统比较简单，下面仅介绍直流式系统和一次回风、二次回风系统的工况分析和计算。在以下介绍中，主要以室内空气状态多数全年固定（恒温、恒湿）的空调系统作为讨论对象。

一、直流式空调系统

直流式空调系统是 100% 地使用新风的系统，也称为全新风系统。

1. 夏季工况

图 3-3 所示为直流式空调系统及其夏季空气处理过程的 h-d 图。图中 W 为夏季室外空气状态点，N 为室内要求的空气状态点，O 为夏季送风状态点。

直流式空调系统常采用以下处理方案：室外新风由状态 W 经喷水室（也可以是表面式冷却器）进行冷却减湿处理达到机器露点 L（L 点是过 O 点的等含湿量线与 $\phi=90\%\sim95\%$ 的等相对湿度线的交点），然后经过加热器加热到 O 点，送入室内，这样既能保证送风温差（目的是保证空调精度），又能消除室内的余热、余湿，使室内空气维持状态点 N 的参数。整个空气处理过程可表示为

$$W\xrightarrow{\text{冷却减湿}}L\xrightarrow{\text{再热}}O\rightsquigarrow\xrightarrow{\varepsilon}N$$

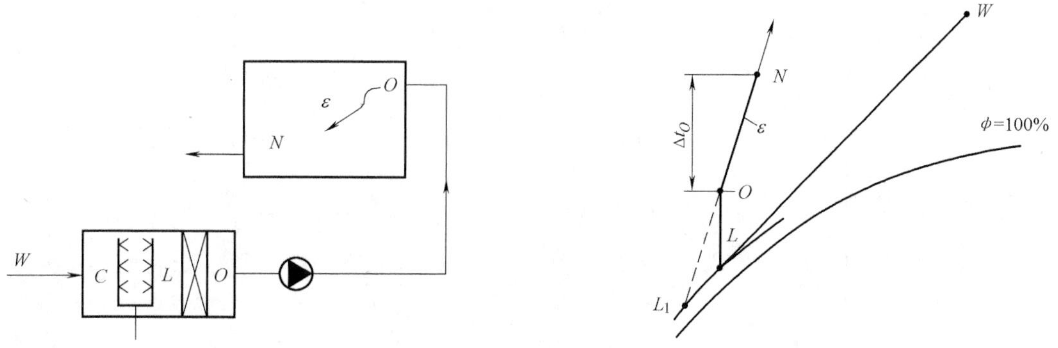

图 3-3　直流式空调系统及其夏季空气处理过程的 h-d 图

其中 $W \to L \to O$ 是由空气处理过程 $W \to L$ 和 $L \to O$ 组成的，所以又称为空气处理全过程。过程 $O \rightsquigarrow \xrightarrow{\varepsilon} N$ 用不同的箭头表示，因为它不是空气处理过程，而是送入房间的空气吸收余热、余湿后达到 N 点的空气状态变化过程。

由图 3-3 可知，直流式系统夏季需要的冷量（单位：kW）为

$$Q_0 = G(h_W - h_L) \tag{3-1}$$

式中　G——系统处理的空气质量流量（kg/s）；

h_W——室外新风的焓值（kJ/kg）；

h_L——机器露点 L 状态下空气的焓值（kJ/kg）。

系统夏季需要的再热量（单位：kW）为

$$Q = G(h_O - h_L) \tag{3-2}$$

式中　h_O——送风状态点 O 的空气焓值（kJ/kg）。

按照这种方案，如果要保证房间的温度精度，需要限制送风温差，因此必须把经过喷水室冷却减湿后的空气再进行等湿加热处理，这样就造成了冷热抵消，增加了能耗。

对于送风温差无严格限制的空调系统，可以采用最大温差送风，即露点送风，如图3-3b中虚线表示的处理方案。这时可将室外空气从 W 经喷水室（或表面冷却器）冷却减湿到 L_1 点直接送入室内。最大温差送风所需的风量（单位：kg/s）为

$$G' = \frac{Q}{h_N - h_{L1}} \tag{3-3}$$

式中　Q——房间余热量（kW）；

h_N——室内空气状态点 N 的焓值（kJ/kg）；

h_{L1}——机器露点 L_1 状态下空气的焓值（kJ/kg）。

露点送风所需的冷量 Q'_0（单位：kW）为

$$Q'_0 = G'(h_W - h_{L1}) \tag{3-4}$$

露点送风可以减小送风量，且能消除冷热量抵消所造成的能量损失，但送风温差较大，空调房间的温度精度较差。

2. 冬季工况

由于冬季室外空气温度低、含湿量小，室外空气状态点 W' 将移到 h-d 图的左下方（见图 3-4a）。

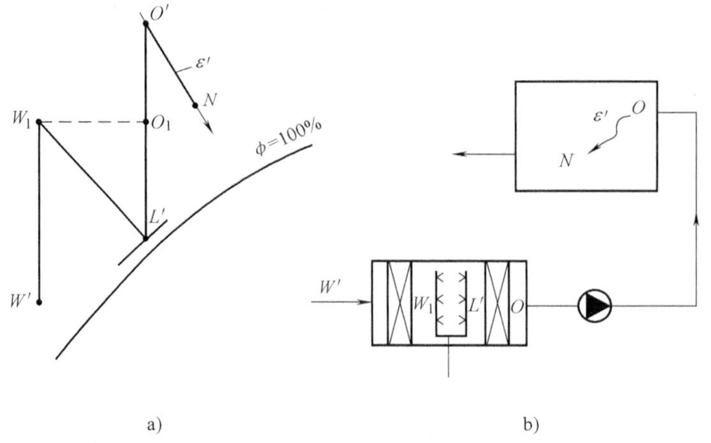

图 3-4 直流式空调系统冬季空气处理过程的 h-d 图和系统装置图

冬季的送风状态点 O'就是 $h_{O'}$线与 $d_{O'}$线的交点或 $h_{O'}$线与冬季的热湿比 ε'线的交点。根据采用的加湿方法不同，冬季的空气处理方案常用的有如下两种：

$$W' \xrightarrow{\text{预热}} W_1 \xrightarrow{\text{绝热加湿}} L' \xrightarrow{\text{再热}} O' \overset{\varepsilon'}{\rightsquigarrow} N$$

和

$$W' \xrightarrow{\text{预热}} W_1 \xrightarrow{\text{喷蒸汽加湿}} O_1 \xrightarrow{\text{再热}} O' \overset{\varepsilon'}{\rightsquigarrow} N$$

如果冬季室内设计状态点仍为 N，余湿量 W 与夏季相同，余热量变成了 Q'。冬季仍采用与夏季相等的送风量，则 $d_{O'}=d_O$，冬季的送风焓值可以按下式计算，即

$$h_{O'}=h_N-\frac{Q'}{G} \tag{3-5}$$

显然，如果冬季与夏季的余湿量相同，则 L'点与 L 点也相同。

空气的绝热加湿可以由喷水室喷循环水实现，空气的预热可以由空气加热器来实现。如果采用这种空气处理方案，就可以采用图 3-4b 所示的空调系统。在该系统的空气处理室中增加空气预热器，则在冬季就可实现对室外空气的预热，完成与夏季不同的处理过程。

如果夏季不使用喷水室而是使用表面冷却器，则冬季可使用喷蒸汽加湿的方法，其加湿过程（等温加湿）为图 3-4a 中虚线所示的 $W_1 \rightarrow O_1$ 过程。

因为冬、夏送风量相同，所以冬季的送风温差不大可能与夏季相同，而应根据冬季负荷重新确定。显然，系统冬季需要的再热量大于夏季需要的再热量，此外还增加了预热量。因此在选择再热器时，应该按较大的用热量选择。

系统冬季需要的预热量（单位：kW）为

$$Q_1=G(h_{W1}-h_{W'}) \tag{3-6}$$

如采用喷水室绝热加湿的方案，则系统冬季需要的再热量（单位：kW）为

$$Q_2=G(h_{O'}-h_{L'}) \tag{3-7}$$

系统冬季喷蒸汽过程所需蒸汽量（单位：kg/s）为

$$G_Z=G(d_{L'}-d_{W'})/1000 \tag{3-8}$$

二、一次回风系统

1. 一次回风系统夏季工况

一次回风系统的装置图和在 h-d 图上夏季空气处理过程如图 3-5 所示。

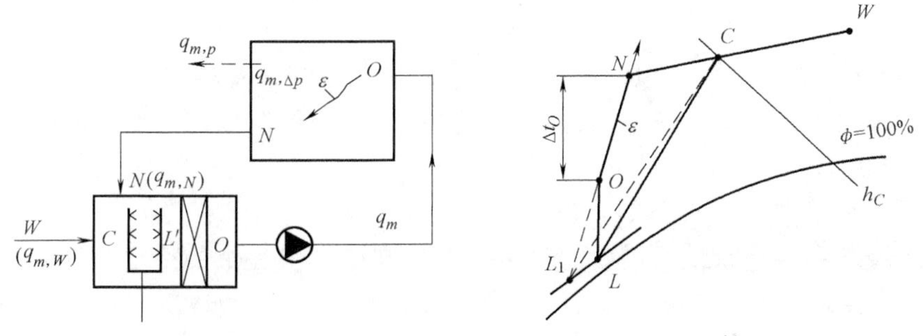

图 3-5 一次回风系统系统示意图与夏季空气处理过程 h-d 图

根据前面所介绍的送风状态点和送风量的确定方法，可在 h-d 图上标出室内状态点 N（见图 3-5b），过 N 点作室内热湿比 ε 线。根据选定的送风温差 Δt_O 画出 t_O 线，该线与 ε 线的交点即为送风状态点 O。为了获得 O 点，常用的方法是将室内、外混合状态 C 的空气经喷水室（或表面冷却器）冷却减湿处理到机器露点 L，再从 L 点加热到 O 点，然后送入房间，吸收余热、余湿后变为室内状态点 N，一部分室内空气直接排到室外，另一部分空气再返回到空调室与新风混合。因此整个处理过程可写成

$$\left.\begin{matrix} W \\ N \end{matrix}\right\rangle \xrightarrow{\text{混合}} C \xrightarrow{\text{冷却减湿}} L \xrightarrow{\text{加热}} O \rightsquigarrow \xrightarrow{\varepsilon} N$$

按 h-d 图上空气混合的比例关系：$\dfrac{\overline{NC}}{\overline{NW}} = \dfrac{G_W}{G}$，而$\dfrac{G_W}{G}\times 100\%$ 即是新风百分比 m，如果取 $m = 15\%$，则$\overline{NC} = 0.15\ \overline{NW}$，这样 C 点的位置就确定了。C 点焓值（单位：kJ/kg）计算式为

$$h_C = h_N + (h_W - h_N)m \tag{3-9}$$

根据 h-d 图上的分析，为了把 G 的空气从 C 点降温减湿（减焓）到 L 点，所需配置的制冷设备的冷却能力，就是这个设备夏季处理空气所需要的冷量（单位：kW），即

$$Q_0 = G(h_C - h_L) \tag{3-10}$$

在采用喷水室或水冷式表面冷却器的处理室时，这部分冷量是由制冷机或天然冷源提供的，而对于采用直接蒸发式冷却器的处理室来说，这个冷量是直接由制冷机的制冷剂提供的。

如果从空气处理和房间所组成的系统热平衡关系来看（见图 3-6），制冷量 Q_0 包含了以下三部分：

1）风量为 G、参数为 O 的空气到达室内后，吸收室内的余热、余湿，沿 ε 线变化到状态参数为 N 的空气后离开房间。这部分热量就是“室内冷负荷”（单位：kW）。它的数值为

$$Q_{01} = G(h_N - h_O) \tag{3-11}$$

2）风量为 G_W 的新风进入系统时的

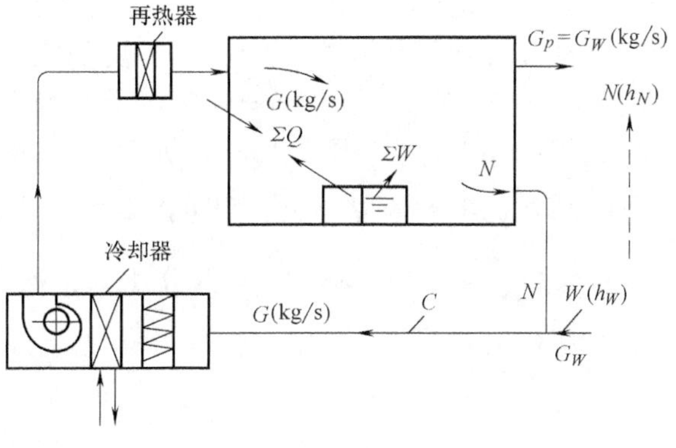

图 3-6 一次回风系统冷量分析

焓为 h_W，排出时为 h_N，这部分冷量称为“新风冷负荷”，其数值为

$$Q_{02}=G_W(h_W-h_N) \tag{3-12}$$

3）除上述二者外，为了减少送风温差，控制房间温度精度，有时需要把已在喷水室中处理过的空气再一次加热，这部分热量为再热量，抵消这部分热量也是由冷源负担的，故称为“再热负荷”，其值为

$$Q_{03}=G(h_O-h_L) \tag{3-13}$$

上述三部分冷量之和就是系统所需要的冷量，就是制冷剂组提供的冷量，即 $Q_0=Q_{01}+Q_{02}+Q_{03}$，因此这一关系也可写成

$$Q_0=G(h_N-h_O)+G_W(h_W-h_N)+G(h_O-h_L) \tag{3-14}$$

由于在一次回风系统的混合过程中，$\dfrac{G_W}{G}=\dfrac{h_C-h_N}{h_W-h_N}$，即 $G_W(h_W-h_N)=G(h_C-h_N)$，代入上式中，得

$$Q_0=G(h_N-h_O)+G(h_C-h_N)+G(h_O-h_L)=G(h_C-h_L) \tag{3-15}$$

这一转换进一步证明了一次回风系统的冷量在 h-d 图上的计算法和热平衡概念之间的一致性。

对于送风温差无严格限制的空调系统，若用最大送风温差送风，即用机器露点送风（见图 3-5b 中的 L_1 点），则不需消耗再热量，因而制冷负荷可以降低，这是应该在设计时考虑的。

2. 一次回风系统的冬季工况

设冬季室内状态点与夏季相同。在冬季，室外空气状态点变为 W'点（见图 3-7），室内热湿比 ε'因房间有建筑耗热而减小（也可能变为负值）。假设室内余湿度仍为 W（单位：kg/s），同时，冬季采用与夏季相等的送风量，则送风状态点含湿量 $d_{O'}$（单位：g/kg）可确定如下：

由于 $$\Delta d_{O'}=d_N-d_{O'}=\frac{1000W}{G}$$

故 $$d_{O'}=d_N-\frac{1000W}{G} \tag{3-16}$$

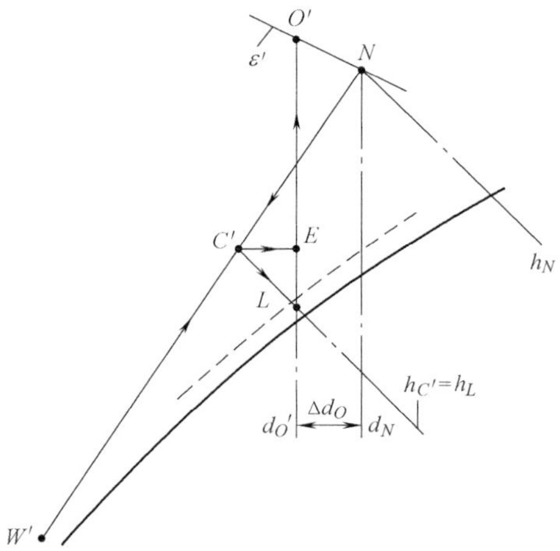

图 3-7 一次回风系统冬季处理过程

因此，冬季送风点就是 ε'线与等 $d_{O'}$线的交点 O'，这时的送风温差与夏季不同。若冬夏的室内余湿量保持不变，则 $d_{O'}$线与 $\phi=90\%$ 的等相对湿度线的交点 L 将与夏季相同。如果把 h_L 线与 NW' 线的交点 C'作为冬季的混合点，则可以看出：从 C'到 L 的过程采用绝热加湿法即可达到。

这时如果$\dfrac{\overline{NC'}}{\overline{NW'}}\times 100\% \geqslant$新风百分比 m，那么这个方案完全可行。这一处理过程的流程是

$$\left.\begin{matrix}N\\W'\end{matrix}\right\rangle \longrightarrow C' \xrightarrow{\text{绝热加湿}} L \xrightarrow{\text{加热}} O' \rightsquigarrow \overset{\varepsilon'}{\rightsquigarrow} \longrightarrow N$$

上述处理方案中除了用绝热加湿方法达到增加含湿量外，也可以采用喷蒸汽等温加湿的方法，即从 C' 等温加湿到 E 点，然后再加热到 O' 点（见图3-7），这两种方法实际消耗的热量是相同的。

当采用绝热加湿的方案时，对于要求新风量比较大的工程，或是按最小新风比而室外设计参数很低的场合，都有可能使一次混合点的焓值 $h_{C'}$ 低于 h_L，这种情况下应将新风预热（或室内外空气混合后预热），使预热后的新风和室内空气混合后混合点 C' 落在 h_L 线上，这样就可采用绝热加湿的方法（见图3-8）。至于应该预热到什么状态，则可通过混合过程的关系确定。

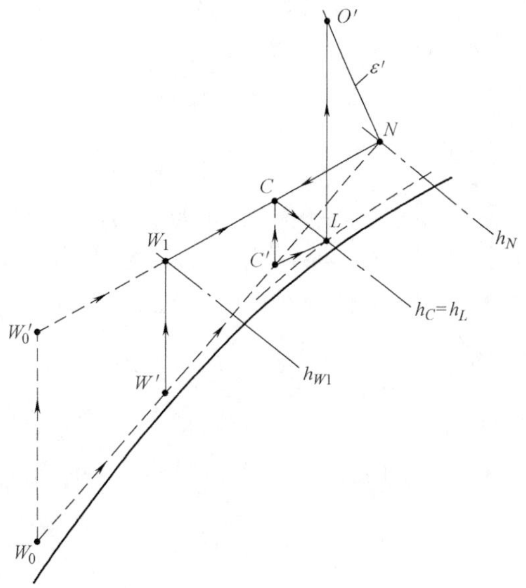

图3-8 一次回风系统确定装置预热器的条件

因 $\frac{G_W}{G}\times 100\% = m = \frac{\overline{CN}}{\overline{W_1N}} = \frac{h_N - h_C}{h_N - h_{W1}}$，且 $h_C = h_L$，因此可得

$$h_{W1} = h_N - \frac{G(h_N - h_L)}{G_W} = h_N - \frac{h_N - h_L}{m} \tag{3-17}$$

h_{W1} 就是经预热后既满足规定新风比且仍能采用绝热加湿方法的焓值。所以根据设计所在地的冬季室外参数就可确定是否采用预热器以及所需的预热量。当 $h_{W1} > h_{W'}$ 时，说明需要对新风预热，当 $h_{W1} \leqslant h_{W'}$ 时，则不需预热。

一次回风系统冬季所需的预热量（单位：kW）为

$$Q_1 = G_W(h_{W1} - h_{W'}) \tag{3-18}$$

冬季所需的再热量（单位：kW）为

$$Q_2 = G_W(h_{O'} - h_L) \tag{3-19}$$

【例3-1】 试设计某车间带喷水室的一次回风空调系统，并确定空气处理设备的容量。已知条件如下：

1）室内设计参数冬、夏均为 $t_N = (22 \pm 0.5)$℃，$\phi_N = (60 \pm 10)\%$。

2）室内余热量夏季为 $Q = 11.6$kW，冬季为 $Q' = -2.3$kW，冬、夏季余湿量均为 $W = 0.0014$kg/s。

3）室外设计参数：夏季为 $t_{W,g} = 33.2$℃，$t_{W,s} = 26.4$℃，$h_W = 82.5$kJ/kg；冬季为 $t_{W'} = -12$℃，$\phi_W = 45\%$，$h_{W'} = -10.5$kJ/kg。

4）最小新风比为30%，大气压力为101325Pa。

【解】 （1）夏季工况

1）计算热湿比。

$$\varepsilon = \frac{Q}{W} = \frac{11.6}{0.0014}\text{kJ/kg} = 8286\text{kJ/kg}$$

2）确定送风状态点 O。在 h-d 图上，根据 $t_N = 22$℃，$\phi_N = 60\%$ 确定点 N，得 $h_N =$

47.1kJ/kg，d_N = 9.9g/kg（干空气），如图 3-9 所示。根据空调精度取 $\Delta t_O = 6$℃，作 t_O = (22 − 6)℃ = 16℃的等温线与过点 N 作 ε = 8286kJ/kg 的直线相交，可得送风状态点 O，得 h_O = 38.5kJ/kg，d_O = 8.9g/kg（干空气）。

3）计算风量。

送风量：$G = \dfrac{Q}{h_N - h_O} = \dfrac{11.6}{47.1 - 38.5}\text{kg/s} = 1.35\text{kg/s}$

新风量：$G_W = Gm = 1.35\text{kg/s} \times 30\% = 0.41\text{kg/s}$

回风量：$G_N = G - G_W = (1.35 - 0.41)\text{kg/s} = 0.94\text{kg/s}$

4）确定新、回风混合状态点 C 的位置。

由 $\dfrac{G_W}{G} = \dfrac{h_C - h_N}{h_W - h_N} = m$，得 $h_C = h_N + (h_W - h_N)m = [47.1 + (82.5 - 47.1) \times 30\%]\text{kJ/kg} = 57.7\text{kJ/kg}$。

在 h-d 图上作 h_C = 57.7kJ/kg 等焓线与 NW 线交点即为点 C。

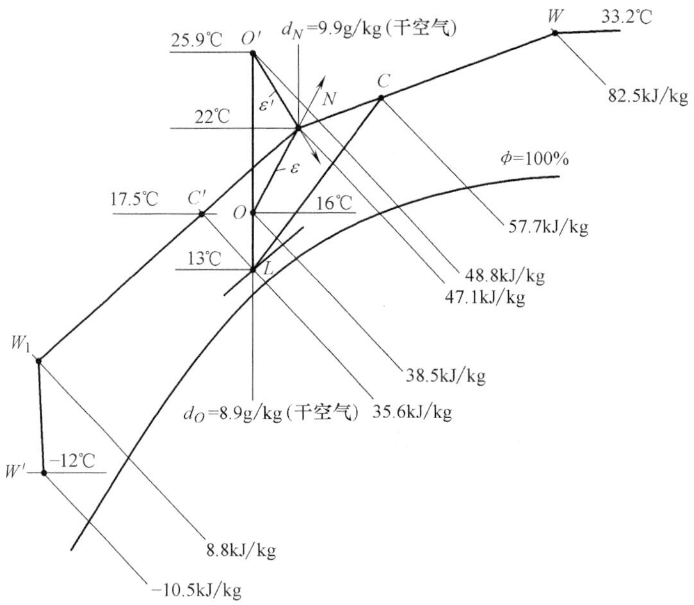

图 3-9 例 3-1 图

5）确定机器露点。在 h-d 图上过点 O 作等含湿量线与 ϕ = 95% 曲线相交，交点即为机器露点 L。查得 t_L = 13℃，h_L = 35.6kJ/kg。

6）系统夏季需要的冷量。由于采用喷水室处理空气，故喷水室需要提供的冷量为

$$Q_0 = G(h_C - h_L) = 1.35 \times (57.7 - 35.6)\text{kW} = 29.8\text{kW}$$

7）系统夏季需要的再热量。

$$Q_{03} = G(h_O - h_L) = 1.35 \times (38.5 - 35.6)\text{kW} = 3.9\text{kW}$$

（2）冬季工况

1）计算热湿比。

$$\varepsilon' = \frac{Q'}{W} = \frac{-2.3}{0.0014}\text{kJ/kg} = -1643\text{kJ/kg}$$

2）确定送风状态点 O'。取冬季送风量与夏季相同，即 $G' = G = 1.35\text{kg/s}$。由于冬夏室内余湿量 W 和室内状态点 N 均相同，所以冬夏送风状态的含湿量也相同，即 $d_{O'} = d_O = 8.9\text{g/kg}$（干空气），因此冬、夏机器露点相同，均为点 L。过点 N 作 $\varepsilon' = -1643\text{kJ/kg}$ 的热湿比线与 $d_{O'} = 8.9\text{g/kg}$（干空气）等含湿量线的交点即为送风状态点 O'，得 $t_{O'} = 25.9℃$，$h_{O'} = h_N - Q'/G = [47.1 - (-2.3/1.35)]\text{kJ/kg} = 48.8\text{kJ/kg}$

3）检查是否需要预热。

$$h_{W1} = h_N - \frac{h_N - h_L}{m} = \left(47.1 - \frac{47.1 - 35.6}{30\%}\right)\text{kJ/kg} = 8.8\text{kJ/kg}$$

由于 $h_{W1} = 8.8\text{kJ/kg} > h_{W'} = -10.5\text{kJ/kg}$，所以需要预热。

4）确定预热后的状态点 W_1。

由点 W' 作等 d 线与 $h_{W1} = 8.8\text{kJ/kg}$ 线相交，交点即是所求的预热后的状态点 W_1。

5）确定预热后的新、回风混合状态点 C'。

点 N 与点 W_1 的连线与 h_L 线的交点即为新、回风混合状态点 C'，查得 $t_{C'} = 17.5℃$，$h_{C'} = h_L = 35.6\text{kJ/kg}$。

6）求系统冬季所需的预热量。

$$Q_1 = G_W(h_{W1} - h_{W'}) = 0.41 \times [8.8 - (-10.5)]\text{kW} = 7.9\text{kW}$$

7）求系统冬季所需的再热量。

$$Q_2 = G(h_{O'} - h_L) = 1.35 \times (48.8 - 35.6)\text{kW} = 17.8\text{kW}$$

3. 夏、冬季室内参数不同的一次回风式系统

前面所考虑的对象都是空调系统要求全年室内参数不变（恒温、恒湿）的系统。对于大多数舒适空调，夏季、冬季要求维持的室内状态是不同的。这时夏季、冬季可以采用各自的机器露点温度。图 3-10 就是这种系统在 h-d 图上的表示。

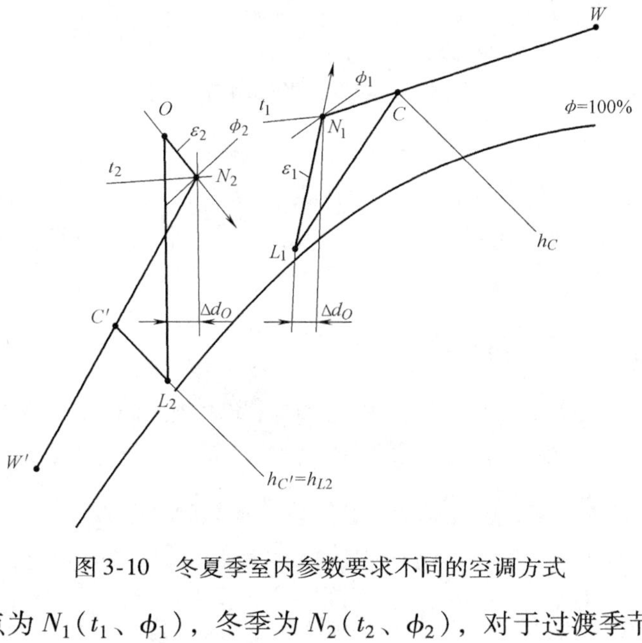

图 3-10 冬夏季室内参数要求不同的空调方式

夏季室内状态点为 $N_1(t_1、\phi_1)$，冬季为 $N_2(t_2、\phi_2)$，对于过渡季节，室内状态允许在 t_1、t_2 和 ϕ_1、ϕ_2 所包围的这一范围内变动。

如果夏季的热湿比线为 ε_1，用机器露点（L_1 点）送风，则可根据室内余热或余湿计算出夏季的风量 G。当冬季空调室内参数要求为 N_2，但室内仅有余热变化而余湿不变时，则 ε_2 必小于 ε_1。若冬季采用与夏季相同的风量 G，那么可根据 Δd_O 冬夏季相同的原则，在 ε_2 线上定出冬季送风点 O。O 点可由加热达到，而加热的起点就是冬季的机器露点 L_2，L_2 可由新、回风一次混合后经绝热加湿获得。

三、二次回风系统

一次回风系统用再热器来解决送风温差受限制的问题，这样做不符合节能原则。二次回风系统则采用在喷水室后与回风再混合一次的办法来代替再热器，以节约热量与冷量。

1. 二次回风系统夏季工况

典型的二次回风系统的流程如图 3-11a 所示，其空气处理过程在 h-d 图上的表示如图 3-11b所示（图中画出了在相同新风比时与一次回风系统处理过程的区别），其处理过程为

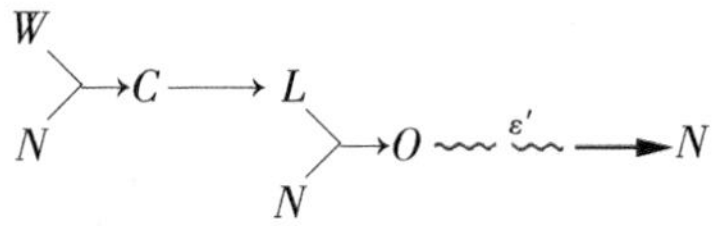

由于在这个过程中，状态为 N 的回风混合了两次，所以称为“二次回风”。

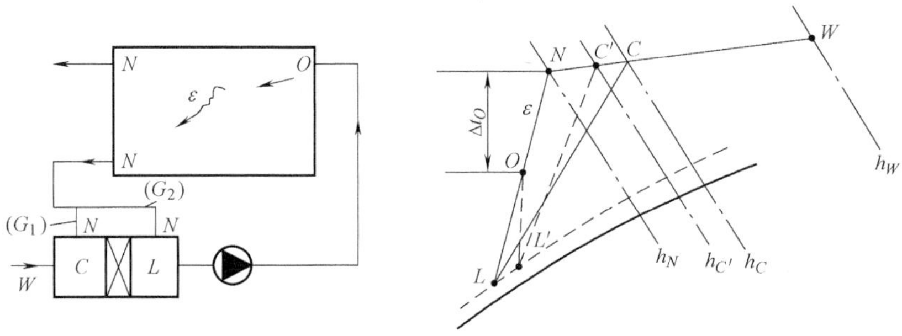

a) b)

图 3-11 二次回风系统装置图和夏季空气处理过程

从图 3-11b 看出，既然 O 点是 N 与 L 状态空气的混合点，则三点必在一条直线上，因此第二次混合的风量比例也已确定。但第一次混合点 C 的位置不像一次回风系统那样容易得到。这里必须先算出喷水室风量 G_L（单位：kg/s）后才能进一步确定一次混合点。从二次回风的混合过程可求得

$$G_L = G\frac{\overline{ON}}{\overline{NL}} = G\frac{h_N - h_O}{h_N - h_L} = \frac{Q}{h_N - h_L} \tag{3-20}$$

可知通过喷水室的风量 G_L 就相当于一次回风系统中用机器露点送风时的送风量。求得了 G_L，则一次回风量 $G_1 = G_L - G_W$，二次回风量 $G_2 = G - G_L$。这样 C 点的位置可由混合空气的焓 h_C 与$\overline{NW}$线的交点确定，混合空气的焓 h_C（单位：kJ/kg）可由下式确定，即

$$h_C = \frac{G_1 h_N + G_W h_W}{G_1 + G_W} \tag{3-21}$$

从 C 点到 L 点的连线便是混合空气的降温减湿过程，这个处理过程消耗的冷量（单位：kW）为

$$Q_0 = G_L(h_C - h_L) \tag{3-22}$$

如果分析二次回风系统的冷量，可以证明它同样是由室内冷负荷和新风冷负荷构成的，如果与相同条件下（指 N、W、O 和 ε 线以及室内冷负荷相同）的一次回风系统比较，它节省的是再热器冷负荷。但另一方面，从图 3-11b 中可看出，它的机器露点一般比一次回风系统的低（当 $\varepsilon \neq \infty$ 时），这样制冷系统运转效率较差。此外，由于机器露点低，可能使天然冷源的使用受到限制。

2. 冬夏具有同一机器露点的二次回风系统冬季工况

假定室内参数和风量冬、夏一样，同时考虑二次回风的混合比也不变，则机器露点的位置也与夏季相同。

对冬、夏室内余湿相同的房间，虽然因有冬季建筑耗热而使 $\varepsilon' < \varepsilon$，但其送风点 O' 仍在 d_O 线上，可通过加热使 $O \rightarrow O'$ 点，而 O 点就是原有的二次混合点（见图 3-12）。为了把空气处理成 L 点，仍采用预热（或不预热）、混合、绝热加湿等方法。其流程为

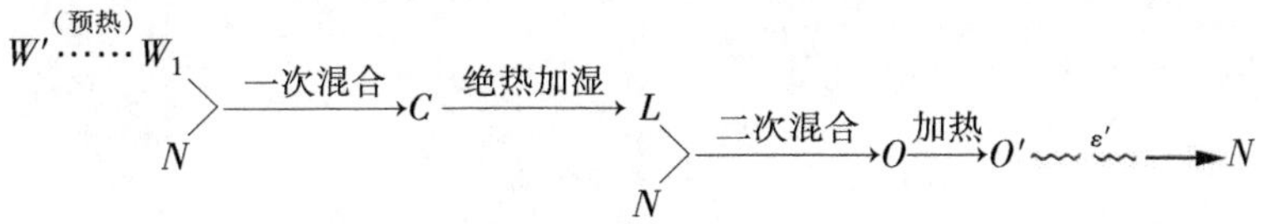

这里和一次回风系统一样，同样有是否需设预热器的问题。除了可根据一次混合后的焓值 $h_{C'}$ 是否低于 h_L 来确定外，也可同一次回风系统那样推定出一个满足要求的室外空气焓值 h_{W1}（见图 3-13），然后与实际的冬季室外设计焓值相比较后确定。

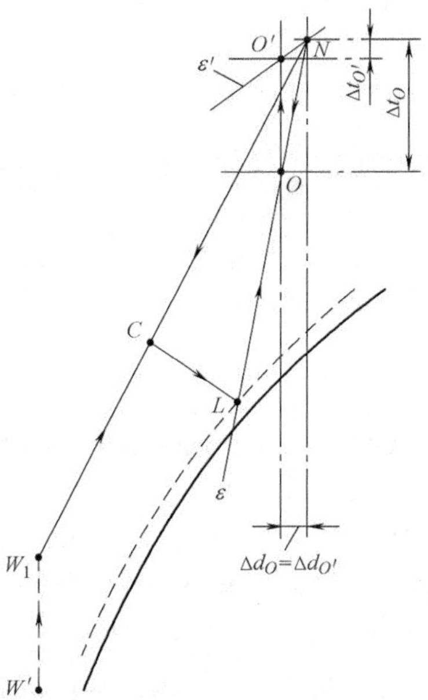

图 3-12　二次回风系统的冬季工况

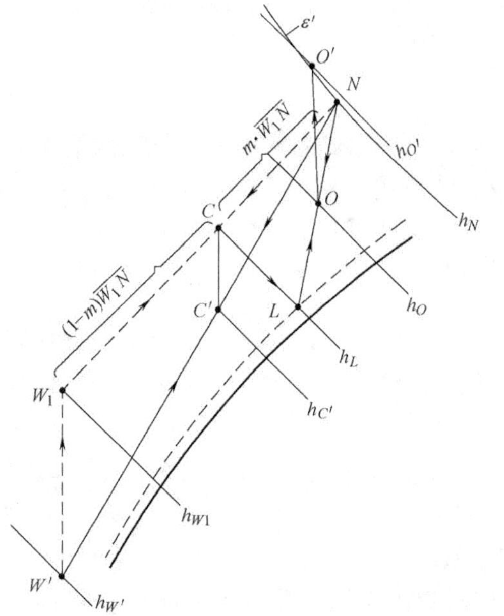

图 3-13　二次回风系统冬季一次加热的两种方案

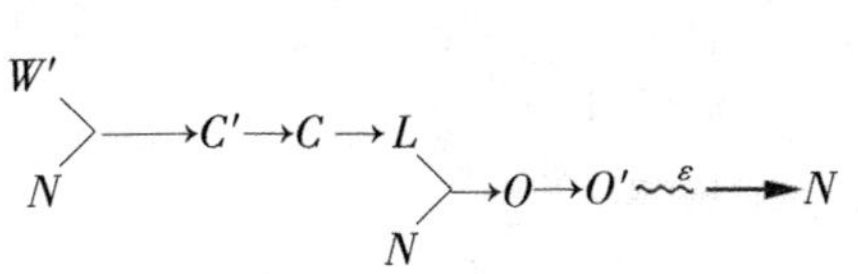

$$\left.\begin{array}{l} W'-W_1 \\ N \end{array}\right\rangle \longrightarrow C \rightarrow L$$
$$\left.\begin{array}{l} L \\ N \end{array}\right\rangle \longrightarrow O \rightarrow O' \xrightarrow{\varepsilon'} N$$

从 h-d 图上的一次混合过程看，设所求的 h_{W1} 值能满足最小新风比，而混合点 C 正好在 h_L 线上时，则

$$\frac{h_N-h_L}{h_N-h_{W1}}=\frac{G_W}{G_1+G_W}(\text{其中 } h_L=h_C) \tag{3-23}$$

得
$$h_{W1}=h_N-\frac{G_1+G_W}{G_W}(h_N-h_L) \tag{3-24}$$

又从第二次混合的过程可知

$$(G_1+G_W)(h_N-h_L)=G(h_N-h_O) \tag{3-25}$$

将式（3-25）代入式（3-24），得

$$h_{W1}=h_N-\frac{G(h_N-h_O)}{G_W}=h_N-\frac{(h_N-h_O)}{m} \tag{3-26}$$

式（3-26）和式（3-17）具有相同的意义，它可以用来判别二次回风系统（全年固定露点，冬季绝热加湿）是否需要设置预热器。从式（3-26）可以看出：对于某一既定负荷的具体工程对象来说，h_{W1} 值与送风温差大小和新风百分数有关，对于 $\Delta t_{O'}$ 用得较小和新风比大的系统，算出的 h_{W1} 往往高于当地的室外空气焓值 $h_{W'}$，因而应进行预热，其预热量（单位：kW）为

$$Q_1=G_W(h_{W1}-h_{W'}) \tag{3-27}$$

此外，如果先将室内外空气一次混合后再预热，也能实现这一处理方案，而所耗的预热热量必然与式（3-27）的热量相等。

和一次回风系统一样，空调箱内也应设再热器，但它在夏季不需使用，而是为冬季和过渡季节服务的。冬季设计工况下的再热器加热量（单位：kW）为

$$Q_2=G(h_{O'}-h_O) \tag{3-28}$$

【例 3-2】 某生产车间需要设空调装置，要求采用二次回风系统，试确定空调方案并计算设备容量。已知：

1）室外计算条件为：夏季，$t_{W,g}=35$℃，$t_{W,s}=26.9$℃，$\phi_W=54\%$，$h_W=84.8$kJ/kg；冬季室外计算参数 $t=-12$℃，$t_s=-13.5$℃，$\phi=49\%$，$h=-10.5$kJ/kg，大气压力为 101325Pa。

2）室内空气参数由工艺确定为：$t_N=(22\pm1)$℃，$\phi_N=60\%$，$h_N=47.2$kJ/kg，$d_N=9.8$g/kg（干空气）。

3）按建筑、人、工艺设备及照明等资料算得夏季、冬季的室内热湿负荷为

夏季：$Q=11.63$kW，$W=0.00139$kg/s

冬季：$Q'=-2.326$kW，$W=0.00139$kg/s

4）车间内有局部排风设备，排风量为 $0.278\text{m}^3/\text{s}$。

【解】（1）夏季处理方案

1）由热湿负荷算出热湿比 ε 值，定出送风状态。

$$\varepsilon = \frac{Q}{W} = \frac{11.63}{0.00139}\text{kJ/kg} = 8367\text{kJ/kg}$$

在相应大气压力的 h-d 图上，过点 N 作 $\varepsilon = 8367\text{kJ/kg}$ 的直线与 $\phi = 95\%$ 曲线的交点得 L，$t_L = 11.5℃$，$h_L = 31.8\ \text{kJ/kg}$。取 $\Delta t_O = 7℃$，可得送风点 O，$t_O = 15℃$，$h_O = 36.8\text{kJ/kg}$，$d_O = 8.55\text{g/kg}$（干空气），如图 3-14 所示。

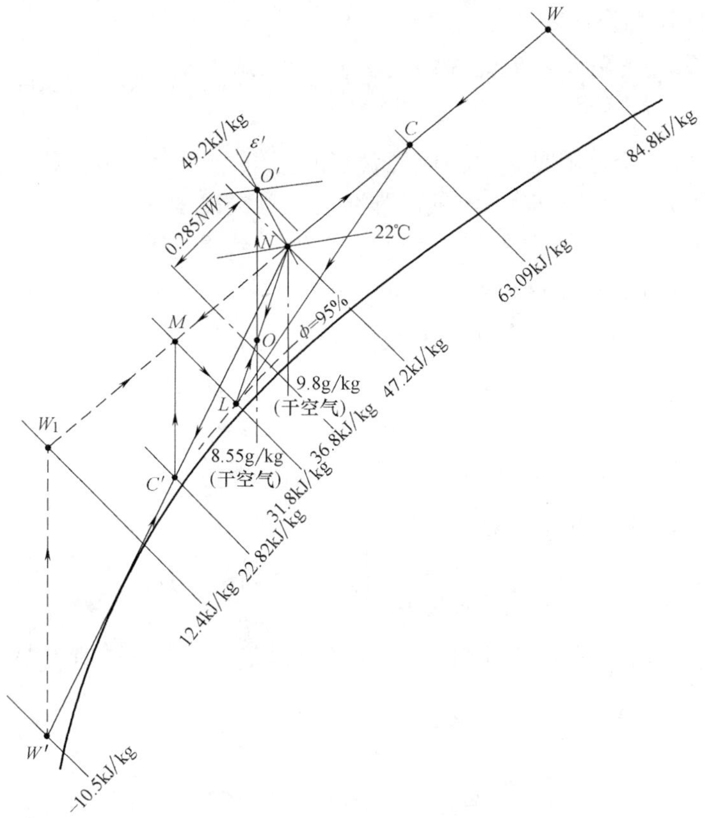

图 3-14　例 3-2 图

2）计算送风量。按室内余热量计算，送风量为

$$G = \frac{Q}{h_N - h_O} = \frac{11.63}{47.2 - 36.8}\text{kg/s} = 1.118\text{kg/s}$$

3）通过喷水室的风量 G_L。

$$G_L = \frac{Q}{h_N - h_L} = \frac{11.63}{47.2 - 31.8}\text{kg/s} = 0.755\text{kg/s}$$

4）二次回风量 G_2。

$$G_2 = G - G_L = (1.118 - 0.755)\text{kg/s} = 0.363\text{kg/s}$$

5）确定新风量 G_W。由于室内有局部排风，补充排风所需的新风量占总风量的百分数为

$$\frac{G_W}{G}\times 100\% = \frac{0.278\times 1.146}{1.118}\times 100\% = 28.5\%$$

所算得的百分数（上式中的 1.146 为 35℃空气的密度，单位为 kg/m^3）已满足一般卫生要求。同时应注意：当新风量根据局部排风量确定时，车间内并未考虑保持正压。

6）一次回风量 G_1。

$$G_1 = G_L - G_W = (0.755 - 0.319)\text{kg/s} = 0.436\text{kg/s}$$

7）确定一次回风混合点 C。

$$h_C = \frac{G_1 h_N + G_W h_W}{G_1 + G_W} = \frac{0.436\times 47.2 + 0.319\times 84.8}{0.436 + 0.319}\text{kJ/kg} = 63.09\text{kJ/kg}$$

等 h_C 线与 $\overline{NW}$ 线的交点就是一次回风混合点 C。

8）计算冷量。从 h-d 图上看，空气冷却减湿过程的冷量为

$$Q_0 = G_L(h_C - h_L) = 0.755\times(63.09 - 31.8)\text{kW} = 23.62\text{kW}$$

这个冷量包括了以下两部分，即

① 室内冷负荷 Q_1——已知为 11.63kW；

② 新风冷负荷 $Q_2 = G_W(h_W - h_N) = 0.319\times(84.8 - 47.2)\text{kW} = 11.99\text{kW}$

所以 $$Q_0 = Q_1 + Q_2 = (11.63 + 11.99)\text{kW} = 23.62\text{kW}$$

（2）冬季处理方案

1）冬季室内热湿比 ε' 和送风点 O' 的确定。

$$\varepsilon' = \frac{Q'}{W} = \frac{-2.326}{0.00139}\text{kJ/kg} = -1673\text{kJ/kg}$$

当冬、夏季采用相同的送风量和室内散湿量时，冬、夏季的送风含湿量应相同，即

$$d_{O'} = d_O = d_N - \frac{1000W}{G} = \left(9.8 - \frac{1000\times 0.00139}{1.118}\right)\text{g/kg(干空气)} = 8.55\text{g/kg(干空气)}$$

则送风点为 $d_{O'} = 8.55$g/kg（干空气）线与 $\varepsilon' = -1673$ 线的交点 O'，可得 $i_{O'} = 49.2$kJ/kg，$t_{O'} = 27.0$℃。

2）由于 N、O、L 等参数与夏季相同，即二次混合过程与夏季相同，因此可按夏季相同的一次回风混合比求出冬季一次回风混合点位置 C'。

$$h_{C'} = \frac{G_1 h_N + G_W h_W}{G_1 + G_W} = \frac{0.436\times 47.2 + 0.319\times(-10.5)}{0.436 + 0.319}\text{kJ/kg} = 22.82\text{kJ/kg}$$

由于 $h_{C'} = 22.82\text{kJ/kg} < h_L = 31.8\text{kJ/kg}$，所以应设置预热器。

3）过 C' 点作等含湿量线与 h_L 线相交得交点 M，则可确定冬季处理的全过程为

$$\left.\begin{matrix} N \\ W' \end{matrix}\right\rangle \rightarrow C' \xrightarrow{\text{预热}} M \xrightarrow{\text{绝热加湿}} \left.\begin{matrix} L \\ N \end{matrix}\right\rangle \rightarrow O \xrightarrow{\text{加热}} O' \overset{\varepsilon'}{\rightsquigarrow} N$$

4）加热量。一次混合后的预热量为

$$Q_1 = G_L(h_M - h_{C'}) = 0.755 \times (31.8 - 22.82)\mathrm{kW} = 6.78\mathrm{kW}$$

如果先把新风预热后混合（图 3-14 所示的虚线），所耗热量是相同的。

二次混合后的再热量为

$$Q_2 = G(h_{O'} - h_O) = 1.118 \times (49.2 - 36.8)\mathrm{kW} = 13.86\mathrm{kW}$$

所以冬季所需的总加热量为

$$Q = Q_1 + Q_2 = (6.78 + 13.86)\mathrm{kW} = 20.64\mathrm{kW}$$

如果将本例改为一次回风系统（室内外参数相同，包括 Δt_O 也相等），则可算得夏季它所增加的冷量正好相当于一次回风系统需补充的再热器热量，而冬季两种系统的加热量是相等的。

第三节 半集中式空调系统

半集中式空调系统主要有风机盘管空调系统和诱导空调系统两种，以下将对这两种典型的集中式空调系统进行介绍。

一、风机盘管空调系统

风机盘管空调系统在国内外均得到了广泛的应用，例如宾馆、医院病房及高层办公楼等绝大部分都采用风机盘管加新风系统。风机盘管加新风系统既设有集中机房集中处理新风，又设有分散在各空调房间的末端装置——风机盘管机组。风机盘管机组一般采用在空调房间内就地处理回风的方式，经集中处理的新风送入空调房间与被就地处理的回风相结合，以实现空调房间的温、湿度控制。

1. 风机盘管机组的构造、分类和特点

风机盘管机组主要由盘管和风机组成，盘管是换热设备，其内有冷水（或热水）流动。盘管一般采用两排或三排管。风机的作用是吸入室内的回风使之经过盘管，与盘管内的冷水（或热水）进行热量交换，达到冷却减湿（或加热）的目的后再送入房间。风机盘管的风机一般为离心多叶风机和贯流风机。贯流风机全压系数大，叶轮直径比一般风机小，有利于减少风机盘管机组的厚度，更适合安装在建筑平顶内。与风机盘管机组相连接的有冷、热水管路和凝结水管路。图 3-15 所示为风机盘管的构造图。

机组一般有立式和卧式两种形式，可按室内安装位置选定，同时根据室内装修的需要可做成明装或暗装。近年来由于风机盘管系统的广泛采用，各大厂商进一步开发了多种形式，如立柱式、顶棚式等，用于各类旅馆客房、办公室等商业建筑中。当机组主要用于冬季供暖时，应采用立式机组，并布置在窗台下，以便获得比较均匀的室温分布。

风机盘管一般容量范围为：风量为 0.007 ~ 0.236$\mathrm{m^3/s}$（250 ~ 860$\mathrm{m^3/h}$），冷量为 2.3 ~ 7kW；风机功率一般在 30 ~ 100W 范围内；水量为 0.14 ~ 0.22L/s（500 ~ 800L/h）；盘管水压损失一般为 10 ~ 35kPa。

风机盘管的优点是：布置灵活，房间之间空气互不串通，各房间的空气参数可根据需要单独调节。房间不住人时可方便地关掉机组（或关风机），而不影响其他房间，从而较其他系统节省运转费用。此外，又因风机多档变速，在冷量上能由使用者直接进行一定的调节。

它的缺点是：对机组制作有较高的质量要求，否则在建筑物大量使用时会带来维修方面

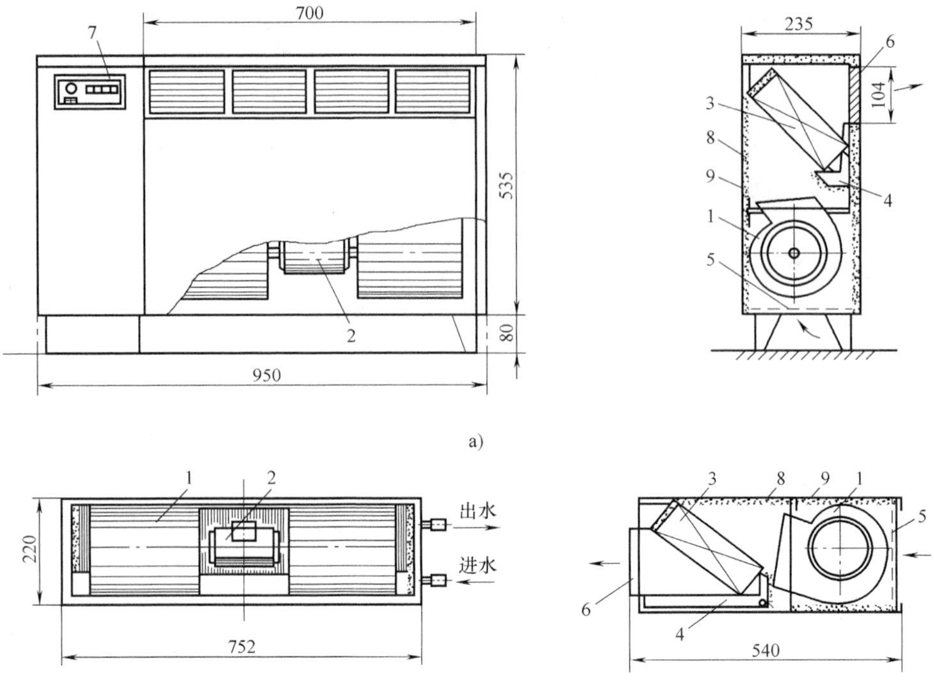

图 3-15 风机盘管的构造图

a）立式 b）卧式

1—风机 2—电动机 3—盘管 4—凝水管 5—循环风进口及过滤器 6—出风格栅 7—控制器 8—吸声材料 9—箱体

的困难。当风机盘管机组没有新风系统同时工作时，冬季室内相对湿度偏低，故这种方式不能用于全年室内湿度有要求的地方。由于噪声的限制，风机转速不能过高，所以风机盘管机组剩余压头很小，气流分布受限制，适用于进深小于 6m 的房间。

2. 风机盘管机组新风供给方式

风机盘管机组的新风供给方式一般有以下三种（见图 3-16）。

1）靠渗入的室外空气（浴厕机械排风）以补给新风（见图 3-16a），机组基本上只处理再循环空气。这种方案初投资和运行费用经济，但室内卫生条件较差，且受无组织的渗透风影响，造成室内温度场不均匀，因而只适用于室内人少的场合。

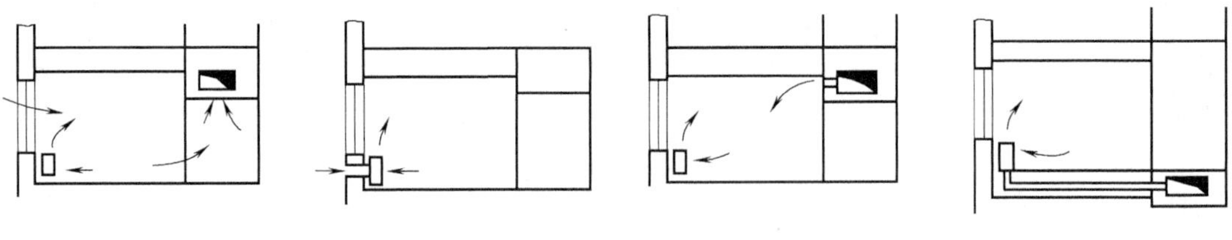

图 3-16 风机盘管机组新风供给方式

a）室外渗入新风 b）新风从外墙洞口引入 c）独立新风系统（上部送入） d）独立新风系统送入风机盘管机组

2）墙洞引入新风直接进入机组（见图3-16b），新风口做成可调节的，冬、夏季按最小新风量运行，过渡季节尽量多采用新风。这种方式虽然新风量可以得到比较好的保证，但随着新风负荷的变化，室内参数将直接受到影响，故只用于要求不高的建筑物。

3）由独立的新风系统供给室内新风（见图3-16c、d），即把新风集中处理到一定的参数，可承担一部分房间负荷。这种方案不仅提高了系统的调节和运转的灵活性，而且进入风机盘管的供水温度可适当提高，水管的结露现象可得到改善。

若采用这种系统，风机盘管机组为卧式暗装式时，一般风机盘管机组与新风送风口的位置关系有两种，一种是新风直入式（见图3-17a），另一种是新、回风串接式（见图3-17b）。

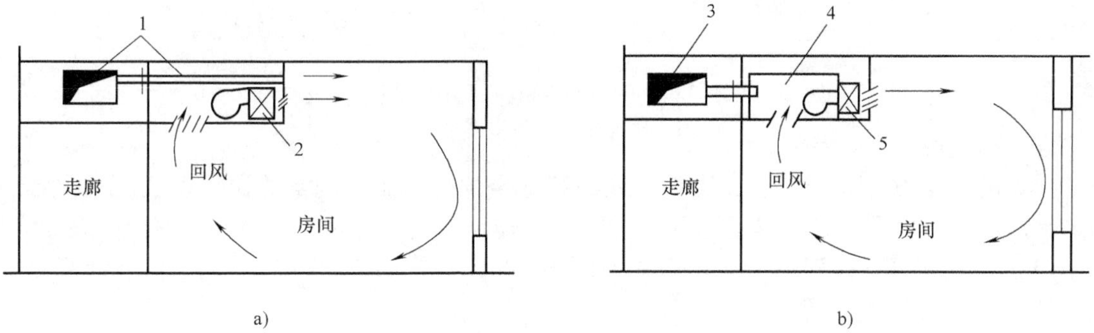

图3-17 新风直入式与新、回风串接式

a）新风直入式 b）新、回风串接式

1、3—新风管 2、5—风机盘管 4—混合尾箱

新风直入式是将风机盘管出风口与新风口并列安装，上罩一个整体格栅，外表美观。新风经处理后直接送入空调房间，风机盘管机组只负责处理回风，两者混合后再进入工作区。其空气处理过程为

$$\left.\begin{matrix} W \rightarrow L \\ N \rightarrow M \end{matrix}\right\rangle \rightarrow O \overset{\varepsilon}{\rightsquigarrow} N$$

新、回风串接式是将新风机组处理过的室外新风送入风机盘管尾箱，新风在尾箱中首先与室内回风混合，再经风机盘管冷却减湿处理后送入房间，其空气处理过程为

$$\left.\begin{matrix} W \rightarrow L \\ N \end{matrix}\right\rangle \rightarrow C \rightarrow O \overset{\varepsilon}{\rightsquigarrow} N$$

新、回风串接做法虽然增加了盘管的负担，但新风与回风的混合较好，而且在部分房间的风机盘管不使用时也可节省处理新风的费用。

3. 风机盘管系统的空气处理过程分析

（1）借助室外空气的渗入和室内机械排风补给新风的空气处理过程

1）夏季工况。设室内状态点为 N，室外空气状态点为 W，风机盘管出风口空气的状态为 M，O 为室外空气与风机盘管处理的空气混合状态点，该点位于 ε 线上，则其空气处理过程可表示为

$$\left.\begin{matrix} N \xrightarrow{\text{冷却减湿}} M \\ W \end{matrix}\right\rangle \xrightarrow{\text{混合}} O \overset{\varepsilon}{\rightsquigarrow} N$$

在这种情况下，风机盘管不仅要承担室内的冷、湿负荷，还要承担室外新风的冷负荷。风机盘管在湿工况下运行。其空气处理过程在 h-d 上的表示如图 3-18a 所示。

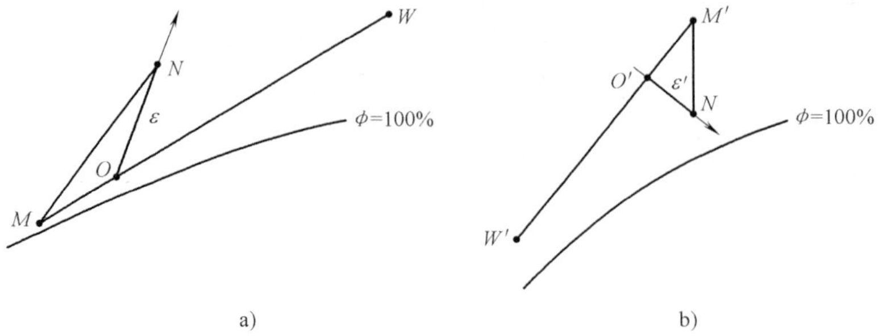

图 3-18 渗入新风的空气处理过程
a）夏季空调过程 b）冬季空调过程

M 点的确定方法如下：过 N 点作 ε 线与按选定的送风温差确定的送风温度 t_O 线相交得送风状态点 O，如采用最大温差送风，则过 N 点作 ε 线与 $\phi=90\%\sim95\%$ 的等相对湿度线相交于 O 点。连接 WO 并延长，根据 $\overline{WO}/\overline{OM}=G_F/G_W=(h_W-h_O)/(h_O-h_M)$，可计算出 h_M 值，从而确定出 M 点位置。

根据室内总送风量 $G=Q\ (h_N-h_O)$ 及 $G_F=G-G_W$ 可计算出风机盘管的风量（G_W 为室外新风量，按照第二章所述的方法进行计算），因而风机盘管夏季提供的制冷量 Q_F（单位：kW）为

$$Q_F=G_F(h_N-h_M) \tag{3-29}$$

2）冬季工况。假设冬季室外空气的状态为 W'，室内状态点为 N，经风机盘管加热后的回风状态为 M'，则冬季的空气处理过程可表示为

$$\left.\begin{array}{l} N \xrightarrow{\text{等湿加热}} M' \\ W' \end{array}\right\rangle \xrightarrow{\text{混合}} O' \xrightarrow{\varepsilon'} N$$

该空气处理过程在 h-d 上的表示如图 3-18b 所示。与夏季工况类似，M' 点的确定方法是：过 N 点作 ε' 线与按选定的送风温差 $\Delta t_{O'}$ 确定的送风温度 $t_{O'}$ 线相交得送风状态点 O'，连接 $W'O'$ 并延长，根据 $\overline{W'O'}/\overline{O'M'}=G_F/G_W=(h_{W'}-h_{O'})/(h_{O'}-h_{M'})$，可计算出 $h_{M'}$ 值，从而确定出 M' 点位置，因而风机盘管冬季提供的加热量 $Q'_F=G_F(h_{M'}-h_N)$。

（2）墙洞引入新风直接进入机组的空气处理过程

1）夏季工况。墙洞引入新风直接进入机组的夏季空气处理过程如图 3-19a 所示。其处理过程可表示为

$$\left.\begin{array}{l} M \\ N \end{array}\right\rangle \xrightarrow{\text{混合}} C \xrightarrow{\text{冷却减湿}} O \xrightarrow{\varepsilon} N$$

在这种空气处理过程中，风机盘管承担室内的冷、湿负荷及新风负荷。

2）冬季工况。冬季空气处理过程如图 3-19b 所示。其处理过程可表示为

$$\left.\begin{array}{l} M' \\ N \end{array}\right\rangle \xrightarrow{\text{混合}} C' \xrightarrow{\text{等湿加热}} O' \xrightarrow{\varepsilon'} N$$

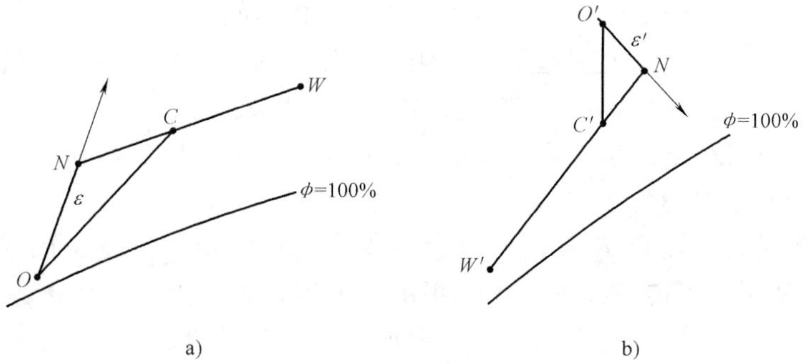

图 3-19　墙洞引入新风的空气处理过程

a）夏季空调过程　b）冬季空调过程

关于风机盘管的制冷量与制热量的计算，读者可以参考以上的内容自行分析。

（3）由独立的新风系统提供新风的空气处理过程　在风机盘管空调系统中，一般采用风机盘管加独立新风系统的空调方式。因此，本书主要对这种系统进行分析。

1）夏季工况。

① 新风直入式的夏季空气处理过程可表示为

$$\left.\begin{array}{l} W \xrightarrow{\text{冷却减湿}} L \\ N \xrightarrow{\text{冷却}} M \end{array}\right\rangle \xrightarrow{\text{混合}} O \rightsquigarrow \xrightarrow{\varepsilon} N$$

根据新风处理后的状态不同，其空气处理过程在 h-d 图上的表示如图 3-20 所示。

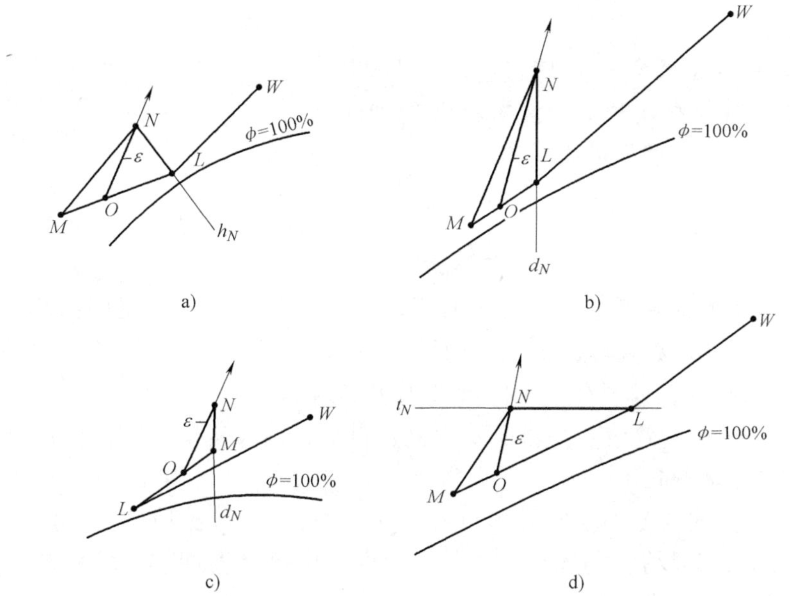

图 3-20　新风直入式的夏季空气处理过程

a）新风处理到 h_N 线（$h_L=h_N$）　b）新风处理到 d_N 线

c）新风处理到 $d_L<d_N$　d）新负处理到 t_N 线

图 3-20a 是把新风处理到室内状态的等焓线（即 $h_L = h_N$）。此时新风不承担室内冷负荷，即新风机组只承担新风冷负荷，风机盘管除了承担房间冷负荷外，还承担一部分新风的湿负荷，风机盘管机组在湿工况下运行，可用风机盘管的出水作为新风机组的进水。

图 3-20b 是把新风处理到 d_N 线。在这种情况下，风机盘管机组只承担室内的部分冷负荷和湿负荷，而新风机组不仅承担新风冷负荷，还承担部分室内冷负荷和湿负荷。此时，对新风机组提供的冷冻水温约为 7～9℃。

图 3-20c 是把新风处理到 $d_L < d_N$，风机盘管机组只承担一部分室内显热冷负荷（人、照明、日射），可实现等湿冷却。而新风机组不仅负担新风冷负荷，还负担部分室内显热冷负荷和全部潜热冷负荷，新风处理的焓差大，水温要求在 5℃以下，国内一般不采用。

图 3-20d 是把新风处理到 t_N 线。在这种情况下，风机盘管机组负担的负荷很大，特别是湿负荷很大，易发生水患，不建议采用。

② 新、回风串接式的夏季空气处理过程可表示为

$$\left.\begin{array}{l} W \xrightarrow{\text{冷却减湿}} L \\ N \end{array}\right\rangle \xrightarrow{\text{混合}} C \xrightarrow{\text{冷却减湿}} O \rightsquigarrow\xrightarrow{\varepsilon} N$$

新、回风串接式的新风处理也有处理到 t_N 线、h_N 线等几种情况，通常选择把新风处理到室内状态的等焓线（即 $h_L = h_N$），如图 3-21 所示。

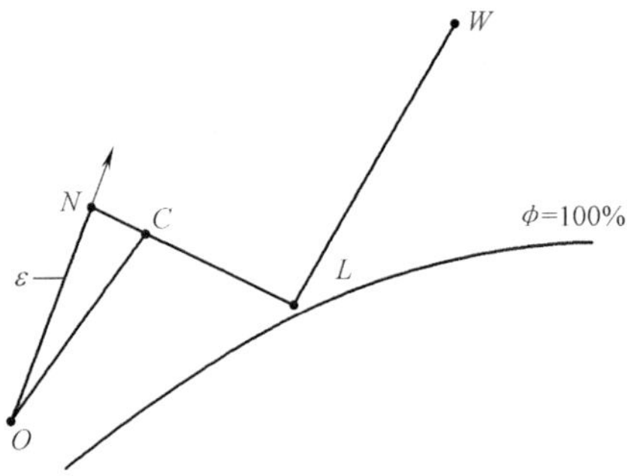

图 3-21　新、回风串接式的夏季空气处理过程

在这种情况下，风机盘管机组处理的风量比新风直入式大（包括了新风量），当风机盘管不工作时，新风会从回风口送出，造成对过滤器反吹，对房间的卫生不利。

2）冬季工况。

① 新风直入式的冬季空气处理过程。在冬季，新风经加热和喷蒸汽加湿处理，与风机盘管处理的空气混合后送入房间，该过程可表示为

$$\left.\begin{array}{l} W' \xrightarrow{\text{加热}} W_1 \xrightarrow{\text{加湿}} E' \\ N \xrightarrow{\text{加热}} M' \end{array}\right\rangle \xrightarrow{\text{混合}} O' \rightsquigarrow\xrightarrow{\varepsilon'} N$$

冬季工况的新风处理有低于 t_N、等于 t_N 和高于 t_N 三种情况，如图 3-22 所示。

若 $t_{W1} < t_N$ [一般可取 $t_E = t_N -$（2～3）℃]，风机盘管不仅负担房间的热负荷，还要负担一部分新风热负荷。若 $t_{W1} = t_N$，风机盘管负担室内的热负荷，而新风热负荷由新风机组承担。若 $t_{W1} > t_N$，风机盘管仅负担部分室内的热负荷，新风机组则不仅负担新风的热负荷，而且要负担一部分室内热负荷。

② 新、回风串接式的冬季空气处理过程。在冬季，新风机组对空气进行加热、加湿后送入风机盘管后部的回风箱，空气与回风混合后再经风机盘管加热，然后被送入空调房间。其冬季的空气处理过程可表示为

$$\left.\begin{array}{l} W' \xrightarrow{\text{加热}} W_1 \xrightarrow{\text{蒸汽加湿}} E \\ N \end{array}\right\rangle \xrightarrow{\text{混合}} C' \xrightarrow{\text{加热}} O' \rightsquigarrow\xrightarrow{\varepsilon'} N$$

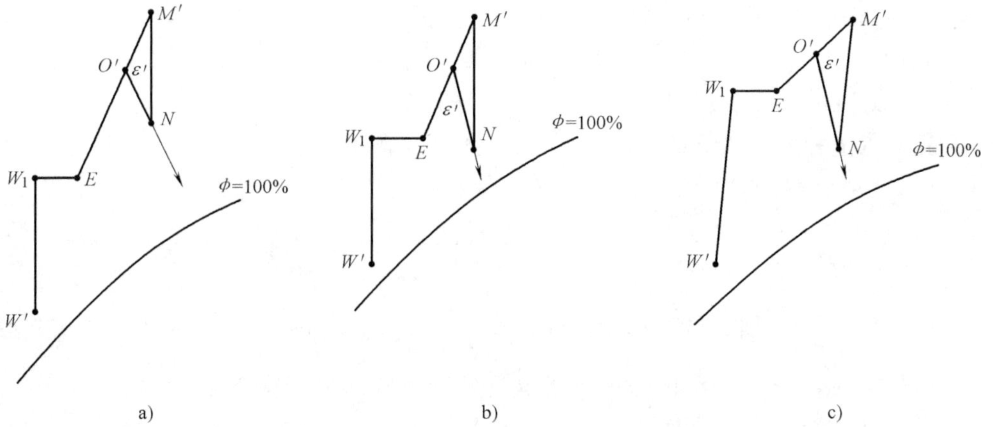

图 3-22 新风直入式的冬季空气处理过程

a) $t_{W1}<t_N$ b) $t_{W1}=t_N$ c) $t_{W1}>t_N$

与新风直入式一样，新、回风串接式也有将新风加热到低于 t_N、等于 t_N 和高于 t_N 三种情况（见图 3-23）。

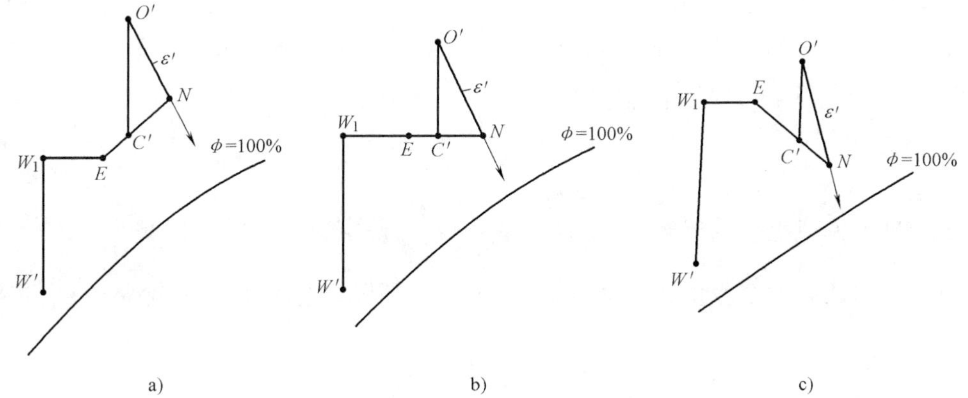

图 3-23 新、回风串接式的冬季空气处理过程

a) $t_{W1}<t_N$ b) $t_{W1}=t_N$ c) $t_{W1}>t_N$

4. 风机盘管加独立新风空调系统的设计计算

（1）夏季工况设计计算 对有独立新风的风机盘管空调系统，风机盘管和新风空调箱的负荷分配方法有多种情况，设计中新风经新风空调箱处理后的状态，应考虑风机盘管和新风空调箱处理焓差、各自负担的冷量比例、维护保养和调节等因素。国产风机盘管的排数通常为 2～3 排，新风空调箱为 6 排（少数为 8 排），冷冻水温常为 7℃左右。为了充分发挥新风空调箱的处理能力，通常把空气处理到室内空气状态的等焓线或更低。下面以新风处理到室内空气焓值为例进行分析计算。

1）新风直入式（见图 3-20a）。

① 确定新风处理状态和新风冷量。作室内空气的等 h_N 线，与 $\phi=90\%$ 的等相对湿度线

的交点 L，即为新风处理后的机器露点。$W \to L$ 即为新风处理过程。

新风空调箱的冷量（单位：kW）为

$$Q_W = G_W(h_W - h_N) \tag{3-30}$$

式中 G_W——新风量（kg/s），按第二章所述方法计算。

② 确定总风量和风机盘管的处理风量。过室内状态点 N 作 ε 线与 $\phi = 90\%$ 等相对湿度线相交得送风状态点 O，则室内总送风量（单位：kg/s）为

$$G = \frac{Q}{h_N - h_O} \tag{3-31}$$

连接点 L 和点 O 并延长到点 M，使$\overline{OM} = \overline{LO}\frac{G_W}{G_{W,\mathrm{p}}}$，$G_\mathrm{F} = G - G_W$，为风机盘管的风量，则房间总送风量 $G = G_W + G_\mathrm{F}$，而 M 即为风机盘管处理空气的出口状态点。

③ 计算风机盘管的全冷量和显冷量。在湿空气的 h-d 图上确定出 h_M、t_M，则风机盘管承担的全冷量 Q_T 和显冷量 Q_X（单位：kW）分别为

$$Q_\mathrm{T} = G_\mathrm{F}(h_N - h_M) \tag{3-32}$$

$$Q_\mathrm{X} = G_\mathrm{F}c_p(t_N - t_M) \tag{3-33}$$

式中 c_p——空气的比定压热容［kJ/(kg·K)］。

2）新、回风串接式（见图 3-21）。

① 确定新风处理状态和新风冷量。方法同上。

② 确定风机盘管的总送风量。过室内状态点 N 作 ε 线与 $\phi = 90\%$ 的等相对湿度线相交得送风状态 O，则风机盘管总送风量单位（kg/·s）为

$$G = \frac{Q}{h_N - h_O} \tag{3-34}$$

③ 确定新、回风混合点 C。在 NL 线上按$\frac{\overline{NC}}{\overline{NL}} = \frac{G_W}{G}$确定新、回风混合点 C。

④ 计算风机盘管的全冷量和显冷量。连接 CO，则风机盘管承担的全冷量 Q_T 和显冷量 Q_X 分别为

$$Q_\mathrm{T} = G(h_C - h_O) \tag{3-35}$$

$$Q_\mathrm{X} = Gc_p(t_C - t_O) \tag{3-36}$$

【例 3-3】 已知某办公室夏季室内冷负荷 $Q = 14.2\mathrm{kW}$，湿负荷 $W = 0.00042\mathrm{kg/s}$；室内设计温度 $t_N = 26℃$，相对湿度 $\phi_N = 55\%$；室外设计干球温度 $t_W = 34℃$，相对湿度 $\phi_W = 65\%$；室内新风量 $G_W = 0.15\mathrm{kg/s}$。拟采用风机盘管加独立新风系统，试进行夏季工况设计计算。

【解】 采用新风直入式方案，新风处理到室内空气焓值，其空气处理过程如图 3-24 所示。

1）计算室内热湿比。

$$\varepsilon = \frac{Q}{W} = \frac{14.2}{0.00042}\mathrm{kJ/kg} = 33810\mathrm{kJ/kg}$$

2）确定新风处理状态点 L。作室内等焓线 h_N 与 $\phi = 90\%$ 的相对湿度线交点得点 L。查得 $h_N = 56\mathrm{kJ/kg}$，$h_W = 90.7\ \mathrm{kJ/kg}$。

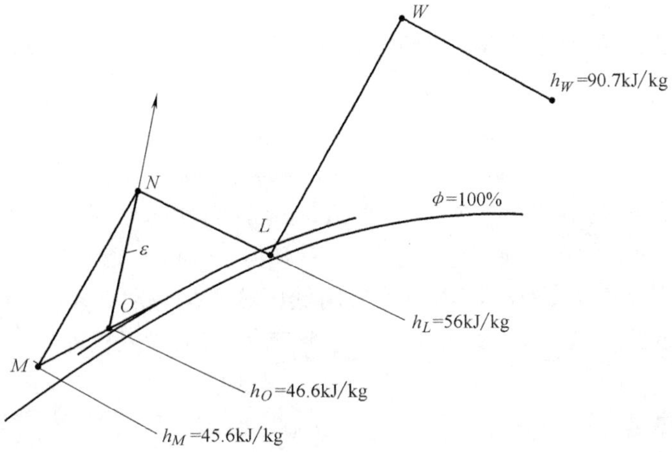

图 3-24 例 3-3 图

3）计算新风空调箱冷量 Q_W。

$$Q_W = G_W(h_W - h_L) = 0.15 \times (90.7 - 56)\text{kW} = 5.2\text{kW}$$

4）确定总送风量 G 和风机盘管送风量 G_F。过点 N 作 $\varepsilon = 33810\text{kJ/kg}$ 线与 $\phi = 90\%$ 等相对湿度线相交得送风状态点 O，查得 $h_O = 46.6\text{kJ/kg}$ 则总送风量为

$$G = \frac{Q}{h_N - h_O} = \frac{14.2}{56 - 46.6}\text{kg/s} = 1.51\text{kg/s}$$

风机盘管风量为 $G_F = G - G_W = (1.51 - 0.15)\text{kg/s} = 1.36\text{kg/s}$

风机盘管出口空气的焓 h_M 为

$$h_M = \frac{Gh_O - G_W h_L}{G_F} = \frac{1.51 \times 46.6 - 0.15 \times 56}{1.36}\text{kJ/kg} = 45.6\text{kJ/kg}$$

由 h-d 图可查得，风机盘管出风温度 $t_M = 17.4℃$。

5）计算风机盘管的全冷量 Q_T 和显冷量 Q_X。

$$Q_T = G_F(h_C - h_M) = 1.36 \times (56 - 45.6)\text{kW} = 14.1\text{kW}$$

$$Q_X = G_F c_p (t_N - t_M) = 1.36 \times 1.01 \times (26 - 17.4)\text{kW} = 11.8\text{kW}$$

（2）冬季工况设计计算

1）新风直入式（见图 3-22a）。

①根据设计条件确定室外状态点 W' 与室内状态点 N。

②确定室内送风状态点 O'。

由于冬、夏季送风量不变，房间的总送风量 $G = G_W + G_F$，由送风量的计算公式可知，冬季送风状态的焓 $h_{O'}$（单位：kJ/kg）和含湿量 $d_{O'}$［单位：g/kg（干空气）］为

$$h_{O'} = h_N - Q/G \tag{3-37}$$

$$d_{O'} = d_N - W/G \tag{3-38}$$

由 $h_{O'}$ 和 $d_{O'}$ 即可在 h-d 图上确定出送风状态点 O'，O' 点与室内状态点 N 的连线就是冬季空调房间的热湿比 ε' 线。

③ 确定风机盘管出口的空气状态点 M'。考虑到冬季送风温度不宜超过 40℃，且空气通过风机盘管加热后的温升为 21.5～28℃，可取

$$t_{M'} = t_N + (15 \sim 20)℃ \tag{3-39}$$

④ 确定蒸汽加湿后的状态点 E。根据两种空气的混合规律可按下式求出 E 点的焓和含湿量，即

$$h_E = h_{M'} - G(h_{M'} - h_{O'})/G_W \tag{3-40}$$

$$d_E = d_{M'} - G(d_{M'} - d_{O'})/G_W \tag{3-41}$$

由（h_E，d_E）即可在 h-d 图上确定出蒸汽加湿后的状态点 E，点 E 应在 $M'O'$ 的延长线上。

⑤ 确定新风加热后的状态点 W_1。冬季采用低压蒸汽加热时，空气的状态变化是等温加热过程，新风加热后的状态点 W_1 的温度应等于状态点 E 的温度，即

$$t_{W1} = t_E = (h_E - 2500d_E)/(1.01 + 1.84d_E) \tag{3-42}$$

由于新风的加热是等湿加热过程，即 $d_{W1} = d_{W'}$，则由（t_{W1}，d_{W1}）即可确定新风加热后的状态点 W_1。

⑥ 确定风机盘管机组的加热量。盘管机组的加热量可由下式进行计算，即

$$Q_F = G_F c_p (t_{M'} - t_N) \tag{3-43}$$

式中 Q_F——风机盘管机组的加热量（kW）；

c_p——空气的比定压热容［kJ/(kg·K)］。

⑦ 确定新风机组的加热量和加湿量。新风机组的加热量 $Q_{W'}$ 可由下式进行计算，即

$$Q_{W'} = G_W c_p (t_{W1} - t_{W'}) \tag{3-44}$$

式中 G_W——新风量（kg/s）。

新风机组的加湿量 W（单位：kg/s）按下式进行计算，即

$$W = G_W (d_E - d_{W'}) \tag{3-45}$$

2）新、回风串接式（见图 3-23a）。

① 确定室内送风状态点 O'。按下式确定室内送风状态点 O' 的焓 $h_{O'}$（单位：kJ/kg）和含湿量 $d_{O'}$［单位：g/kg（干空气）］即，

$$h_{O'} = h_N - Q/G_F \tag{3-46}$$

$$d_{O'} = d_N - W/G_F \tag{3-47}$$

② 确定新、回风的混合状态点 C'。考虑到新风加热后的温度不宜过低和发挥风机盘管的加热能力，新、回风混合后的温度可取为 $t_{C'} = t_N - (2 \sim 5)℃$。由于新、回风的混合状态点 C' 应当位于送风状态点的等含湿量线上，即 $d_{C'} = d_{O'}$，则由（$t_{C'}$，$d_{C'}$）可确定出新、回风的混合状态点 C'。

③ 确定蒸汽加湿后的状态点 E。根据两种空气的混合规律可按下式求出 E 点的焓和含湿量

$$h_E = h_N - G(h_N - h_{C'})/G_W \tag{3-48}$$

$$d_E = d_N - G(d_N - d_{C'})/G_W \tag{3-49}$$

由（h_E，d_E）可在 h-d 图上确定出蒸汽加湿后的状态点 E，点 E 应在 NC' 的延长线上。

④ 确定新风加热后的状态点 W_1。W_1 点的确定方法与新风直入式相同。

⑤ 确定风机盘管机组的加热量。盘管机组的加热量（单位：kW）可由下式进行计算，即

$$Q_F = Gc_p(t_{O'} - t_{C'}) \qquad (3\text{-}50)$$

⑥ 确定新风机组的加热量和加湿量。新风机组的加热量和加湿量的计算方法与新风直入式相同。

【例 3-4】 某空调房间采用风机盘管加独立新风系统，已知冬季室内设计温度 $t_N = 22℃$，相对湿度 $\phi_N = 40\%$；室外设计温度 $t_{W'} = -12℃$，$\phi_{W'} = 45\%$；房间总热负荷 $Q = -1.025\text{kW}$，湿负荷 $W = 126\text{g/h}$，房间送风量 $G = 360\text{kg/h}$，新风量 $G_W = 72\text{kg/h}$，试进行冬季工况设计计算。

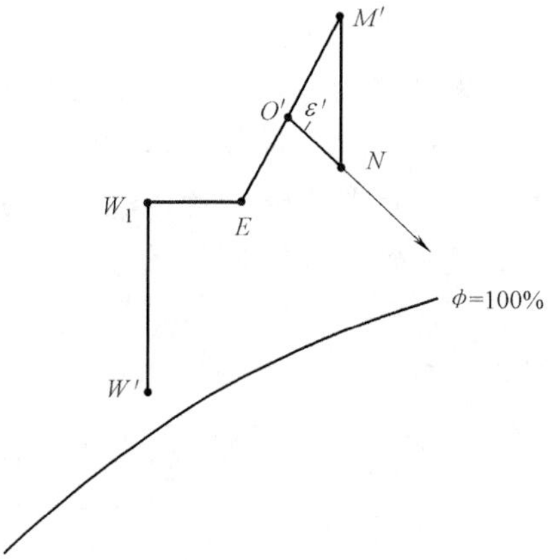

图 3-25　例 3-4 图

【解】 拟采用新风直入式方案，其空气处理过程的 h-d 图如图 3-25 所示。

1）在 h-d 图上确定室内状态点 N 与室外状态点 W'，查得有关参数为

$$h_N = 38.8\text{kJ/kg}, d_N = 6.55\text{g/kg(干空气)}, d_{W'} = 0.6\text{g/kg(干空气)}, t_{W'} = -12℃$$

2）确定室内送风状态点 O' 的参数。

$$h_{O'} = h_N - Q/G = [38.8 - (-1.025 \times 3600/360)]\text{kJ/kg} = 49.1\text{kJ/kg}$$

$$d_{O'} = d_N - W/G = (6.55 - 126/360)\text{g/kg} = 6.2\ \text{g/kg(干空气)}$$

3）确定风机盘管出口的空气状态点 M' 的参数。

$$t_{M'} = t_N + 15℃ = (22 + 15)℃ = 37℃$$

$$h_{M'} = [(1.01 + 1.84 \times 0.00655) \times 37 + 2500 \times 0.00655]\text{kJ/kg} = 54.2\text{kJ/kg}$$

4）确定蒸汽加湿后的状态点 E 的参数。

$$h_E = h_{M'} - G(h_{M'} - h_{O'})/G_W = [54.2 - 360 \times (54.2 - 49.1)/72]\text{kJ/kg} = 28.7\ \text{kJ/kg}$$

$$d_E = d_{M'} - G(d_{M'} - d_{O'})/G_W = [6.55 - 360 \times (6.55 - 6.2)/72]\text{g/kg} = 4.8\text{g/kg}$$

5）确定新风加热后的状态点 W_1 的温度。

$$t_{W1} = t_E = (h_E - 2500d_E)/(1.01 + 1.84d_E) = (28.7 - 2500 \times 0.0048)/(1.01 + 1.84 \times 0.0048)℃ = 16.4℃$$

6）确定风机盘管机组的加热量。

$$Q_F = (G - G_W c_p(t_{M'} - t_N = (360 - 72) \times 1.01 \times (37 - 22)\text{kW}/3600 = 1.21\text{kW}$$

7）确定新风机组的加热量和加湿量。

$$Q_{W'} = G_W c_p(t_{W1} - t_{W'}) = 72 \times 1.01 \times [16.4 - (-12)]\text{kW}/3600 = 0.57\text{kW}$$

$$W = G_W(d_E - d_{W'}) = 72 \times (4.8 - 0.6)/1000\text{kg/h} = 0.3\text{kg/h}$$

5. 风机盘管的水系统

在风机盘管系统中，随着季节变化，盘管可能需要供冷水或热水，为此需要为其提供冷源和热源。

供、回水管各设一根管道的风机盘管水系统，称为双水管系统，它和机械循环的热水采暖系统相似。夏季供冷水，冬季供热水，冬、夏需进行冷热转换。双水管系统的初投资最小，但冷热转换比较麻烦。

对于要求全年空调且建筑物内负荷差别很大的场合，例如在过渡季节内有些房间要求供冷，有些房间要求供热，为了使用灵活，可采用三水管系统，即在盘管进口处设有一自动控

制的三通阀，根据室内需要由室温调节器控制进冷水还是进热水。但这种系统的冷、热回水共用一根管道，所以存在冷（热）量混合损失。

更为完善的方式是用四水管系统。这种方式有两种做法：一种是使用一组盘管，不同时供冷和供热；另一种是冷热盘管完全分开，单独控制，如图 3-26 所示。采用四水管系统的最大好处是控制方便，运行经济，缺点是初投资较高。所以，这种水系统往往在舒适性要求很高的建筑物内才采用。

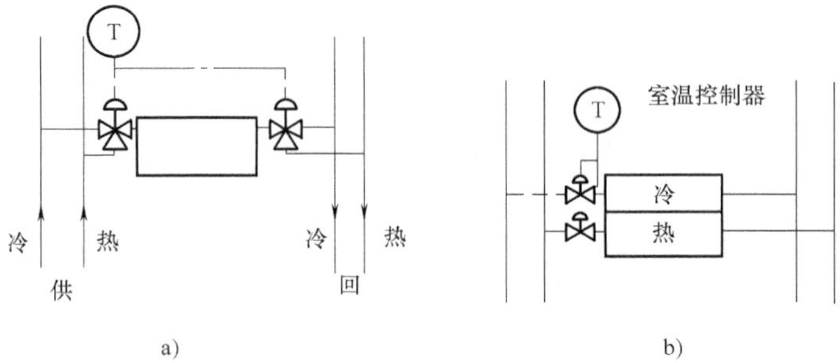

图 3-26　四水管系统与盘管的连接方式

a）单一盘管　b）冷热分开的盘管

风机盘管系统中的水管设计与采暖管路有许多相同之处，例如，管路同样要考虑必要的坡度以便排除空气、系统应设置膨胀水箱等；由于盘管通常都在湿工况下工作，因此还应设有凝结水排放的管路系统。在大型建筑物中，为了保持水力工况的稳定性和减少初次调整的工作量，水系统应设计成同程式。

对于大型的风机盘管系统，如果各风机盘管没有设置水量或水温调节装置，则可以采用按朝向不同分区的区域控制方式。此时供水参数的调节可以采用变水量方式，也可以采用变水温方式。图 3-27 是这两种方式的示意图。图 3-27a 中的各区回水管上的 MV_1 是受室温调节器控制的三通阀，根据室温变化可以调节进入盘管的水量，这种调节方法为变水量方式。

在图 3-27b 中，三通阀 MV_1 装在二次供水泵与分水器之间，利用回水和供水混合以得到要求的水温，水温变化也受室温调节器控制。这种调节方法为变水温方式。

变水量控制方式中的 MV_1 可以用二通阀代替，此时与变水温方式一样，都出现了流经制冷机的蒸发器水量变化问题。当流过蒸发器的水量过少时，将因水温过低导致制冷机停机。为使回到蒸发器的水量不变，可在分水器与集水器之间加一连通管，管间设一个阀门 MV_2。当房间负荷减少，供水量减少时，分水器内压力上升，可由分水器与集水器间的压差打开阀门 MV_2，将水量旁通回去。

6. 风机盘管机组的选择

风机盘管在夏季提供的冷量为 $Q_F = G_F(h_N - h_M)$，因此选择风机盘管的关键是如何实现从 $N \to M$ 的处理过程，即检查所选定的风机盘管在要求风量、进风参数和水初温、水量等条件下，能否满足冷量和出风参数。

国内或国外风机盘管机组产品性能资料完善者，都提供有机组不同档次（高/中/低速）在不同水初温、水量、风量等条件下，各种进风参数（$t_{干}$、$t_{湿}$）时的总冷量和显热冷量值。

选择风机盘管时需要考虑两个主要的性能指标，即风量和制冷（热）量。风量由风机选

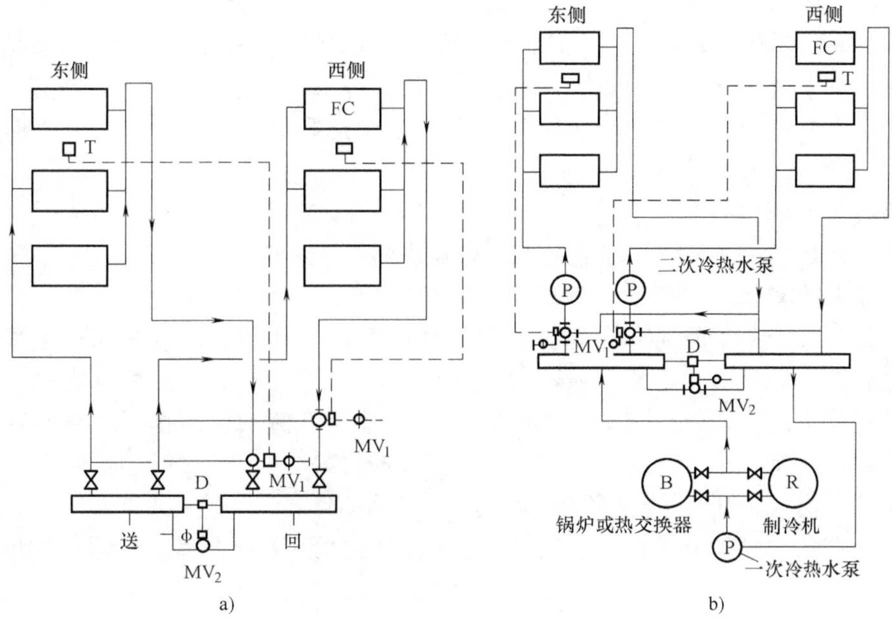

图 3-27 风机盘管系统分区控制方式
a）变水量方式 b）变水温方式

型确定，制冷（热）量则与盘管的传热面积、冷（热）媒的温度、水流量以及经过盘管的空气温度和流速等因素有关。风机盘管在标准工况下运行时，空气处理终点状态取决于空气处理焓差。风机盘管的制冷量与房间湿负荷有关，一般热湿比越大，制冷量越小。

一般工程上选择风机盘管机组的方法主要有以下两种：

（1）风机盘管焓差修正法　由于风机盘管的冷量（或热量）是在标准工况下测定的，实际运行中由于工作环境的变化，导致风机盘管的冷量（或热量）发生改变，因此实际应用中需要对风机盘管的冷量（或热量）进行修正。工程上采用风机盘管实际运行焓差与标准工况焓差的比值 m 进行修正，计算风机盘管的实际制冷量，再根据实际制冷量选择风机盘管。

$$Q'_{F} = Q_{F,H}(\Delta h_{m}/\Delta h_{H}) = mQ_{F,H} \tag{3-51}$$

式中　Q'_{F}——风机盘管实际制冷量（W）；

$Q_{F,H}$——风机盘管标准状况下额定制冷量（W）；

Δh_{m}——风机盘管实际空气处理焓差（kJ/kg）；

Δh_{H}——风机盘管标准状况下空气处理焓差（kJ/kg）；

m——修正系数。

（2）风机盘管风量选型法　根据空调冷负荷和风机盘管实际空气处理焓差计算出空调风量，再根据风量选择风机盘管。风机盘管的风量可按下式计算

$$G_{F} = Q/\Delta h_{m} \tag{3-52}$$

当空调供水温度，供、回水温差，供水量，进风温度与标准工况不同时，应根据风机盘管生产厂家提供的资料再进行修正。

风机盘管一般是按风机高转速时选用，以确保选用的是最小型号的机组，考虑到风机盘

管实际上都是在中速或低转速下运行，因而也可按中速下平均制冷负荷条件选型。

风机盘管是半集中式空调系统中广泛使用的末端设备，它的合理选用不仅直接影响空调效果，也是保证系统正常运行和降低空调能耗的重要环节，尤其是在高精度或有严格工艺要求的场合，更需合理的送风参数。送风和供冷（热）是风机盘管的基本功能，保证足够的风量是实现预期空调效果的先决条件。

二、诱导器系统

诱导器（IDU）系统是另一种半集中式空调系统。

1. 构造原理和特点

诱导器是分设于各室的局部设备（或称末端装置），它由静压箱、喷嘴和盘管（又称二次盘管，也有的不设盘管）等组成。经过集中处理的空气（一次风）由风机送入诱导器的静压箱内，经喷嘴以高速射出（20～30m/s），由于喷出气流的引射作用，在诱导器内造成负压，室内空气（即回风，又称二次风）被吸入诱导器，一、二次风混合后由诱导器风口送入空调房间，图3-28所示为诱导器系统的原理与结构。

送入诱导器的一次风通常就是新风，在必要时也可使用部分回风，但采用回风时风道系统较复杂。

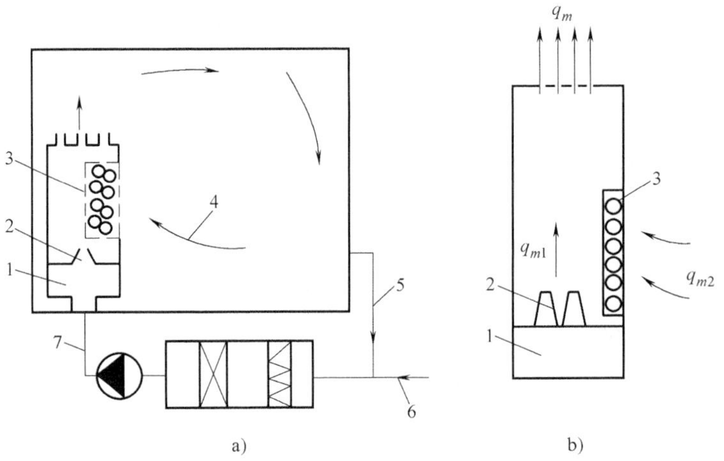

图3-28 诱导器系统的原理与结构

1—静压箱 2—喷嘴 3—热交换器 4—二次风 5—回风管 6—新风管 7——次风

诱导器按其内是否设置盘管分为两种：一种是不带二次冷却盘管的全空气诱导器系统，采用这种系统时，室内所需的冷负荷全部由集中处理的一次风负担，所以称为“全空气”诱导系统，这种诱导器又称“简易诱导器”，它实际上是一个特殊的送风装置，能诱导一定数量的室内空气，达到增加送风量和减少送风温差的作用，有时也可在简易诱导器内装置电加热器，以适应室内负荷变动的需要；另一种是“空气-水”诱导器系统，这种系统的一部分夏季室内冷负荷由集中空气处理箱处理的一次风负担，另一部分由水（通过二次盘管加热或冷却二次风）负担。当诱导器用二次盘管冷却空气时，根据管内冷水温度的高低，空气的冷却可分为干冷却（即等湿冷却）和湿冷却（即除湿冷却）两种。如果是湿冷却，产生的凝结水应收集在一个积水盘里，并由专设的排水管从各诱导器中排走。

诱导器的主要性能指标之一是诱导比 n，诱导比为二次风量 G_2 与一次风量 G_1 之比，即

$n = G_2/G_1$，故诱导器的送风量 $G = G_1 + G_2$。对于一定结构的诱导器，在一定风量范围内 n 为定值（一般小于5）。当空调风量 G 已定、诱导比 n 已知时，一次风量 $G_1 = G/(1+n)$。

诱导器的另一些特性指标为工作压力（与喷嘴风速有关）、额定一次风量时的噪声、盘管的供冷（热）能力等，这些都可在诱导器的产品规格说明书中查找。

诱导器的容量大致在以下范围：

喷嘴压力：250 ~ 850Pa

一次风量：30 ~ $250m^3/h$

二次盘管水量：250 ~ 650L/h

冷量（进水温度 $t_W = 10℃$）：0.58 ~ 3.5kW

2. 诱导器系统的空气处理过程

（1）“全空气”诱导器系统（简易诱导器）

1）确定送风状态点和一次风状态点。送风状态点 O 为状态点 N 的室内回风（二次风）与一次风状态点“1”的混合点，应根据室内热湿比 ε 线和送风温差 Δt_O 确定，它和一次风状态点“1”都应在 ε 线上（见图3-29）。经新风空调箱处理的室外空气的机器露点为 L 点，由于高速诱导系统风机压头大，所以风机管道温升 Δt_f（即 $t_1 - t_L$）必须加以考虑。

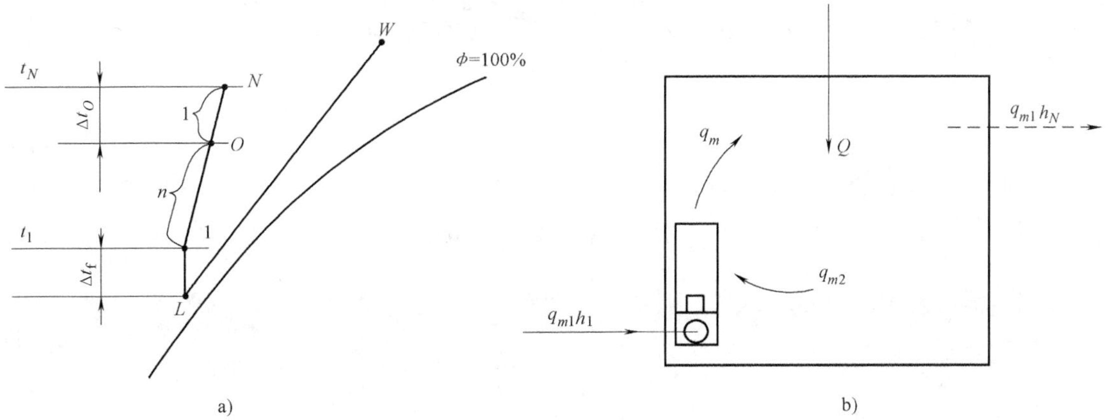

图3-29 全空气诱导器的空气处理过程与热平衡

2）求一次风量。根据房间热平衡关系式 $G_1h_1 + Q = G_1h_N$，得简易诱导器的一次风量 G_1（单位：kg/s）为

$$G_1 = \frac{Q}{h_N - h_1} \tag{3-53}$$

3）选定诱导器的诱导比。从 $h\text{-}d$ 图分析，诱导比 n 应该为

$$n = \overline{O1}/\overline{NO} \tag{3-54}$$

（2）“空气-水”诱导器系统（冷热诱导器） 在夏季，二次盘管冷却处理过程可分为干冷和湿冷两种。现在以干冷式为例分析其工况。图3-30表示了装有这种诱导器房间的热平衡图，从图中可知

$$G_1h_1 + Q = G_1h_N + q \text{ 或 } Q = G_1(h_N - h_1) + q \tag{3-55}$$

式中 $G_1(h_N - h_1)$ ——一次风负担的室内冷负荷；

q——二次风负担的室内冷负荷。

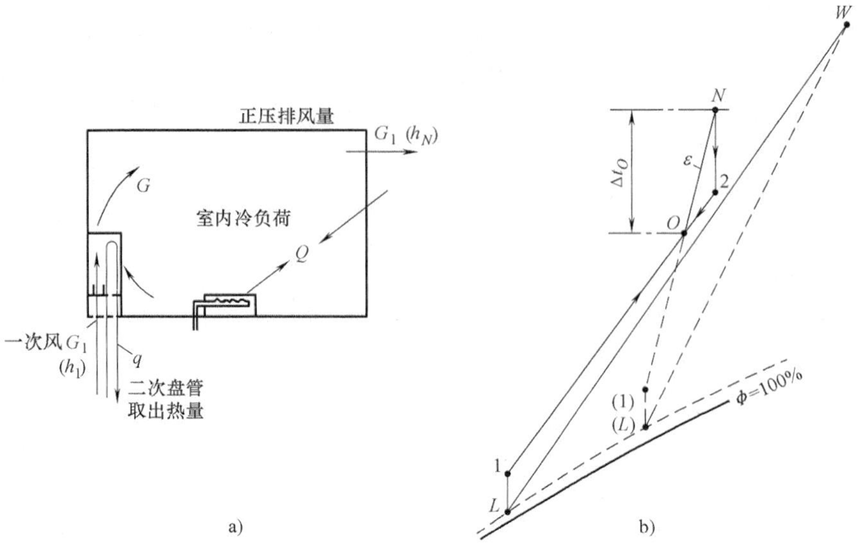

图 3-30　空气-水诱导器的热平衡与空气处理过程

上式可写成：$G_1(h_N - h_1) = Q - q$，则一次风量（单位：kg/s）为

$$G_1 = \frac{Q-q}{h_N - h_1} \tag{3-56}$$

对于冷热诱导器系统，其送风点 O 是一次风状态点 1 与二次风状态点 2 在诱导器内按一定诱导比混合后得到的，因此 $\overline{O1}/\overline{O2} = G_2/G_1 = n$。

由于 $Q = G(h_N - h_O) = G_1(1+n)(h_N - h_O)$，故一次风量 $G_1 = \dfrac{Q}{(1+n)\ (h_N - h_O)}$，一次风处理箱所需冷量 Q_1（单位：kW）及二次盘管的冷量 Q_2（单位：kW）分别为

$$Q_1 = G_1(h_W - h_L) \tag{3-57}$$

$$Q_2 = G_2(h_N - h_2) \tag{3-58}$$

3. 诱导器系统的适用性

一般诱导器系统集中处理的仅为新风（一次风），且可采用高速送风（管内风速约 15～25m/s），故机房尺寸和管道断面均较小（为普通系统管道断面的 1/3），可节约建筑空间，此外能保证每个房间有必要的新风量，卫生情况好，曾用于旧建筑物加设空调或高层建筑空调。这种系统也有一定的缺点，如空气输送动力消耗大，个别调节不灵活，末端装置噪声不易控制等，所以现在已较少采用，而大多被风机盘管系统等代替。

第四节　分散式空调系统

在一些建筑物中，如果只是少数房间有空调要求，并且这些房间又比较分散，或者各房间的负荷变化规律有很大不同，采用集中式或半集中式空调系统显然不太适宜，此时可以采用分散式空调系统，即局部式空调机组。

局部式空调机组实际上是一个小型空调系统，采用直接蒸发或冷媒冷却方式。它由空气处理设备、风机、制冷机及自动控制设备等组成，又称房间空调器。局部式空调机组相对集

中式空调而言，其优点是安装、维修方便，使用灵活，空调机运行时直接向房间供冷、供热，冷热量输送损失少。但它无蓄热能力，制冷机的能效比 COP（Coefficient of Performance）低，使用寿命较短（10~15 年），室内机噪声会干扰环境，室外机影响建筑外观。

一、局部空调机组分类

1. 按容量大小分

（1）窗式　容量小，冷量在 7kW 以下，风量在 0.33m^3/s（1200m^3/h）以下，属于小型空调机。一般安装在窗台上，蒸发器朝向室内，冷凝器朝向室外。

（2）挂壁机和吊装机　容量较小，冷量在 13kW 以下，风量在 0.33m^3/s（1200m^3/h）以下。

（3）立柜式　容量较大，冷量在 70kW 以下，风量在 5.55m^3/s（20000m^3/h）以下。立柜式空调机组室内机通常落地安装，压缩冷凝机组可以放在室外。

2. 按制冷设备冷凝器的冷却方式分

（1）水冷式　容量较大的机组，冷凝器采用水冷式，用户必须具备冷却水源，一般用于水源充足的地区，为了节约用水，大多数机组采用循环冷却水。

（2）风冷式　容量较小的机组，借助风机用室外空气冷却冷凝器。容量较大的机组也可将风冷冷凝器独立设在室外。风冷式空调机不需要冷却塔和冷却水泵，不受水源条件的限制，在任何地区都可以使用。

3. 按供热方式分

（1）普通式　冬季用电加热器供暖。

（2）热泵式　冬季仍用制冷机工作，借助四通换向阀的转换，使制冷剂逆向循环，把原蒸发器当作冷凝器、原冷凝器作为蒸发器，空气流过冷凝器被加热作为采暖用。

（3）辅助电热式　冬季制冷机作为热泵循环工作，其出风再通过电加热器继续加热，可维持较高的送风温度，电加热器只有在室外温度低于一定值后才工作。

4. 按机组的整体性来分

（1）整体式　将空气处理部分、制冷部分和电控系统的控制部分等安装在一个罩壳内形成一个整体。整体式机组结构紧凑，操作灵活，但噪声振动较大，其制冷量一般在 50kW 以下。

（2）分体式　把蒸发器和室内风机作为室内侧机组，把制冷系统蒸发器之外的部分置于室外，称为室外机组，两者用制冷剂管道相连接，可有效降低室内的噪声。在目前的产品中，为了建筑的美观性，多数用一台室外机与多台室内机相匹配。由于传感器、配管技术和机电一体化的发展，分体式机组的形式可多种多样。

空调机组除了满足民用之外，在商业和工业方面也广泛应用，按其功能需要可生产诸多专用机组，如全新风机组、低温机组、恒温恒湿机组、程控机房专用机组、净化空调机组等，此外还有与冰蓄冷相结合以及具有蓄热功能或热水供应的机组。表 3-1 列出了若干具有专用功能的空调机组的特点和应用场合。

二、空调机组的性能及选择

1. 空调机组的性能系数

空调机组的能耗指标可用性能系数来评价，性能系数又分为制冷工况和制热工况两种：

（1）制冷工况

表 3-1 若干专用功能的空调机组的特点和应用场合

机组类型	单冷/热泵	特点	容量		使用场合
			中	小	
恒温恒湿机组	○/○	风冷、水冷均可为保证室内恒温恒湿精度，设微调加热器、加湿器	○		精密加工工艺、程控机房、文物保管库房等
低温机组	○/	新风比小，机器露点低，处理焓差小	○		低温冷藏仓库（无人的场合）
全新风机组	○/○	全新风，处理焓差大，有的设热回收装置	○	○	不允许使用回风的场合
净化空调机组	○/○	具有三级过滤系统，末端设高效空气过滤器，风机压头较大	○	○	中、小型洁净生产环境，如医院手术室等

$$COP_c = \frac{机组名义工况下的制冷量(W)}{整机的功率消耗(W)}$$

机组的名义工况（又称额定工况）制冷量是指在国家标准规定的进风湿球温度、风冷冷凝器进口空气的干球温度等检验工况下测得的制冷量。目前空调机组在额定工况下的 COP_c 值为 2.5 ~3.0。

（2）制热（热泵）工况

$$COP_h = \frac{机组(热泵)名义工况下的制热量(W)}{整机的功率消耗(W)}$$

在同一工况下，根据制冷循环原理，$COP_h = COP_c + 1$。

2. 空调机组的选择及其工作特性

根据空调房间的总冷负荷（包括新风负荷）和 h-d 图上处理过程的实际要求，查用机组的特性曲线或性能表（不同进风湿球温度和不同冷凝器进水或进风温度下的制冷量），使冷量和出风温度符合工程的设计要求，不能只根据机组的名义工况来选配机组。

空调机组是由压缩冷凝机组、蒸发器和通风机等联合工作的，当工况发生变化时，其制冷量也会随之变化。某一形式、规格、容量已定的空调机组的基本特性曲线如图 3-31 所示。蒸发器特性曲线和压缩冷凝机组特性曲线的交点为空调机组的工作点，工作点确定后即可查出机组此时的制冷量。

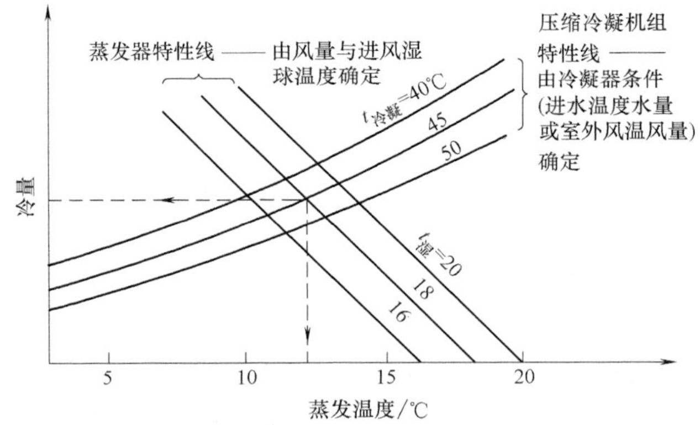

图 3-31 空调机组的基本特性曲线

3. 热泵型空调机组对建筑负荷的适应性

在冬冷夏热地带使用风冷型热泵空调机组时，都存在其出力与建筑物冷热负荷需求的不平衡性，如图3-32所示，图中实线表示机组从冬季到夏季出力的大致变化，虚线表示冬夏季建筑物供热供冷量随室外温度变化的需求规律。由图可知，冬夏季出力与需求相平衡的室外温度只有两个点，其余温度下均不能满足（多余或不足）。因此如果可以随气候变化而改变机组的出力，则可满足使用。现在国内外生产通过压缩机变频在运行中改变制冷量或制热量的机组，这种理想的情况如图3-32所示。

三、局部空调机组的应用方式

局部空调机组的应用大致有以下几种方式：

1. 单台机组独立使用

一个空调房间使用一台空调机组属于这种情况。现在生产的小型分体式空调器、穿墙式空调器及窗式空调器均可独立使用。使用窗式空调器时要注意与建筑外观的配合。

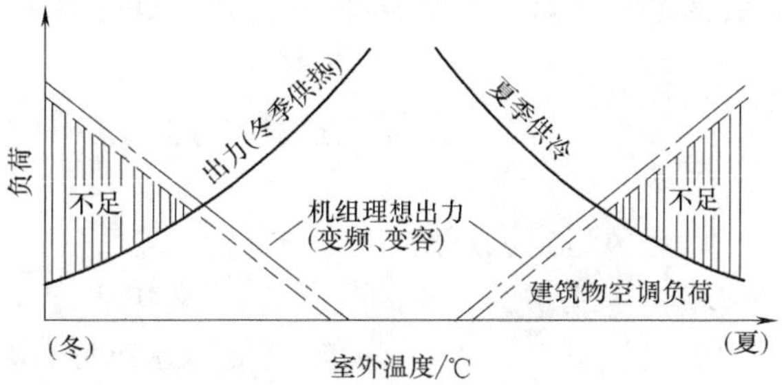

图3-32 热泵型空调机组与建筑负荷的关系

2. 多台机组独立使用

对于较大的空调房间（如餐厅、会议厅、车间等）一台机组容量不够时，或者从备用及调节角度出发，也可以选用两台或数台机组。但是在这种情况下，每台机组仍是独立工作的。这种方式可以接风道，也可不接风道。接风道的机组应有足够的机外余压，以满足送风量和气流组织的设计要求。

3. 利用集中式新风与排风系统将空调机组联合使用

该方式如图3-33所示。经过集中处理的新风送入空调机组，与回风混合后经过蒸发器处理成空调房间的送风。室内排风先冷却机组的冷凝器，再由集中的排风管道排至室外，因此，机组中的冷凝风机有可能省去。当系统足够大时还可以在新、排风系统之间设热回收装置，进行余热回收利用。

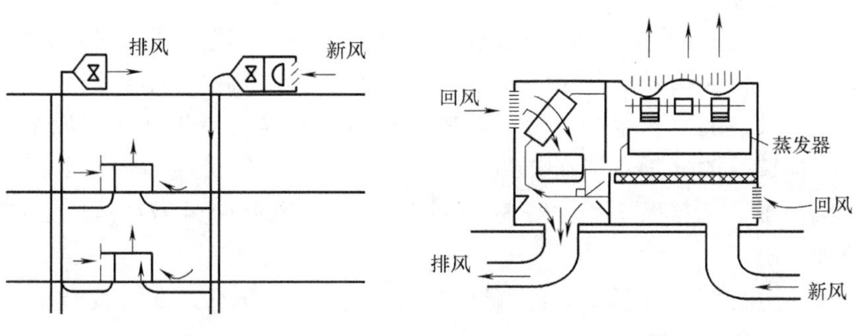

图3-33 利用新、排风系统将机组联合使用

a）系统示意图 b）机组示意图

上述做法实际上已和风机盘管加独立新风的系统相似，成了半集中式系统，只不过在这里是以空调机组代替了风机盘管而已。

4. 利用空调机组作为集中式空调系统的空气处理设备

目前空调机组产品的容量越来越大，有些大型空调机组的制冷量已达数百千瓦，同时机外余压也较高，因此可以利用它作为集中式空调系统的空调器（箱）。由于空调机组是自带冷、热源的，而且施工安装非常方便，所以在工程中，特别是在改建工程中经常采用这种方案。这时的空调机被称为独立式的，而前面介绍的不带冷、热源的空调机（箱）又称为非独立式的。按这种方案使用空调机组，便形成了一种带风道的空调机组系统。

第五节　其他类型的空调系统

一、变风量空调系统

普通集中式空调系统的送风量是全年固定不变的，并且按房间最大热湿负荷确定送风量，称为定风量（CAV）系统。实际上房间热湿负荷不可能经常处于最大值，而是在全年的大部分时间低于最大值。当室内负荷减少时，定风量系统是靠调节再热量以提高送风温度（减小送风温差）来维持室温的。这样既浪费热量，又浪费冷量。如果能采用减少送风量（送风参数不变）的方法来保持室内温度不变，则不仅节约了提高送风温度所消耗的热量，而且由于处理风量的减少，降低了风机功耗以及制冷机的冷量，因此这种系统被称为变风量（VAV）系统。

变风量空调系统也属全空气系统，从设备设置来看，有集中的空调机房。这一点与前面介绍的几种全空气系统类似。所不同的是，变风量系统在送风的末端设有特殊的送风装置，通过它可以按房间负荷变化的需要调节送风量。

变风量空调系统的运行费用相当经济，对于大容量的空调装置尤为显著。目前变风量（VAV）系统在一些大型公共、民用和工业建筑中得到较多的应用，并在应用中相关技术不断完善。

变风量系统按变风量末端结构形式不同可以分成四种基本类型，即单风道型、风机动力型、旁通型和诱导型四种。下面对这几种变风量系统进行简单的介绍。

1. 单风道型变风量系统

（1）系统形式　单风道型变风量系统一般采用节流型变风量末端装置和变频风机，可细分为单冷型、单冷再热型和冷热型三类。单冷型系统的末端装置不带加热器，用于需全年供冷的内区或无须供热的夏热冬暖地区。单冷再热型系统既有不带加热器的末端装置，又有带加热器的末端装置，前者用于需全年供冷的内区，后者用于夏季供冷、冬季供暖的外区或需要再热的区域，系统全年送冷风。图 3-34 表示了单风道型变风量系统在具有不同负荷要求的内外区处理工况。

（2）变风量末端装置　送风末端装置变风量大多采用节流方式，其节流部件可以是单叶阀或多叶阀，也可以是其他形式的，如气囊、滑阀等。

变风量末端装置按其调节方式不同分为压力有关型和压力无关型。压力有关型是指该末端装置能根据被调节房间或区域的负荷变化调节送风量，但送风量会随送风系统的静压变化而波动。压力无关型则在装置内装有风速（或风量）传感器（如测压管），使节流装置调节的送风量不因系统内的静压变化而改变。同时压力无关型还可由用户设定最大、最小送风量。图 3-35 所示为压力无关型变风量末端装置的结构。

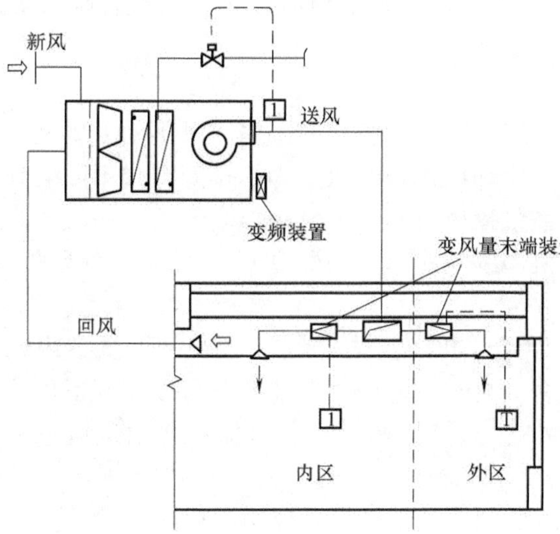

图 3-34　单风道型变风量系统

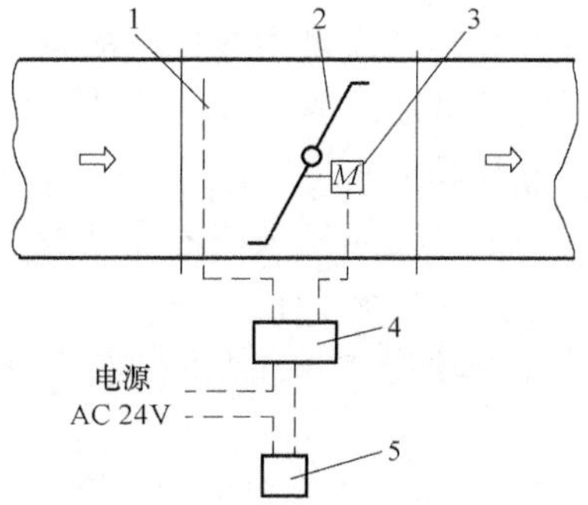

图 3-35　压力无关型变风量末端装置的结构

1—毕托管式风速传感器　2—风量调节阀　3—风阀驱动器
4—控制器　5—室内温控器

（3）系统总送风量调节　在变风量末端装置调小送风量时，送风系统的阻力将增大，送风管内静压升高。如不调节风机的送风量，则不能收到明显的节能效果，反而会增大系统的漏风量和节流时产生的噪声等。

变风量系统的总风量调节一般采用定静压控制和变静压控制两种。定静压控制是保证系统风道内某一点（一般位于风机与最远末端装置之间距离的 2/3 处）或几点平均静压保持不变的前提下，由末端变风量风阀调节室内所需风量，由风道内静压与该点所设定值的差值控制变频器工作，调节风机转速，进而调节系统总送风量。显然，这种调节方法对接近静压控制点的末端装置来说，系统风量的调节对它们的影响很小，但对远离控制点的末端装置影响较大。变静压控制是在保证末端变风量风阀尽可能地处于全开位置（85%～100%）的前提下，由风道内所需静压来控制，改变风机电动机的输入频率、调节转速，从而调节系统送风量，以保证各送风末端均能满足调节要求。

（4）设计特点及其适用性　承担多区调节的单风道变风量系统的主要设计特点是：系统的负荷并非各区最大设计负荷的总和，因此需要通过设计日冷、热负荷逐时累加后得出系统的设计负荷，并由此按选定的送风温差求得系统的总送风量。其次，应按各区满足最小新风量要求的最大与最小送风量之差来确定新、回风比。最小送风量一般不应低于最大送风量的 40%。

单风道变风量系统的节流型末端装置结构简单、体积小、价格便宜，系统运行噪声较低，因此被广泛应用于各种办公建筑中。但是系统存在的一些缺陷限制了其使用范围。如供冷时送风量变化幅度较大，小风量时因出风速度降低，无法利用吊顶的贴附效应，会产生不舒适的冷风下沉现象，且这种现象随送风温度的降低变得更加突出。因此，单风道变风量系统对送风口的性能有一定要求，仅适用于气流组织要求一般的场合。此外，系统加热时受末端最小风量和热空气分层现象的限制，加热风量小，送风温度不能过高，加热能力有限，不能用于热负荷较大的场合。另外，在再热过程中还存在风系统内冷、热空气混合损失的现象，影响其节能性能。

2. 风机动力型变风量系统

风机动力型变风量系统是在单风道变风量系统的基础上发展而来的。风机动力型是在节流型变风量末端装置中内置一台驱动风机，根据驱动风机与变风量阀的排列方式不同又分为串联风机型和并联风机型两种。所谓串联风机型是指风机和变风量阀串联内置，一次风既通过变风量阀，又通过驱动风机加压；而并联风机型的一次风（系统送风）只通过变风量阀，不需要通过驱动风机加压。

风机动力型变风量系统末端装置运行时，驱动风机将室内空气（二次风）从室内风口诱导入变风量末端装置，室内空气和一次风混合，再送入室内，因此系统可以实现适用于外区的冬季加热功能，并且即使在变风量的条件下，风机运行时也可以保持室内送风量基本稳定。

图 3-36 与图 3-37 分别为串联式和并联式风机动力型变风量系统的流程图。

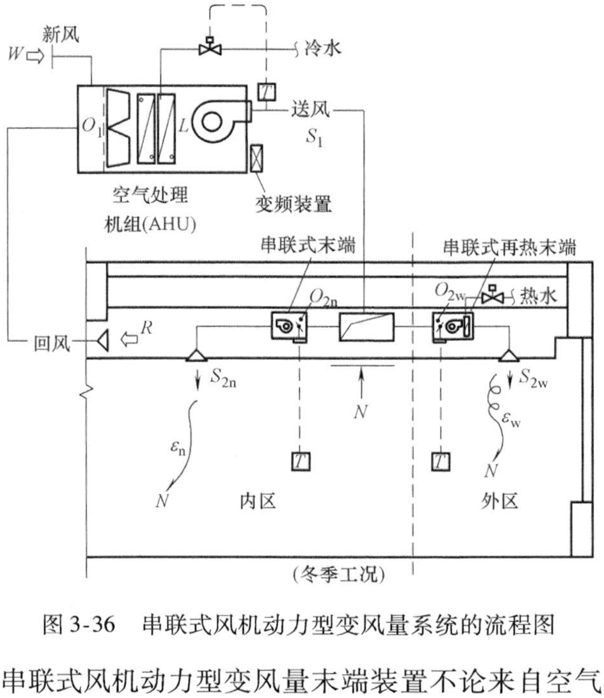

图 3-36　串联式风机动力型变风量系统的流程图

由图 3-36 可见，串联式风机动力型变风量末端装置不论来自空气处理机的送风量是否变化，由末端风机送出的风量是稳定不变的。这样可以保持室内气流组织的稳定性，而且在外区冬季需要供热时可以设置末端加热器补充热量。不过，当内外区使用一套空调系统时，外区存在较大的冷热抵消损失。串联式风机动力型变风量系统一般较适合用于一次风低温送风的系统中，如空调水系统大温差设计（供回水温度大于 5°C）的系统和有冰蓄冷的系统中，其优点是可以减小末端设备和风管的尺寸。

并联式风机动力型变风量末端装置实质上是在原有的变风量末端装置上加装一台循环风机，风机只有在一次风量减少到最小但仍无法满足区域内负荷减少的情况下才会起动。其末端装置同样可以加装加热器，以便用于冬季外区的加热。

加装风机的变风量末端装置虽然可以改善室内气流分布和提供冬季外区的加热功能，但风机的电耗和噪声增大是其不利因素。

3. 旁通型变风量系统

旁通型变风量系统的工作原理是：当室内负荷减少时，通过送风口的分流机构来减少送入室内的空气量，而其余部分送入顶棚内转而进入回风管循环。其系统原理如图 3-38 所示。由图可见，送入房间的空气量是可变的，但风机的风量仍是一定的。图中所表示的末端装置是机械型旁通风口，旁通风口与送风口上设有动作相反的风阀，并与电动（或气动）执行机构相连接，受室内恒温器控制。旁通型末端装置也可以选配热水再热盘管或电加热器，以增加再热功能。

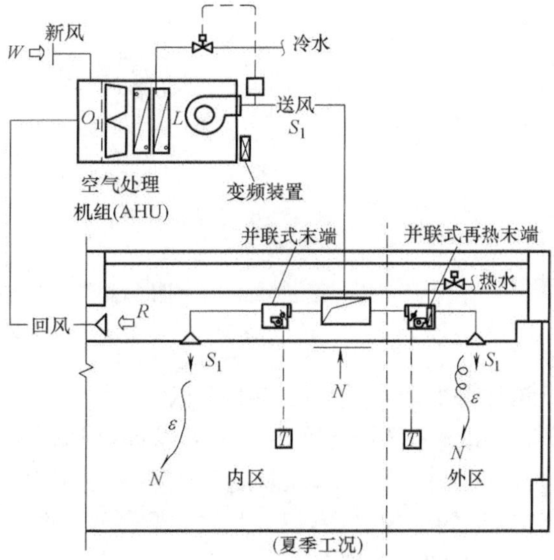

图 3-37 并联式风机动力型变风量系统的流程图

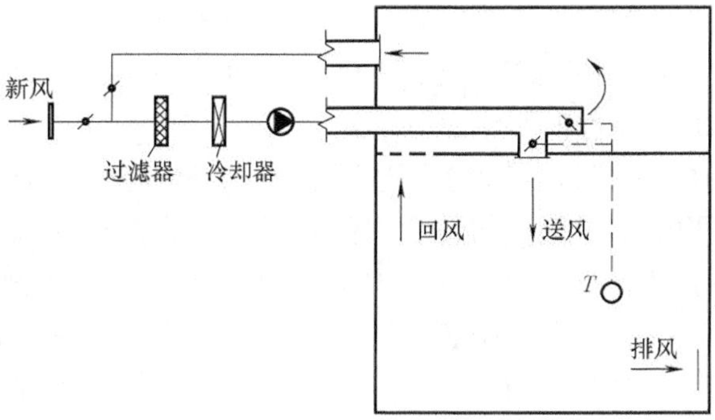

图 3-38 旁通型变风量系统

旁通型系统的特点是：

1）即使负荷变动，但风道内静压大致不变，也不会增加噪声，风机也不必进行调速控制。

2）当室内负荷减少时，不必增大再热量（与定风量系统比较），但风机动力没有节省，且需要加设旁通风道，使投资增加。

3）大容量的装置采用旁通型时经济性不明显，它适用于小型的并采用直接蒸发式冷却器的空调装置。

4. 诱导型变风量系统

诱导型变风量系统的变风量末端装置是顶棚内诱导型风口，其作用是用一次风高速诱导由室内进入顶棚内的二次风，经过混合后送入室内。其装置流程如图 3-39 所示。

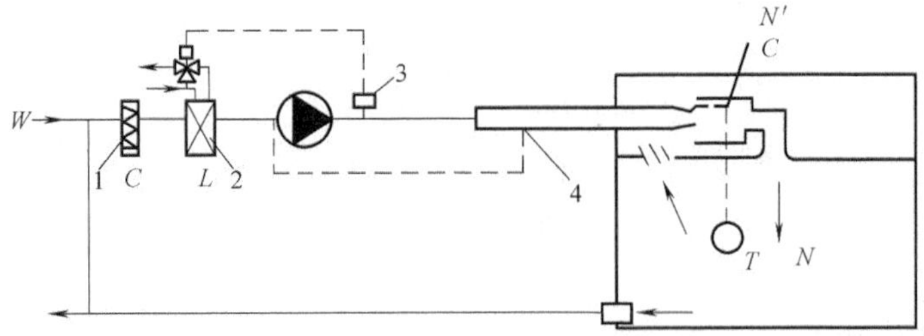

图 3-39　诱导型变风量系统

1—过滤器　2—冷却器　3—送风温度控制器　4—静压控制器

诱导型变风量系统有如下特点：

1）由于系统诱导室内回风可以提高送风温度，因此一次风温可较低，所需风量少了，同时又采用高速，所以风管断面较小，然而为了达到诱导作用，却提高了风机压头。

2）诱导型风口还可利用室内热量，与照明灯具结合，直接把照明热量用作再热，故适用于高照度的办公楼等。

3）室内空气（二次风）不能进行有效的过滤，房间空气质量不够理想。

4）即使负荷减少，房间风量变化也不大。一次风量不小于 50% 时，总风量几乎不变。一次风量减小到 20% 时，总风量仍可保持在 60%，故对房间气流组织的影响较节流型小。

二、户式中央空调系统

随着我国人民生活水平的不断提高，近年来国内兴建了多居室、复式住宅以及别墅公寓等大量建筑面积在 100m^2 以上的建筑。与此同时，一种与之配套的户式中央空调也应运而生，满足了人们对生活舒适条件的需求。

户式中央空调兼具中央空调和房间空调器两者的优点。与传统中央空调相比，省却了专用机房，同时管路安排及调试简单。与传统房间空调器相比，有些机组可以引入新风，改善室内空气品质。居室内空气分布更为合理，温度均匀，波动小，舒适感好，免除了使用多台外机影响建筑物外观及造成不安全的隐患。因此住户既能享受中央空调的舒适性，又机动灵活，合理承担开支，而且在进行室内装潢设计及空调布置时尽显个性。

1. 户式中央空调的类型及特点

根据传输冷热量的介质、机组的结构等不同的特点，户式中央空调可分成若干形式，习惯上是按空调的输送介质进行分类的。冷热负荷的输送介质主要有三种：空气、水和制冷剂，户式中央空调一般分为风管系统、冷热水系统和制冷剂系统。

（1）风管系统　风管系统是以空气为输送介质，其原理与大型全空气中央空调系统基本相同。它利用主机集中产生的冷（热）量，将室内的回风（或回风与新风的混合）集中进行处理，如冷却、加湿、除湿、净化等，然后由风道送入各个房间。根据室内机组和室外机组的布置，风管系统又分为分体式风管系统和整体式风管系统。

1）分体式风管系统。分体式风管系统也称为风冷管道型空调机，其容量大约为 12 ~ 80kW，采用三相电源，室外机与室内机安装时由制冷剂铜管连接，属于直接蒸发式系统。图 3-40 所示为具有新风的分体式风管系统安装示意图。室外机有单冷型和热泵型两种，可采用模块化设计。室内机是一个简单的空气处理箱，采用高效低噪声离心风机，机外余压为

80～250Pa，可供连接风管并在房间内形成合理的气流组织。如果在空气处理箱后配置静压箱，能更好地满足各种送风条件和建筑结构的要求，也可方便引入新风。由于采用送风管道，风管断面有一定的尺寸，故对建筑物有一定的要求。

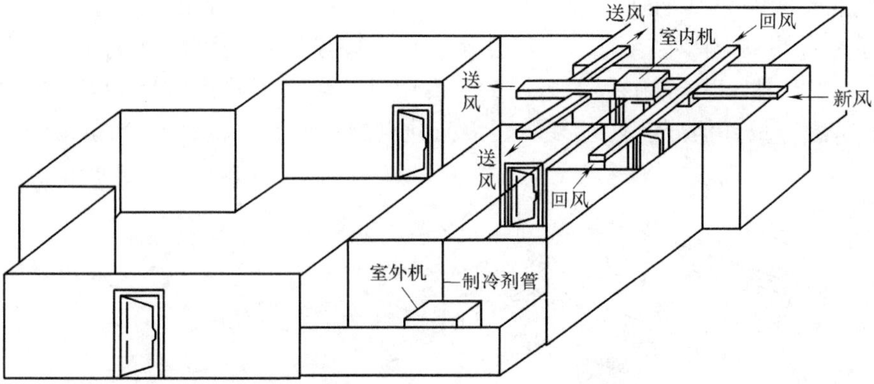

图 3-40 分体式风管系统安装示意图

还有一种暗装吊顶式的分体式风管系统，容量范围更小一些（3～12kW），电源有单相及三相，适用于面积较小的居室。机组具有热泵功能并配有辅助电加热，用风管送风，也可引入新风，具有中央空调的功能。

2）整体式风管系统。其室外机包括压缩机、热力膨胀阀、冷凝器、蒸发器、离心风机、轴流风机、换向阀、除霜控制器等（见图 3-41），并配有新风进口，可调节室内空气品质。室内机只有风口和风管，室内环境没有机械噪声。安装时只需将室外机的送风口和回风口与室内风管连接即可。此类机组大多安装在屋顶，常称为屋顶式空调机，也可安装在墙边或窗外。

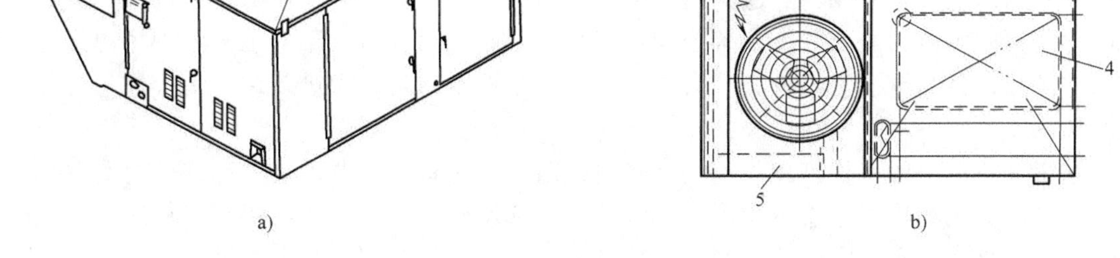

图 3-41 整体式风管系统的室外机组

a）外形图 b）结构图

1—新风口 2—回风口 3—冷却盘管 4—送风口 5—冷凝机组

相对于其他户式中央空调，风管式系统的特点是制冷系统简单，对控制技术要求不高，初投资小，便于引入新风，但空气输配系统占用建筑空间较大，还应考虑风管穿越墙体问题。

（2）冷热水系统　其输送介质通常为水，也有采用乙二醇的，空调容量范围为7～40kW。它通过室外主机产生空调冷（热）水，由管路系统输送到房间的末端装置（一般是风机盘管）的换热器，由末端装置产生冷（热）风，从而消除房间的余热、余湿，是一种集中产生冷（热）量，但分散处理各房间负荷的空调系统形式，其系统如图3-42所示。

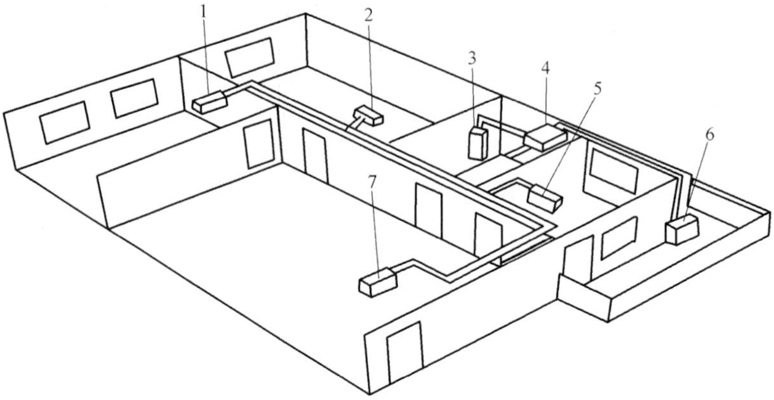

图3-42　冷热水系统

1、2、5、7—风机盘管　3—辅机电锅炉　4—室内辅机　6—室外主机（冷热水机组）

该系统可以对每个房间进行单独调节，满足不同房间的空调需求，同时节能性也比较好，此外，由于冷热水输配系统所占的空间较小，因此系统一般不受建筑物层高的限制。但系统通常难以引入新风，对经常密闭的空调房间而言，其舒适性较差。

（3）制冷剂系统　制冷剂系统也称多联式空调系统，输送介质为制冷剂，采用变制冷剂流量（Variable Refrigerant Volume，简称VRV）系统，其系统原理如图3-43所示。室外主机由制冷压缩机、冷凝器和其他制冷部件组成，类似分体式空调器的室外机，末端装置是由直接蒸发式换热器和风机组成的室内机。一台室外机通过制冷剂管路向若干个室内机输送制冷剂液体或气体。采用变频技术和电子膨胀阀分别控制制冷剂的循环量和送入各室内换热器的制冷剂流量，可适时地满足室内冷、热负荷要求。

制冷剂系统具有节能、舒适、运转平稳等诸多优点，而且各房间可独立调节，能够满足不同房间不同负荷的需求。该系统控制功能强，对制冷剂管材、制造工艺、现场焊接等方面要求非常高，且其初投资比较高。另外，制冷剂系统本身可以引进新风，大容量系统可设独立新风。

系统一般由一台室外机和4～16台室内机组成，配有变速电动机驱动的全封闭双转子压缩机，也有的用涡旋式压缩机。室内机采用电子膨胀阀，具有可同时供热/供冷/热回收的功能。其优点是各居室湿度可单独调节。另外制冷剂液体管和气体管的直径小，管路占用的空间小。

2. 户式空调负荷的特点

（1）对室内空气参数要求的差异性较大　户式中央空调服务的是生活在住宅里面的居

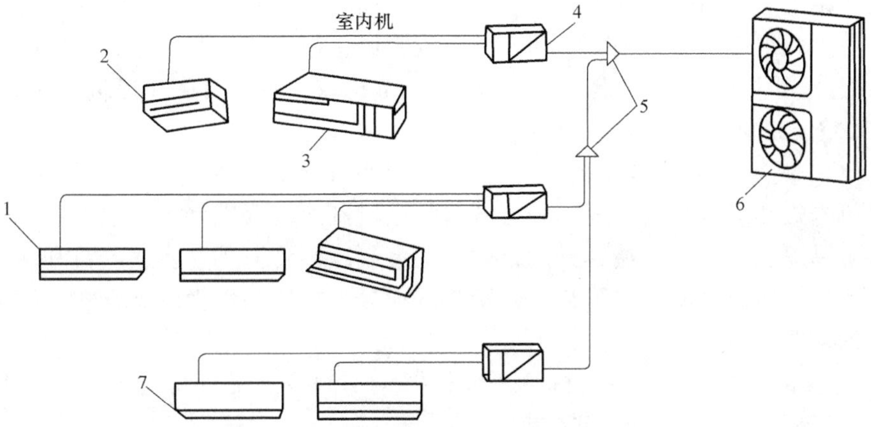

图 3-43 变制冷剂流量系统

1—天吊/落地兼用型 2—天花板卡式嵌入型 3—天花板嵌入风管连接型
4—制冷剂分配器 5—接头 6—室外机 7—挂壁机

民，每个人对室内空气参数的要求不会完全相同，这时必须满足个体要求，但个体对室内空气参数要求的差异会很大。当人员集中在一个房间中一起工作时，往往会考虑绝大多数人的感受，对房间空调的要求具有一定的宽容度，只要能达到一个比较舒适的房间温度环境就行了。

（2）负荷变化率大，同时使用系数低 公共建筑中的空调使用是比较有规律的，而户式中央空调使用的随意性很大，可能昼夜使用，也可能整天不用；可能会随时使用，也可能随时停用。从房间空调的开启率看，有些人习惯全部开启；而有些人为了节约运行费用，只希望在使用的房间开启。从照明使用情况看，通常白天很少使用，晚上使用时也变化很大。因此空调负荷变化率大，同时使用系数比公共建筑的低，尤其是在希望节约空调运行费用的系统中，同时使用系数更低，在系统总负荷计算及冷热源设备选择时，应充分注意。

（3）空调负荷的组成差异大 在户式中央空调系统中，房间的最大空调负荷要比公共建筑中同样条件的房间负荷大。这是因为这些房间在单独使用时，邻室并未使用，这两个房间温度差是比较大的。这时，计算的房间空调负荷就必须包括内墙、楼板的传热负荷。而在公共建筑中，房间的空调通常是同时使用的，邻室的传热负荷一般无须考虑。此外，在户式中央空调中，虽然整个系统的使用人数一般仅是有限的家庭成员，但实际使用时，很可能所有户内人员都集中在某一个房间中。因此，考虑到这些因素，在选择户式中央空调的末端空调设备时，往往应稍大一些。另外，户式空调断续使用的特性，也会加大空调刚开始时的负荷。

3. 系统负荷确定方法

空调负荷计算为合理选择空调末端处理设备和确定冷、热源设备容量提供依据。空调负荷计算包括夏季冷负荷计算和冬季热负荷计算。在方案设计阶段，可采用估算指标进行负荷计算；在施工图设计阶段，根据规范要求，应对各空调房间进行逐项逐时的负荷计算。

确定空调负荷时，对于住宅等以围护结构负荷为主的房间，应考虑间歇负荷附加系数1.10～1.20。同时，还应考虑邻室无空调时温差传热所引起的负荷。

确定空调系统总负荷时，应充分考虑住宅使用的特殊性。住宅主要由卧室、客厅、餐厅、厨房和卫生间组成，厨房和卫生间一般不设空调，而卧室、客厅、餐厅同时使用空调的概率很小，因此同时使用系数较低，可按0.5～0.7选取，一般对住宅建筑取0.63。

4. VRV空调系统设计

（1）VRV空调系统连接方式的确定　VRV空调系统的连接方式有三种：线形分流方式、端管分流方式和组合方式。线形分流方式是通过制冷剂管道接头将室内机和室外机连接起来，适用于纵深长的房间；端管分流方式是通过制冷剂管道端管将室内机和室外机连接起来，这种方式便于增设室内机；组合方式则是线形分流方式和端管分流方式的组合，比较适合布局复杂的空调区域。

（2）室内机和室外机的选择　机组一般根据夏季制冷工况进行选择计算，并根据冬季制热工况进行校核计算。计算的步骤如下：

1）室内机选择。根据空调房间的冷负荷、室内干球温度、湿球温度和夏季空调室外计算干球温度，查找室内机制冷容量表，从中选择大于房间冷负荷的室内机。

2）室外机选择。根据室内机的组合总容量选择室外机。室内机和室外机组合时，室内机容量系数的总值，应根据系统同时使用系数的大小与室外机相应组合率时的容量系数相配。

室内机的容量系数是指室内机额定制冷量（单位：W）除以116得到的数值，其条件是：室外干球温度为35℃，室内干球温度为27℃、湿球温度为19.5℃，制冷剂配管当量长度为5m，室内机与室外机水平落差为0。

室外机的容量系数定义同室内机。机组的组合率是指室内机的总容量系数与室外机的容量系数的百分比，机组的组合率范围为50%～130%，一般情况下推荐按接近或略小于100%选取，当同时使用系数小时，可根据系数的大小在100%～130%范围内选取。

3）机组实际运行参数。室外机的实际制冷量可根据室外空调计算干球温度、室内干球温度、室内湿球温度、机组组合率和选定的室外机型号，从室外机制冷容量表中查出。

室内机的实际制冷量按下式计算，即

$$\mathrm{ICA}=\frac{\mathrm{INX}}{\mathrm{TNX}}\mathrm{OCA} \tag{3-59}$$

式中　ICA——室内机的实际制冷量；

OCA——室外机的实际制冷量；

INX——室内机的容量系数；

TNX——室内机总容量系数。

如计算得到的室内机实际制冷量比房间需要的冷负荷小，应重新选择室内机规格，按相同步骤重新计算。

以上计算的室内机实际制冷量是在室内机与室外机水平落差为0、制冷剂配管当量长度为5m时的制冷量。实际上，室内机与室外机不可能在同一水平的位置上，制冷剂配管当量长度常常大于5m，因此必须对室内机的实际制冷量进行修正。如果修正值小于房间的冷负荷，则应选择规格大一档的室内机，并再次重复以上的步骤进行计算，直到满足要求为止。

（3）设备布置和管道设计　VRV系统的室内机形式主要有天花板卡式嵌入型、天花板嵌入导管内藏型、天花板嵌入风管连接型、天花板悬吊型、壁挂型、落地型、落地内藏型等。天花板卡式嵌入型和天花板嵌入风管连接型适用于层高较高、空间较大的场所；天花板嵌入风管连接型可以连接较长的风管，可以采用下送风口；天花板嵌入导管内藏型可采用侧送风口；对于层高较低的住宅，为便于家具布置，采用壁挂型比较合理；落地型、落地内藏型一般沿外窗布置。

制冷剂配管设计应遵循以下基本要点：

1）最长允许长度。室外机和室内机之间的配管长度不应超过最长允许长度，不同的厂家有不同的最长允许长度。一般来说，室外机和室内机之间的配管长度最长为100m，当量配管长度最长为125m（接头的当量配管长度为0.5m，端管的当量配管长度为1m）。

2）允许高度差。室外机和室内机之间的高度差应小于允许高度差。当室外机位置高于室内机位置时，室内机和室外机之间的高度差可大一些；当室外机位置低于室内机位置时，室内机和室外机之间的高度差则应小些，并且同一系统内的室内机之间的高度差也有限制。

3）分支后的允许长度。从第一个制冷剂分支组件（接头或端管）至最远的室内机之间的配管长度应小于分支后的允许长度。

4）制冷剂分支组件的选择。选择分支接头时，从室外机开始，第一个接头应根据室外机的型号选用相对应的接头，其他接头则根据连接于该接头以下的所有室内机的容量总和来查表选用。

选择端管时，根据连接于端管以下的所有室内机的容量总和，查表选择合适的组件型号，端管与室内机之间不能再使用接头。

5）配管管径的选择。室外机与第一个分支组件之间的配管管径，应与相连的室外机接管相同；两个相邻分支组件之间的配管管径，根据下游组件相连的所有室内机的容量总和查表确定；分支组件与相连的室内机之间的配管管径，与室内机接管相同。

（4）制冷剂充注量　制冷剂充注量包括室内机的制冷剂充注量和制冷剂配管的制冷剂充注量。其中，室内机的制冷剂在出厂时已经加入，配管的制冷剂在现场充注。

（5）新风处理　VRV系统的室内机只能直接处理少量新风，如需处理大量新风，则要与全热换热器相结合，或者新风与室内回风混合后再处理。全热换热器可以设于吊顶内，经交换后的新风有两种送风方式：①新风直接送入室内；②新风送入室内机的回风箱内。

全热换热器的全热效率为60%～70%，因此室内机必须承担部分新风负荷，室内机选择时应考虑该部分负荷。交换器进风口、排风口布置时，应将风口布置在不同方向，以避免排风被吸入进风口。

（6）系统控制　VRV系统具有精确的温度控制，系统中的电子膨胀阀可以根据室内机负荷的变化不断地调整制冷剂流量，高精度的PID控制系统可将室内温度精度控制在±0.5℃范围内。

VRV系统的控制功能齐全，并有各种控制方式可供选择。一个有线遥控器可以控制一台室内机，也可以控制16台室内机，还可以再设另一个具有相同控制范围的有线遥控器，以便于在不同的地方进行控制。有线遥控器与室内机之间的连线最长为500m。无线遥控器具有和有线遥控器相同的功能。集中遥控器可以连接128台室内机，具有分区或统一进行操作、监控、温度设定等功能。

三、辐射板空调系统

作为空调应用的辐射板系统必须与新风系统同时运行，故辐射板系统属于空气-水系统，也属于半集中式空调系统。辐射板系统是以辐射换热为主的传热构件——辐射板作为末端装置的。

人体与周围冷、热表面之间的辐射换热是影响人体热舒适感的重要因素之一，在夏季适当提高室内空气温度和降低壁面平均辐射温度可以使人有满意的热舒适感，且能取得一定的节能效果。

辐射板换热装置仅能负担室内显热负荷，夏季室内湿负荷主要由送入的新风负担，故辐射板供冷时一般采用温度较高的冷水（16～18℃），以防止辐射板表面结露。冬季供暖时，辐射板的供水一般采用温度较低的热水（30～35℃），可有利于冷热源的选择。图 3-44 所示为辐射板系统。

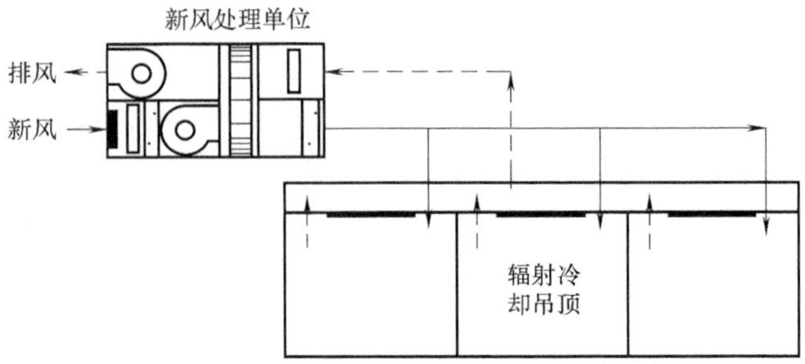

图 3-44 辐射板系统

1. 辐射板的构造与分类

辐射板从基本构造上大致有两类。一类是与传统的辐射采暖方式相同，将高分子材料制作的管材或金属管道直接埋入混凝土地板（楼板）中，形成与房间面积相同的辐射换热面，从而与室内人体进行以辐射为主的换热。这种方式的特点是必须在现场施工。此外，由于该方式具有很大的蓄热性，故运行工况非常稳定。除了在混凝土内埋管外，当仅需采暖时，也可以采用埋设发热电缆的方式。图 3-45 所示为全室型现场埋管的混凝土辐射板的结构。

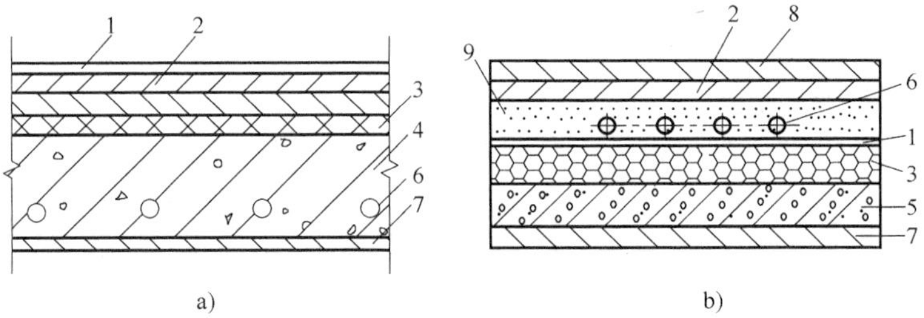

图 3-45 混凝土辐射板的结构

a）顶面式 b）地面式

1—防水层 2—水泥找平层 3—绝热层 4—埋管楼板（或顶板） 5—钢筋混凝土板 6—流通热（冷）媒的管道 7—抹灰层 8—面层 9—填充层

另一类是现场装配的模块化辐射板，该方式分两种主要形式：

1）将盘管固定在模块化的金属板（或穿孔）上，并悬挂在顶面下，构成辐射顶板（见图 3-46a），这种方式与土建施工关系小，易于检修。

2）采用直径为 ϕ（3～5）mm 的高分子材料 PPR 管道，管道间距一般为 10～30mm，直接敷设在吊顶平面，并与吊顶粉刷层（如石膏板）相结合。因这种传热管直径细小，故称为毛细管型辐射板。这种辐射板属于设备末端装置的形式，由工厂生产，性能稳定，无热惰性，适用于非长时间启用的场合，所以也称为“即时型”辐射板。图 3-46b 所示为该类辐射板的形式。

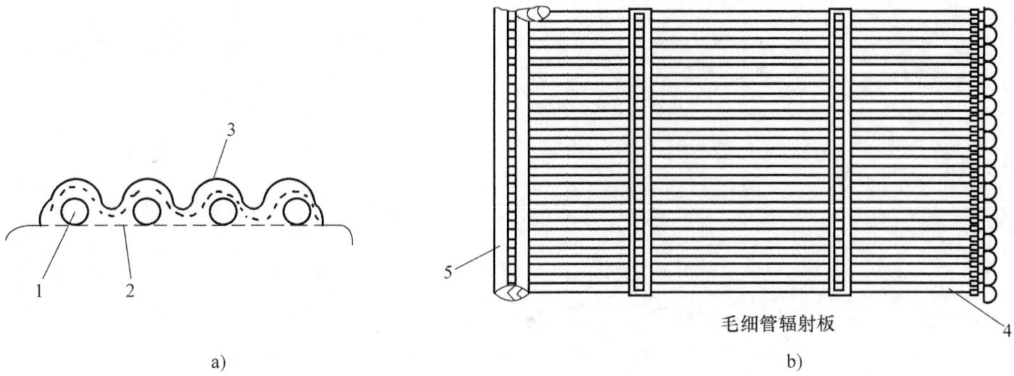

图 3-46 模块化辐射板

a）模块化辐射板 b）毛细管型

1—管道 2—金属孔板 3—保温材料 4—管束 5—集水管

当辐射方式仅用于采暖时，也可采用电缆线辐射形式或电热膜辐射形式。

2. 辐射板的换热性能

单位面积的辐射板表面的实际换热量，即辐射板表面与室内环境之间的换热热流密度（单位：W/m^2）可用下式表示，即

$$q = a\,(t_{ps} - t_n)^b \tag{3-60}$$

式中 t_{ps}——辐射板表面的平均温度（℃）；

t_n——室内空气温度（℃）；

a、b——根据各种产品试验确定的系数。

地板供暖、顶板供冷时 a 值为 9，顶板供暖时为 6；b 值为 1～1.08。

当顶板辐射供冷装置受附近气流影响时，热流密度可增加 15% 以内。图 3-47 示出了辐射地板供热或顶板供冷时的热流密度。由图可知，在一般情况下，辐射板表面的平均温度与室内空气温度之差不大于 10℃，故热流密度一般也不超过 100 W/m^2。

3. 新风系统

辐射板只能承担室内显热负荷，而新风系统不仅负担全部室内湿负荷，同时还负担部分显热负荷。因此新风量不仅应满足房间卫生的要求，还应满足消除室内湿负荷的需求。为此新风处理需采用温度较低的冷水对空气进行冷却除湿，此外，也可以采用液体吸湿、固体吸湿等其他组合方式达到同样的目的。

为了节约空气处理能耗，可对排出的室内空气和进入室内的新风进行全热回收处理。

当采用辐射空调方式时，新风的气流组织也可采用自下而上的近似“置换通风”的形式。

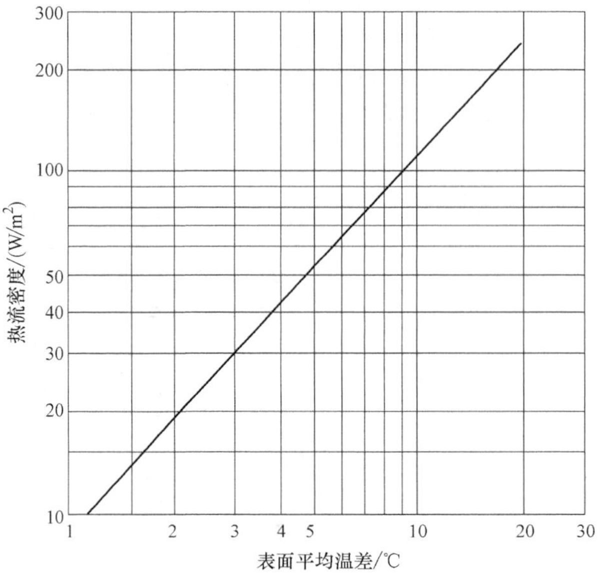

图 3-47　辐射地板供暖与辐射顶板供冷时表面散热量计算图表

4. 水系统

为了避免辐射板表面结露（板面温度应比室内空气的露点温度高 1 ~ 2℃），故供冷期间的冷水温度较高，而新风系统在进行空气处理时有较大的除湿要求，其冷水盘管的供水温度要求较低，一般为 5 ~ 7℃，前者供回水温差较小（取 2℃），而后者温差较大（取 5℃）。

当采用单一工况的制冷机（冷水机组）时，新风系统和辐射板装置可分为两个水系统回路。辐射板的水温由其自身的回水与供水混合而成，如图 3-48 所示。每个回路上设置各自的循环水泵 4 和 5，以满足新风系统和辐射板对供回水温度的不同要求。冷水机组 2 统一提供 5 ~ 7℃ 的冷冻水，其中一部分直接供新风水系统回路使用，另一部分供辐射板 1 的水系统回路。辐射板系统的供水温度通过三通电动调节阀 8 调节 5 ~ 7℃的冷冻水与辐射板回水的混合比来达到，各辐射板的供水量由电动阀 7 控制。

另一种方式是冷吊顶辐射板系统的水与冷源水热交换后获得，而新风机组直接采用冷源水。系统中设置热交换器，在各房间的辐射板水管上设三通调节阀调节水温，以有效防止辐射板表面结露，如图 3-49 所示。该方法由于有热交换器控温，故辐射板的温控更为可靠。

为节约能源，冷吊顶辐射板应尽可能考虑自然冷源，如冷却塔循环水、地下水等。

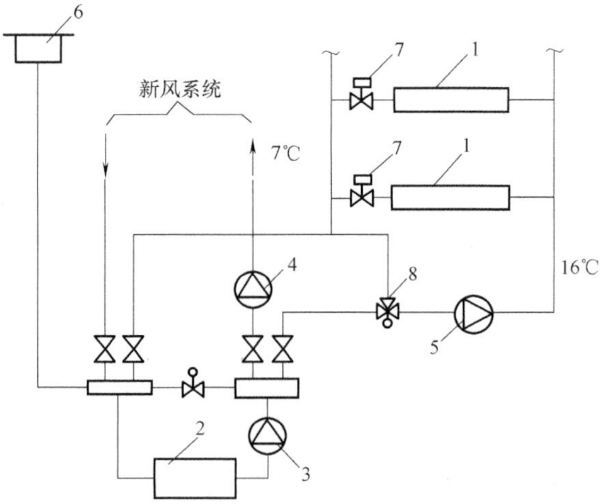

图 3-48　用混合法制备辐射板冷媒的水系统

1—辐射板　2—冷水机组　3—冷水机组循环水泵　4—新风系统循环水泵　5—辐射板系统循环水泵　6—膨胀水箱　7—电动阀　8—三通电动调节阀

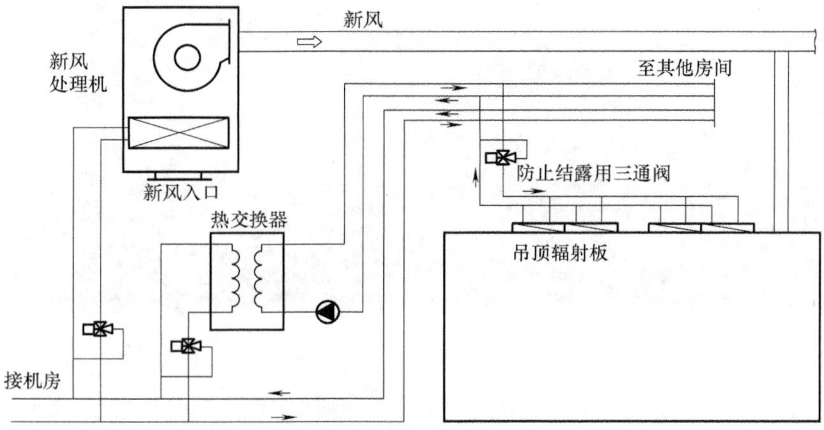

图 3-49 设置热交换器的辐射板空调系统水系统

思考与练习题

1. 空调系统通常由哪几部分组成？
2. 试说明全空气系统与空气-水系统的区别。
3. 说明集中式、半集中式空调系统的主要特点及适用场合。
4. 试绘出一次回风空调系统的简图及夏季和冬季处理过程的 h-d 图并说明。
5. 同样条件下，二次回风空调系统与一次回风空调系统比较，可节省哪些能量？
6. 怎样确定空调系统的新风量？一次回风空调系统的新风量是否越少越好？
7. 风机盘管空调系统由哪几部分组成？基本形式有哪些？适用于哪些场合？
8. 如何通过计算选择风机盘管机组？
9. 上海市某空调房间室内要求空气参数 $t_N=(26\pm0.5)$℃，$\phi_N=(55\pm0.5)\%$，新风比为 15%。已知夏季冷负荷 $Q=15000$W，余湿量 $W=8.0$kg/h，如采用一次回风系统，试确定空气处理所需的风量和冷量。
10. 已知南京市某客房采用风机盘管机组加新风系统，系统为新风直入式，新风由新风机组处理到与室内状态的等焓线上。夏季室内计算参数为 $t_N=24$℃，$\phi_N=60\%$，冷负荷 $Q=1.26$kW，湿负荷 $W=192$g/h，采用最大温差送风，室内设计新风量 $G_W=60$kg/h，试计算风机盘管的风量、全冷量和新风机组需提供的冷量。
11. 什么是空调机组的能效比？
12. 户式中央空调系统有什么特点？有哪几种形式？不同形式之间的区别是什么？
13. VRV 空调系统的室内机与室外机如何选择？
14. 什么是变风量系统？为什么要变风量？常见的变风量系统有哪些？

第四章

空调系统的全年运行调节与节能

空调系统的负荷计算、设备选择与系统设计都是按最不利工况条件确定的。但是，室外空气状态等于设计参数的时间是极少的，绝大部分时间随春、夏、秋、冬做季节性变化，即使在一天之内，室外空气参数也会有相当大的波动；此外，室内的余热量和余湿量也是经常变化的，如果空调系统在运行过程中不做相应的调节，则会使室内空气参数偏离设计要求，并且浪费能量。因此，空调系统必须根据工况的变化进行经济合理的运行调节。

在空调系统的运行过程中，往往同时存在着室外空气参数的变化和室内负荷变化。对于一个空调系统，这两种变化一般是同时发生的，但为了分析问题方便起见，下面把室外空气状态变化和室内负荷变化这两个方面的运行调节问题分开来加以分析。

第一节　室外空气状态变化时的运行调节

室外空气状态的变化可以引起两种变化：一种是在空气处理条件不变的情况下，室外空气状态变化会造成送风参数的变化；另一种是室外温度的变化会导致建筑结构传热量的变化，从而引起室内负荷的变化。这两种变化的任何一种都会影响空调房间的空气状态。为了分析简便，通常把后一种变化放在室内负荷变化时的运行调节中去讨论。在讨论室外空气状态变化的运行调节时假定室内负荷不变化，且全年要求室内状态都一样，这时室内的送风量和送风状态保持全年不变。

现以带有喷水室的一次回风普通集中式空调系统全年运行调节为例进行介绍。

一、一次回风空调系统全年运行调节

根据室外空气状态参数的变化情况，在 h-d 图上可划分出若干个气象区（空调工况区），不同的区采用不同的运行调节方法，这样，全年可根据空调工况区的不同分为几个阶段来进行调节（见图 4-1）。

空调工况分区的原则，是在保证室内温湿度要求的前提下，使运行经济，设备调节简单可靠；同时应考虑各分区在一年中出现的累计小时数。例如，当室外空气状态参数在某一分区出现的频率很少时，则可将该区合并到其他区，以利于简化空调系统的调节设备。

对于一次回风普通集中式空调系统，可划分为四个空调工况区进行调节。

1. Ⅰ区的划分与调节方法

在Ⅰ区中，室外空气焓值在 $h'_W \sim h_{W1}$ 之间，该区应用改变预热器加热量的调节方法，采用满足卫生要求的最小新风百分比，如图 4-1 所示。图中，$h_{W'}$ 是冬季室外设计参数的焓值，

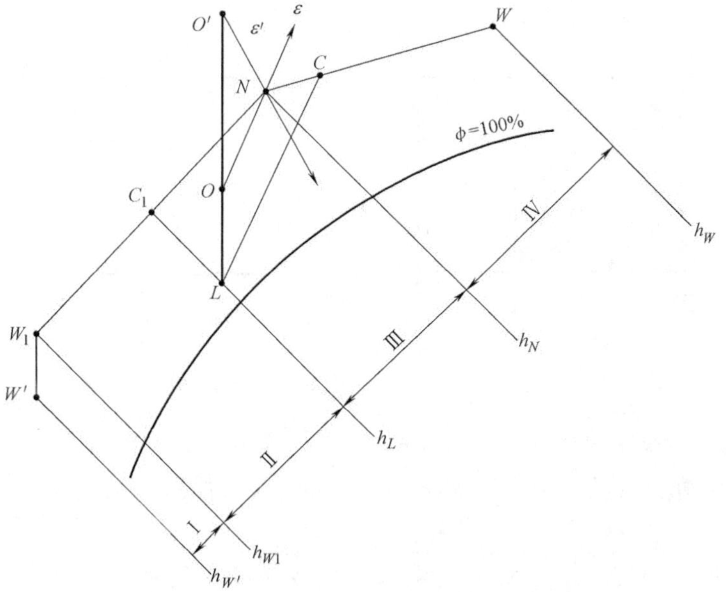

图 4-1 一次回风空调系统运行调节的分区

h_{W1}是判别是否安装预热器的焓值（见第三章）。

当室外空气的焓值 $h_{W'}$ 开始上升但小于 h_{W1} 时，需要把新风预热到 h_{W1} 线上（W_1 点），按最小新风比进行混合，其混合点必然落到 h_L 线上，经喷水室绝热加湿到 L（保证机器露点不变），再加热到送风状态点 O'送入室内。预热过程也可在室外新风和室内回风混合以后再进行，如图 4-2 所示，这两种处理过程分别为

$W' \xrightarrow{\text{预热}} W_1$，$W_1$ 与 N $\xrightarrow{\text{混合}} C_1 \xrightarrow{\text{绝热加湿}} L \xrightarrow{\text{再热}} O' \xrightarrow{\varepsilon'} N$

W_1 与 N $\xrightarrow{\text{混合}} C_1' \xrightarrow{\text{加热}} C_1 \xrightarrow{\text{绝热加湿}} L \xrightarrow{\text{再热}} O' \xrightarrow{\varepsilon'} N$

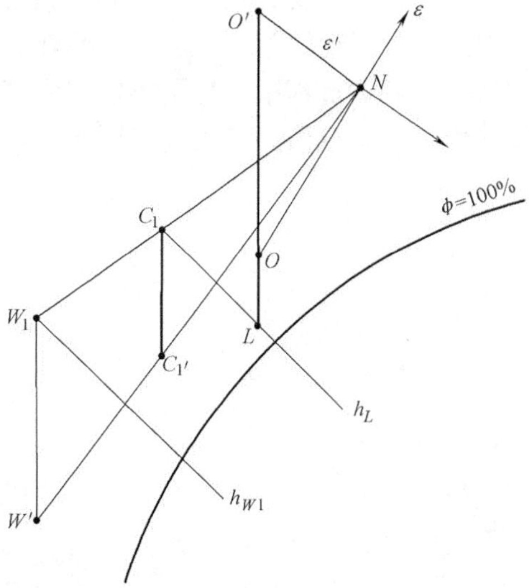

图 4-2 Ⅰ区调节 h-d 图分析

当室外空气状态点 W'点位于 h_{W1} 线上时，预热器关闭，将进入Ⅱ区的调节。

可见，在这个阶段里，随着室外空气状态的改变，只要调节预热器的加热量，就能保证达到要求的 L 点。

调节预热器加热量的方法有两种：一是调节进入预热器的热媒流量，通过控制预热器管道上的供、回水阀门来实现（见图 4-3a）；二是控制预热器处的旁通联动风阀，改变通过预热器的风量和旁通风量的比例来进行调节（见图 4-3b）。上述两种方法，前者多用于热媒为热水的加热器，此方法温度波动大，稳定性差；后者多用于热媒为蒸汽的加热器，其调节特点是温度波动小，稳定性好。当调节质量要求高时，还需两种方法结合起来使用。

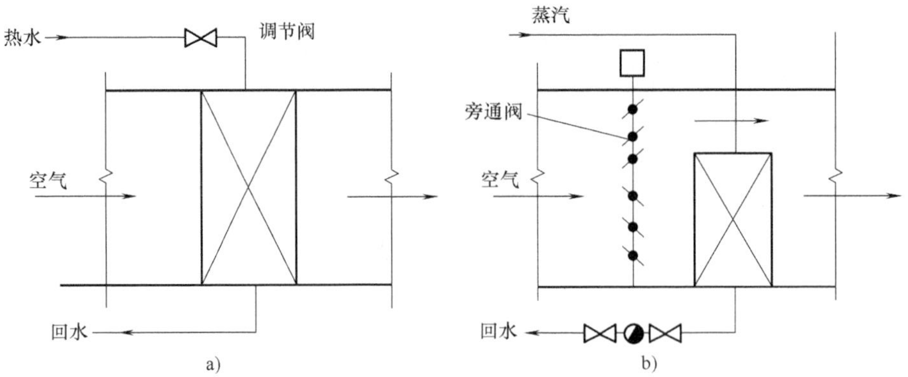

图 4-3　调节预热器加热量的方法

2. Ⅱ区的划分与调节方法

在Ⅱ区中，室外空气的焓值介于 $h_{W1}\sim h_L$ 之间，该阶段可采用改变新、回风混合比的调节方法。

在这一阶段里，如果室外空气 W' 与室内回风 N 按原来的百分比混合，所得到的混合点 C' 必然落在 h_L 线的上方，这时再用绝热喷雾办法来进行处理就会使得 $L\to L'$ 点（见图 4-4）。要想保持 L 点不变，可以采用两种方法：一是采用喷冷水的处理方法，这时就要求开启冷冻设备或用深井水，使其从 $C'\to L$；二是改变新、回风混合比，加大新风量，减少回风量，使其混合点向室外空气状态点移动，直到正好落在绝热喷雾线 h_L 线上，这样，就能继续使用绝热喷雾处理空气来达到 L 点。显然，后一种方法可以推迟使用冷冻水或深井水的时间，节约了运行费用或井水量，同时还能改善室内空气环境，因此更为经济、合理。

在新回风口处安装联动多叶调节阀可以调节新回风混合比，如图 4-5 所示。根据 L 点的干球温度控制联动阀门的开启度，使新、回风混合后的状态点正好在 h_L 线上。

在整个调节过程中，为了不使空调房间的正压过高，排风系统应具有把全部回风排至室外的能力。如果空调系统较大，则可考虑采用双风机系统。

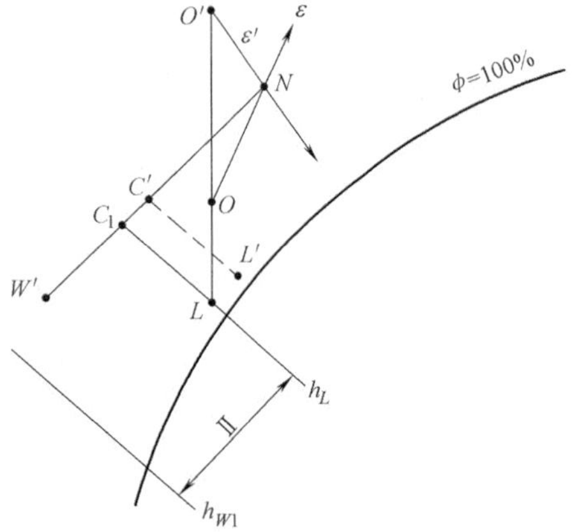

图 4-4　Ⅱ区调节 h-d 图分析

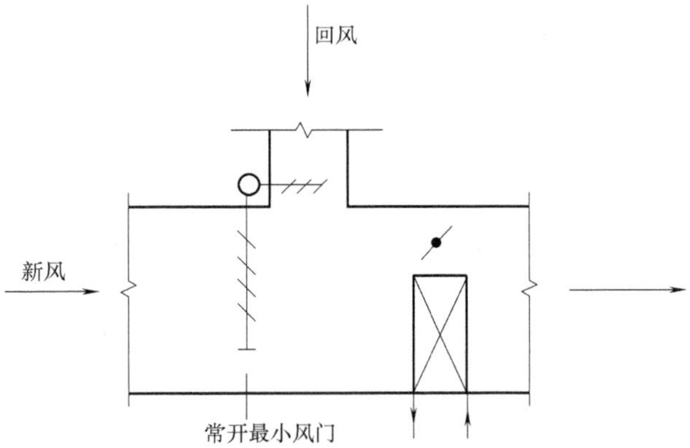

图 4-5　联动多叶调节阀调节新回风混合比

当室外空气焓值正好等于 h_L 时，可关闭回风阀而全部采用室外新风，新回风混合比调节阶段结束，进入Ⅲ区的调节。

3. Ⅲ区的划分与调节方法

在Ⅲ区中，室外空气焓值在 $h_L \sim h_N$ 之间。该区域开始进入夏季，可采用改变喷水温度的调节方法，新风比为100%。

在这一阶段，由于室内空气焓值总是高于室外空气焓值，如果利用室内回风与新风混合，则其混合点 C（见图4-6）的焓值必然比室外空气焓值 $h_{W'}$ 高。为节省能量，此时应关闭回风阀门，全部采用新风。又因新风状态超过 h_L 线，用循环喷淋的方式已达不到 L 点，必须开启冷冻机喷冷水。随着室外空气状态焓值的增加，可以由高到低地调节喷水温度来保证处理到所要求的 L 点。其处理过程为

$$W' \xrightarrow{\text{喷冷水}} L \xrightarrow{\text{加热}} O \xrightarrow{\varepsilon} N$$

喷水温度可以通过三通阀改变冷水量和循环水量的混合比例来进行调节。如果空调房间的相对湿度要求不严格，也可用手动调节喷淋水量的办法来控制露点温度。

4. Ⅳ区划分与调节方法

在Ⅳ区中已属盛夏季节，室外空气焓值在 $h_N \sim h_W$ 之间。在该区域也采用改变喷水温度的调节方法。由于室外空气焓值高于室内空气焓值，为节省能量，应充分利用室内回风，新风采用最小新风比。其处理过程为

$$\left.\begin{matrix}W\\N\end{matrix}\right\rangle \xrightarrow{\text{混合}} C \xrightarrow{\text{冷却减湿}} L \xrightarrow{\text{加热}} O \xrightarrow{\varepsilon} N$$

随着室外空气状态焓值的增加，可以由高到低地调节喷水温度来保证处理到所要求的 L 点（见图4-7）。当室外空气焓值升高至室外设计参数时，水温必须降低到夏季设计工况时的喷水温度。

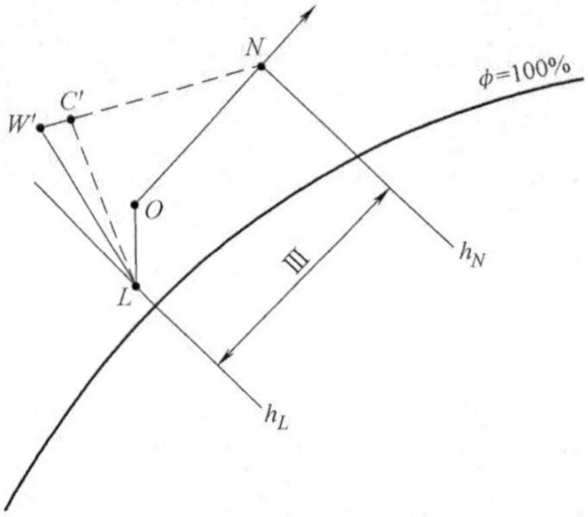

图4-6　Ⅲ区调节 h-d 图分析

二、一次回风空调系统全年运行调节图

综上所述，一次回风喷水式空调系统的全年露点控制运行调节方法可归纳为图4-8（一次回风空调系统全年运行调节图）和表4-1。

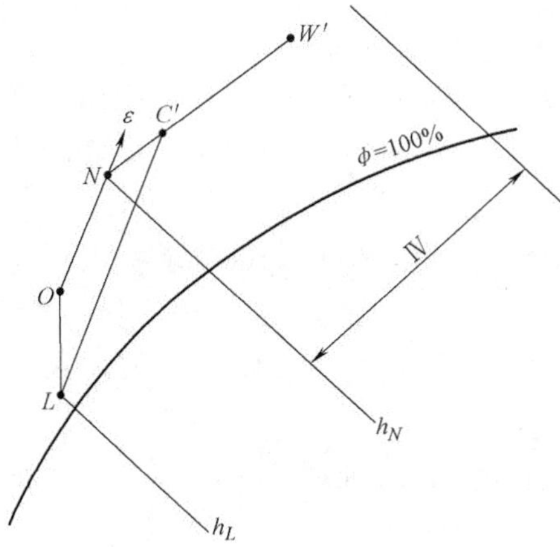

图4-7　Ⅳ区调节 h-d 图分析

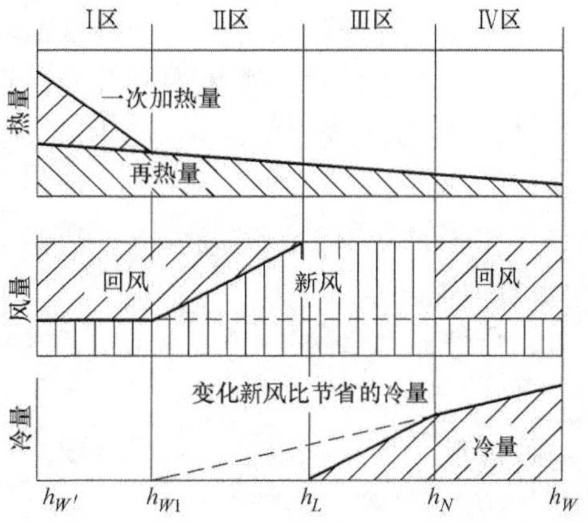

图4-8　一次回风空调系统全年运行调节图

表 4-1 带有喷水室的一次回风空调系统的调节方法

空调工况区		Ⅰ	Ⅱ	Ⅲ	Ⅳ
室外空气参数范围		$h_W < h_{W1}$	$h_{W1} < h_W < h_L$	$h_L < h_W < h_N$	$h_W > h_N$
房间相对湿度控制		一次加热	新、回风比例	喷水温度	喷水温度
房间温度控制		二次加热	二次加热	二次加热	二次加热
调节内容	一次预热量	ϕ_N↑量↓	停	停	停
	二次加热量	t_N↑量↓	t_N↑量↓	t_N↑量↓	t_N↑量↓
	新风	最小	ϕ_N↑量↓	全开	最小
	回风	最大	ϕ_N↑量↓	全关	最大
	喷水过程	喷循环水	喷循环水	ϕ_N↑t_W↓	ϕ_N↑t_W↓
转换条件		一次加热器全关闭 转到Ⅱ区	回风阀全关 转到Ⅲ区	当 $h_W > h_N$ 时 转到Ⅳ区	$h_W < h_N$ 时 转到Ⅲ区

注：1. 新风“最小”是指最小新风比 m 时的新风量，即 mG。
2. 回风“最小”是指最小新风比 m 时的回风量，即 $(1-m)G$。
3. “t_N↑量↓”表示当室温高于整定值时，其加热量（或风量）要减少，其他类同。
4. “ϕ_N↑t_W↓”表示当室内相对湿度高于整定值时，其喷水温度要下降。

上述的调节方案主要是从经济合理、管理方便考虑的，由于控制简单，性能可靠，所以应用较广。如果空调系统所需冷量不多，也可采用新、回风比全年不变的方案，即全年只分两个调节阶段即可，这样一来，虽然要提早使用冷源，冷量也要浪费一些，但是运行调节方案却更简单了。

三、空调系统的全年节能运行工况

露点控制方法并不是最经济的运行调节法，因为全年各区域经常出现需要先把空气冷却到机器露点，然后再加热的现象，造成了冷热量的相互抵消，浪费了能量。从节约能量的角度出发，可采用无露点控制调节方法，根据当地气象特点，将运行调节阶段分得更细，使空调系统全年都处于运行费用最少的所谓“最佳热湿处理工况”下运行。为了按最佳运行工况组织空调系统的全年运行调节，就有必要把当地可能出现的室外空气变化范围分成若干区域，而每一个区域都有与之相对应的最佳经济运行工况（称空调多工况节能控制）。这种系统可以根据室内外空气参数的变化、各种空气处理设备的能力（加热、冷却、加湿或除湿的能力）等信息，通过综合的逻辑判断，选择最合理的空气处理方式，或通过计算机程序控制，能自动地从一种工况转移到另一种工况，从而达到最大程度地节约能量的目的。

每个工况区最佳处理工况应满足以下条件：

1）采用变室内设定值或被调参数波动的方法，扩大不用冷、热的时间。

2）尽量少用再热，避免为调节室内温湿度而出现冷热量互相抵消的现象。例如，采用无露点控制代替露点控制，充分利用二次回风或空调箱旁通风来调节经过喷水室或表冷器处理后的空气等。

3）在冬、夏季，为了减少冷、热量的消耗，在满足卫生要求的新风量的前提下，应尽量利用室内循环空气。

4）过渡季节应充分利用室外空气的自然调节能力，尽可能做到不用冷、热量或少用冷、热量来达到空调的目的。

5）过渡季节在满足室内温湿度要求的基础上，尽可能停开或推迟使用冷冻机，而改用其他调节方法（如绝热加湿等），来满足室内参数要求。

不同地区的气候变化情况、不同的空调系统中使用的设备（例如喷水室、表冷器、一次回风、二次回风、旁通风）以及不同的室内参数要求（例如恒温恒湿空调或舒适性空调），可以有不同的分区方法及相应的最佳运行工况。具体分区方法、分区个数及相应于每一个区的空气处理工况，应综合考虑控制设备的投资费用、运行费用以及维护保养等各种因素。

第二节　室内热湿负荷变化时的运行调节

由于房间围护结构的传热量随室内外空气温差和太阳辐射强度的变化而变化；同时，人体、照明、室内生产设备等的散热量也随着生产过程和人员的出入而变化，故室内的热、湿负荷随时可能发生变化，因此，需要对空调系统进行相应的调节来适应其变化，以保证室内温、湿度处在允许波动范围内。

一、室内空气送风状态变化过程

1. 余热量变化而余湿量不变

在设计工况下，室内状态参数为 N，送风状态点为 O，热湿比为 ε。当室内余热量 Q 减少而余湿量 W 不变时，热湿比下降，$\varepsilon' < \varepsilon$。若保持送风量 G 不变，仍用原来送风状态点 O 送风，根据 $\Delta h = \dfrac{Q}{G}$ 和 $\Delta d = \dfrac{1000W}{G}$，则 Δh 减小，$\Delta d =$ 常数，室内状态将向等湿减焓方向变化（图 4-9a 中 $N \rightarrow N'$）。此时若保持室内状态点 N 不变，只要相应沿着等 d_O 线增大送风状态点 O 的温度即可。同理，当室内余热量增大而余湿量不变时，热湿比增大，若保持送风量和送风状态不变，则 Δh 增大，$\Delta d =$ 常数，室内状态将向等湿增焓方向变化。此时为保持室内状态点 N 不变，只要相应沿着等 d_O 线降低送风状态点 O 的温度即可。

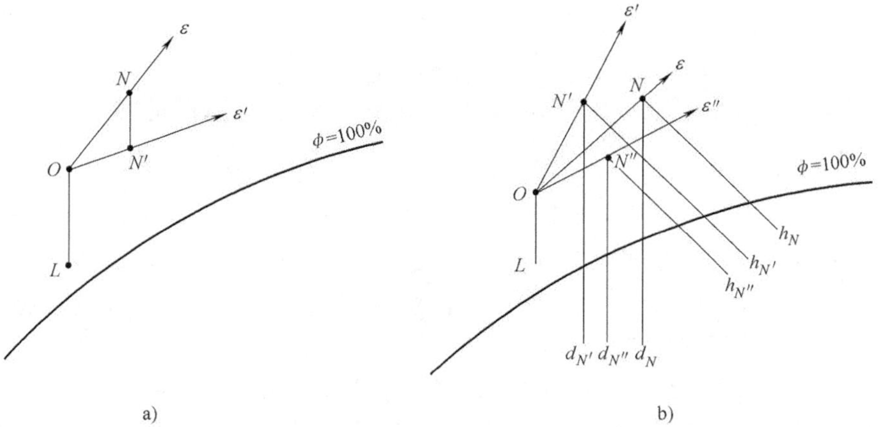

图 4-9　室内余热量余湿量变化时室内状态点分析

a）余热量变化、余湿量不变　b）余热量、余湿量均变化

2. 室内余热量和余湿量均变化

当室内余热量和余湿量均发生变化时，热湿比 ε 也随之变化。如果余热量 Q 和余湿量 W 均减少（和夏季设计工况相比），热湿比可能减小也可能增大，如图 4-9b 所示的 $\varepsilon' > \varepsilon$、$\varepsilon'' < \varepsilon$。如送风量不变，仍用原来的送风状态点 O 送风，有 Δh 减小，Δd 减小，则 $h_{N'} < h_N$、$d_{N'} < d_N$；$h_{N''} < h_N$、$d_{N''} < d_N$，室内状态将向焓和含湿量都减少的方向改变，在这种情况下，

就必须相应地增加送风状态的焓值和含湿量。

二、运行调节方法

1. 定机器露点的调节方法

定机器露点的调节方法特别适用于室内余热量变化而余湿量不变的空调系统。这种情况比较普遍，例如室内热负荷随工艺过程变化、建筑围护结构传热量随室外条件变化，而室内产湿量却比较稳定。在夏季，随着室外气温的下降，由于得热量的减少，室内显热冷负荷相应减少，热湿比 ε 将逐渐变小，如图 4-10a 所示的 ε' 或 ε''，如果系统送风量 G 全年不变，根据室内空气状态变化过程的分析可知，只要控制机器露点 L 不变，调节再热量（使 $L \to O'$ 或 $L \to O''$）就可以满足室内参数的要求。调节再热量可以通过调节空调箱再热器或调节房间送风管上的局部加热器来实现。

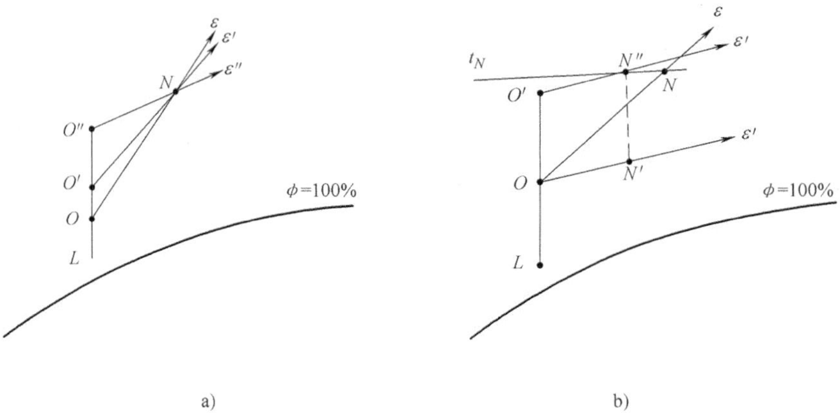

图 4-10 定露点定风量调节再热量

a）室内余热量变化、余湿量不变 b）室内余热量余湿量均变化

这种调节方法也适用于室内余热量变化大、余湿量变化小或室内相对湿度允许有较大偏差的空调系统，如图 4-10b 所示。若送风状态不变，室内空气状态将向焓值及含湿量都减小的方向改变，即 $N \to N'$。若保证室内温度 t_N 不变，可作平行四边形 $O'ON'N''$，将 O 点加热至 O'，以 O'状态送风即可满足室温不变。若室内温、湿度均允许有一定波动范围，用此种方法调节更为灵活，只要室内状态点 N''处在允许波动范围内就可以了。

定机器露点的方法调节简单，但是增大的再热量是为了补充室内减少的显热量，这样既多消耗了热量，又多消耗了相同数量的冷量；当室内显热量减少得越多时，多耗的热量和冷量也就越多，造成能源浪费，所以这种调节方法不经济。除非是高精度的恒温恒湿空调对象，一般应尽量不使用调节再热量的方法。

2. 变机器露点的调节方法

定机器露点的调节方法适用于室内相对湿度允许波动范围较大或室内余湿量变化不大的场合，当室内空气温湿度精度要求较高且室内余湿量变化较大时，这种调节方法则很难保证空调效果，这时可采用变机器露点的调节方法。变机器露点的调节方法，不论系统负荷如何变化，系统都要按设计时的最大风量运行。例如当室内余热量、余湿量均变化时，热湿比由

ε 变为 ε'，此时若仍用原送风状态点 O 送风，则室内状态将变为 N'。要想使室内状态仍满足 N（t_N、ϕ_N 不变），单纯调节再热量已满足不了要求，则必须使送风状态由 O 点变为 O' 点，如图 4-11 所示。显然，为了处理得到这样的送风状态，不仅需要再热量，而且还需改变机器露点（$L \to L'$）。

以一次回风空调系统为例，改变机器露点的方法有以下几种：

（1）调节预热器的加热量　在预热器预热量调节阶段，可改变预热器的预热量，使新风量由原来加热到 W_1 改变为加热到 $W_{1'}$，混合点相应变为 $C_{1'}$，然后绝热加湿到露点 L'，如图 4-12 所示。

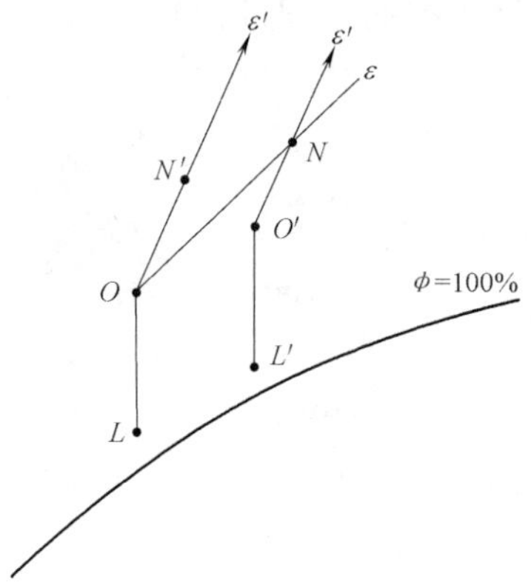

图 4-11　室内余热量、余湿量均变化时的状态分析

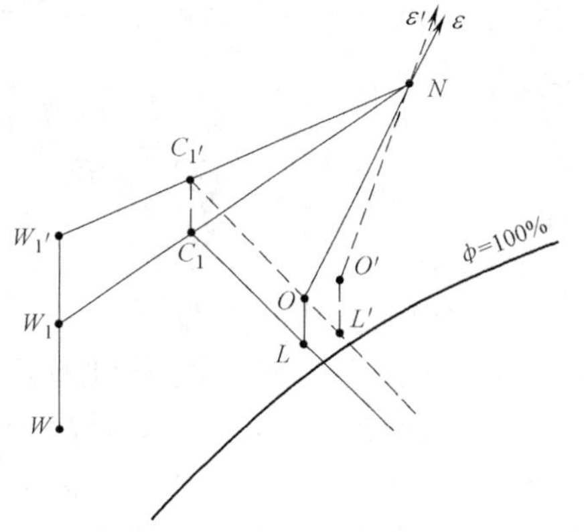

图 4-12　改变预热器预热量的变露点方法

（2）调节新、回风混合比　在新、回风混合比调节阶段，可改变新、回风混合比，使混合点位置由 C_1 点变为 $C_{1'}$点，绝热加湿达到露点 L'，如图 4-13 所示。

（3）调节喷水温度或表冷器进水温度　在喷水温度调节阶段，可改变喷水温度或表冷器进水温度，将混合空气 C 处理到新露点状态 L'点，如图 4-14 所示。

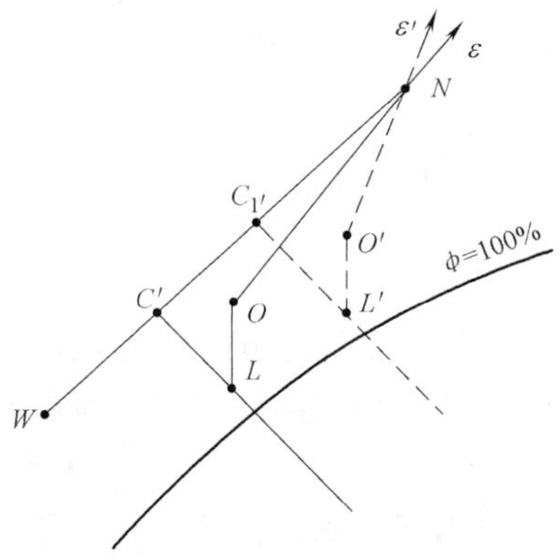

图 4-13　改变新、回风混合比的变露点方法

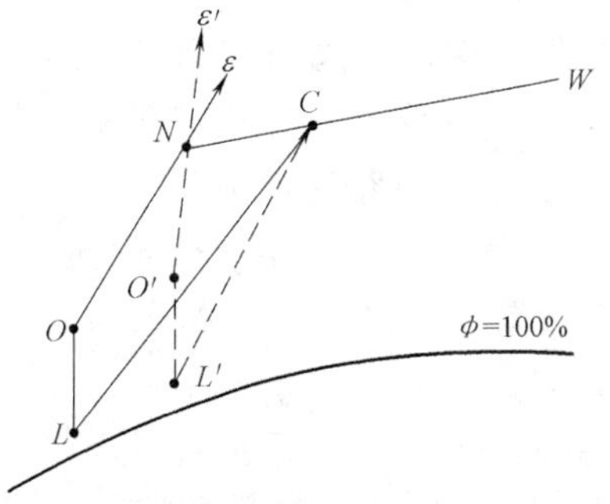

图 4-14　调节喷水温度的变露点方法

由于露点的改变会使调节工作变得复杂，因此，只有当室内温湿度精度要求很高且室内余湿量变化较大时，才需采用。需要说明的是，在有自动控制系统工作的情况下，对系统定机器露点运行调节，控制露点的敏感元件直接放在空气处理室的挡水板后，而在变机器露点

运行调节中，空气处理室的露点是由设在空调房间的相对湿度敏感元件来控制的，因而能达到较高的恒湿精度。

3. 调节一、二次回风混合比

对于二次回风系统，当室内负荷变化时，可不同程度地利用回风的热量来代替再热量，以达到满足室内空气状态所要求的送风状态。

假定室内仅有余热量变化而余湿量不变，当室内余热量减少时，则室内的热湿比由 ε 变为 ε'，这时可调节一、二次回风联动阀门，改变一、二次回风比例，减少一次回风量增加二次回风量，保持总风量不变。由于一次风量减少（即进入喷水室的风量减少），使机器露点有所降低（为 L'点），又由于二次风量增加，使送风状态点由 O 点提高到 O'点，然后送入室内到达 N'点。如图 4-15 中虚线部分（实线部分为设计工况的处理过程）所示，其空气调节过程为

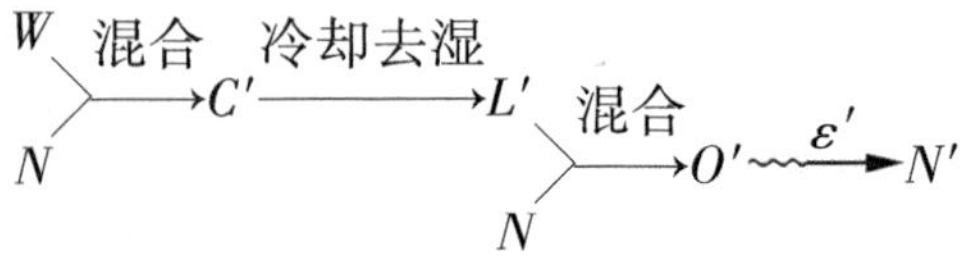

从以上处理过程可以看出，对于有余湿量的房间，由于二次回风不经喷水室（或表面冷却器）处理，故会使室内的相对湿度偏高。如果室内相对湿度要求较高时，可以在调节二次风量的同时，调节喷水室喷水温度（或调节表面冷却器进水温度），降低机器露点，保持送风含湿量不变（$d_{O'}=d_O$），如图 4-16 所示，以满足室内相对湿度的要求。

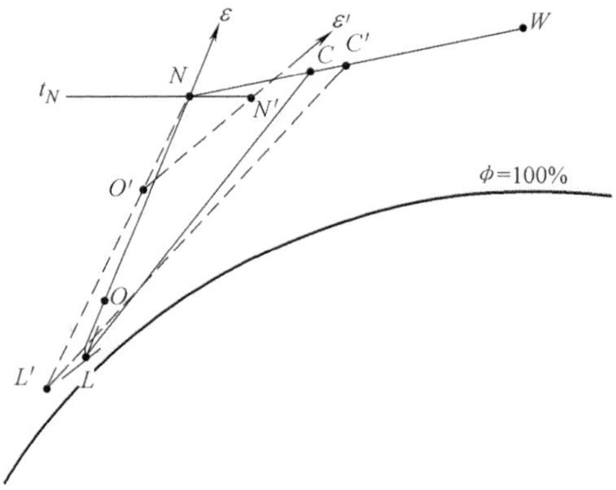

图 4-15 调节一、二次回风混合比（不调节喷水温度）

同理，当室内余热量和余湿量均变化时，同样可调节二次回风量和机器露点，以保证所需的室内空气参数。

根据二次回风阀门的调节范围，有的整个夏季可以省去再热，过渡季可省去大部分再热显热，这是一种经济的调节方法，因此得到广泛的应用。

4. 调节空调箱旁通风门

在工程实践中还有一种设有旁通风门的空调箱，可不同程度地利用新风与室内回风的混合空气的热量，调节送风状态参数。这种调节方法也比较经济，在国内外定型空调箱产品中采用较多。

在设计工况下，旁通风门全关。假设室内余湿量不变，当室内余热量减少时，热湿比由 ε 变为 ε'，这时开启旁通风门，并调节联动阀门，以保持总风量不变，使一部分混合空气进入旁通风门，不经喷水室处理，其余空气仍经喷水室。由于进入喷水室风量减少，使机器露点从 L 点变为 L'点，旁通风与处理风混合，从而使送风状态提高到 O 点，然后送入室内达到 N'点（见图 4-17）。空气调节过程为

$W, N \xrightarrow{\text{混合}} C \xrightarrow{\text{冷却减湿}} L'$；$L', C \xrightarrow{\text{混合}} O \overset{\varepsilon'}{\rightsquigarrow} N'$

该调节方法类似一、二次回风比调节方法，也可避免或减少冷热量的抵消，因而可节省能量，尤其是在过渡季节更为显著。如图 4-18 所示为过渡季节的调节方法，其空气处理过程为

$W \xrightarrow{\text{绝热加湿}} L'$；$L', W \xrightarrow{\text{混合}} O \overset{\varepsilon}{\rightsquigarrow} N$

与空气处理过程 $W \to L \to O \to N$ 相比较，显然改变旁通风与处理风混合比的调节方法可不开制冷机和加热器，因而节省了能量。

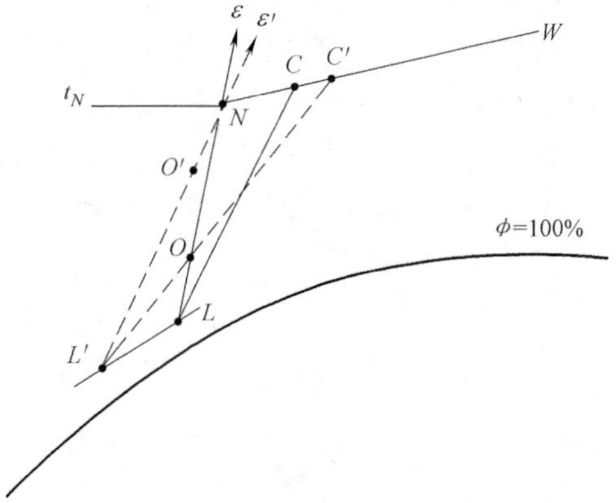

图 4-16　调节一、二次回风混合比（同时调节喷水温度）

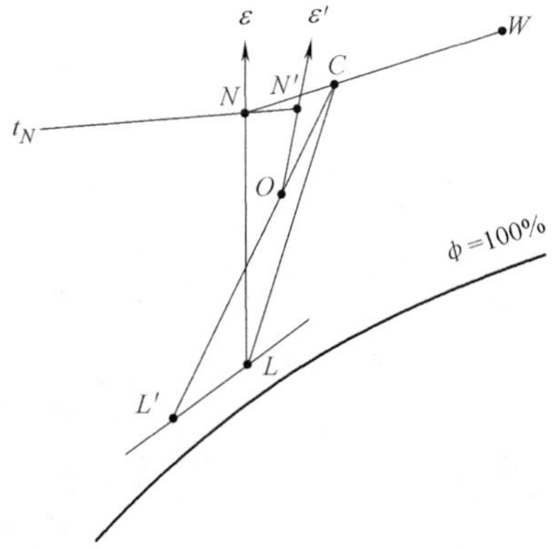

图 4-17　调节空调箱旁通风门的方法

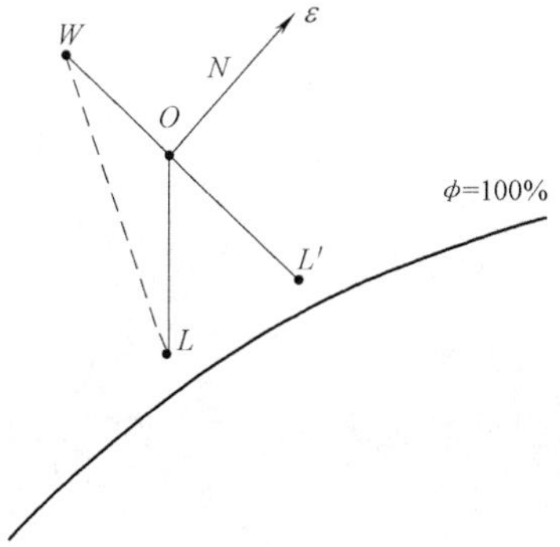

图 4-18　过渡季节调节方法

该调节方法由于部分室外空气未经降温减湿就经过旁通进入室内，故室外空气参数对室内空气参数影响较大。特别是当夏季室外空气湿度较大时，由于大量未经减湿的旁通空气的作用，将使室内相对湿度偏高，故适用于一些恒温要求高而湿度要求不高的场合。如果要同时确保相对湿度的大小，可通过调节喷水温度，适当降低机器露点，甚至还要补充再热。

5. 直接调节送风状态含湿量

直接改变送风状态的含湿量，冬、夏可有不同的做法。例如，冬季可以使用喷蒸汽加湿的办法，而在夏季除采用调节喷水室旁通风量的方法以及调节喷水温度的方法以外，一般还可采用吸湿剂减湿的方法。

使用喷蒸汽加湿的方法时，为了得到新的送风状态，还要配合加湿量和加热量的改变。具体做法是先加热后喷蒸汽，也可以先喷蒸汽后加热（实际上加热与加湿过程并不是截然

分开的，而是同时进行和互相补充的，因为在空调系统运行时，送风状态的合适与否，最终还是由空调房间的温度和相对湿度来反映）。

以一次回风空调系统为例，冬季采用喷蒸汽加湿的调节方法。当室内热湿负荷减少时，热湿比由 ε 变为 ε'，只要相应地改变加热量和喷蒸汽量，就能得到所需的送风状态，以满足室内参数的要求，而不必把空气先处理到露点状态，然后再加热到送风状态，如图 4-19 所示。图 4-19 中设计工况时的空气调节过程为

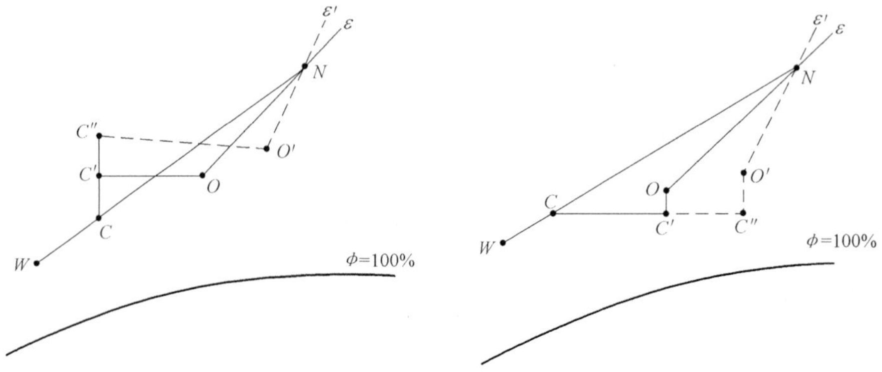

a)　　　　b)

图 4-19　喷蒸汽加湿调节方法

a）先加热后喷蒸汽　b）先喷蒸汽后加热

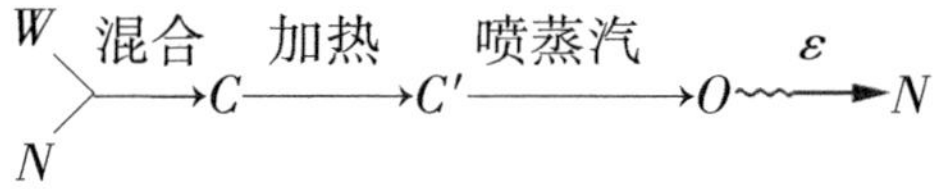

当负荷变化时，空气调节过程为

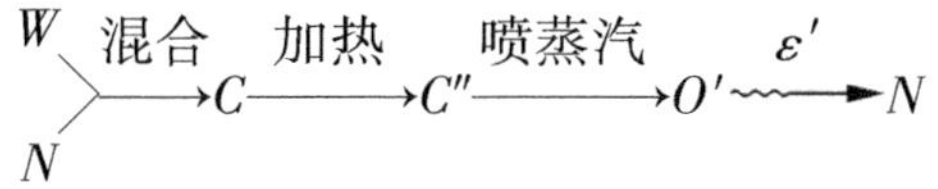

在夏季，采用固体吸湿剂处理空气时，混合空气先是沿等焓线增温干燥，然后将经过干燥的空气与未经过干燥的混合空气按一定的比例混合，再经表面冷却器降温到要求的送风状态，如图 4-20 所示。设计工况时，空气调节过程为

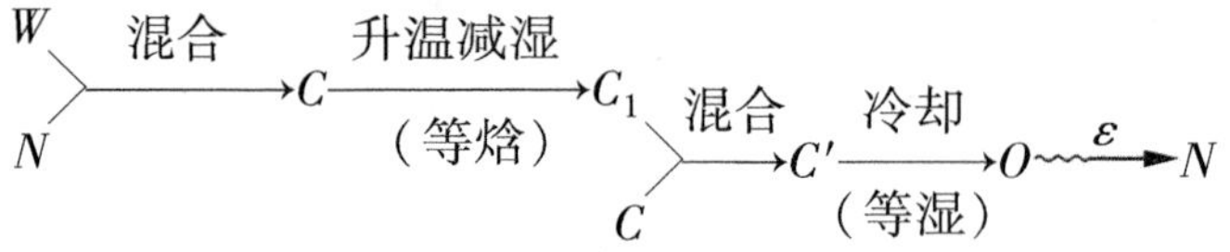

当负荷变化时，热湿比由 ε 变为 ε'，此时可改变通过固体吸湿剂与不通过固体吸湿剂的空气混合比，和改变冷却水温来得到不同的送风状态，即此时空气调节过程为

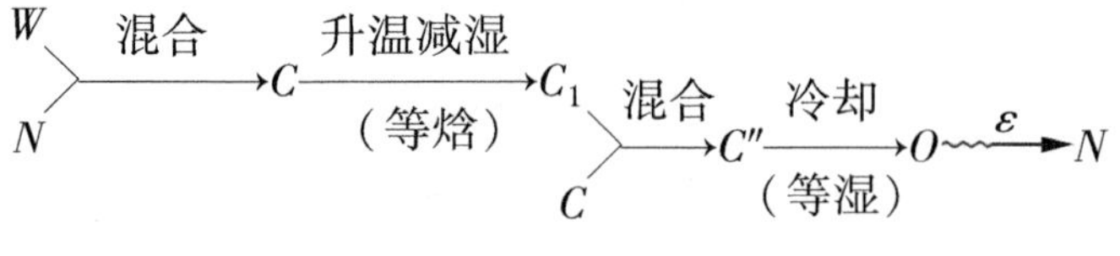

当采用液体吸湿剂处理空气时，用经过冷却设备的吸湿剂处理空气，空气被直接降温减湿，处理到送风状态，如图 4-21 所示。设计工况时，空气调节过程为

$$\left.\begin{matrix}W\\N\end{matrix}\right\rangle \xrightarrow{\text{混合}} C \xrightarrow{\text{冷却}} O \xrightarrow{\varepsilon} N$$

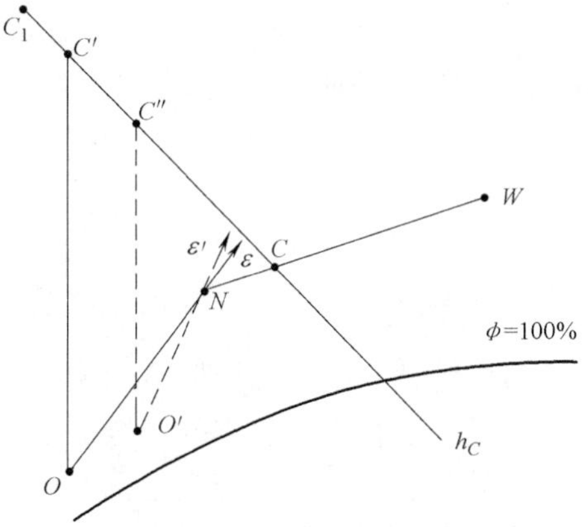

图 4-20　用固体吸湿剂时的调节方法

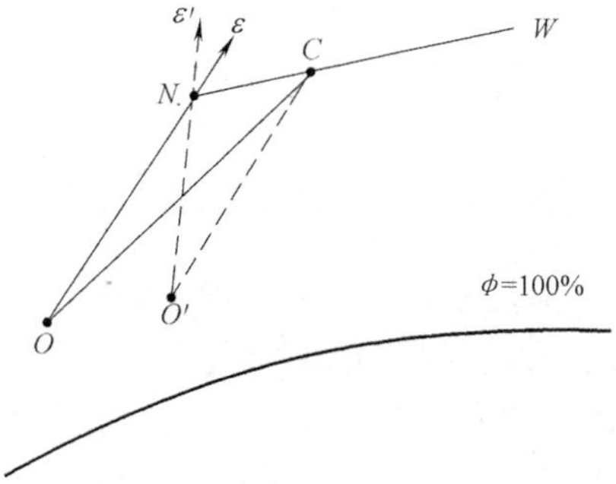

图 4-21　用液体吸湿剂处理空气的调节方法

当室内负荷变化时，只要不断地调节液体吸湿剂的温度，就能得到不同的送风状态，此时空气调节过程为

$$\left.\begin{matrix}W\\N\end{matrix}\right\rangle \xrightarrow{\text{混合}} C \xrightarrow{\text{冷却}} O' \xrightarrow{\varepsilon'} N$$

6. 变风量的调节方法

前面讲的五种调节方法，均属于定风量的调节方法。在负荷变化的情况下，采用变风量的方法来保证空调房间温湿度的要求，不但可行，而且能减少运行费用。

空调房间的送风量和余热量、余湿量之间存在以下关系，即

$$G=\frac{Q_x}{1.01(t_N-t_O)}=\frac{1000W}{d_N-d_O}$$

在显热负荷 Q_x 和余湿量 W 发生变化的情况下，要想保持室内参数不变，既可以在送风量不变的情况下靠改变送风参数 t_O、d_O 来达到，也可以在送风参数不变的情况下，靠改变送风量来达到，当然这时只能在 Q_x 和 W 按比例变化时才有可能。所以，实际上变风量调节只能保证空调房间的一个参数不变。

当室内的余热量和余湿量均变化时，热湿比由 ε 变为 ε' 或 ε''，如果采用变风量的调节方法（保持 Δt_O 不变，仍用原来送风状态 O 送风），则室内状态变为 N' 或 N''（见图 4-22）。此时，室内相对湿度虽有所变化，但若在允许的范围内，也认为满足要求，否则就要求有一个新的 $d_{O'}$ 和 $d_{O''}$，即在改变送风量的同时要求机器露点相应地变为 L' 或 L'' 点，从而确保室内的状态点 N 不变。同理，如果用保证 Δd_O 不变的变风量调节方法，必须要求一个新的 $t_{O'}$ 和 $t_{O''}$，从而确保室内参数不变，而这要靠改变再热量的办法才能达到（见图 4-23）。

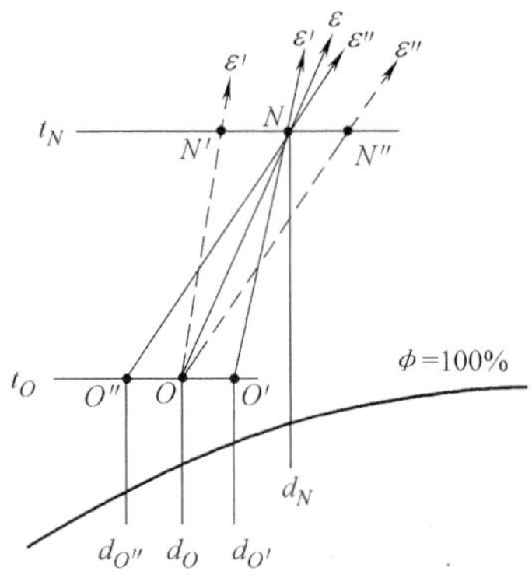

图 4-22 保持 Δt_O 不变的变风量调节

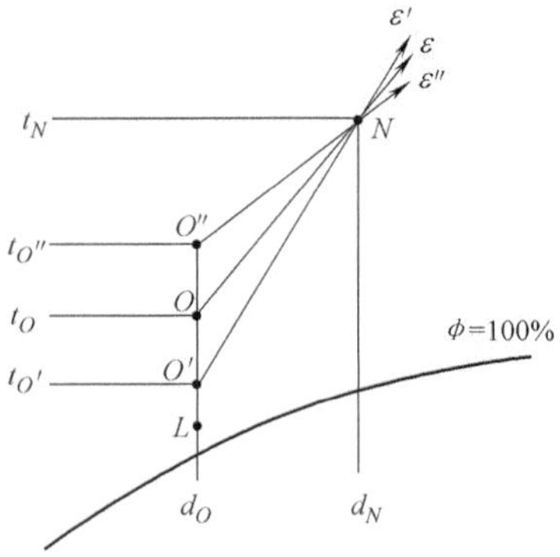

图 4-23 保持 Δd_O 不变的变风量调节

由以上分析可见，当室内的余热量、余湿量不按比例变化时，单纯用变风量的调节方法既保证恒温又保证恒湿是不可能的。因此，只是在仅有恒温或仅有恒湿要求的场合，才能使用单一的变风量调节方法。对恒温恒湿的空调系统，变风量调节方法必须与其他调节方法联合使用。通常的做法是：变风量控制室内温度，变露点控制室内相对湿度；或变风量控制室内相对湿度，变再热量控制室内温度。

在使用变风量的调节方法时，应注意风量不能调得过小，以免空调设备处理不出所需的过干的 d_O 和过冷的 t_O，同时，风量过小还会导致室内气流组织恶化和正压降低，影响空调效果。

7. 多房间空调系统的运行调节

以上讨论的都是就一个房间而言的。下面介绍当一个空调系统为多个房间服务，而且房间的负荷与热湿比也不相同时，为了能满足每个房间室内空气参数的要求，应如何对系统进行调节。

例如，有三个房间共用一个空调系统，它们的室内参数要求都一样，但是各房间的负荷不同，热湿比分别为 ε_1、ε_2、ε_3，如果取同样的送风温差，则要想保持三个房间室内参数一样都是 N 点，就需要三个露点 L_1、L_2、L_3（见图 4-24），这对一个系统来说是不可能的，如果取其中一个房间的送风状态为标准（例如热湿比为 ε_2 的房间），三个房间的送风状态均为 O_2，则第一个和第三个房间的室内参数将为 N_1、N_3 点，N_1、N_3 点虽然偏离了 N 点，但若仍在允许范围内，也可满足要求。

在运行调节的过程中，如果各房间负荷发生变化，则尽量优先采用固定露点、调节再热量的方法进行调节。如果采用该法满足不了要求，就必须在系统的设计和划分上采取措施。例如，在通向各房间的风道上分别设局部再热器，就可以根据每个房间负荷的不同而改变再热量，可实现室内参数的分别调节。如图 4-25 所示，由空调系统处理室集中处理的露点状态 L 的空气，利用各个房间的局部加热器，分别加热到所需的送风状态点 O_1、O_2、O_3，以保证房间相同的室内参数。不过应注意，三个房间所用的送风温差各不相同，送风量要按不同的送风温差分别确定。

在各个房间湿负荷变化规律不一致，且每个房间的相对湿度要求又都很高时，则一般应由不同的空调系统分别为各房间送风和进行调节。

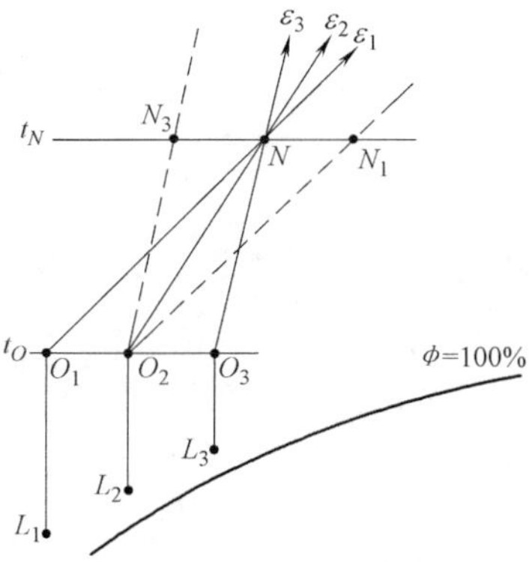

图 4-24　多房间同一送风状态的运行调节方法

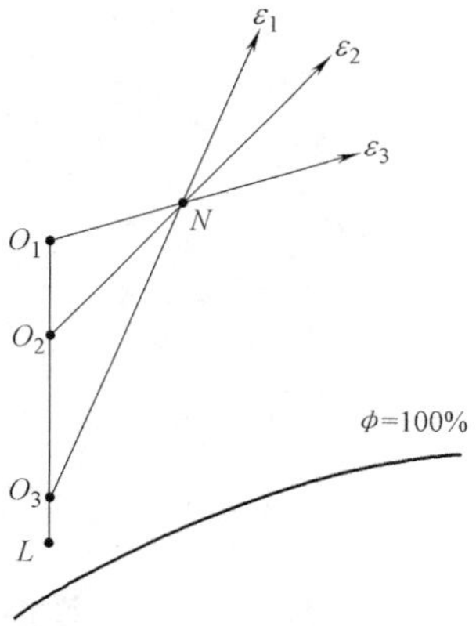

图 4-25　多房间不同送风状态的运行调节方法

第三节　半集中式空调系统的运行调节

前面介绍了诱导器系统和风机盘管系统，下面分别对这两种半集中式空调系统的全年运行调节方法做一介绍。

一、诱导器系统

诱导器系统的全年运行调节也可以从两个方面（即室外空气状态变化时和室内负荷变化时）来进行讨论。

当室外空气状态发生变化时，一次风集中处理设备的调节规律和方法与一般空调系统相类似，可参看第一节。

当室内负荷发生变化时，诱导器系统的运行调节分别按“全空气”诱导器系统和“空气-水”诱导器系统进行分析。

1. “全空气”诱导器系统的调节

以余热量变化、余湿量不变为例。当室内负荷变化时，为保证室内空气参数，对于“全空气”诱导系统，可采用以下几种调节方法：

（1）只改变一次风状态　随着室内余热量 Q 的改变，热湿比由 ε 变为 ε'，送风状态也就要求由 O 点变为 O'点，这时只要调节一次风的加热量，使其从点 L 变为点 R，然后送入诱导器，即可得到新的送风状态点 O'，如图 4-26a 所示。由于一次风的参数是集中调节的，故当各个房间的空气参数要求不同时，难以同时满足。

（2）只改变二次风状态　随着室内余热量的减少，可调节诱导器内电加热器的加热量，使二次风由室内空气状态 N 加热到 R 点，从而使诱导器的送风状态点由 O 变为 O'送入室内，即可满足室内空气参数的要求（见图 4-26b）。由于这种调节方法是利用诱导器的电加热器进行局部调节，因此，能同时满足各个房间不同的空气参数要求。

（3）同时改变一、二次风状态　随着室内余热量的减少，可由集中处理室的加热器将一次风加热到 R_1，同时，诱导器内的电加热器将二次风加热到 R_2，以使诱导器的送风状态从点 O 变为点 O'（见图 4-26c）。这种调节方法一次风加热器起集中调节的作用，二次风电加热器起局部调节作用，因此可同时满足各个房间不同的空气参数要求。

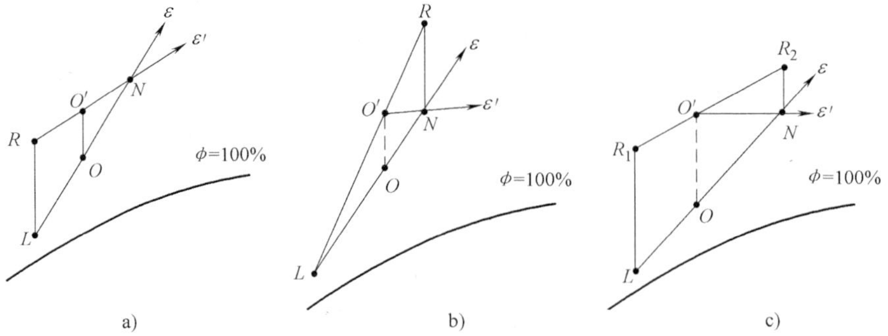

图 4-26 “全空气”诱导器系统的调节

对于有各种朝向的高层民用建筑，在过渡季往往会出现南向的房间需要送冷风而其他朝向的房间需要送热风，一次风作为冷源应尽可能保持最低温度，以满足南向房间的需要，其他朝向的房间则需靠诱导器的电加热来送热风，因此宜采用上述第二种方案。当气候进一步变冷、南向房间也需要供热时，则可采用第三种方案。

2. “空气-水”诱导器系统的调节

对于空气-水诱导器系统，室内热湿负荷由一次风和二次盘管来负担。当负荷变化时，可以改变一次风状态或改变二次盘管冷热量来进行调节，或者两者同时改变。为了适应全年运行调节的需要，诱导器的二次盘管水系统又可分为双水管、三水管和四水管系统。它们的调节特点基本相似，这里仅介绍双水管系统的运行调节。

双水管系统在同一时间只能提供所有的诱导器同一温度的水（冷水或热水），随着室内负荷的减少，诱导器的全年运行调节有两种方法。

（1）不转换的运行调节　对于夏季运行，不转换系统采用冷的一次风和冷的二次水，随着室外温度的降低，只是集中调节再热量来逐步提高一次风温度，而全年始终供应一定温度的二次水。

当室内负荷变化时，如图 4-27 所示，热湿比从 ε_1 变为 ε_2 或 ε_3，调节再热量使一次风状态从 L 变为 R_1，在必要的条件下也可局部调节二次盘管的容量（$2\rightarrow N$），即可得到对应的送风状态 O_2 或 O_3 点，以满足室内参数的要求。

当室外空气温度较低时，为了不使用制冷系统而获得冷的二次水，可以利用室外冷风的自然冷却能力，给二次盘管提供低温水。

不转换运行调节的特点是运行较方便，投资较便宜，但不经济。

（2）转换的运行调节　对于夏季运行调节，转换系统仍采用冷的一次风和冷的二次水。随着室外空气温度的降低，集中调节一次风再热量，逐渐升高一次风温度，以抵消室内负荷的变化。二次水供水温度仍然不变，靠加热量调节，以部分消除室内负荷的变化（见图 4-28）。其调节过程为

$$\left.\begin{array}{l} L\xrightarrow{\text{加热}}R_1 \\ L\xrightarrow{\text{冷却}}2 \end{array}\right\rangle \xrightarrow{\text{混合}} O_2 \xrightarrow{\varepsilon_2} N$$

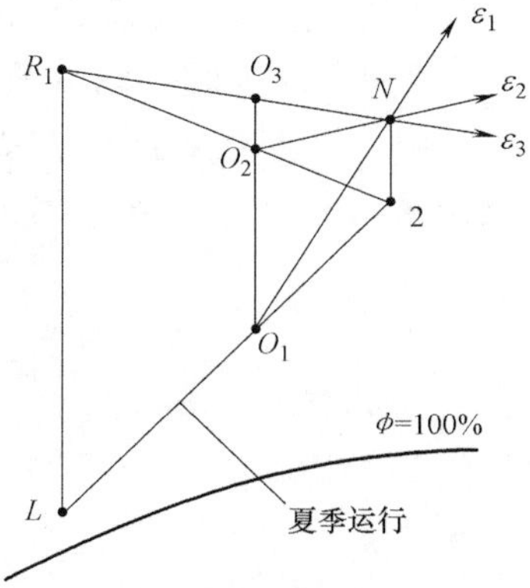

图 4-27 不转换的运行调节

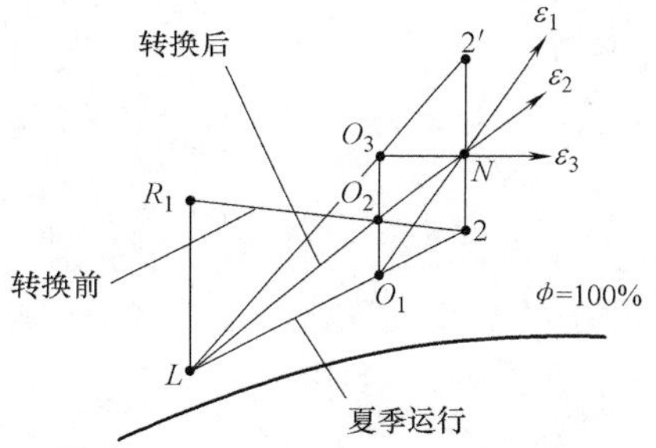

图 4-28 转换的运行调节

当到达某一室外温度时，不用二次盘管，只用原来冷的一次风就能吸收这时的室内负荷，让一次风转换为原来的最低状态 L，调节过程为

$$\left.\begin{array}{l}L\\N\end{array}\right\}\xrightarrow{\text{混合}}O_2\xrightarrow{\varepsilon_2}N$$

转换以后，二次盘管内侧改送热水，随着室内负荷的减少，只需调节二次盘管的加热量，以保持一定室温，调节过程为

$$\left.\begin{array}{l}L\\N\xrightarrow{\text{加热}}2'\end{array}\right\}\xrightarrow{\text{混合}}O_3\xrightarrow{\varepsilon_3}N$$

转换调节比不转换调节相对来说更为经济，但在运行中增添了转换的麻烦。

如果当地冬季气温很冷，房间的采暖负荷较大，采用不转换系统时，则冬季的全部热负荷都需要由一次风的再热器负担。如果采用转换运行调节，则可以利用现有的二次盘管给房间送热量，一次风的再热器只需满足转换前的需要，而不必增加再热器的容量。这种情况比较适合采用转换系统。

二、风机盘管系统

风机盘管系统根据取用新风的方式来分，有独立的新风系统、墙洞引入新风系统和室外渗入新风系统三种，其全年运行调节方法各不相同。

1. 独立新风系统的调节方法

新风系统和风机盘管同时承担室内负荷，这与空气-水诱导器系统相似，送入室内的新风相当于诱导器系统的一次风，风机盘管相当于诱导器中的二次盘管。因此全年运行调节方法与空气-水诱导器系统完全相同。

2. 墙洞引入新风系统的调节方法

为就地取用新风的系统，房间的冷（热）负荷以及新风负荷全部由风机盘管的冷（热）水负担，因此要求风机盘管能适应新风负荷的变化，因而这种调节方法很难达到要求。

3. 室外渗入新风系统的调节方法

室外渗入新风系统的调节为风机盘管的局部调节，随着室内负荷的变化，一般有以下三种调节方法：

(1) 水量调节　在设计负荷时，空气经过盘管冷却减湿，然后送至室内消除室内的余热、余湿，如图4-29a所示。空气调节过程为 $N \to L \rightsquigarrow N$。当冷负荷减少时，调节三通阀或直通阀减少进入盘管的水量，盘管中冷水的平均温度随之上升，使 L 点上移至 L' 点，空气调节过程为 $N \to L' \rightsquigarrow N'$。由于送风的含湿量增大，故使室内相对湿度随之增大。这种方法的负荷调节范围小，为75%～100%。

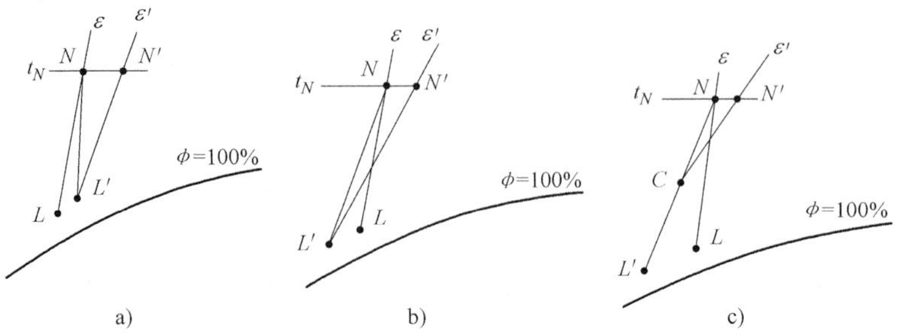

图4-29　风机盘管的调节方法

a）水量调节　b）风量调节　c）旁通风门调节

(2) 风量调节　风量调节法的应用较为广泛。当室内负荷减小时，通常分高、中、低三挡调节风机转速，以改变通过盘管的风量，也有无级调节风量的。这时，随着风速的降低，盘管内冷水平均温度下降，使 L 点下移至 L' 点送至室内，其空气调节过程为 $N \to L' \rightsquigarrow N'$（见图4-29b）。调节过程中，室内相对湿度不会变化太大，但风量减小不利于室内气流分布。该方法负荷调节范围小，为75%～100%。

(3) 旁通风门调节　在设计负荷时，调节过程仍为 $N \to L \rightsquigarrow N$，当室内负荷减小时，开启风机盘管旁通风门，流经盘管的风量减小，使冷水平均温度下降，L 点下降至 L'，然后与旁通风（状态为 N）混合至 C 点送入室内（见图4-29c）。其空气调节过程为

$$\left.\begin{array}{l} N \longrightarrow L' \\ N \end{array}\right\} \xrightarrow{\text{混合}} C \overset{\varepsilon'}{\rightsquigarrow} N'$$

旁通风门调节过程中，送风含湿量变化不大，室内相对湿度较为稳定，气流分布也较均匀，调节质量好，可使室内达到±1℃的精度，相对湿度在45%～50%范围内，这种方式的负荷调节范围大，为20%～100%。但调节过程中由于总风量不变，风机消耗功率并不降低，因此，仅用于要求较高的场合。

第四节　变风量空调系统的运行调节

变风量空调系统的运行调节是随着室内显热负荷的变化，由末端装置改变送风量来调节室温的，与定风量空调系统的运行调节相比，不需要（或很少需要）末端再热，基本上没有再热损失。同时，随着系统风量的减小，风机消耗电能也相应减小，所以，可以进一步节约能量。

变风量空调系统使用的末端装置常见的有节流型、旁通型和诱导型，当室内显热负荷变

化时，不同的末端装置其运行调节方法是不相同的。

变风量空调系统的运行调节同样可从两方面来进行。

一、室内负荷变化时的运行调节

1. 使用节流型末端装置的变风量空调系统

随着室内显热负荷的变化，每个节流型末端装置根据室内温度调节器的指令，使装置的节流阀改变通道面积来调节送风量，以满足室温要求，如图 4-30 所示。当送风量小时，干管静压会升高，则可通过装在干管上的静压控制器调节风机电动机转速，使总风量相应减小。送风温度敏感元件通过调节器控制冷水盘管三通阀，以保持送风温度一定。此时空气调节过程为

$$\left.\begin{matrix} W \\ N \end{matrix}\right\} \xrightarrow{\text{混合}} C \xrightarrow{\text{冷却减湿}} L \xrightarrow{\varepsilon'} N'$$

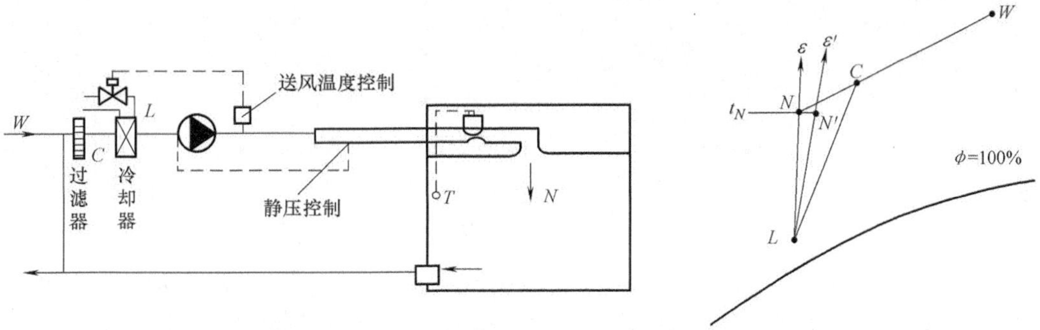

图 4-30　节流型末端装置的变风量系统运行调节

2. 使用旁通型末端装置的变风量空调系统

旁通型末端装置的变风量空调系统是根据室内温度调节器的指令，使末端装置的调节阀门动作来调节送入室内的风量，以满足室温的要求（见图 4-31）。末端装置安装在顶棚内，在室内冷负荷减小时，部分空气旁通至顶棚，并由回风道一起返回，其余空气送入室内，整个空调系统的风量不变，随着负荷的变化其调节过程为

$$\left.\begin{matrix} \left.\begin{matrix} L \\ N \end{matrix}\right\} \xrightarrow{\text{混合}} C' \\ W \end{matrix}\right\} \xrightarrow{\text{混合}} C'' \xrightarrow{\text{冷却减湿}} L \xrightarrow{\varepsilon} N'$$

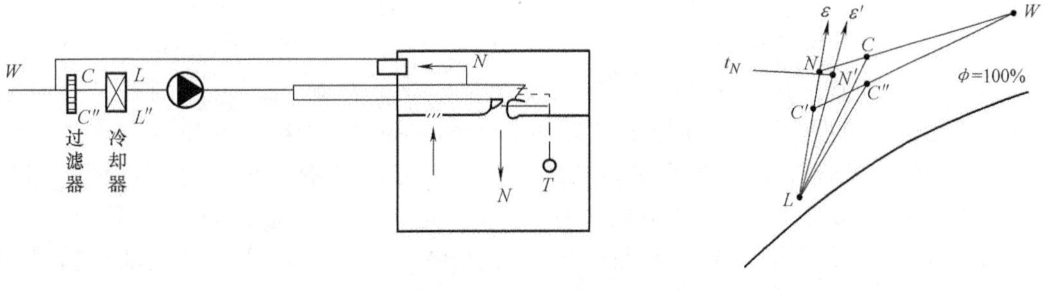

图 4-31　旁通型末端装置的变风量系统运行调节

3. 使用诱导型末端装置的变风量空调系统

诱导型末端装置安装在天棚内，在一定的一次风量下，根据室内温度调节器的指令，调节二次风阀门，改变二次风量来保持要求的室温（见图4-32），随着室内负荷的变化，其空气调节过程为

$$\left.\begin{matrix}W\\N\end{matrix}\right\rangle\xrightarrow{\text{混合}}C\xrightarrow{\text{冷却减湿}}\left.\begin{matrix}L\\N\end{matrix}\right\rangle\xrightarrow{\text{混合}}C'\overset{\varepsilon'}{\rightsquigarrow}N'$$

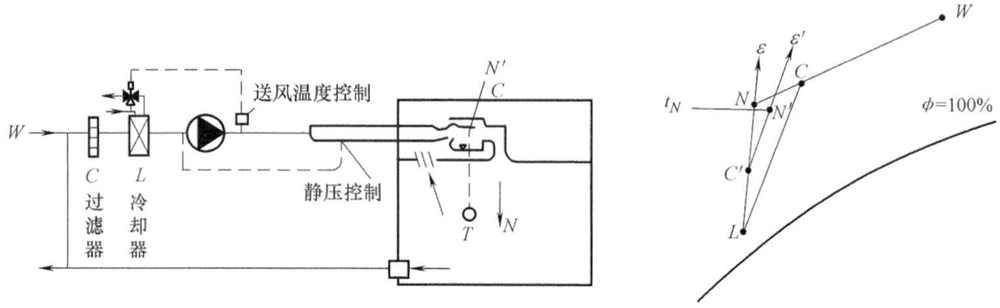

图4-32 诱导型末端装置的变风量系统运行调节

但需指出，上述三种不同形式末端装置的变风量空调系统，由于送风量随着室内显热余热量的减小而减小，因而送风的除湿能力也相应降低。当室内余湿量不变时，会使室内空气相对湿度增大。当室内相对湿度有较高要求时，在变风量的同时，应配以其他调节方式（如变露点）。

二、全年运行调节

变风量空调系统的全年运行调节方法，随着室外空气状态的变化，根据不同的室内负荷变化情况有下列三种：

1. 全年各房间冷负荷较为恒定时（如建筑物的内部区或只有夏季冷负荷时）

可以采用末端无再热的变风量空调系统，全年送冷风，由室内温度调节器调节送风量，风量随冷负荷的减小而减小，如图4-33所示。由于冷负荷变化小，因此送风量变化小，相对湿度增加量也小，对于相对湿度无严格要求的房间，易于通过这种运行调节方法来满足室内参数的要求。

2. 全年各房间无恒定冷负荷且变化大时（如建筑物的外部区）

可以采用末端再热的变风量空调系统，全年送冷风。随着室内负荷的变化，风量与室内的热、湿负荷成比例地减小，但是即使在室内显热负荷接近最小值时，也必须为室内人员保证最小的送风量。即把处理风量的30%～50%（对会议室等人多的场合可提高到60%甚至70%以上）的值作为最小风量，不能把风量减小到此值以下。因此负荷减小到最小风量以下时，室温不能控制，而产生供冷时室温比设定温度低的现象。为了维持一定的室温，需要使用末端再热器加热空气，向室内补充热量来保持室温不变，如图4-34所示。

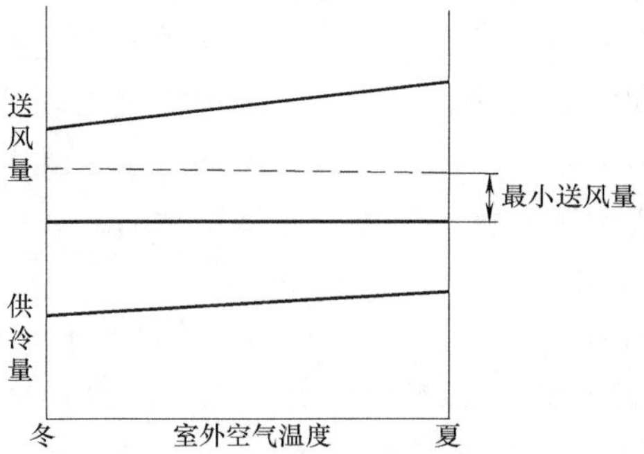

图 4-33　末端无再热的变风量系统的全年运行调节

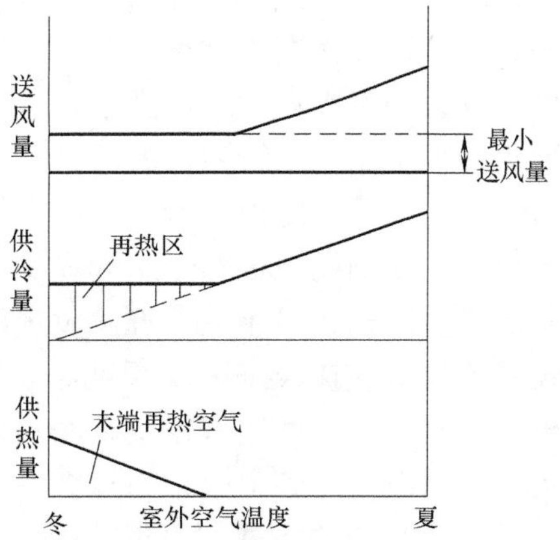

图 4-34　末端有再热的变风量系统的全年运行调节

3. 各房间夏季有冷负荷、冬季有热负荷时

可以采用有供冷和供热季节转换的变风量空调系统。随着室外空气状态的变化，冬季需供热风，夏季需供冷风，因此，在全年运行过程中必须有一个季度转换，如图 4-35 所示。夏季运行时，随着室内冷负荷的减少，先减少送风量，当送风量减至处理风量的 30% ~ 50% 时，风量不再减少，与上述相同开始用末端再热来维持一定的室温，但当利用末端再热也不够补偿室内冷负荷的下降时，就应做由夏到冬的季节转换，即系统由送冷风转换为送热风，此时，为节省能量，可先使用一段定风量变送风温度的调节方法，即保持最小送风量而随室外空气状态的变化不断改变送风温度。当供热负荷继续增加时，再改为变风量调节方法，随着室内热负荷的增加而增大送风量。

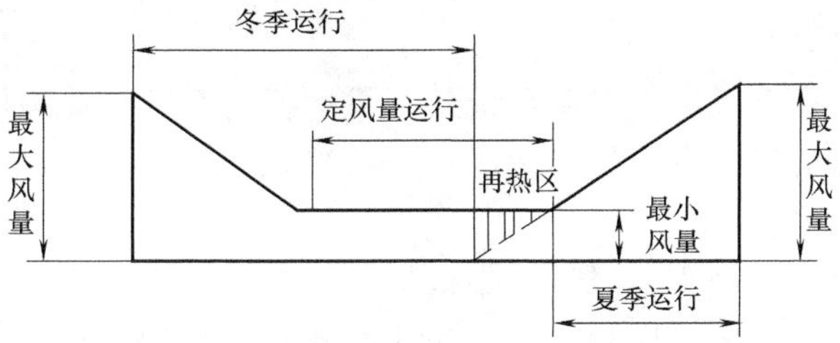

图 4-35　季节转换的变风量系统的全年运行调节

需要说明的是，变风量空调系统的露点温度与送风温度控制方法，与定风量空调系统相同。

第五节　空调系统的节能运行

空调系统的运行节能途径有许多，如室内温湿度设定值节能控制，新风量节能控制，动力设备启停节能控制，电力负荷控制，输送系统的变流量、变速度控制等。采用上述节能控制可获得较大的节能效果，但应当指出的是，在采用某种节能的途径时，往往伴随有某些设备、仪器仪表和材料等的投入，因此在选择使用时，应根据我国的技术经济情况合理选用。

现主要介绍室内设定值节能和新风量节能两种方法。

一、合理选择室内设定值

确定合理的室内温度、湿度值是节能的重要方面。选用全年固定设定值的方式，只对有特殊要求的少量工业空调才需要。而对于大部分工业空调及几乎全部舒适性空调来说，冬季设定值偏高，夏季设定值偏低，而冬天把空气处理到偏高的设定值或夏天把空气处理到偏低的设定值显然要消耗更多的热量和冷量，因而采用全年不变的室内设定值的方法，既不舒适又浪费能量。所以，对于室内温度设定值并不需要全年固定不变的大多数空调对象，可以采用变设定值控制或按设定区（温度浮动）控制。

例如，对于舒适性空调系统采用变设定值控制方式，冬天可加热加湿到舒适区的下限，夏天可降温减湿控制到上限，在过渡季节采用设定范围（室内温湿度在上下限舒适区范围内浮动或再设）控制方式，可以节约大量能量。

据有关文献报道，夏季室温设定值从26℃提高到28℃，冷负荷可减少21%～23%；露点温度设定值从10℃提高到12℃（相当于改变室内相对湿度），减湿负荷可减少17%；冬季室温从22℃降到20℃，热负荷可减少26%～31%；露点温度从10℃降低到8℃，加湿负荷可减少5%。

由上可见，为了节约能耗，在满足生产工艺要求和人体舒适性的条件下，空调房间室内温、湿度基数夏季应尽可能提高，冬季应尽可能降低。设定区间越大，按设定区控制的节能效果也越好，当然不能影响使用要求，如手术室、病房等，冬季室温还应不低于22℃。

我国近来对民用建筑空调房间室内温、湿度标准有所规定，以宾馆客房设定值为基础，推荐为：冬季19℃，夏季27℃。对于百货大楼、电影院等公共建筑和标准比较低的地方，冬季可以考虑比基准值低1～3℃，夏季可提高1℃左右。对病房等特殊场合和标准比较高的地方，冬季可以考虑比基准值提高2～3℃，夏季可降低1～2℃。相对湿度的设定值除特殊要求外，一般民用建筑和工业建筑均为：夏季不大于70%，冬季不小于30%。

二、控制室外新风量

控制和正确利用室外新风量是空调系统冬、夏运行的有效节能措施之一。对于夏季需供冷、冬季需供热的空调房间，室外新风量越大，系统能耗越大。在这种情况下，室外新风应控制到卫生要求的最小值。

空调系统冬、夏取用的最小新风量，是根据人体卫生要求，用来冲淡有害物、补偿局部排风、保证空调房间一定正压值而制定的。过去，空调系统新风量取30m^3/(h·人)，该值是根据室内CO_2气体允许体积分数值为0.1%～0.15%制定的，且综合考虑了温、湿度及粉尘、气味的影响。现在空调房间粉尘、气味影响很少，并可设净化装置，所以在当前能源紧张的情况下，各国提出降低原定最小新风量标准的呼声很强烈，但取多少值合适尚未取得一致。

日本规定最小新风量为20m^3/(h·人)。美国和英国标准推荐的新风量为18m^3/(h·人)，美国政府机关事务管理局的报告提出，从人体氧气需要量的角度考虑，每人的新鲜空气量只需3.6～7.2m^3/h。如果通风系统能够利用过滤和吸附作用除去循环空气的烟尘和气味，那么，新风量就可朝着这个最小值进一步减少。

室内每人必须保证有一定的新风量，但是，办公楼室内人数常常在变化，而百货商店室内人数的变化就更大，为了适应室内人员变动，控制一定的新风量，有些国家采取CO_2体积分数控制装置，根据室内人数变动（CO_2 体积分数变动）自动控制新风量，并控制回、排风阀门的动作（保持风平衡）。这样，可避免人员减少时造成的能量浪费。

像百货商店等能预测顾客多少的地方，用手动调节新风阀门，可达到一定的节能目的，例如，星期日可用手动全开新风阀门，而其他日子可半开新风阀门。表 4-2 为日本某百货大楼（建筑面积为 30000m^2）各种新风取入方法的耗能比较结果。空调运行时，第一种方案是把新风阀门固定在设计新风开度上；第二种方案是平时手动半开新风阀门，假日手动全开新风阀门；第三种方案是根据人流多少用 CO_2 气体浓度计控制新风阀门的开度，使室内 CO_2 气体体积分数保持在 0.08% ~0.1% 范围内。

统计结果表明，自动控制新风阀门比固定新风阀门最热月系统冷负荷减少近 25%，最冷月系统热负荷减少近 68%。

表 4-2　控制新风量所消耗的能量　（单位：GJ）

	供冷(6、7、8、9 月)			供暖(12、1、2、3 月)		
阀门情况	固定	手动	自动	固定	手动	自动
室内负荷	7886	7886	7886	423	423	423
新风负荷	8150	6251	4156	11447	7261	3427
合计	16036	14137	12042	11870	7684	3850
节约率(%)	0	11.8	24.9	0	35.3	67.6

注：$1GJ=10^6kJ$。

三、正确利用新风量

对于全年运行的空调系统，为了节能，前已述及在冬季和夏季应采用最小的新风量。而在过渡季节正确利用新风量，同样可大大节省能量。

在过渡季节新风温度（或焓值）较低的情况下，应充分利用室外新风作为冷源，尤其是对于那些室内周边负荷影响小，而内区发热量较大的建筑（如大的商店、会堂、剧场等，冬季和过渡季室内需供冷风）。这时更要充分利用室外新风具有的冷量，全部引入室外新风，以推迟人工冷源使用时间，节约人工冷源的能耗。

全年运行过程中，何时增加新风、减少回风量，何时全部采用室外新风，是根据室外干球温度来控制（即显热控制法）或根据新风焓值来判断（即焓值控制法）的。

显热控制法是在室外空气温度下降到送风温度时，把 100% 的新风送入室内，当新风温度低于送风温度时，将新风和室内空气按一定比例混合至送风温度送入室内。焓值控制法是在室内空气的焓值比新风焓值高的情况下，通过引入新风来考虑制冷机用电问题。焓值控制法比显热控制法有更大的节能效果。由此，在可变新风系统中，除装有温度、湿度调节器外，还应装有季节工况自动识别和转换装置，并至少有三个工况，即冬季工况、过渡季节工况和夏季工况。在只有温度参数要求的系统中，工况转换可由室外干球温度和回风温度控制；在同时有温度和湿度要求的系统中，工况转换最好再加入室外和回风的焓值控制，以最大程度地达到节能效果。

四、空调系统运行管理的自动控制

空调系统调节的自动化，不仅可以提高调节质量，减轻劳动强度，减少运行人员，降低冷、热量的消耗而实现节能，同时还可以提高劳动生产率和技术管理水平。空调系统自动化程度也是反映空调技术先进性的一个重要方面，因此，随着自动化技术的发展，空调系统自动调节必将得到广泛的应用。

自动控制就是根据被调参数（例如室温、相对湿度等）的实际值与给定值（例如设计要求的室内基准参数）的偏差，由专用控制器输出控制信号，控制相应的执行机构自动调节空调系统的运行参数，使参数保持在允许的波动范围内。

思考与练习题

1. 一次回风空调系统在室外空气状态发生变化时，常采用何种方法进行调节？

2. 已知某空调系统的室内状态为 $t=(22\pm1)$℃，$\phi=(55\pm10)\%$，在设计条件下余热量为3.5kW，余湿量为2kg/h，送风温差为6℃。在运行中，若余热量变为4.3kW，余湿量不变，或余热量变为4.5kW，余湿量变为3kg/h，能否采用定机器露点的方法进行调节？能否用变机器露点或变风量的方法进行调节？

3. 某空调房间室内设计参数为 $t=22$℃，$\phi=55\%$，房间余热量为40kW，余湿量为14.4kg/h，送风温差为8℃。运行中某一时刻余热量变为20kW，余湿量不变，试回答：

1）仍采用原送风状态送风，室内的温度和相对湿度分别是多少？

2）若采用定机器露点的方法，此时送风温度应该是多少？

3）若余湿量变为9kg/h，应采用什么调节方法？并求其送风参数。

4. 风机盘管空调系统应采用什么调节方法？

第五章

空调房间的气流组织

在工程设计中，除了考虑空气的处理、输送和调节外，还必须注意空调房间的气流组织。所谓气流组织，就是合理地组织室内空气的流动，使室内空气的温度、湿度、清洁度和风速保持在合理的范围内，以满足人体舒适和生产工艺的要求。气流组织直接影响室内空调效果，是关系着工作区的温、湿度基数，精度及区域温差，工作区的气流速度以及清洁程度和人体舒适感的重要因素，是空气调节的一个重要环节。

影响气流组织的因素很多，如送风口形式和位置、回风口位置、送风射流参数（主要指送风温差、送风口直径、送风速度等）、房间几何形状以及热源位置等。上述诸因素的相互关系比较复杂，因此在气流组织的设计上，还难以把它们综合起来进行纯理论计算，一般还应借助于现场调试。

在研究空调房间的气流组织时，首先应了解送、回风口的空气流动规律，不同的气流组织方式和相关设计方法。

第一节　送风射流的流动规律

空气经喷嘴向周围气体的外射流动称为射流。射流按流态不同可分为层流射流和湍流射流；按射流进入空间的大小，可分为自由射流和受限射流；按送风温度与室温的差异，射流可分为等温射流和非等温射流；按喷嘴形式不同，射流可分为圆射流和扁射流。空调中遇到的射流大多属于非等温湍流受限（或自由）射流。现简要介绍常见的湍流射流的一般规律。

一、自由射流

空气自喷嘴喷射到比射流体积大得多的房间中，射流可不受限制地扩大，此射流称为自由射流。

1. 等温自由射流

图 5-1 所示为出口速度 u_0 的圆断面，射流出口温度与周围空气温度相同，故为等温射流。由于湍流的横向脉动和涡流的出现，射流边界与周围气体不断发生横向动量交换，卷吸周围空气，因而射流流量逐渐增加，断面不断扩大，整个射流呈锥体状。随着动量交换的进行，射流速度不断减小，首先从边界开始，逐渐扩至射流核心。在射流理论中，将轴心速度未受影响保持 u_0 不变的一段长度称为起始段，其后称为主体段。在主体段内，轴心速度逐渐减小直到完全消失。在整个射程中，射流静压与周围空气静压相同，沿程动量不变。

对自由射流的规律性研究结果表明，射流主体段的参数变化与 ax/d_0 有关。x_0 为由极点至给定断面的距离，a 为量纲为一的湍流系数，其数值的大小取决于风口形式，并与射流的扩散角 θ 有关，$\tan\theta = 3.4a$。不同的风口形式有不同的 a 值（见表5-1）。由表5-1内数值可见，风口的结构越有利于出流紊动和射流扩散，则 a 值越大，换言之，a 值越大，则射流的扩散和速度衰减越大。平面射流的 $\tan\theta = 2.44a$，其射流特征与圆射流相似，但由于运动的扩散被限定在垂直于长边的平面上，因此速度衰减、流量增加均较圆射流慢。

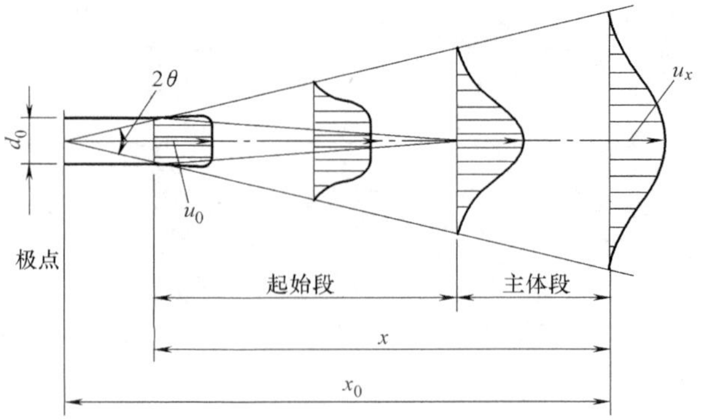

图 5-1 圆断面等温自由射流

表 5-1 不同风口的湍流系数 *a* 值

风口形式		湍流系数 a
圆射流	收缩极好的喷口	0.066
	圆管	0.076
	扩散角为 8°~12°的扩散管	0.09
	矩形短管	0.1
	带可动导叶的喷口	0.2
	活动百叶风口	0.16
平面射流	收缩极好的扁平喷口	0.108
	平壁上带锐缘的条缝	0.115
	圆边口带导叶的风管纵向缝	0.155

射流主体段轴心速度衰减规律的经典计算式为

$$\frac{u_{x0}}{u_0} \approx \frac{0.48}{\dfrac{ax_0}{d_0}} \tag{5-1}$$

式中 u_{x0}——以极点为起点至所计算断面距离 x_0 处的射流轴心速度（m/s）；

u_0——风口出流的平均速度（m/s）；

d_0——风口直径（m）。

式（5-1）中的 x_0 是从极点算起，不便于直接确定实际位置与风口的距离，所以一般以出风口作为起点并相应地将式（5-1）改写成

$$\frac{u_x}{u_0} = \frac{0.48}{\dfrac{ax}{d_0} + 0.145} \tag{5-2}$$

式中 u_x——射程 x 处的射流轴心速度（m/s）；

x——射流断面至风口的距离（m）。

为简化分析，在主体段直接采用下式进行计算，即

$$\frac{u_x}{u_0} = \frac{0.48}{\dfrac{ax}{d_0}} \tag{5-3}$$

式中 x、d_0 为几何尺寸，$0.48/a$ 则代表射流的衰减特性，与风口形式有关。设 $m=0.48/a$，则

$$\frac{u_x}{u_0}=\frac{md_0}{x} \tag{5-4}$$

若进一步将 d_0 以风口出流面积 A_0 表示，则 $d_0=\sqrt{4A_0/\pi}=1.13\sqrt{A_0}$，代入式（5-4）得

$$\frac{u_x}{u_0}=\frac{1.13m\sqrt{A_0}}{x}=\frac{m_1\sqrt{A_0}}{x} \tag{5-5}$$

上式中 $m_1=1.13m$。

式（5-5）同样适用于方形或矩形的出风口。但当风口两邻边边长之比大于 10 时，射流扩散仅能在垂直于长边的平面内进行，此时就需按流体力学的平面射流（扁射流）公式进行计算，即

$$\frac{u_x}{u_0}=m_1\sqrt{\frac{b_0}{x}} \tag{5-6}$$

式中 b_0——扁口的高度（m）。

在射流计算时，由于不同类型射流的规律不同，因此常使用不同的名称专指某些类型的射流，如由圆形、方形和矩形风口出流的射流一般称为集中式射流，由边长比大于 10 的扁长风口出流的射流称为平面流（或扁射流），由呈扇形导流径向扩散出流的射流称为扇形射流等。

2. 非等温自由射流

在空气调节中，射流出口温度与周围空气温度是不相同的，故称为“非等温射流”或“温差射流”。送风温度低于室内空气温度的射流为冷射流，高于室内空气温度的射流为热射流。

在非等温射流中，射流与室内空气的掺混结果使射流的温度场与速度场存在相似性，只是射流温度的扩散角大于速度扩散角，因而温度的衰减较速度衰减快，研究结果得出

$$\frac{\Delta T_x}{\Delta T_0}=0.73\frac{u_x}{u_0} \tag{5-7}$$

即

$$\frac{\Delta T_x}{\Delta T_0}=\frac{0.73m_1\sqrt{A_0}}{x}=\frac{n_1\sqrt{A_0}}{x} \tag{5-8}$$

式中 ΔT_x——射流轴心与周围空气的温差（轴心温差，K），$\Delta T_x=T_x-T_n$；

T_x——距风口 x 处射流轴心温度（K）；

ΔT_0——出口射流与周围空气的温差（送风温差，K），$\Delta T_0=T_0-T_n$；

T_0——射流出口温度（K）；

T_n——周围空气温度（K）；

n_1——温度衰减系数，$n_1=0.73m_1$。

由于非等温射流与周围介质密度不同，所受浮力与重力不平衡而发生弯曲，冷射流向下弯，热射流向上弯，但仍可视作以中心线为轴的对称射流。因此研究轴心轨迹即可知射流的弯曲程度。考虑射流轴弯曲的轴心轨迹理论计算式为

$$\frac{y_i}{d_0}=\frac{x_i}{d_0}\tan\beta+Ar\left(\frac{x_i}{d_0\cos\beta}\right)^2\left(0.51\frac{ax_i}{d_0\cos\beta}+0.35\right) \tag{5-9}$$

上式中 Ar 为阿基米德数，其他符号的含义如图 5-2 所示。

Ar 是决定射流弯曲程度和方向的主要因素，Ar 值大，则 y 值随射程 x 的变化也大，即射流弯曲大。由式（5-9）可知，当 $Ar>0$ 时为热射流，$Ar<0$ 时为冷射流。当 $|Ar|<0.001$ 时，射流可按等温射流计算。阿基米德数 Ar 的计算式为

$$Ar=\frac{gd_0(T_0-T_n)}{u_0^2T_n} \tag{5-10}$$

式中　g——重力加速度（m/s^2）。

式（5-10）说明，阿基米德数随着送风温差的提高而加大，随着出口流速的增加而减小。

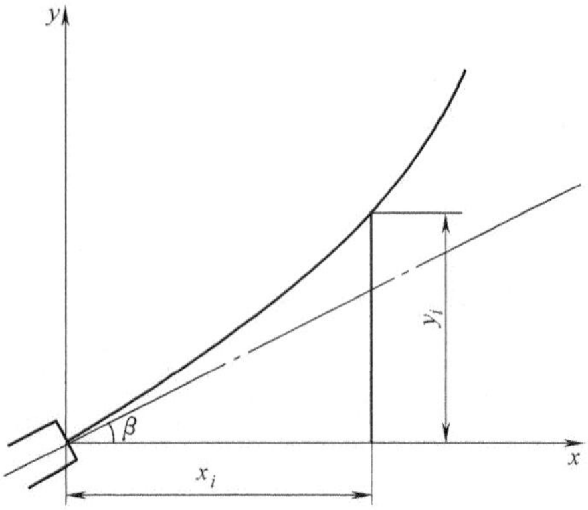

图 5-2　非等温射流轴心轨迹计算

二、受限射流

在射流运动过程中，由于受壁面、顶棚以及空间的限制，射流的运动规律有所变化。常见的射流受限情况是贴附于顶棚的射流流动，称为贴附射流。贴附射流可以看成是一个具有两倍 A_0 出口射流的一半，因此，射流风速衰减的计算式为

$$\frac{u_x}{u_0}=\frac{m_1\sqrt{2A_0}}{x} \tag{5-11}$$

同样，对于贴附扁射流的计算式为

$$\frac{u_x}{u_0}=m_1\sqrt{\frac{2b_0}{x}} \tag{5-12}$$

比较式（5-5）与式（5-11）、式（5-6）与式（5-12）可知，贴附射流轴心速度的衰减比自由射流慢，因而达到同样轴心速度的衰减程度需要更长的距离。

冷射流在重力作用下有可能在达到某一距离处脱离顶棚而成为下降气流，如图 5-3 所示。确定冷射流的贴附长度 x_1 可用下列方法计算：

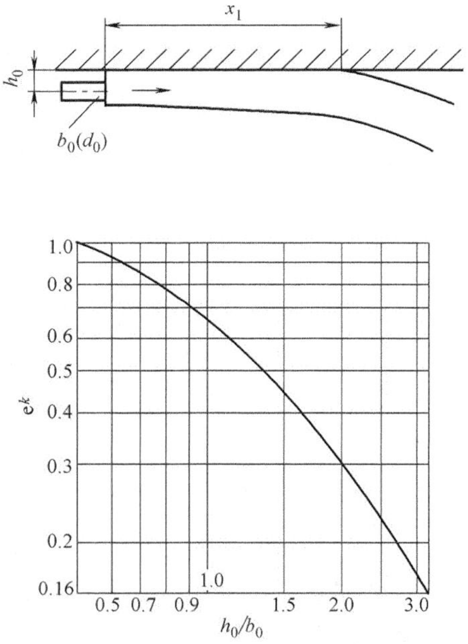

图 5-3　冷射流的贴附长度

1. 计算射流几何特性系数 z

射流几何特性系数 z 是考虑非等温射流的浮力（或重力）作用而在形式上相当于一个线性长度的特征量。

对于圆形、方形和矩形风口出流的集中射流和扇形射流

$$z=5.45\times\sqrt{2}m_1u_0\sqrt[4]{\frac{A_0}{(\sqrt{2}n_1\Delta t_0)^2}} \tag{5-13}$$

对于扁射流

$$z = 9.6\sqrt[3]{b_0\frac{(\sqrt{2}m_1u_0)^4}{(\sqrt{2}n_1\Delta t_0)^2}} \tag{5-14}$$

2. 计算冷射流的贴附长度 x_1

对于集中射流 $x_1 = 0.5ze^k$ (5-15)

对于扇形射流 $x_1 = 0.4ze^k$ (5-16)

其中 $k = 0.35 - 0.62\frac{h_0}{\sqrt{A_0}}$（集中射流）或 $k = 0.35 - 0.7\frac{h_0}{b_0}$（扁射流）

若已知 h_0/b_0，可直接根据图 5-3 查得 e^k，从而计算出 x_1。

除贴附射流外，空调房间四周的围护结构可能对射流的扩散构成限制。在有限空间内射流受限后的运动规律不同于自由射流。图 5-4 所示为有限空间内贴附与非贴附两种受限射流的运动状况。

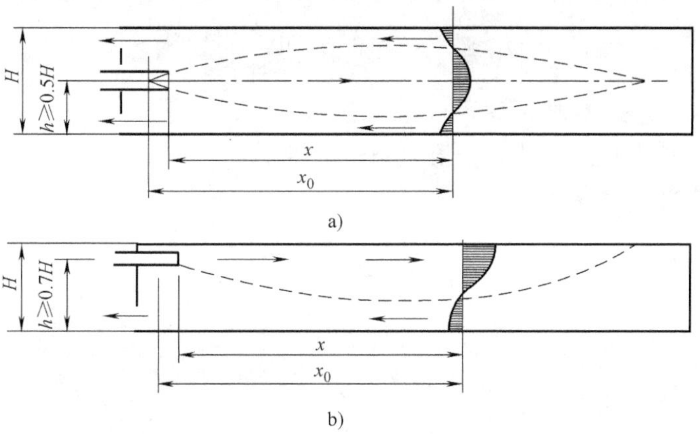

图 5-4 有限空间射流

由图 5-4 可见，当喷口处于空间高度的一半（$h = 0.5H$）时，则形成完整的对称流，射流区呈橄榄形，回流在射流区的四周；当喷口位于空间高度的上部（$h \geqslant 0.7H$）时，出现贴附的有限空间射流，它相当于完整对称流的一半。

如果以贴附射流为基础，将无因次距离定为

$$\bar{x} = \frac{ax}{\sqrt{A_n}} \tag{5-17}$$

则对于全射流即为

$$\bar{x} = \frac{ax}{\sqrt{0.5A_n}} \tag{5-18}$$

式中 x——风口至计算断面的距离；

A_n——垂直于射流的空间横断面积。

实验结果表明，当 $\bar{x} \leqslant 0.1$ 时，射流的扩散规律与自由射流相同，称 $\bar{x} \approx 0.1$ 为第一临界断面。当 $\bar{x} > 0.1$ 时，射流扩散受限，射流断面面积与流量增加变缓，动量不再守恒，且当 $\bar{x} \approx 0.2$ 时，射流流量最大，射流断面在稍后处也达最大，称 $\bar{x} \approx 0.2$ 为第二临界断面。不难看出，在第二临界断面处回流的平均流速也达到最大值。在第二临界断面以后，射流空气逐步改变流向，参与回流，使射流流量、面积和动量不断减小，直至消失。

由于有限空间射流的回流区一般为工作区，控制回流区的风速具有实际意义。设计中常使工作区处于回流状态，因此只要保证该断面的回流速度小于空调要求值，整个工作区流速就能符合设计要求。回流区的最大平均风速的计算式为

$$\frac{u_n}{u_0}=\frac{m_1}{C\sqrt{\frac{A_n}{A_0}}} \tag{5-19}$$

式中 u_n——回流区的最大平均风速（m/s）；

C——与风口形式有关的系数，对集中射流取10.5。

三、平行射流的叠加

两个相同的射流在同一高度平行射出，当射流边界相交后，则互相干扰并重叠，形成重合流动（见图5-5）。单股射流的速度分布可用正态分布来描述，其表达式为

$$u=u_x\cdot\exp\left[-\frac{1}{2}\left(\frac{r}{cx}\right)^2\right] \tag{5-20}$$

式中 u——距风口 x 处并距射流轴 r 处的流速（m/s）；

u_x——距风口 x 处的射流轴心速度（m/s）；

c——实验常数，可取0.082。

根据式（5-5）可知，$u_x=u_0\frac{m_1\sqrt{A_0}}{x}$，代入式（5-20），得

$$u=u_0\frac{m_1\sqrt{A_0}}{x}\cdot\exp\left[-\frac{1}{2}\left(\frac{r}{cx}\right)^2\right] \tag{5-21}$$

设两射流的中心距为 l，以两射流出口的中心处为坐标原点 O，平行于射流方向为 x 轴，垂直于射流方向为 y 轴，则在射流某一空间点上由两个相同射流相互作用形成的流速 u 可根据动量守恒求出，即

$$u^2=u_1^2+u_2^2 \tag{5-22}$$

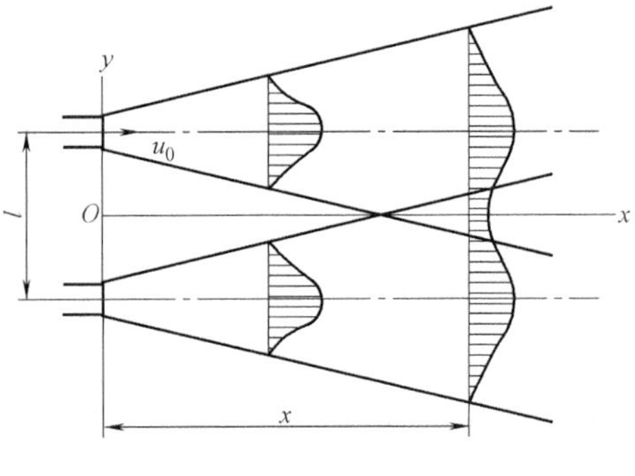

图5-5 平行射流的叠加

由此导出某一射流的轴心速度在另一相同平行射流作用下的计算式为

$$u_x=\frac{m_1u_0\sqrt{A_0}}{x}\cdot\left\{1+\exp\left[-\left(\frac{l}{cx}\right)^2\right]\right\}^{\frac{1}{2}} \tag{5-23}$$

比较式（5-5）与式（5-23）可见，相同平行射流重叠时其轴心速度比单一射流的轴心速度大。

第二节 排（回）风口的气流流动

排（回）风口的气流流动近似于流体力学中所述的汇流。

一、点汇的气流流动

由流体力学可知，对于一个汇点，其流场中的等速面是以汇点为中心的球面，如图5-6

所示。

通过各个球面的流量相等，故有

$$\frac{u_1}{u_2}=\frac{L/(4\pi r_1^2)}{L/(4\pi r_2^2)}=\left(\frac{r_2}{r_1}\right)^2 \tag{5-24}$$

式中　L——流向汇点的流量（m^3/s）；

u_1、u_2——任意两个球面上的流速（m/s）；

r_1、r_2——两球面距汇点的距离（m）。

由式（5-24）可知，汇流的规律是：在距汇点不同距离的各等速球面上流量相等，随着离汇点距离的增大，流速呈二次方衰减，或者说在汇流作用范围内，任意两点间的流速与距汇点距离的平方成反比。所以汇流的作用范围是很小的，这就是它对房间气流组织影响比较小的原因。

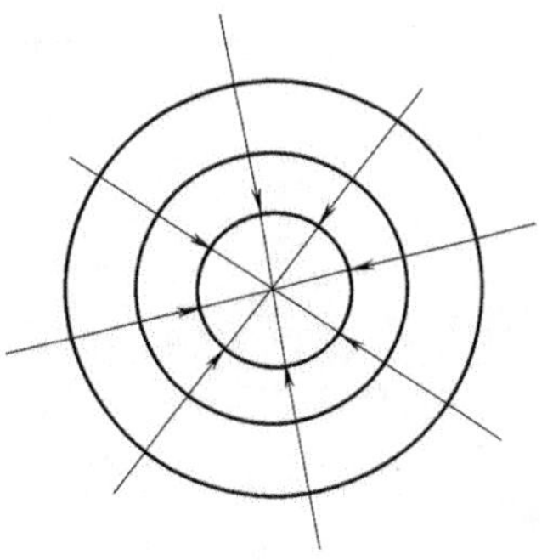

图 5-6　回风点汇图

二、实际排（回）风口的气流流动

实际排（回）风口具有一定的面积大小，不是一个汇点。图 5-7 所示为一直径为 d_0 的排风口处的空气流速分布。由图可见，实际排风口处的等速面已不是球形，图中标注的百分数为无因次距离 x/d_0 处的 u/u_0 值。由图 5-7 可知，当 $u_x/u_0=5\%$ 时，正对排风口处的无因次距离 $x/d_0=1$。可见，排风口的速度衰减极快。即使排风口的实际安装条件是受限的，如与壁面平齐时其作用范围为半球面，装在房角处为 1/8 球面等，上述的规律性仍然是存在的。

实际排（回）风口的速度衰减在风口边长比大于 0.2 且 $0.2\leqslant\frac{x}{d_0}\left(\text{或}\frac{x}{1.13\sqrt{A_0}}\right)\leqslant1.5$ 范围内，可用下式估算，即

$$\frac{u_x}{u_0}=\frac{1}{9.55\left(\frac{x}{d_0}\right)^2+0.75} \tag{5-25}$$

排风口速度衰减快的特点决定了其作用范围的有限性，因此在研究空间的气流分布时，主要考虑送风射流的作用，同时考虑排风口的合理位置，以便实现预期的气流分布结果。如果忽略排风口在空间气流分布中的作用，将会降低送风作用的有效性。

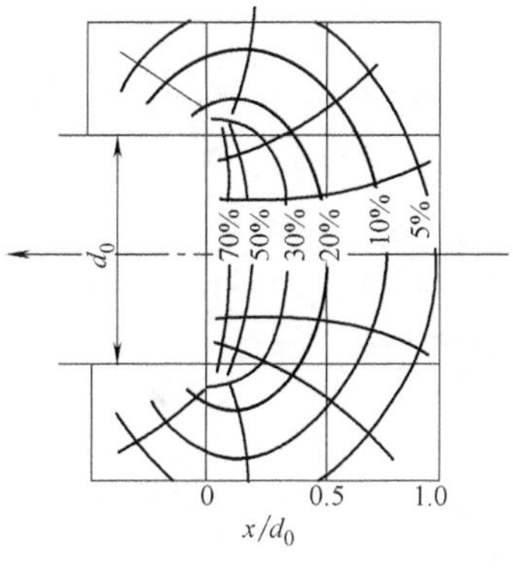

图 5-7　排风口流速分布

第三节　送、回风口与房间气流组织

一、送风口的形式

送风口形式直接影响射流出口的方向、断面形状和空间内气流流型的形成，对送风射流具有重要作用。送风口的种类繁多，通常要按照空间的性质，对气流分布的要求和房间内部装饰的要求等加以选择。根据射流的形式不同，送风口可以分为集中射流风口、扇形射流风口和平面射流风口。如体育馆、剧场等建筑常采用的喷口为集中射流风口，一般散流器也属于集中射流风口，而盘式散流器则属于扇形射流风口。表 5-2 列出了一些常用的送风口形式及特性参数。

表 5-2　送风口形式及特性系数

类别	序号	名称	形式	特性系数		说明
				m_1	n_1	
集中射流	1	收缩喷口	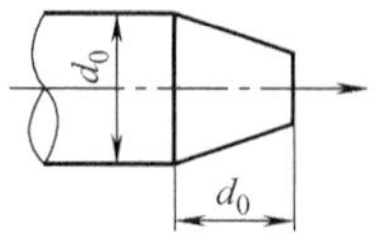	7.7	5.8	适用于集中送风
	2	直管喷口	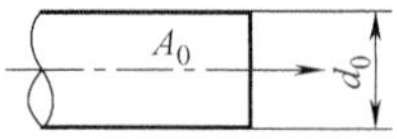	6.8	4.8	同上
	3	单层活动百叶风口	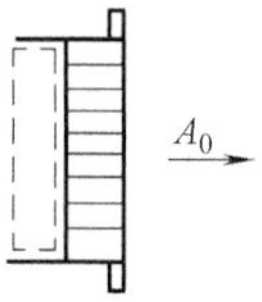	4.5	3.2	一般空调用，具有一定的导向功能
	4	双层活动百叶风口		3.4	2.4	同上
	5	孔板栅格风口	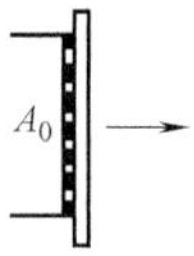	6.0	4.2	有效面积系数为0.5~0.8
				5.0	4.0	有效面积系数为0.2~0.5
				4.5	3.6	有效面积系数为0.05~0.2，可用于一般上、下送风
	6	散流器	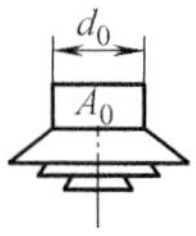	1.35	1.1	适于顶棚下送风，具有一定的扩散功能
扇形射流	7	网格式柱形风口	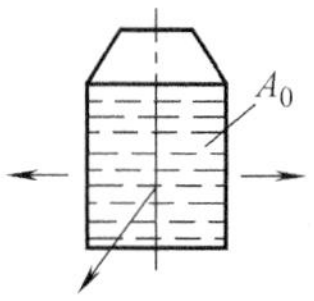	2.4	1.5	适于下部工作区送风
	8	固定导叶扇形风口	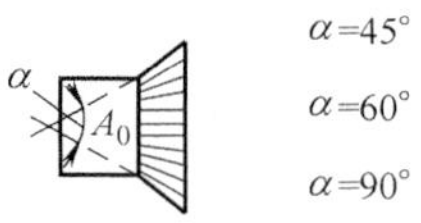	3.5 2.8 2.0	2.5 1.7 1.25	适于侧送风
	9	可调导叶扇形风口	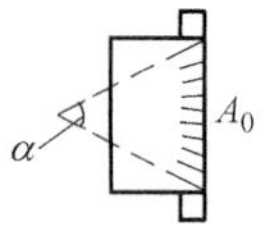	1.8	1.2	适于侧送风
	10	径向贴附散流器	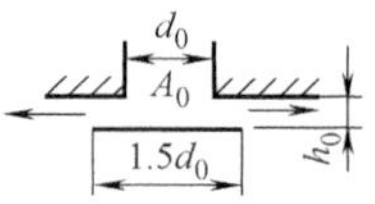	1.2 1.0 0.95	1.0 0.88 0.88	$h_0/d_0=0.2$ $h_0/d_0=0.3$ $h_0/d_0=0.4$

（续）

类别	序号	名称	形式	特性系数		说明
				m_1	n_1	
平面扁射流	11	带平行百叶条形风口	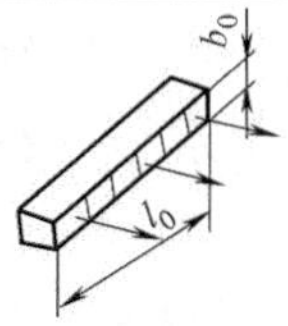 $\frac{l_0}{b_0}>10$	2.5	2.0	适于侧上送风
	12	管道式孔板	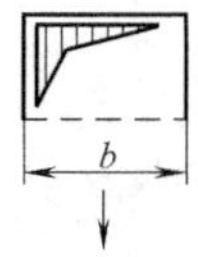 开孔率 0.092 0.062 0.046	0.65 0.53 0.45	0.55 0.48 0.40	适于下部送风
	13	圆管式孔板	b_0 取孔板圆周长开孔率 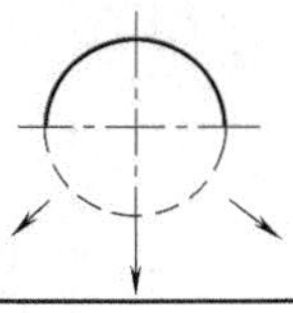 0.092 0.062 0.046	0.29 0.24 0.21	0.26 0.22 0.19	

注：对形成贴附射流的风口，m_1、n_1 值应乘以$\sqrt{2}$。

常见的送风口主要有以下几种：

（1）喷口　喷口是一个渐缩圆锥形短管，常用于大型的生产车间、体育馆、电影院等建筑物。喷口送出的高速射流带动室内空气进行强烈混合，射流断面不断扩大，速度逐渐衰减，室内形成大的回旋气流，工作区处于回流区，温度场和速度场都比较均匀。

（2）百叶送风口　通常作为侧送风口，在送风口内一般需要设置 1～3 层可转动的叶片，外层叶片用以改变射流的出口倾角，内层设置对开式叶片是为了调节送风量。

（3）散流器　散流器一般安装于顶棚上，自上而下地送出气流。根据形状不同可分为圆形、方形或矩形散流器，根据其结构不同可分为盘式、直片式和流线型散流器，另外还有将送回风口做成一体的，称为送吸式散流器。盘式散流器的送风气流呈辐射状，比较适合层高较低的房间，但冬季送热风易产生温度分层现象。片式散流器片距有固定的，也有可调的。采用可调叶片的散流器，送出气流可形成锥形或辐射扩散。

（4）孔板送风口　所谓孔板送风口，是指空气经过开有若干圆形或条缝形小孔的孔板而进入空调房间。其最大的特点是送风均匀，速度衰减较快，最适用于要求工作区气流均匀、区域温差较小的房间。

除表 5-2 列出的送风口形式外，还有带风扇的风口、球形风口、固定导流叶片旋流风口和上送式旋流风口（见图 5-8）等。上送式旋流风口适用于计算机房等有夹层地板的房间。空调送风经旋流叶片切向进入集尘箱，形成旋转气流后由与地面平齐的格栅送入室内。送风气流与室内空气混合好，速度衰减快。格栅和集尘箱可以随时取出清扫。

二、回风口的形式

由于回风口附近气流速度急剧下降，因而对房间气流组织的影响比较小，其形式也比较少。

常用的回风口有单层百叶风口、格栅风口、网式风口及活动篦板式回风口。最简单的回风口形式就是在孔口上装金属网，以防止杂物被吸入。也有装格栅和百叶的。装在墙上或顶棚上的回风口，以固定百叶的形式应用最广。此外，在顶棚上还有用 T 形条缝做回风口的做法。在地面上除可用固定百叶式的地板回风口外，也可使用专门的蘑菇形回风口，如图 5-9 所示。蘑菇形回风口是一种安装在地面上的回风口，主要用于影剧院的空调系统回风，通常布置在座椅下，直接插入地面的预留孔与地下的回风管相接。

回风口的形状和位置根据气流组织要求而定。若设在房间下部时，为避免灰尘和杂物被吸入，风口下缘离地面至少为 0.15m。

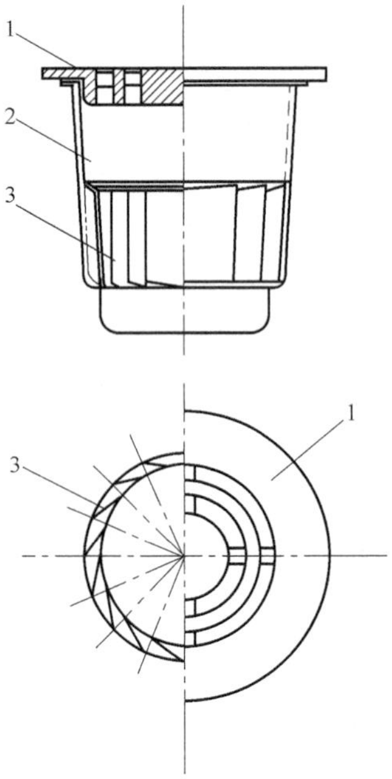

图 5-8　旋流风口

1—出风格栅　2—集尘箱　3—旋流叶片

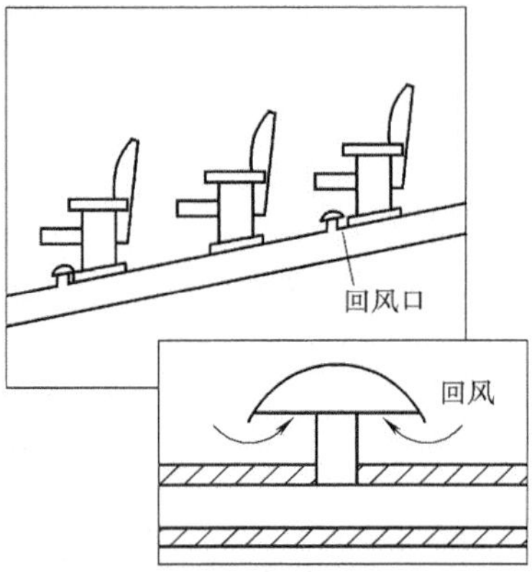

图 5-9　蘑菇形回风口

在空调工程中，风口均应能进行风量调节，若风口上无调节装置时，则应在支风管上加以考虑。

三、空间气流组织的形式

空间气流分布的形式同样有多种，取决于送风口的形式及送排风口的布置方式。按照送回风口位置的相互关系和气流方向不同，一般分为以下几种方式：

1. 上送下回

由空间上部送入空气，由下部回风的“上送下回”送风形式是传统的基本方式。图 5-10所示为三种不同的上送下回方式，其中图 a 可根据空间的大小扩大为双侧送、回风，图 b 可增加散流器的数目。上送下回的气流分布形式，送风气流不直接进入工作区，有较长的与室内空气掺混的距离，能够形成比较均匀的温度场和速度场，可用较大的送风温差，从而降低送风量。图 c 尤其适用于温、湿度和洁净度要求高的对象。

2. 上送上回

图 5-11 所示为三种“上送上回”的气流分布方式，其中图 5-11a 为单侧上送上回，图 5-11b 为异侧上送上回，图 5-11c 为散流器上送上回。上送上回方式的特点是：送排（回）风管道可集中于空间上部，施工都较方便，但影响房间净高的使用。图 b 还可设置吊顶使管

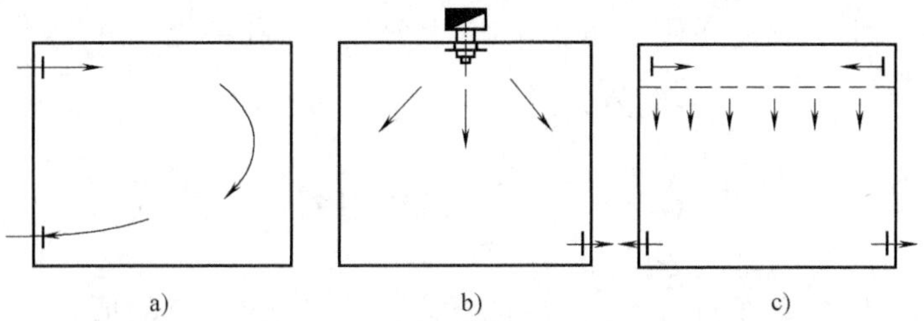

图 5-10　上送下回气流分布
a）侧送侧回　b）散流器送风　c）孔板送风

道成为暗装，室内比较美观。

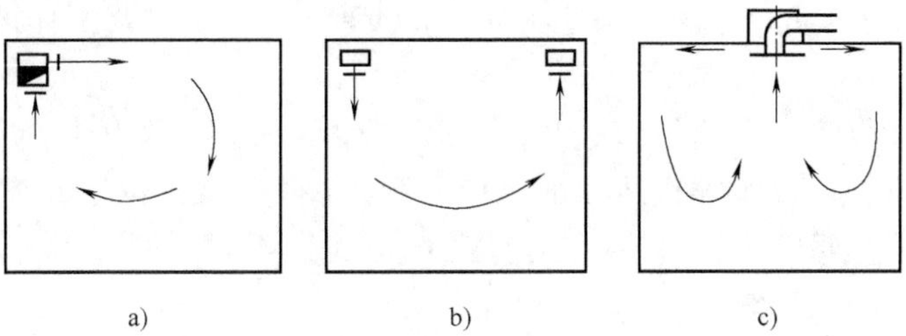

图 5-11　上送上回的气流分布方式
a）单侧上送上回　b）异侧上送上回　c）散流器上送上回

3. 下送上回

图 5-12 所示为两种“下送上回”的气流分布方式，此种方式送风直接进入工作区。其中图 5-12a 为地板送风，图 5-12b 为下侧送风。下送方式的送风温差远小于上送方式，加大了送风量。下送方式能使新鲜空气首先通过工作区，有利于改善工作区的空气质量。同时由于是顶部排风，因而房间上部余热（照明散热、上部围护结构传热等）可以不进入工作区而被直接排走，排风温度高于工作区温度，故具有一定的节能效果。但下送方式容易使地面积聚脏物，影响送风的清洁度。近年来，下送风方式在国外相当受重视，在国内实际工程中也开始应用。

4. 中送风

在某些高大空间内，若实际工作区在下部，则不需要将整个空间都作为控制调节的对象，采用如图 5-13 的中送风方式，可节省能耗。但这种气流分布会造成空间竖向温度分布不均匀，存在着温度“分层”现象。

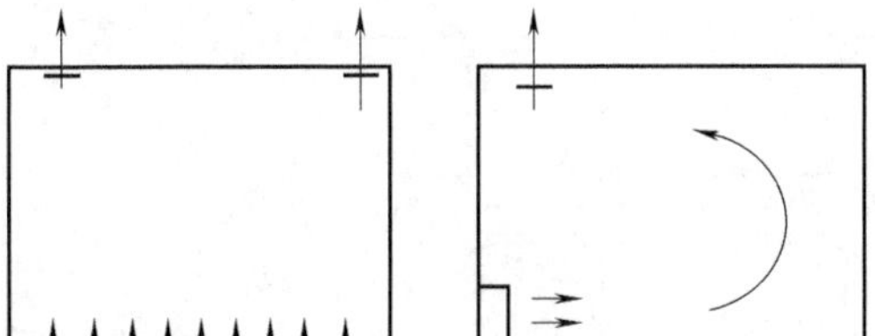

图 5-12　下送上回的气流分布方式
a）地板送风　b）下侧送风

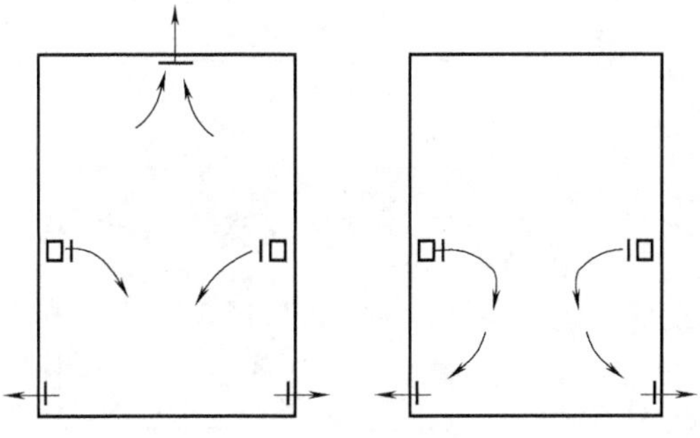

图 5-13　中送风气流分布

上述各种气流组织的具体应用要考虑空间对象的要求和特点，并应考虑实现某种气流组织的现场条件。

第四节　房间气流组织的计算

气流组织计算的任务在于选择气流组织的形式，确定送风口的形式、数目和尺寸，使工作区的风速和温差满足设计要求。

工作区的温湿度、洁净度的要求，一般依据舒适性空调或工艺性空调提出的参数确定。我国 GB 50019—2015《工业建筑采暖通风与空气调节设计规范》规定：舒适性空气调节室内冬季风速不应大于 0.2m/s，夏季不应大于 0.3m/s，工艺性空调工作区风速宜采用 0.2 ~ 0.5m/s。

要求较高的房间应考虑高速气流通过风口所产生的噪声，取较低的送风速度，一般 u_0 的取值范围为 2 ~ 5m/s。回（排）风口的风速一般限制在 4m/s 以下，离人较近时应不大于 3m/s。居住建筑内一般取 2m/s，而在工业建筑内可大于 4m/s。

一、一般气流组织的计算

图 5-14 是几种比较典型的气流组织及计算条件。其中图 5-14a 是下送风方式，图 5-14b ~ d 是上送风方式。现以图 5-14a 下送风方式为例来说明气流组织的计算程序。

已知下送风射流直接进入工作区，在风口形式选定后，在确定的 x 距离处，u_x 与 t_x 的值应满足使用对象的要求，即 u_x 应小于 GB 50019—2015 的规定值，t_x 与房间温度 t_n 的差值小于空调精度。如果 x 断面处于起始段 $\left(\text{即令}\dfrac{u_x}{u_0}=\dfrac{m_1\sqrt{A_0}}{x}=1 \text{ 或 } x\leqslant m_1\sqrt{A_0}\right)$，则 $u_x=u_0$，$t_x=t_0$。若 x 断面处于主体段，即 $x>m_1\sqrt{A_0}$，则应按主体段射流公式在已知 u_x 和 Δt_0 的条件下，计算 u_0 并校核 Δt_x，检查风量是否符合设计要求。

在进行图 5-14 所示各种送风方式的气流组织计算时，要注意 x 值的选定，即 x 值应等于从射流出口到计算断面的总长度。图 5-14b 与 d 中，x 值应分别等于 $x'+(H-2)$ 和 $x'+l$。

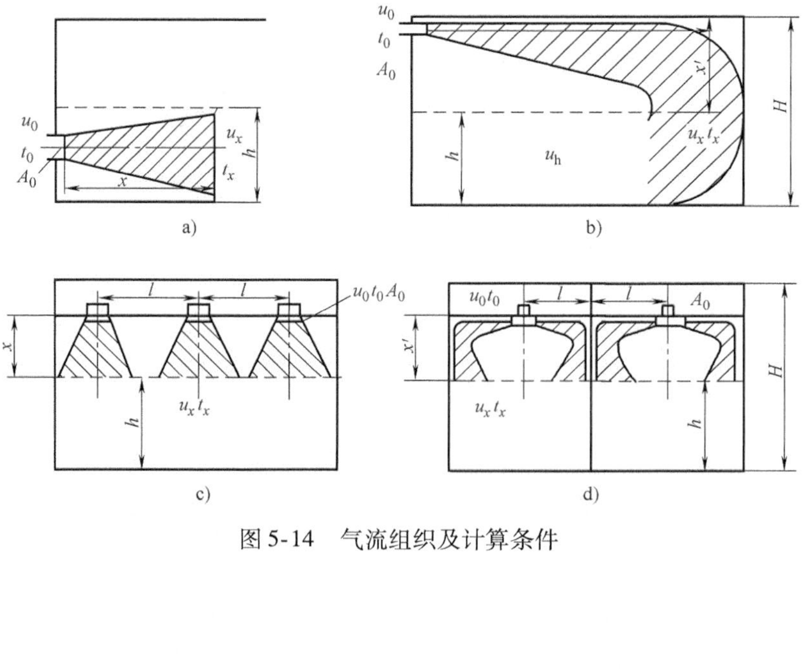

图 5-14　气流组织及计算条件

房间气流组织的计算还需要考虑射流的受限、重合及非等温的影响等因素。这些因素都会使送风射流轴心速度的衰减规律与自由射流不同，现分别说明各因素的影响程度。

1. 射流受限的修正系数 K_1

图 5-15 中各曲线是考虑不同类型射流受限的修正系数。图的横坐标为无因次距离 $\bar{x}$ 或 $0.1\bar{l}$，纵坐标为射流受限的修正系数 K_1。对于非贴附射流，$\bar{x}=\dfrac{x}{\sqrt{A_n}}$，对于贴附射流，$\bar{x}=\dfrac{0.7x}{\sqrt{A_n}}$；对于扁射流，$\bar{x}=\dfrac{x}{H}$（$H$ 为房高）；对于下送散流器，$\bar{x}=\dfrac{x}{\sqrt{A_n}}$；对于径向贴附散流器，$0.1\bar{l}=\dfrac{0.1l}{\sqrt{A_0}}$（$l$ 为横向射流间距，A_0 为送风接管面积）。

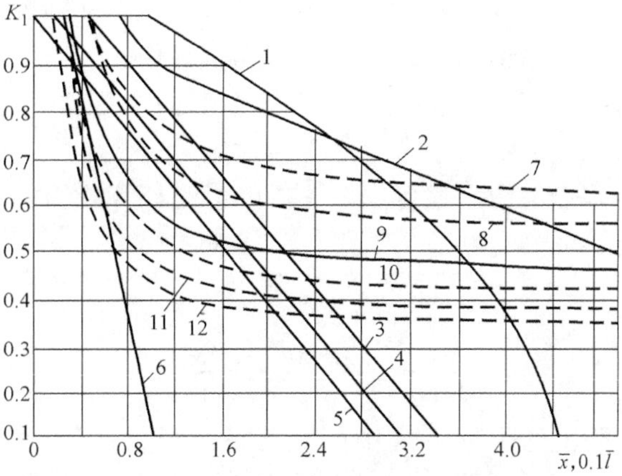

图 5-15 射流受限修正系数 K_1

1—集中射流 2—扁射流

3～5—扇形射流（α 分别为 45°、60°、90°）

6—下送散流器 7～12—径向贴附散流器

l/x' = 0.5、06、0.8、1.0、1.2、1.5

2. 射流重合的修正系数 K_2

考虑射流重合对轴心速度的影响可由式（5-23）计算求出。一般为方便起见，可用图 5-16 查取射流重合的修正系数 K_2 求出。图 5-16 中的横坐标有两个，曲线 1 用于普通的集中射流，曲线 2 用于扇形射流，l/x 值查图 5-16 下方的横坐标。

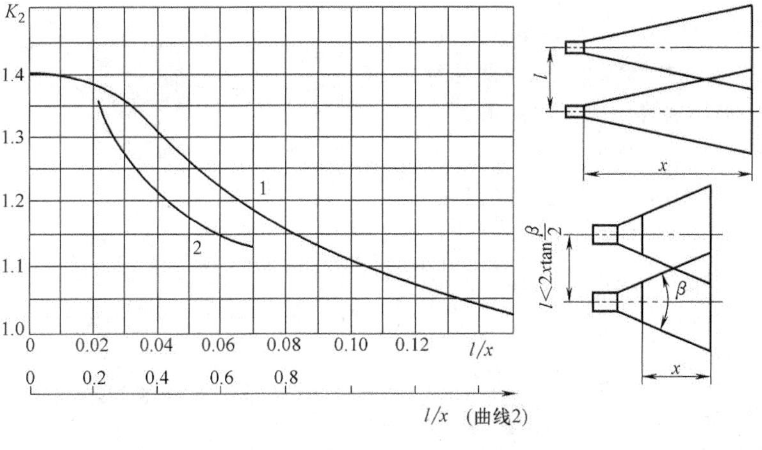

图 5-16 射流重合的修正系数 K_2

1—集中射流、平面流 2—扇形射流

3. 非等温影响的修正系数 K_3

非等温射流受到重力或浮力的作用，其轴心速度的衰减不同于等温射流。前面已提出水平或与水平线成某一夹角的非等温自由射流的轴心轨迹的计算，而在射流由上而下或由下而上，或与垂直线成小于 30°夹角射出时，均需对速度衰减进行修正。垂直射流的修正式为

$$\frac{u_x}{u_0}=\frac{md_0}{x}\left[1\pm1.9\frac{\beta}{m}\cdot \mathrm{Ar}\left(\frac{x}{d_0}\right)^2\right]^{\frac{1}{3}}=\frac{K_3m_1\sqrt{A_0}}{x} \tag{5-26}$$

非等温影响的修正系数 K_3 可以计算得出，也可由图5-17 查得。图5-17 的上部为Ⅰ区，用于冷射流，下部为Ⅱ区，用于热射流。

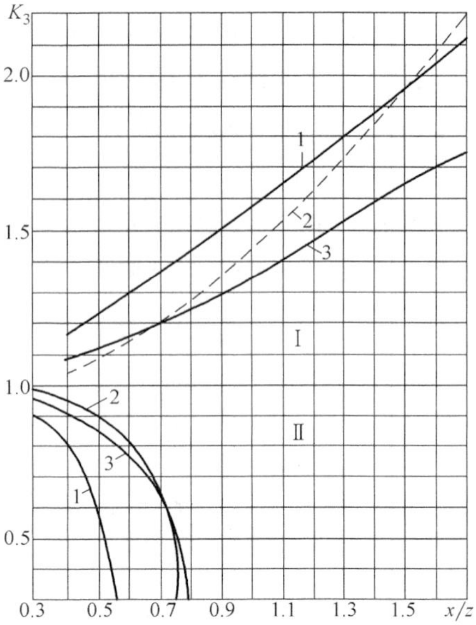

图5-17 非等温影响的修正系数 K_3
1—集中射流 2—扁射流 3—扇形射流

综合考虑上述各项修正后的射流计算式为

$$\frac{u_x}{u_0}=\frac{K_1K_2K_3m_1\sqrt{A_0}}{x} \tag{5-27}$$

及

$$\frac{\Delta t_x}{\Delta t_0}=\frac{K_1K_2K_3n_1\sqrt{A_0}}{x} \tag{5-28}$$

除上送下回方式中的孔板送风外，一般的气流组织可参照图5-14 中给出的基本形式和计算条件进行计算。现举例说明。

【例 5-1】 某空调房间要求恒温（20 ± 0.5)℃，房间尺寸为 5.5m × 3.6m × 3.2m（长 × 宽 × 高），室内显热冷负荷 $Q=5690\text{kJ/h}$，试进行上送下回（单侧）气流组织计算。

【解】 1）选用可调的双层百叶风口，其特性系数 $m_1=3.4$，$n_1=2.4$，风口尺寸定为 0.3m ×0.15m，风口有效面积系数为 0.8，则 $A_0=0.3\times0.15\times0.8\text{m}^2=0.036\text{m}^2$。

2）设定如图5-18 所示的水平贴附射流，假定风口中心距顶棚 0.1m，取工作区高度 2m，离墙 0.5m 为不保证区，则射流长度 $x=[5.5-0.5+(3.2-2-0.1)]\text{m}=6.1\text{m}$。

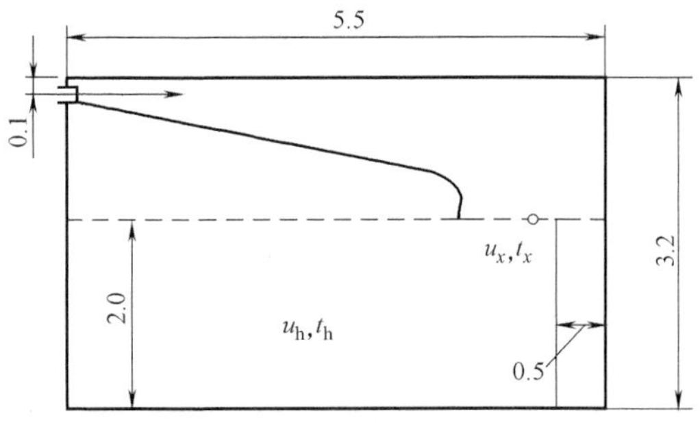

图5-18 例5-1 图

3）试选用两个风口，其间距为 1.8m，相当于将房间分为两个相等的空间。对于每股射流而言，$A_n=3.6\times3.2\text{m}^2/2=5.76\text{ m}^2$。

4）查取各修正系数 K_1、K_2、K_3。按 $\bar{x}=\frac{0.7x}{\sqrt{A_n}}=\frac{0.7\times6.1}{\sqrt{5.76}}=1.78$，查图5-15 曲线1得 $K_1=0.88$。根据 $l/x=1.8/6.1=0.3$，查图5-16 曲线1，得 $K_2=1$，即不考虑射流重合的影响。由于该送风不属于垂直射流，因此考虑 $K_3=1$。

5）按式（5-27）计算射流轴心速度衰减。

$$\frac{u_x}{u_0}=\frac{K_1K_2K_3m_1\sqrt{2A_0}}{x}=\frac{0.88\times1\times1\times3.4\times\sqrt{2\times0.036}}{6.1}=0.132$$

本例的工作区处于射流的回流区，射流到达计算断面 x 处的风速 u_x 可比回流区高，一般可取规定风速的两倍，即 $u_x=2u_h$（u_h 为回流区风速，或按规范规定的风速）。现取 $u_x=0.5\text{m/s}$，则 $u_0=0.5\text{m/s}/0.132=3.79\text{m/s}$。

6）计算送风量与送风温差。

根据 $u_0=3.79\text{m/s}$，则两个风口的总送风量 L 为

$$L=2\times0.036\times3.79\times3600\text{m}^3/\text{h}=982\text{m}^3/\text{h}$$

送风温差 Δt_0 为

$$\Delta t_0=\frac{Q}{\rho c_p L}=\frac{5690}{1.2\times1.01\times982}℃=4.8℃$$

$$\text{此时换气次数 } n=L/V=\frac{982}{5.5\times3.6\times3.2}\text{次/h}=15.5\text{ 次/h}$$

根据第二章推荐的送风温差和换气次数，以上计算结果均满足要求。

7）检查 Δt_x。

根据式（5-28）计算射流轴心温度衰减：

$$\frac{\Delta t_x}{\Delta t_0}=\frac{K_1K_2K_3n_1\sqrt{2A_0}}{x}=\frac{0.88\times1\times1\times2.4\times\sqrt{2\times0.036}}{6.1}=0.093$$

得

$$\Delta t_x=0.093\Delta t_0=0.093\times4.8℃=0.45℃$$

故 $\Delta t_x\leqslant0.5℃$，符合要求。

8）检查贴附冷射流的贴附长度。

按式（5-13）计算 z 值，即

$$z=5.45\times\sqrt{2}m_1u_0\sqrt[4]{\frac{A_0}{(\sqrt{2}n\Delta t_0)^2}}$$

$$=5.45\times\sqrt{2}\times3.4\times3.79\times\sqrt[4]{\frac{0.036}{(\sqrt{2}\times2.4\times4.8)^2}}=10.72$$

$$k=0.35-0.62\frac{h_0}{\sqrt{A_0}}=0.35-0.62\times\frac{0.1}{\sqrt{0.036}}=0.023$$

故

$$x_1=0.5z\text{e}^k=0.5\times10.72\times\text{e}^{0.023}\text{m}=5.5\text{m}$$

表明射流在房间长度方向不会脱离顶棚成为下降流。

如果将末端装置放在窗下或侧墙下部，采用送风由下而上的气流分布方式（见图5-19），需要考虑另一附加因素，即要检验送冷射流时是否能达到所要求的高度。由下而上送出的冷射流所能达到的垂直距离 y_{max} 可按下式计算，即

$$y_{max}=M\sqrt{A_0}^3\sqrt{\frac{m_1}{Ar^2}}\qquad(5\text{-}29)$$

式中　M——系数，贴附射流取 0.64，非贴附射流取 0.45；

Ar——阿基米德数，对集中射流和扇形射流，$Ar=11.1\dfrac{\Delta t_0\sqrt{A_0}}{u_0^2t_n}$，对扇

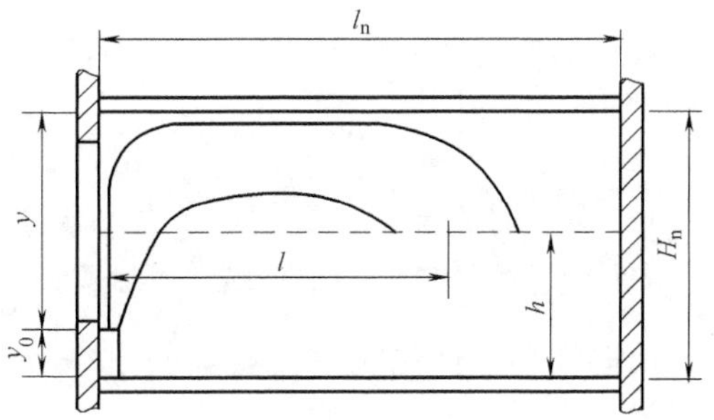

图 5-19　下侧送风气流分布

射流，$Ar=19.62\dfrac{\Delta t_0 b_0}{u_0^2 t_n}$。

下送射流的总长度 x 为垂直距离与水平距离之和，按图 5-19，$x=y+l_0+(H_n-h)$。

确定了下送射流的总长度 x 后，送风口的最大净面积（有效面积）按下列经验公式计算，即

$$A_{0,\max}=1.76\times10^{-5}\left(\frac{L_0}{\sqrt{\dfrac{\Delta t_0}{t_n}\sqrt{\dfrac{x^3}{m_1}}}}\right)^{1.14} \tag{5-30}$$

式中 L_0——每个风口的送风量（m^3/h）；

Δt_0——冷射流的 $\Delta t_0=t_n-t_0$。

当房间高度较低时（$H_n\leqslant2.6m$），为使冷射流不易在中途下降，建议采用速度衰减较慢的风口（$m_1\geqslant4.5$），且在 $\Delta t_0=11℃$ 时，u_0 不小于 2.5m/s；$\Delta t_0=8.5℃$ 时，u_0 不小于 1.25m/s；若采用 $m_1\leqslant2$ 的风口，当 $\Delta t_0=11℃$ 时，u_0 不小于 3.75m/s；$\Delta t_0=8.5℃$ 时，u_0 不小于 2.5m/s；当送风为热射流时，采用 $m_1\geqslant4.5$ 的风口，$\Delta t_0=15\sim20℃$；采用 $m_1\leqslant2.5$ 的风口，$\Delta t_0=35\sim40℃$。

现举例说明下侧送风的气流组织计算方法。

【例 5-2】 某空调房间尺寸为 5.5m×4m×2.44m（长×宽×高）=53.7m^3，室内显热冷负荷 $Q=4545kJ/h$，外墙下部设末端装置，风口为百叶格栅，$m_1=4.5$，$n_1=3.2$，工作区高度为 1.8m，$y=1.9m$，要求房间温度为（26±0.5）℃，试计算图 5-19 所示的气体射流到达工作区的参数。

【解】 1）设送风温差为 4℃，则房间的总送风量为

$$L=\frac{Q}{\rho c_p\Delta t_0}=\frac{4545}{1.2\times1.01\times4}m^3/h=937.5m^3/h$$

选用两个风口（或两台风机盘管），则每个风口的风量为 $L_0=\dfrac{937.5}{2}m^3/h=468.8m^3/h$。

2）确定射流的总长度 x。设 $l_0=0.7l_n$，则

$$x=y+l_0+(H_n-h)=[1.9+0.7\times5.5+(2.44-1.8)]m=6.39m$$

3）计算风口在 $x=6.39m$ 处所需的最大有效面积，即

$$A_{0,\max}=1.76\times10^{-5}\left(\frac{468.8}{\sqrt{\dfrac{4}{273+26}\times\sqrt{\dfrac{6.39^3}{4.5}}}}\right)^{1.14}m^2=0.072m^2$$

4）确定出风口的流速。

$$u_0=\frac{468.8}{0.072\times3600}m/s=1.81m/s$$

5）检查射流至工作区边界（l、h 点）的风速。

先计算射流的修正系数 K_1、K_2，而 K_3 已在求 $A_{0,\max}$ 中考虑了。

根据已知条件先求得：$A_n=\dfrac{4\times2.44}{2}m^2=4.88m^2$

对下侧送风贴附射流：$\bar{x}=\dfrac{0.7x}{\sqrt{A_n}}=\dfrac{0.7\times6.39}{\sqrt{4.88}}=2.02$

查图 5-15 曲线 1 得 $K_1=0.83$。

按两个风口的间距为 2m，则 $l/x=2/6.39=0.313$。

查图 5-16 曲线 1 得 $K_2=1$。

因此 $u_x=u_0\frac{K_1K_2K_3m_1\sqrt{2A_0}}{x}=1.81\times\frac{0.83\times1\times1\times4.5\times\sqrt{2\times0.072}}{6.39}\text{m/s}=0.4\text{m/s}$

6）检查射流到达工作区边界（l、h 点）的温差。

$$\Delta t_x=\Delta t_0\times0.73\frac{u_x}{u_0}=4\times0.73\times\frac{0.4}{1.81}℃=0.65℃$$

对于舒适性空调而言，上述计算和检查结果说明在（l、h 点）的 u_x 与 Δt_x 均偏大，也说明在 $0.7l_n$ 处的下降气流会给人一种凉的轻微吹风感。

现将 l 值取为 $0.85l_n$，送风温差取为 6℃，重复上述步骤可得

1）送风量

$$L=\frac{Q}{\rho c_p\Delta t_0}=\frac{4545}{1.2\times1.01\times6}\text{m}^3/\text{h}=625\text{m}^3/\text{h}$$

$$L_0=625/2\text{m}^3/\text{h}=312.5\text{m}^3/\text{h}$$

2）射流的总长度 x。

$$l=0.85l_n$$

$$x=y+l+(H_n-h)=[1.9+0.85\times5.5+(2.44-1.8)]\text{m}=7.215\text{m}$$

3）出风口在 $x=7.215$m 处所需的最大有效面积为

$$A_{0,\max}=1.76\times10^{-5}\left(\frac{312.5}{\sqrt{\frac{6}{273+26}}\times\sqrt{\frac{7.215^3}{4.5}}}\right)^{1.14}\text{m}^2=0.032\text{m}^2$$

4）出风口的流速。

$$u_0=\frac{312.5}{0.032\times3600}\text{m/s}=2.71\text{m/s}$$

5）检查 u_x。

由 $\bar{x}=\frac{0.7x}{\sqrt{A_n}}=\frac{0.7\times7.215}{\sqrt{4.88}}=2.29$，查图 5-15，得 $K_1=0.77$，K_2 仍为 1。

$$u_x=u_0\frac{K_1K_2K_3m_1\sqrt{2A_0}}{x}=2.71\times\frac{0.77\times1\times1\times4.5\times\sqrt{2\times0.072}}{7.215}\text{m/s}=0.33\text{m/s}$$

6）检查 Δt_x。

$$\Delta t_x=\Delta t_0\times0.73\frac{u_x}{u_0}=4\times0.73\times\frac{0.33}{2.71}℃=0.53℃$$

对比上述计算结果可见，气流组织的计算有时需反复调整某些风口参数和设计条件，如欲进一步改善 u_x 及 Δt_x，则可改变风口的结构特性，取 m_1、n_1 值更小的风口。

【例 5-3】 某空调房间，室温要求（20±1）℃，房间尺寸为 6m×3.6m×3.2m（长×宽×高），夏季显热冷负荷为 6090kJ/h，拟采用径向散流器平送（见图 5-14d），试确定有关参数并计算其气流组织。

【解】 1）按两个散流器布置，每个散流器所对应的 $A_n=6\times3.6/2\text{m}^2=10.8\text{m}^2$，水平

射程分别为 1.5m 及 1.8m，取平均值 $l=1.65\text{m}$，则垂直射程 $x'=(3.2-2)\text{m}=1.2\text{m}$。

2）设送风温差为 6℃，则房间的总送风量为

$$L=\frac{Q}{\rho c_p \Delta t_0}=\frac{6090}{1.2\times1.01\times6}\text{m}^3/\text{h}=837\text{m}^3/\text{h}$$

此时换气次数 $n=L/V=837/(6\times3.6\times3.2)$ 次/h = 12 次/h。

每个散流器的风量为 $L_0=837/2\text{m}^3/\text{h}=418.5\ \text{m}^3/\text{h}$。

3）选定散流器的出风速度 u_0 为 3.0m/s，则

$$A_0=\frac{418.5}{3\times3600}\text{m}^2=0.0388\text{m}^2$$

4）检查 u_x。根据 $0.1l/\sqrt{A_0}=0.1\times1.65/\sqrt{0.0388}=0.838$，查图 5-15，按 $l/x'=1.65/1.2=1.375$，在曲线 11、12 间插值得 $K_1=0.47$；K_2、K_3 均取 1。将各已知值代入，$u_x=u_0\dfrac{K_1K_2K_3m_1\sqrt{2A_0}}{x'+l}$（式中 $m_1=1.0$，见表 5-2 第 10 项）中，得

$$u_x=3\times\frac{0.47\times1\times1\times1\times\sqrt{2\times0.0388}}{1.2+1.65}\text{m/s}=0.137\text{m/s}$$

5）检查 Δt_x。

$$\Delta t_x=\Delta t_0\frac{K_1K_2K_3n_1\sqrt{2A_0}}{x'+l}=6\times\frac{0.47\times1\times1\times0.88\times\sqrt{2\times0.0388}}{1.2+1.65}℃=0.242℃$$

计算结果说明 u_x 及 Δt_x 均满足要求。

6）检查射流贴附长度 x_1。

$$z=5.45\times\sqrt{2}m_1u_0\sqrt[4]{\frac{A_0}{(\sqrt{2}n_1\Delta t_0)^2}}$$

$$=5.45\times1.41\times1\times3\times\sqrt[4]{\frac{0.0388}{(1.41\times0.88\times6)^2}}=3.74$$

$$x_1=0.4ze^k$$

$$=0.4z\exp\left(0.35-0.7\frac{h_0}{b_0}\right)=0.4\times3.74\times\exp(0.35-0.7\times0.3)\text{m}=1.72\text{m}$$

因此，贴附的射流长度基本上满足要求。

由以上几个气流组织的计算实例可见，正确地选择计算式并考虑必要的修正，经过反复调整风口形式、几何尺寸和有关设计系数，必要时改变气流分布方式使预定的工作区参数满足要求，是气流组织计算的一般方法。

二、孔板送风的计算方法

孔板送风在工业空调中（如恒温室、洁净室及某些实验环境等）应用较多，其特点是在直接控制的区域内，能够形成比较均匀的速度场和温度场。

孔板的基本特征可用开孔率（或有效面积系数）k 来表示，即

$$k=\frac{A_0}{A_1} \tag{5-31}$$

式中 A_0——孔口总面积；

A_1——孔板面积。

对于正方形排列的孔板，开孔率为

$$k = 0.785\left(\frac{d_0}{l}\right)^2 \qquad (5\text{-}32)$$

式中　d_0——孔口直径；

l——孔间距。

孔板送风的等温射流的研究表明，由各小孔出流的射流在汇合为总流前存在一个汇合段（见图5-20），该段长度 x_0（单位：m）可由下式决定，即

$$x_0 = 5l \qquad (5\text{-}33)$$

汇合段以后则与自由射流相似，存在一中心速度保持不变的起始段。如孔板为矩形或方形，则起始段长度（单位：m）为

$$x_1 = 4b \qquad (5\text{-}34)$$

式中　b——矩形孔板的宽度或方形孔板的边长，如孔板为圆形，则 $b = 0.89D$（D 为圆形孔板直径）。

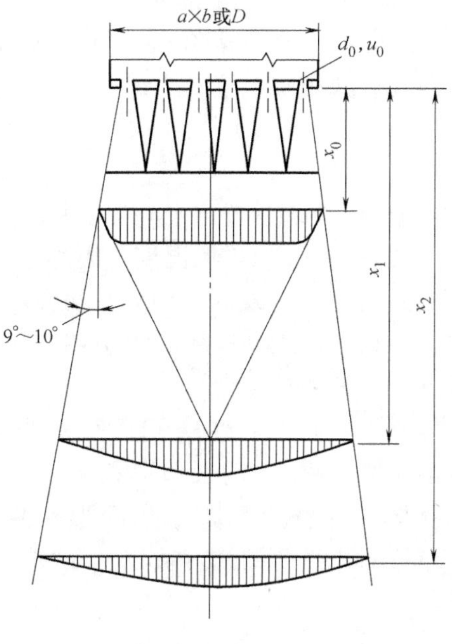

图5-20　局部孔板射流

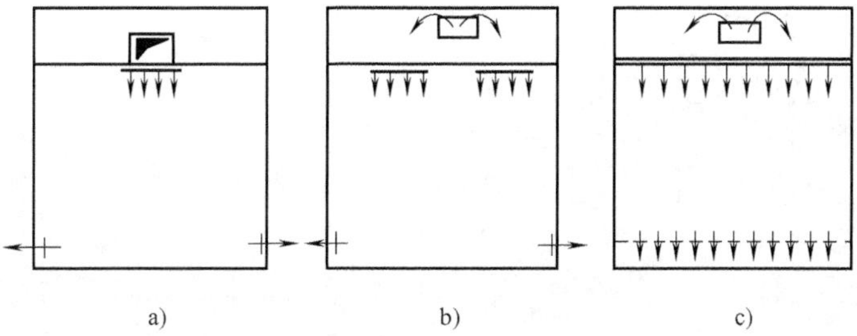

图5-21　孔板送风的方式

a）管道式局部孔板　b）静压室局部孔板　c）静压室全面孔板

由图5-20可知，当 $x_2 > x_1$ 时射流处于主体段，随着射流断面的不断扩大，中心速度逐渐衰减。实验研究指出，射流的扩散角约为9°~10°（一侧）。

孔板送风有两种方式，一是局部孔板送风（即 $A_1/A < 50\%$，A 为顶棚面积），二是全面孔板送风（$A_1/A > 50\%$）。在供风的方式上也有直接管道供风和静压室供风之分（见图5-21）。

局部孔板的射流计算与前述方法类似。若计算断面处于射流的起始段，则其中心速度的衰减可按下式计算，即

$$\frac{u_{x1}}{u_0} = K_1 K_2 K_3 \sqrt{\frac{k}{\mu}} \qquad (5\text{-}35)$$

式中　u_{x1}——起始段内的中心速度（m/s）；

u_0——孔口出流速度（m/s）；

k——孔板的开孔率；

μ——孔口流量系数，由管道式孔板直接送出时（见图5-21a），$\mu=0.5$，静压室送出时，若孔板板厚$\delta<0.5d_0$，$\mu=0.75$，若$\delta>d_0$，$\mu=1.0$。

温度衰减相应地按下式计算，即

$$\frac{\Delta t_{x1}}{\Delta t_0}=\frac{K_2}{K_1K_3}\sqrt{\frac{k}{\mu}} \tag{5-36}$$

式中 Δt_{x1}——起始段内中心温度与周围空气温度之差；

Δt_0——孔口送风温度与周围空气温度之差。

由式（5-35）及式（5-36）可见，不论是中心温度还是中心风速的衰减都是在汇合段内发生，只取决于开孔率的大小和孔口特性，与射程无关。然而K_1、K_2和K_3的修正则是对局部孔板的总流来考虑的。

射流受限修正系数K_1可由图5-22查出。图中A_1为孔板面积，A为相应于一块孔板所占据的顶棚面积，b为长条形孔板宽度，B_1为长条形孔板所占据的顶棚宽度。对于圆形和方形孔板，K_1查图5-22a，长条形孔板查图5-22b。

考虑射流重合的修正系数K_2的求法与前述射流计算相同，仍用图5-16的曲线1查取。

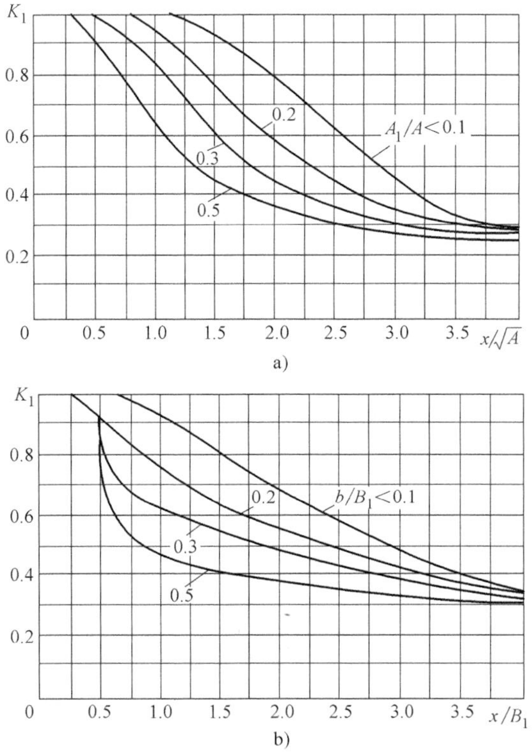

图5-22 局部孔板射流受限的修正系数K_1

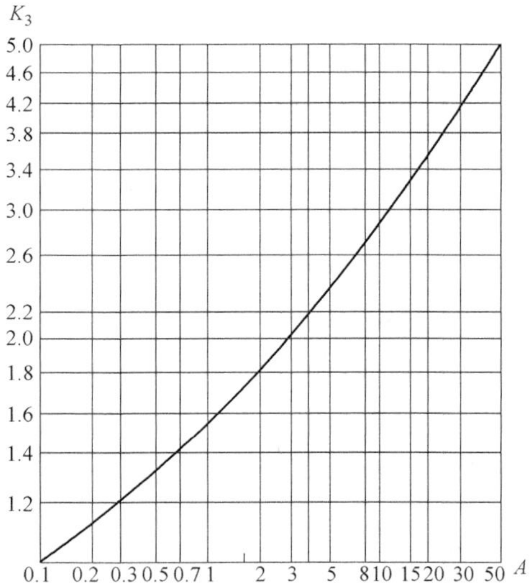

图5-23 修正系数K_3值

对于非等温射流的修正系数K_3的计算则要按图5-23求得。图中横坐标A的计算方法如下：

对于圆形和方形孔板

$$A = 0.009\frac{\Delta t_0}{u_0^2 K_1^3}\frac{x^2}{\sqrt{A_1 k}} \tag{5-37}$$

对于长条形孔板

$$A = 0.01\frac{\Delta t_0}{u_0^2 K_1^3}\sqrt{\frac{x^3}{bk}} \tag{5-38}$$

式中 A_1——孔板面积；

b——孔板宽度；

x——由孔口至计算断面的距离，一般取 $x = H_n - h$（H_n 为房间高度，h 为工作区高度）。

当射流长度 x（$x = H_n - h$）$>4b$ 时，则计算断面处于主体段，此时速度与温度的衰减规律为

对于圆形和方形孔板

$$\frac{u_{x2}}{u_{x1}} = 1.13m\frac{\sqrt{A_1}}{x} \tag{5-39}$$

$$\frac{\Delta t_{x2}}{\Delta t_{x1}} = 1.13n\frac{\sqrt{A_1}}{x} \tag{5-40}$$

对于长条形孔板

$$\frac{u_{x2}}{u_{x1}} = m\sqrt{\frac{b}{x}} \tag{5-41}$$

$$\frac{\Delta t_{x2}}{\Delta t_{x1}} = n\sqrt{\frac{b}{x}} \tag{5-42}$$

式中 m——射流中心速度衰减系数，对于方形、圆形孔板，$m = 4.0$，对于长条形孔板，$m = 2.0$，对于管道式孔板，$m = 1.83$；

n——射流中心温度衰减系数，近似取为 $n = 0.82$。

上述计算适用于局部孔板。

全面孔板的气流分布计算主要是考虑在汇合段所发生的汇流过程，其计算式为

$$\frac{u_x}{u_0} = 1.2K_3\sqrt{\frac{ik}{\mu}} \tag{5-43}$$

$$\frac{\Delta t_x}{\Delta t_0} = \frac{1}{K_3}\sqrt{\frac{k}{i\mu}} \tag{5-44}$$

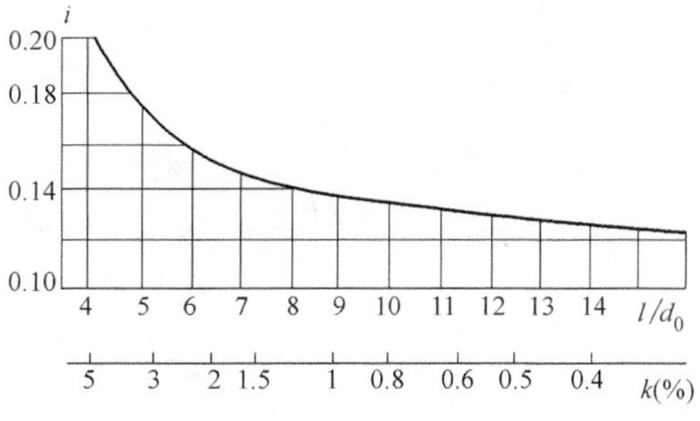

图 5-24 i 值与开孔率的关系

式中 i——考虑孔口出流汇合过程中动量降低的系数，可按图 5-24 取值，孔口间距越大或开孔率越低，i 值越小；

K_3——考虑非等温影响的修正系数，按图 5-23 查取，此时 A 值的计算式为

$$A = 0.1\frac{\Delta t_0}{u_0^2}\frac{d_0}{k\sqrt{i^3}} \tag{5-45}$$

实验证明，非等温空气由全面孔板出流后，重力对提高流速（浮力降低流速）的影响只发生在汇合段，其后则可忽略。

采用孔板送风应注意以下几点：

1）要达到较好的空气分布效果，一般开孔率 $k=0.2\%\sim5\%$，即一般取 $l>4d_0$。

2）为避免孔口出流时产生较大的噪声，并保证工作区流速处于合适的范围，一般 $u_0\leqslant 4\text{m/s}$。

3）为使孔板出风均匀，采用等量送风的管道和静压室是必要的，一般限制孔口出流前的空气流速 u（u 为垂直于孔口出流方向的空气流速）和孔口流速 u_0 的比值，即 $u/u_0\leqslant 0.25$，以免出流不均和出流偏斜。

【例 5-4】 某空调房间尺寸为 6m×6m×4m（长×宽×高），房间温度要求为（20±0.5）℃，工作区空气流速不超过 0.25m/s，夏季室内显热冷负荷为 7200kJ/h。试选择孔板布置并进行送风气流的计算。

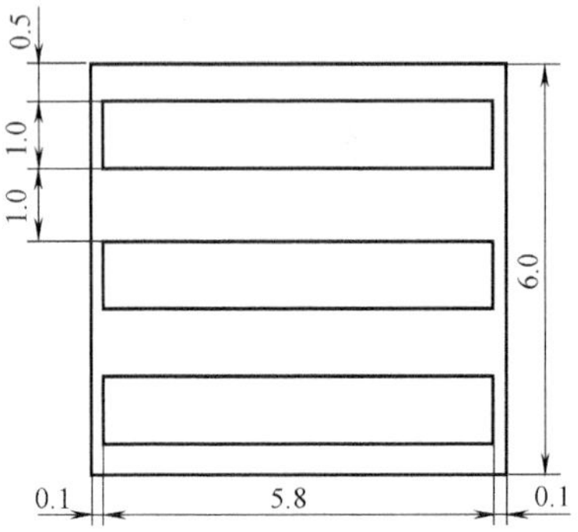

图 5-25 例 5-4 孔板布置图

【解】 1）确定用局部孔板下送，设每块孔板尺寸为 5.8m×1.0m，共三块，则总孔板面积与顶棚面积之比为 $5.8\times3/(6\times6)=48\%$，满足局部孔板送风的条件。孔板在顶棚的布置如图 5-25 所示。

2）选定送风温差为 $\Delta t_0=4℃$，则房间的送风量应为

$$L=\frac{Q}{\rho c_p\Delta t_0}=\frac{7200}{1.2\times1.01\times4}\text{m}^3/\text{h}=1485\text{m}^3/\text{h}$$

每个孔板的送风量为：$L_0=\dfrac{1485}{3}\text{m}^3/\text{h}=495\text{m}^3/\text{h}$。

3）在工作区高度 $h=2\text{m}$ 时，判断计算断面所在的射流段。根据 $x_1=4b$ 检查知，$x_1=4\times1\text{m}=4\text{m}$，显然射流处于起始段，因而所用计算式应为式（5-35）、式（5-36）。

4）求 K_1、K_2、K_3。

计算 K_1：按 $\dfrac{b}{B_1}=\dfrac{1}{2}=0.5$，$\dfrac{x}{B_1}=\dfrac{2}{2}=1.0$，由图 5-22b 查得 $K_1=0.48$；

计算 K_2：射流间距 $l=2\text{m}$，射程 $x=2\text{m}$，因此 $l/x=1.0$，查图 5-16 得 $K_2=1.0$；

计算 K_3：首先计算 A 值。设 $k=0.0076$（或 0.76%），则每块孔板的孔口总面积为

$$A_0=0.0076\times5.8\times1\text{m}^2=0.044\text{m}^2$$

因此

$$u_0=\frac{495}{0.044\times3600}\text{m/s}=3.1\text{m/s}$$

所以

$$A=0.01\frac{\Delta t_0}{u_0^2K_1^3}\sqrt{\frac{x^3}{bk}}=0.01\times\frac{4}{3.1^2\times0.48^3}\times\sqrt{\frac{2^3}{1\times0.0076}}=1.22$$

查图 5-23 得 $K_3=1.65$。

5）求到达工作区的中心气流速度。

取有静压室孔板，孔板板厚 $\delta<0.5d_0$，$\mu=0.75$，则

$$\frac{u_{x1}}{u_0}=K_1K_2K_3\sqrt{\frac{k}{\mu}}=0.48\times1\times1.65\times\sqrt{\frac{0.0076}{0.75}}=0.08$$

故
$$u_{x1}=0.08u_0=0.08\times3.1\text{m/s}=0.25\text{m/s}$$

6）求到达工作区时空气的中心温差衰减。

$$\frac{\Delta t_{x1}}{\Delta t_0}=\frac{K_2}{K_1K_3}\sqrt{\frac{k}{\mu}}=\frac{1}{0.48\times1.65}\times\sqrt{\frac{0.0076}{0.75}}=0.127$$

故
$$\Delta t_{x1}=0.127\Delta t_0=0.127\times4℃=0.51℃$$

计算结果说明该孔板能满足设计要求。

7）最后确定孔板的孔口布置及确定静压室高度。

根据 $k=0.0076$，取正方形排列，并设定 $d_0=0.005\text{m}$，则可求得孔间距 l。

由
$$k=0.785\left(\frac{d_0}{l}\right)^2$$

得
$$l=d_0\sqrt{\frac{0.785}{k}}=0.005\times\sqrt{\frac{0.785}{0.0076}}\text{m}\approx0.05\text{m}$$

按 $\frac{u}{u_0}\leqslant0.25$ 的要求，$u_0=3.1\text{m/s}$，故静压室内气流横向流速 $u\leqslant0.25\times3.1\text{m/s}=0.775\text{m/s}$。已知每块孔板的送风量 $L_0=495\text{m}^3/\text{h}$，因此单侧送风的静压室最小高度应为

$$h_1=\frac{495}{0.775\times1\times3600}\text{m}=0.177\text{m}$$

在静压室高度受限的条件下，可采取双侧送风，从而减小 u 值，取得更为理想的效果。

当孔板送风的计算断面处于主体段时，在如上例求出 u_{x1} 及 Δt_{x1} 后，进一步计算 u_{x2} 及 Δt_{x2}，其他计算过程与上例相同，不再赘述。

全孔板送风的计算比较简单，方法相同。

第五节 气流分布性能的评价

在保证空间使用功能的条件下，不同的气流分布方式将涉及整个空调系统的能耗和初投资。就气流分布本身而言，其均匀性和有效性的评价方法也有多种，现简要介绍。

一、不均匀系数

该法是在工作区内选择 n 个测点，分别测得各点的温度 t_i 和风速 u_i，求其算术平均值为

$$\left.\begin{aligned}\bar{t}&=\frac{\sum t_i}{n}\\ \bar{u}&=\frac{\sum u_i}{n}\end{aligned}\right\}\tag{5-46}$$

工作区温度和空气流速的均方根偏差为

$$\left.\begin{aligned}\sigma_{\text{t}}&=\sqrt{\frac{\sum(t_i-\bar{t})^2}{n}}\\ \sigma_{\text{u}}&=\sqrt{\frac{\sum(u_i-\bar{u})^2}{n}}\end{aligned}\right\}\tag{5-47}$$

不均匀系数为

$$\left.\begin{aligned} k_{\mathrm{t}} &= \frac{\sigma_{\mathrm{t}}}{t} \\ k_{\mathrm{u}} &= \frac{\sigma_{\mathrm{u}}}{u} \end{aligned}\right\} \tag{5-48}$$

显然，k_{t}、k_{u} 越小，房间气流组织的均匀性越好。

二、空气分布特性指标

空气分布特性指标（ADPI）定义为满足规定风速和温度要求的测点数与总测点数之比。对舒适性空调，相对湿度在较大范围内（30%～70%）对人体的舒适性影响较小，可主要考虑空气温度和风速对人体的综合作用。根据实验结果，有效温度差与室内风速之间存在下列关系：

$$\Delta ET = (t_i - t_{\mathrm{n}}) - 7.66(u_i - 0.15) \tag{5-49}$$

式中　ΔET——有效温度差（℃）；

t_i、t_{n}——工作区某点的空气温度（假定壁面温度等于空气温度）和给定的室内温度（℃）；

u_i——工作区某点的空气流速（m/s）。

并且认为当 $\Delta ET = -1.7 \sim +1.1$，多数人感到舒适，因此空气分布特性指标应为

$$\mathrm{ADPI} = \frac{-1.7 < \Delta ET < 1.1 \text{ 的测点数}}{\text{总测点数}} \times 100\% \tag{5-50}$$

在一般情况下，应使 ADPI≥80%。

三、换气效率

标志空气分布的优劣还可以用送风空气在空间内停留时间的长短，即空气龄来表达。空气龄或停留时间可用示踪气体技术实验性地加以估计。

空间内某点 p 处的局部平均空气龄$\bar{\tau}_p$，可由测量排风口处示踪气体浓度 $c_{\mathrm{e}}(\tau)$ 随时间的变化的规律计算得出。当采用示踪气体浓度衰减法时，平均空气龄$\bar{\tau}_p$ 可按下式计算，即

$$\bar{\tau}_p = \frac{\int_0^{\infty} c_p(\tau)\,\mathrm{d}\tau}{c_0} \tag{5-51}$$

式中　c_0——示踪气体初始浓度。

同样，整个房间的平均空气龄 $\langle\bar{\tau}\rangle$，可由测量排风口处示踪气体浓度 $c_{\mathrm{e}}(\tau)$ 随时间的变化规律计算得出。当采用浓度衰减法时，按下式计算，即

$$\langle\bar{\tau}\rangle = \frac{\int_0^{\infty} \tau c_{\mathrm{e}}(\tau)\,\mathrm{d}\tau}{\int_0^{\infty} c_{\mathrm{e}}(\tau)\,\mathrm{d}\tau} \tag{5-52}$$

式中　$c_{\mathrm{e}}(\tau)$——τ 时刻排风口处的示踪气体浓度。

在某种空气分布方式下，房间局部点的平均空气龄或房间平均空气龄不能单独提供对该种空气分布方式的评价，因此需要确定一个可以比较理想的空气分布方式，并以这种分布方式条件下求得的空气龄为比较基础。

理想的活塞流送风方式具有最小的空气龄，因为它不存在送风气流与室内空气的掺混。对于理想的活塞流方式，排风口处的空气龄就等于送风的名义时间常数 τ_n。已知送风口处的空气龄为 0，则房间的平均空气龄为

$$\langle \bar{\tau}_R \rangle = \frac{1}{2}\tau_n \tag{5-53}$$

据此，换气效率 ε 可表达为理想送风方式的空气龄与实际送风方式的空气龄之比，即

$$\varepsilon = \frac{\tau_n}{\alpha(\bar{\tau})} \times 100\% \tag{5-54}$$

式中 α——修正系数，一般取 0.5。

显然，换气效率 $\varepsilon = 100\%$ 只有在理想的活塞流时才有可能，全面孔板送风接近这种条件。各种送风方式的换气效率如图 5-26 所示。

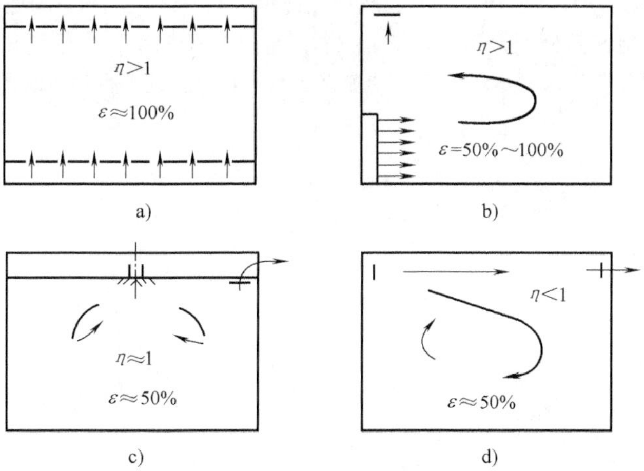

图 5-26 不同送风方式的 ε 和 η 值

四、能量利用系数

考虑气流分布方式的能量利用有效性，可用能量利用系数 η 来表达，即

$$\eta = \frac{t_p - t_0}{t_n - t_0} \tag{5-55}$$

式中 t_p、t_n、t_0——排风温度、工作区空气平均温度和送风温度。

按式（5-55），当 $t_p > t_n$ 时，$\eta > 1$；当 $t_p < t_n$ 时，$\eta < 1$。不同气流分布方式的 η 值的大致范围如图 5-26 所示。下送风上排风方式的 η 值大于 1，这种方式受到重视并在一些国家得到应用，原因是它具有较高的 ε 和 η 值。

思考与练习题

1. 什么是自由射流？什么是贴附射流？
2. 什么是冷射流？什么是热射流？
3. 常用的送、回风口的形式一般有哪些？
4. 送风口的空气流动规律有什么特点？

5. 回风口的空气流动规律有什么特点？

6. 侧送侧回的送风方式有何特点？

7. 上送下回的送风方式有何特点？

8. 回风口的布置应注意哪些事项？

9. 气流组织计算的目的是什么？

10. 工程设计中常用的气流组织形式有哪几种？说明其优缺点及适用场合。

11. 喷口送风方式的特点是什么？

12. 某空调房间，室内长 × 宽 × 高为 6m × 4m × 3.2m，室温要求（24 ± 1）℃，工作区风速不得大于 0.25m/s，净化要求一般，夏季显热冷负荷为 5400kJ/h，试进行侧送风的气流组织计算。

13. 某空调工程室温要求 26℃，室内长 × 宽 × 高为 6m × 6m × 3.6m，显冷负荷均匀分布，每 m^2 为 50W，采用盘式散流器平送，试确定各有关参数。

14. 中、小型空调房间送风口装在侧墙天花板下面，回风口在同侧下部属于什么射流？回风口的空气流动规律和送风口的空气流动规律有何不同？回风口位置对房间气流组织的影响如何？

15. 已知房间的长 × 宽 × 高分别为 21m × 15m × 6m，室温要求 26℃，房间的显热冷负荷为 25000kJ/h，采用安装在 4.5m 高的圆形喷口水平送风，喷口湍流系数 $\alpha = 0.07$。试进行集中送风设计计算（风口设置在宽边上，且射程为 18m）。

第六章

空气的净化及其质量控制

空气净化是指去除空气中的悬浮污染物质、控制房间或空间内的空气达到洁净要求的技术（又称为空气洁净技术）。要求房间内的空气达到一定洁净程度的空调工程称为净化空调工程，它是以空气净化处理为主的空调工程。

空气中的悬浮污染物包括粉尘、烟雾、微生物及花粉等。空气中的尘埃不仅对人的健康不利，而且会影响生产工艺过程的正常进行和影响室内壁面、家具、设备的清洁，此外还会恶化某些空气处理设备的效果（如加热器、冷却器的传热效果）。空气调节系统中被处理的空气主要是新风（室外空气）和回风（室内空气），而新风中有大气尘粒，回风中因室内人员活动和工艺过程的污染也带有尘埃。因此，某些空调房间或生产工艺过程，除对空气的温湿度有一定要求外，还对空气的洁净程度有要求。此外，有时还需对空气进行杀菌、除臭和增添负离子等，以进一步改善空气的品质。

现代生物医学的发展，提出了空气中细菌数量的控制要求，以保证医药、制剂、医疗及食品等不受感染和污染，对保证人体健康具有重要意义。某些制药车间、医学科学实验室和医院手术室等要求室内无菌无尘，这些洁净房间称为生物洁净室。科学与工业生产技术的发展，对空气的洁净度提出了严格要求，为保证产品的高质量、高精度、高纯度和高成品率，需要高洁净程度的生产环境，例如，电子、精密仪器等工业对空气环境洁净程度的要求，已远远高于人体卫生角度提出的要求。这种具有高洁净程度的房间称为工业洁净室或超净车间。

空气正常成分以外的一些气体和蒸气，种类繁多且多为微量，有时也会对人体造成正常工作与生活的危害。此类问题属内部空气的质量控制，和空气的洁净度控制有着密切联系，将在本章内统一论述。

第一节　室内空气中悬浮微粒的净化要求

一、空气的含尘浓度表示方法

空气的含尘浓度是指单位体积空气中所含的灰尘量。根据室内空气净化的要求不同，采用下面三种方法表示：

（1）质量浓度　单位体积空气中含有的灰尘质量（kg/m^3）。

（2）计数浓度　单位体积空气中含有的灰尘颗粒数（粒/ m^3或粒/L）。

（3）粒径颗粒浓度　单位体积空气中含有的某一粒径范围的灰尘颗粒数（粒/m^3或

粒/L)。

一般的室内空气允许含尘标准采用质量浓度，而洁净室的洁净标准（洁净度）采用计数浓度（每升空气中大于或等于某一粒径的尘粒总数）。

二、室内空气的净化要求

室内空气的净化要求是以含尘浓度来划分的。根据生产要求和人们工作生活的要求，通常将空气净化分为三类：

（1）一般净化　只要求一般净化处理，保持空气清洁即可，对室内含尘浓度无确定的控制指标要求。大多数以温湿度要求为主的民用与工业建筑空调工程均属此类。

（2）中等净化　对室内空气含尘浓度有一定的要求，通常提出质量浓度指标，例如提出在大型公共建筑物内，空气中悬浮微粒的质量浓度不大于 $0.15mg/m^3$（推荐值）。

（3）超净净化　对室内空气含尘浓度提出严格要求。

由于尘粒对生产工艺的有害程度与尘粒的大小和数量有关，所以均以粒径颗粒浓度作为控制指标。按国际标准 ISO14644-1，空气中悬浮粒子洁净度等级以序数 N 命名，它表示各种被考虑粒径 D 在空气中的最大允许浓度，最大允许浓度 c_n 可用式（6-1）确定。

$$c_n = 10^N \times \left(\frac{0.1}{D}\right)^{2.08} \tag{6-1}$$

式中　c_n——考虑粒径的空气悬浮粒子最大允许浓度（pc/m^3），c_n 是以四舍五入至相近的整数，通常有效位数不超过三位数；

N——分级序数，数字不超过 9，分级序数整数之间的中间数可以规定，N 的最小允许增量为 0.1；

D——被考虑的微粒直径（μm）；

0.1——常数（μm）。

我国于 1984 年公布的《洁净厂房设计规范》（GBJ 73—1984）中规定的洁净度等级分为 4 个级别，即 100 级、1000 级、10000 级和 100000 级，标准中规定了各个级别的洁净室内空气中悬浮粒子粒径分别为 0.5μm、5μm 的最大允许粒子数，且以动态条件生产环境占用条件下测试的尘粒数为依据。洁净室的设计要在“静态”时能达到规定的洁净度级别的限值，以满足“动态”时要求的条件。

洁净室的空气洁净度占用状态有三种：空态、静态和动态，它们的定义分别如下：

（1）空态　设施已经建成，所有动力接通并运行，但无生产设备、材料及人员。

（2）静态　设施已经建成，生产设备已经安装，并按业主及供应商同意的状态运行，但无人员。

（3）动态　设施以规定的状态运行，有规定的人员在场，并在商定的状态下进行工作。

随着科学技术的发展、高新技术的更新换代，GBJ 73—1984 已不能满足洁净室设计、建造的需要，2013 年 9 月 1 日实施了新的国家标准《洁净厂房设计规范》（GB 50073—2013）。GB 50073—2013 中规定的洁净室（区）内空气洁净度等级采用国际标准 ISO14644-1 中的有关规定。洁净室及洁净区空气洁净度整数等级见表 6-1。

修订后的 GB 50073—2013 同时对洁净空气的气流流型做了明确的规定。对于空气洁净度等级要求严于 4 级时，应采用单向流；空气洁净度等级要求为 4～5 级时，应采用单向流；6～9 级时，应采用非单向流。为保证空气洁净度等级，送风量参照 ISO/DIS14644-4 中的要

表 6-1 洁净室及洁净区空气洁净度整数等级

空气洁净度等级 N	大于或等于表中粒径的最大浓度限值/(pc/m³)					
	0.1μm	0.2μm	0.3μm	0.5μm	1μm	5μm
1	10	2				
2	100	24	10	4		
3	1000	237	102	35	8	
4	10000	2370	1020	352	83	
5	100000	23700	10200	3520	832	29
6	1000000	237000	102000	35200	8320	293
7				352000	83200	2930
8				3520000	832000	29300
9				35200000	8320000	293000

注：1. 每个采样点应至少采样 3 次。

2. 本标准不适用于表征悬浮粒子的物理性、化学性、放射性及生命性。

3. 根据工艺要求确定 1 ~2 种微粒。

4. 各种要求粒径 D 的粒子最大允许浓度 c_n 由式（6-1）确定，要求的粒径在 0.1 ~0.5μm，包括 0.1μm 及 0.5μm。

求做了规定，考虑到我国目前洁净室设计、建造的实际情况，将非单向流洁净室的换气次数做了适当放大。如空气洁净度等级为 7 级的换气次数，在 ISO/DIS14644-4 中为 10 ~24 次，而在 GB 50073—2013 中规定为 15 ~25 次。

《洁净厂房设计规范》（GB 50073—2013）适用于“新建、扩建和改建的洁净厂房设计”。由于各类工业企业的洁净厂房内生产的产品及其生产工艺各不相同，它们对生产环境控制会有一些特殊的要求，因此，各行业依据 GB 50073—2013 按照各自的特点制定本行业的标准或规定。例如医药行业按照《药品生产质量管理规范》（简称 GMP）和 GB 50073—2013，执行《医药工业洁净厂房设计规范》标准。

《药品生产质量管理规范》（GMP）是药品生产和质量管理的基本准则。自 1988 年药品 GMP 第一次颁布以来，经历了 1992 年和 1998 年两次修订。2011 年 3 月 1 日，历经 5 年修订、两次公开征求意见的《药品生产质量管理规范（2010 年修订）》（简称新版药品 GMP）正式施行。新版药品 GMP 吸收了国际先进经验、结合我国国情，达到了与世界卫生组织药品 GMP 的一致性。

《药品生产质量管理规范（2010 年修订）》对医药工业洁净厂房的洁净度级别及监测做了规定，医药工业洁净区的设计必须符合相应的洁净度要求，包括达到“静态”和“动态”的标准。无菌药品生产所需的洁净区可分为以下 4 个级别：

A 级：高风险操作区，如灌装区、放置胶塞桶和与无菌制剂直接接触的敞口包装容器的区域及无菌装配或连接操作的区域，应当用单向流操作台（罩）维持该区的环境状态。单向流系统在其工作区域必须均匀送风，风速为 0.36 ~0.54m/s（指导值）。应当有数据证明单向流的状态并经过验证。

在密闭的隔离操作器或手套箱内，可使用较低的风速。

B 级：指无菌配制和灌装等高风险操作 A 级洁净区所处的背景区域。

C 级和 D 级：指无菌药品生产过程中重要程度较低操作步骤的洁净区。

以上各级别空气悬浮粒子的标准规定见表6-2。

表6-2　各级别空气悬浮粒子的标准规定

洁净度级别	悬浮粒子最大允许数/m^3			
	静态		动态③	
	≥0.5μm	≥5.0μm②	≥0.5μm	≥5.0μm
A级①	3520	20	3520	20
B级	3520	29	352000	2900
C级	352000	2900	3520000	29000
D级	3520000	29000	不做规定	不做规定

① 为确认A级洁净区的级别，每个采样点的采样量不得小于$1m^3$。A级洁净区空气悬浮粒子的级别为ISO 4.8，以≥5.0μm的悬浮粒子为限度标准。B级洁净区（静态）的空气悬浮粒子的级别为ISO 5，同时包括表中两种粒径的悬浮粒子。对于C级洁净区（静态和动态）而言，空气悬浮粒子的级别分别为ISO 7和ISO 8。对于D级洁净区（静态），空气悬浮粒子的级别为ISO 8。测试方法可参照ISO14644-1。

② 在确认级别时，应当使用采样管较短的便携式尘埃粒子计数器，避免≥5.0μm悬浮粒子在远程采样系统的长采样管中沉降。在单向流系统中，应当采用等动力学的取样头。

③ 动态测试可在常规操作、培养基模拟灌装过程中进行，证明达到动态的洁净度级别，但培养基模拟灌装实验要求在"最差状况"下进行动态测试。

住房和城乡建设部颁布的《医院洁净手术部建筑技术规范》（GB 50333—2013）于2014年6月1日实施，该规范规定洁净手术部的洁净度分为四个等级，其空态或静态条件下的细菌浓度和空气洁净度级别按表6-3划分。

表6-3　洁净手术室用房的分级标准

洁净用房等级	沉降法（浮游法）细菌最大平均浓度		空气洁净度级别		参考手术
	手术区	周边区	手术区	周边区	
Ⅰ	0.2cfu/30min·φ90皿（5cfu/m^3）	0.4cfu/30min·φ90皿（10cfu/m^3）	5	6	假体植入、某些大型器官移植、手术部位感染可直接危及生命及生活质量等手术
Ⅱ	0.75cfu/30min·φ90皿（25cfu/m^3）	1.5cfu/30min·φ90皿（50cfu/m^3）	6	7	涉及深部组织及生命主要器官的大型手术
Ⅲ	2cfu/30min·φ90皿（75cfu/m^3）	4cfu/30min·φ90皿（150cfu/m^3）	7	8	其他外科手术
Ⅳ	6cfu/30min·φ90皿		8.5		感染和重度污染手术

注：1. 浮游法的细菌最大平均浓度采用括号内数值。细菌浓度是直接所测的结果，不是沉降法和浮游法互相换算的结果。

2. 眼科专用手术室周边区洁净度级别比手术区的可低2级。

第二节　空气悬浮微粒及其捕集机理

一、空气悬浮微粒的特性

悬浮微粒分散于大气则形成大气气溶胶，人们实际上处于或生活于气溶胶之中。空气中介质中的粒子群如果具有相同的粒径，称为单分散气溶胶；如果粒径不同，则属于多分散气溶胶。

1. 悬浮微粒的浓度

空气中的悬浮微粒在不同的地区差异很大，即使在同一地区，在不同的时间（例如一天内）也可能有数量级的差异。另外其浓度还与风速，空气温、湿度，绿化等因素有关。因此，确定空气中悬浮微粒的浓度要比确定空气温、湿度复杂很多，一般只能按典型地区确定大致的大气尘粒计数浓度和质量浓度。

2. 悬浮微粒的粒径分布特性

空气中，特别是大气中污染物的形成、分布与变化受多方面因素的影响，情况极为复杂，但它们最终的稳态仍具有一定的规律性。以实测的大气尘粒为例，其粒子分布可见表6-4。在所分组的粒径范围内，大气尘粒中的大颗粒粒子，在粒子总量中按质量计占比例很大，但按个数计则所占比例很小。

空气净化所涉及的微粒一般在10μm以下，而大于1μm的粒子不仅数量少，而且易于捕集。

表6-4 实测的大气尘粒粒子分布

粒子分组/μm	各组所占比例(%)	
	按质量计	按个数计
<0.5	1	91.68
0.5~1.0	2	6.78
1.0~3.0	6	1.07
3.0~5.0	11	0.25
5.0~10.0	52	0.17
10.0~30.0	28	0.05

二、空气悬浮微粒的捕集机理

对于空气悬浮微粒，一般有以下几种基本的捕集机理。

1. 重力作用

含尘气流通过纤维层时，尘粒在重力作用下，产生脱离流线的位移而沉降到纤维表面上。这种作用只有在尘粒较大（>5μm）时才存在，这是由于小尘粒的重力作用小，当它还没有沉降到纤维上时，已随气流通过了纤维过滤器。因此，纤维过滤器对小于0.5μm尘粒的过滤，完全可以忽略重力作用。

2. 扩散作用

气体分子的热运动对空气中的细微尘粒（<1μm）的碰撞，使尘粒也随之做布朗运动，尘粒越小，布朗运动越显著。常温下0.1μm的尘粒每秒钟的扩散距离达17μm，比纤维间距离大几倍至几十倍，这就使微粒有更大的机会与纤维接触，并附着在纤维上，而大于0.3μm的尘粒，其布朗运动减弱，一般不足以靠布朗运动使其离开流线而碰撞到纤维上。所以，尘粒越小，过滤速度越低，扩散作用就越显著。高效过滤器主要靠扩散作用进行过滤。

3. 筛滤作用

大于滤料纤维之间间距的粒子会从气流中筛滤下来，它们大部分是在上游迎风面上。粗孔或中孔的泡沫塑料过滤器主要靠这种作用。

4. 惯性（或称撞击）作用

由于纤维过滤器内的纤维排列复杂，当气流在纤维层内穿过时，其流线要屡经激烈的拐弯。当尘粒随气流运动逼近滤料时，较大较重的尘粒受惯性力作用来不及随气流转弯而仍向前直进，便与滤料纤维碰撞而沉积下来，而较小较轻的粒子则随气流绕过捕尘表面。所以，这种作用与尘粒直径和过滤风速有关，其大小随尘粒直径和过滤风速的增加而增加。

5. 静电作用

由于种种原因，纤维或微粒都可能带上电荷，产生吸引微粒的静电效应。除了有意识地使纤维或微粒带电外，或在纤维处理过程中因摩擦带上电荷，或因微粒感应而使纤维表面带电，这样的电荷不能长时间存在，且电场强度很弱，产生的吸引力很小，可以忽略。

三、影响过滤效率的因素

影响纤维过滤器效率的主要因素有微粒直径、纤维粗细程度、过滤速度和填充率等。

1. 微粒形状、尺寸的影响

多分散性微粒通过空气过滤器时，在各种效应的作用下，粒径较小的微粒在扩散效应的作用下，在滤料上沉积。当粒径由小到大时，扩散效率逐渐下降；粒径较大的微粒在筛滤和惯性效应的作用下在纤维上沉积，当粒径由小到大时，筛滤、惯性效率逐渐增大。所以与微粒的粒径有关的效率曲线就有一个最低点，在此点的总效率最低或穿透率最大，这一点被称为最易穿透粒径或最大穿透粒径（Most Penetrating Particle Size，MPPS）或最低效率直径。实验证明，对不同性质的微粒、不同的纤维滤层、不同的过滤速度，最低效率直径是变化的，在大多数情况下，纤维过滤器的最大穿透粒径为0.1~0.4μm。图6-1所示为纤维过滤效率与微粒直径的典型关系。

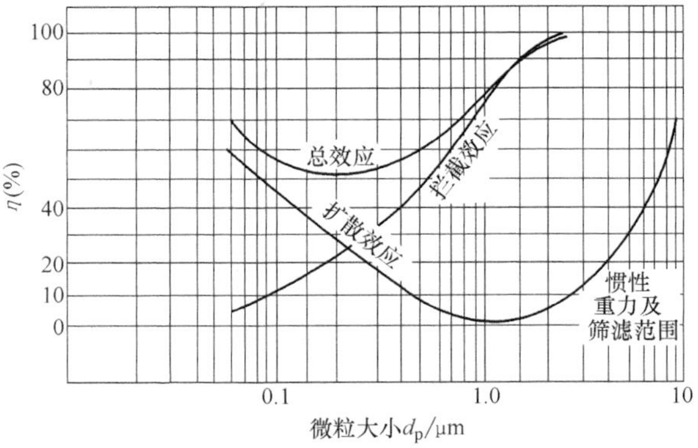

图6-1　纤维过滤效率与微粒直径的典型关系

2. 纤维尺寸和形状的影响

较小的纤维直径具有较高的捕集效率，所以在选择滤料时一般都希望选用较细的纤维，但由于纤维直径越细，通过纤维滤层的气流阻力越大，这是需要慎重考虑的。通常认为纤维断面形状对过滤效率影响不大。

3. 过滤速度的影响

每一种过滤器都具有最大穿透粒径，同样每一种过滤器也有自身的最大穿透滤速。一般随着过滤速度的增大，扩散效率下降，惯性和惯性效率增大，总效率则先下降，随后上升。滤速在2.5cm/s时，过滤效率将会提高近一个数量级，但是过滤器的过滤面积则需增大一倍或流过的风量减少一半。

4. 过滤器纤维层填充率的影响

若增大纤维滤料的填充率，则纤维层的密实度随之增大，流过的气流速度将会提高，扩散效率下降，惯性和筛滤效率增加，总效率得到提高，但过滤器的阻力增大，所以一般不采用增大纤维层填充率来提高过滤效率。

5. 气体温度、湿度的影响

流过纤维过滤层的气体温度升高时，扩散效率增大，但因气体温度升高，气体黏度增大，微粒的沉降率下降，并且气体流过过滤器的阻力增加。实验表明，当流过的气体湿度提高时，微粒容易穿过纤维过滤层，过滤效率下降。

6. 容尘量的影响

随着纤维表面沉积的微粒增多，容尘量增大时，通常过滤效率将随之提高，但是由于纤维滤层容尘量的增大、积尘的阻碍，过滤器的阻力将增大。实际上，现在过滤器的应用中均按未积尘的过滤效率考虑。

第三节　空气过滤器

空调工程是把含尘量低（每立方米空气中含零点几毫克至几毫克）的空气，经净化处理后送入室内，采用空气过滤器是目前空气净化的重要手段。

一、空气过滤器的性能

常用空气过滤器的性能列于表 6-5 中。

表 6-5　常用过滤器的性能

过滤器类型	有效捕集粒径/μm	适应的含尘浓度①	过滤效率(%)			压力损失/Pa	容尘量/(g/m²)	备注
			计重法	比色法	DOP 法			
初效过滤器	>5	中~大	<65~90	—	—	30~200	500~2000	滤速以 m/s 计
中效过滤器	>1	中	—	40~95	20~80	80~300	300~800	滤速以 dm/s 计
亚高效过滤器	<1	小	—	—	85~98	150~400	70~250	滤速以 cm/s 计
高效过滤器	≥0.5	小	—	—	99.9~99.99（一般指≥99.97%）	200~450	50~70	
超高效过滤器	≥0.1	小	—	—	≥99.997%	150~350	30~50	过滤器迎面风速不大于 1m/s
静电集尘器	<1	小	>99	≥80	60~95	80~100	60~75	

① 含尘浓度大指 0.4~0.7mg/m³，含尘浓度中指 0.1~0.6mg/m³，含尘浓度小指 0.3mg/m³ 以下。

空气过滤器的性能主要指标为过滤效率、穿透率、气流阻力以及容尘量。

1. 过滤器的面速和滤速

面速是指过滤器迎风断面通过气流的速度 u_0，一般以 m/s 表示，面速反映过滤器的通过能力和安装面积，过滤器的面速越大，安装过滤器所需面积越小。面速是反映过滤器结构特性的主要参数之一，其表达式为

$$u_0 = \frac{L}{A \times 3600} \tag{6-2}$$

式中　L——风量（m^3/h）；

A——过滤器断面积（即迎风面积，m^2）。

滤速是指滤料面积上气流通过的速度，一般以 $L/(cm^2 \cdot min)$ 或 cm/s 表示。过滤器的滤速反映滤料的通过能力，特别是反映滤料的过滤性能，过滤器采用的滤速越低，越可获得较高的过滤效率。滤速 u 可表示为

$$u=\frac{L\times10^3}{A'\times10^4\times60}=1.67\frac{L}{A'}\times10^3\quad \mathrm{L/(cm^2\cdot min)} \tag{6-3}$$

或

$$u=\frac{L\times10^6}{A'\times10^4\times3600}=0.028\frac{L}{A'}\quad \mathrm{cm/s} \tag{6-4}$$

式中 A'——滤料净面积，即除去黏结等占去的面积（m^2）。

在特定的过滤器结构条件下，统一反映过滤器面速和滤速的是过滤器的额定风量。在相同截面面积时，希望允许的额定风量越大越好，但过滤器在低于额定风量下运行，过滤效率将得到提高，阻力降低。若已知需要过滤的风量，可根据所选过滤器的额定风量，确定所需过滤器的个数。

2. 过滤效率

在过滤器的诸多性能中，过滤效果是比较重要的，一般以过滤效率表示。

过滤效率是衡量过滤器捕获尘粒能力的一个特性指标。它是指在额定风量下，过滤器捕获的灰尘量与过滤器前进入过滤器的灰尘量之比的百分数，亦即过滤器前后空气含尘浓度之差与过滤器前空气含尘浓度之比的百分数。单级过滤器的效率为

$$\eta=\frac{Lc_1-Lc_2}{Lc_1}\times100\%=\left(1-\frac{c_2}{c_1}\right)\times100\% \tag{6-5}$$

式中 L——通过过滤器的风量；

c_1、c_2——分别为过滤器前、后的空气含尘浓度。

如不同的过滤器串联使用（见图6-2），其总效率为

$$\eta=\frac{c_1-c_{m+1}}{c_1}\times100\%=\left(1-\frac{c_{m+1}}{c_1}\right)\times100\% \tag{6-6}$$

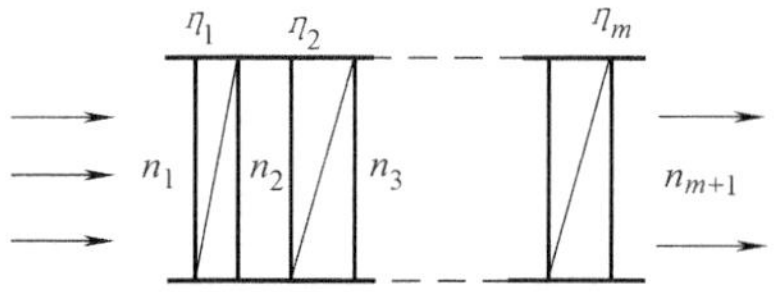

图6-2 过滤器串联的效率
n—粒子浓度 η—过滤效率

按效率的定义可知

$$c_3=c_2(1-\eta_2)$$
$$c_2=c_1(1-\eta_1)$$

故 $c_3=c_1(1-\eta_1)(1-\eta_2)$，依次类推，可得 $c_{m+1}=c_1(1-\eta_1)(1-\eta_2)\cdots(1-\eta_m)$，将此结果代入式（6-6）可得

$$\eta=\frac{c_1-c_1(1-\eta_1)(1-\eta_2)\cdots(1-\eta_m)}{c_1}$$
$$=1-(1-\eta_1)(1-\eta_2)\cdots(1-\eta_m) \tag{6-7}$$

当含尘浓度以质量浓度（mg/m^3）表示时，求出的效率为计重效率；当含尘浓度以计数浓度（大于或等于某一粒径的颗粒数/L）表示时，求出的效率为计数效率；当含尘浓度以粒径分组计数浓度（某一粒径范围内尘粒数/L）表示时，得到的效率为粒径分组计数效率。

3. 穿透率

穿透率 K 是指过滤后空气含尘浓度与过滤前空气含尘浓度之比的百分数，即

$$K=\frac{c_2}{c_1}\times100\% \tag{6-8}$$

将式（6-5）与式（6-8）比较，可见

$$K = 1 - \eta \tag{6-9}$$

过滤器的穿透率能明确地表明过滤器后的空气含尘量。例如有两台高效过滤器，其过滤量分别为99.99%和99.98%，过滤性能似乎差不多，但就穿透率来看，前者为0.1%，后者为0.2%，两者竟相差一倍。因此，对高效过滤器之后以及排气净化处理之后的空气含尘浓度，用穿透率来表示则更为明确。

4. 过滤器阻力

过滤器的阻力（即压降）一般包括滤料阻力和结构（如框架、分隔片及保护面层）阻力，若以迎风面风速 u_0 为变量，经实验可得出未沾尘的新纤维过滤器的阻力的经验表达式为

$$\Delta p = Au_0 + Bu_0^m \tag{6-10}$$

式中　Δp——过滤器阻力（Pa）；

u_0——过滤器迎风面风速（m/s）；

A、B、m——经验系数与指数。

上式中 Au_0 项是表示滤料的阻力，Bu_0^m 项是表示结构的阻力。

在以气溶胶通过滤料的流速 u 为变量时，则过滤器阻力的经验表达式为

$$\Delta p = \alpha u^n \tag{6-11}$$

式中　α、n——分别为经验系数和指数，一般过滤器的 α 为 3～10，n 为 1～2。

由式（6-10）及式（6-11）可见，新过滤器的阻力随迎风面风速或通过滤料的流速（滤速）增大而增加。同时，实验研究结果也证明，过滤效率随滤速的增大而降低。因此，确定了适宜的滤速和过滤面积后，适宜的过滤风量即可确定，此风量一般称为额定风量。在额定风量下新过滤器的阻力称为初阻力。一般高效过滤器的初阻力不大于200Pa。

空调净化系统的过滤器阻力在系统的总阻力损失中占有相当大的份额，对系统的能耗有重要影响。同时随着运行时间的延长，过滤器积尘使阻力逐渐增大。为保证系统的风量能保持在正常运行条件，一般取过滤器初阻力的两倍作为终阻力，并按此选择风机。

5. 过滤器的容尘量

当过滤器的阻力（额定风量下）达到终阻力时，过滤器所容纳的尘粒总质量称为该过滤器的容尘量。由于滤料的性质不同，粒子的组成、形状、粒径、密度、黏滞性及浓度不同，因此过滤器的容尘量也有较大的变化范围。

二、空气过滤器的类型

空气净化所用的空气过滤器主要按其过滤（捕集）效率的高低来分类，可分为粗效（又称初效）、中效和高效三种。

1. 初效过滤器

初效过滤器的滤材多采用玻璃纤维、人造纤维、金属丝网及粗孔聚氨酯泡沫塑料等，也有用铁屑及瓷环作为填充滤料的。金属丝网、铁屑及瓷环等类的滤料可以浸油后使用，以便提高过滤效率并防止金属表面锈蚀。初效过滤器大多做成500mm×500mm×50mm的扁块形（见图6-3）。其安装方式为采用人字排列或倾斜排列，以减少所占空间（见图6-4）。

初效过滤器需人工清洗或更换，为减少清洗过滤器的工作量，提高运行质量，可采用自动卷绕式空气过滤器（见图6-5c）。这种过滤器用合成纤维制成毡状滤料，卷绕机构可使滤料自上而下移动，当一卷滤料用完后，则更换一卷新滤料，因而可使滤料更换周期大大延

a)　　b)

图 6-3　金属网式初效过滤器

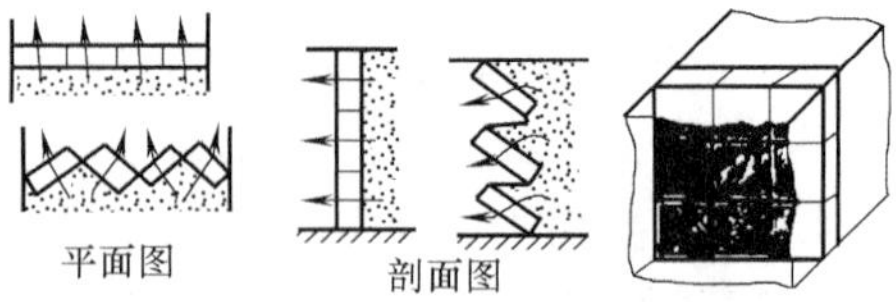

图 6-4　初效过滤器的安装方式

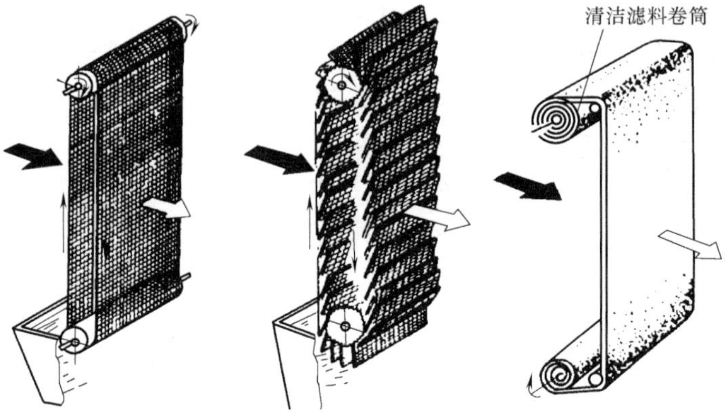

a)　　b)　　c)

图 6-5　自动移动式空气过滤器
a)、b) 浸油式　c) 卷绕式

长。此外，还有与此类似的自动浸油式过滤器（见图 6-5a、b），这种过滤器的网板可在油槽内自行清洗，因而可连续工作，只需定期清理油槽内的积垢即可。

初效过滤器适用于一般的空调系统，对尘粒较大的灰尘（ >5μm）可以有效过滤。在空气净化系统中，一般作为更高级过滤器的预过滤器，对后级的过滤器起到一定的保护作用。

2. 中效过滤器

中效过滤器的主要滤料是玻璃纤维（比初效过滤器用玻璃纤维直径小，约 10μm）、人造纤维（涤纶、丙纶、腈纶等）合成的无纺布或中细孔聚乙烯泡沫塑料等。这种过滤器一般可做成袋式（见图 6-6）和抽屉式（见图 6-7）。中效过滤器用泡沫塑料和无纺布为滤料时，可以洗净后再用，玻璃纤维过滤器则需要更换。中效过滤器一般对大于 1μm 的粒子能有效过滤。大多数情况下，用于高效过滤器的前级保护，少数用于清洁度要求较高的空调系统。

3. 高效过滤器

高效过滤器可分为亚高效、高效及超高效过滤器。滤料一般均为超细玻璃纤维或合成纤维，加工成纸状，称为滤纸。为了减小气溶胶穿过滤纸的速度，即采用低滤速（以 0.01m/s 计），需大大增加滤纸的面积，因而高效过滤器常做成折叠状。常用的带折纹分隔片的过滤器如图 6-8 所示。近年发展的无分隔片的高效过滤器如图 6-9 所示，这种过滤器为多折式，

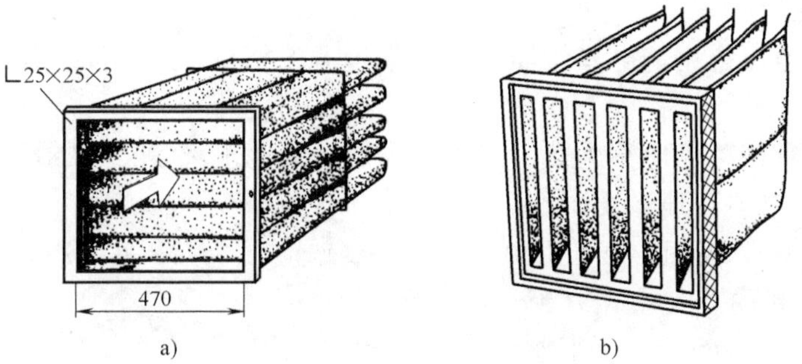

图 6-6 袋式过滤器
a）泡沫塑料 b）无纺布

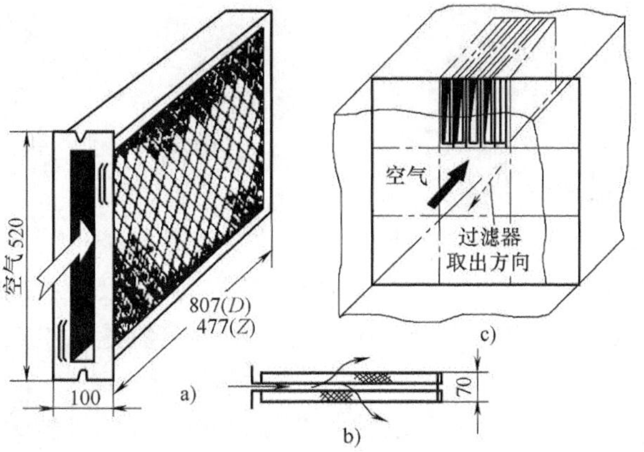

图 6-7 抽屉式过滤器

厚度较小，靠在滤料正反面一定间隔处贴线（或涂胶）保持滤料间隙，便于气溶胶流通。现我国已开发出此类过滤器，且具有中效、亚高效及高效等规格。

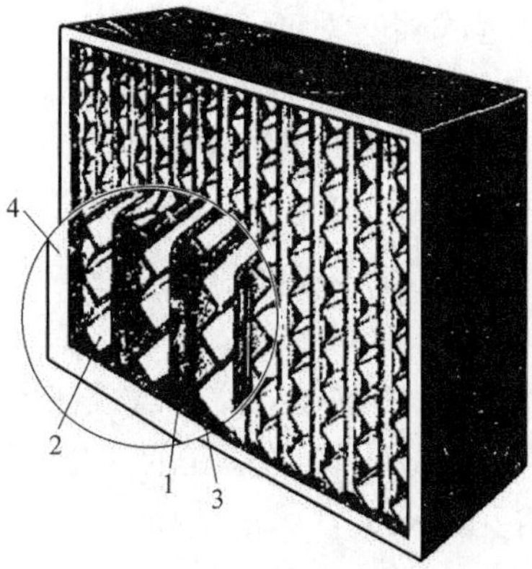

图 6-8 高效过滤器
1—滤纸 2—分隔片 3—密封胶 4—木外框

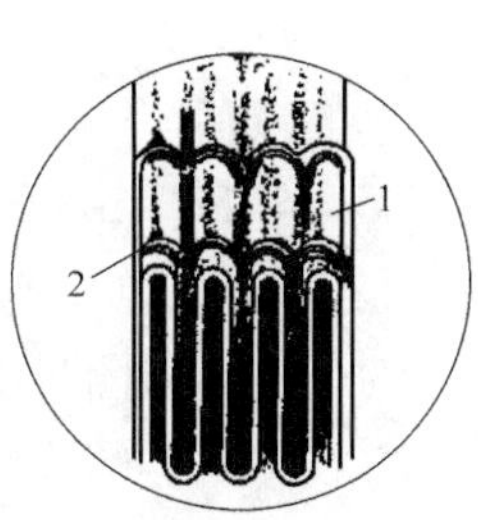

图 6-9 无分隔片多折式高效过滤器
1—滤纸 2—贴线

4. 静电集尘器

在空调净化中也可采用静电集尘器。静电集尘器的特点是对不同粒径的悬浮粒子均可有效捕集。

在空调净化中常用的静电集尘器为二段式：第一段为电离段，第二段为集尘段。其原理图如图 6-10 所示。在电离段，由电源输出的高电压使正电极表面电场强度非常强，以致在空间内产生电晕，形成数量相等的正离子和负离子，正离子被接地负极所吸引，负离子被放电正极所吸引。由于放电正极与接地负极之间形成电位梯度很大的不均匀电场，负离子易于被放电正极所中和，因此，当气溶胶粒子通过电离段时，多数附有正离子，使微粒带正电，少数带负电。在集尘段，由平行金属板相间构成正负极板，在正极板上加有高电压，产生一个均匀平行电场。带正电的粒子随空气流入该平行电场后被正极板排斥，而被负极板吸引并最终被捕集。带负电的粒子与此相反，被正极板所捕集。

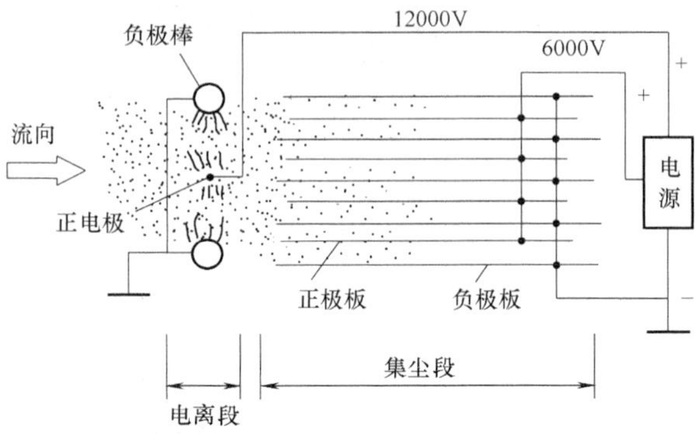

图 6-10　静电集尘器原理图

静电集尘器的集尘效率主要取决于电场强度、气溶胶流速、尘粒大小及集尘板的几何尺寸等。

积在极板上的灰尘需定期清洗。小型静电集尘器的集尘段可整体取出清洗。清洗后需烘干再用。

三、空气过滤器的选择和应用

空气过滤器的选择应综合考虑工艺对室内洁净度的要求、室外空气含尘浓度、系统阻力、维护管理及一次性投资等各种因素，根据具体情况选择合适的空气过滤器。

对于有一般净化要求的空调系统，选用一道初效过滤器，将大颗粒的尘粒滤掉即可。对于有中等净化要求的空调系统，可设置初效、中效两道过滤器。对于有超净要求的空调系统，则至少应设置三道过滤器，第一、二道为初、中效过滤器（不宜选用浸油式，以防送风中带油），作为预过滤，可延长下一道过滤器的使用寿命，而高效过滤器则作为末级过滤器。

在安装过滤器时如只设有一级初效过滤器，应安装在空气处理室的前端，可减小后边各设备（如加热器、冷却器、喷水室等）表面积灰。

对于设置三级过滤器的系统，为避免污染空气漏入系统，中效过滤器应设置在系统的正压段。同时，为防止管道对清洁空气的再污染，高效过滤器应设置在系统的末端（即送风口处）。此外，高效过滤器的安装要求十分严密，否则将无法保证室内的洁净度。

各种空气过滤器一般按额定风量或低于额定风量选用。若按低于额定风量选用，必然会增加所需过滤器的数量，虽然初次投资会有所增加，但在运行过程中，可延长过滤器的清洗和更换周期，减少系统的阻力增长速率，从而有利于系统风量的稳定。

第四节 净化空调系统

净化空调系统以保证空间空气的洁净度为主要目标，虽然空间的温、湿度调节必不可少，一般也都是统一设计，但满足洁净度要求常常是净化空调系统设计的主导方面，因而与一般空调系统相比，具有自己的特点。

一、净化空调系统的分类

净化空调系统一般可分为集中式和分散式两种类型。集中式净化空调系统是净化空调设备（如加热器、冷却器、加湿器、初中效过滤器、风机等）集中设置在空调机房内，用风管将洁净空气输送给各个洁净室。分散式净化空调系统是在一般的环境或低级别净化环境中设置净化设备或净化空调设备，如净化单元、层流罩、洁净工作台等。

1. 集中式净化空调系统

（1）单风机系统和双风机系统　单风机净化空调系统的基本形式如图 6-11 所示，其最大优点是空调机房占用面积小。但对双风机系统而言，其风机的压头大，噪声和振动大。采用双风机可分担系统的阻力，此外，由于药厂等场所的生物洁净室需定期进行灭菌消毒，双风机系统在新风、排风管道设计合理时，调整相应的阀门，使系统按直流系统运行，便可迅速带走洁净室内残留的刺激性气体。图 6-12 所示为双风机系统示意图。

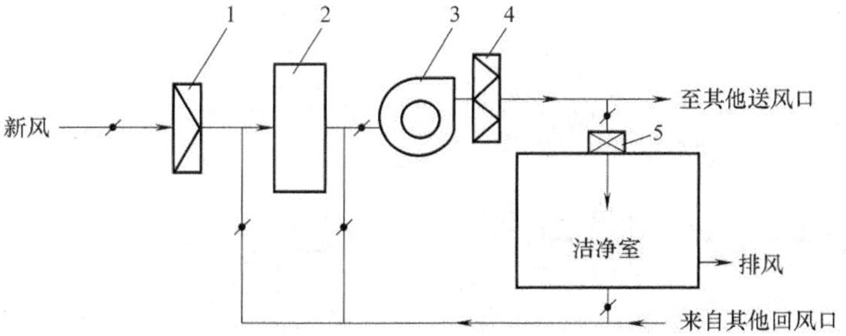

图 6-11　单风机净化空调系统的基本形式

（当仅采用一次回风时，空气处理室也可设在风机出口段）

1—初效过滤器　2—温、湿度处理室　3—风机　4—中效过滤器　5—高效过滤器

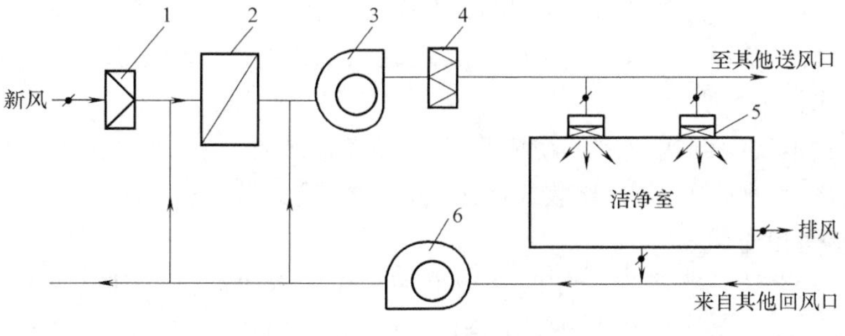

图 6-12　双风机系统示意图

1—初效过滤器　2—温、湿度处理室　3—送风机　4—中效过滤器　5—高效过滤器　6—回风机

（2）风机串联系统和并联系统　在净化空调系统中，通常空气调节所需的风量远远小于净化所需风量，因此洁净室的回风绝大部分只需经过过滤就可再循环使用，而无须回至空调机组进行热、湿处理。为节省投资与运行费，可将空调和净化分开，空调处理风量用小风机，净化处理风量用大风机，两台风机再串联起来构成风机串联的送风系统，如图 6-13 所示。

当一个空调机房内布置有多套净化空调系统时，可将几套系统并联。并联系统可公用一套新风机组，系统运行管理比较灵活，几台空调设备还可以互为备用以便检修，如图 6-14 所示。

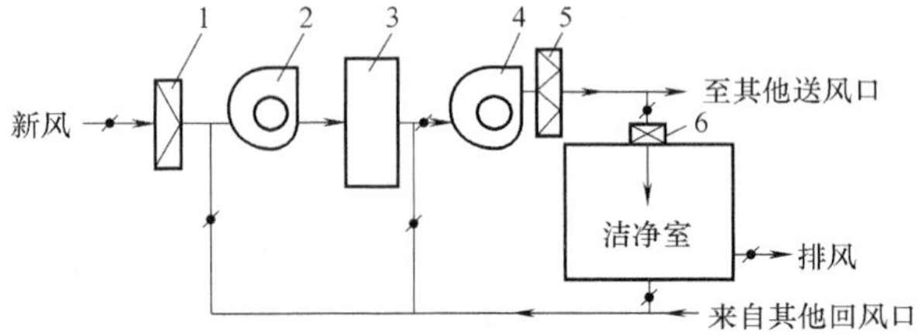

图 6-13　风机串联净化空调系统示意图

1—初效过滤器　2—温、湿处理风机　3—温、湿度处理室
4—循环总风机　5—中效过滤器　6—高效过滤器

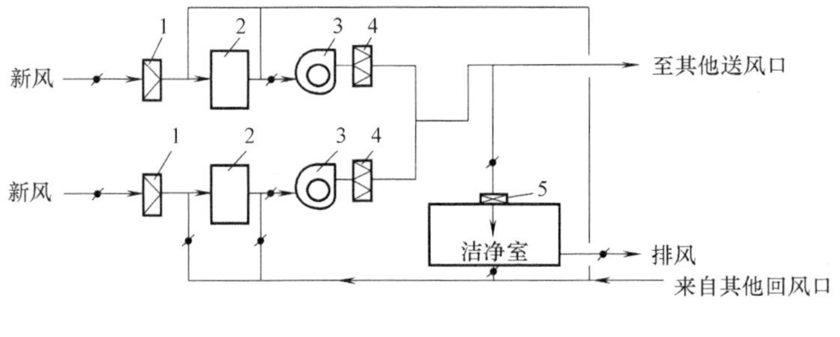

图 6-14　风机并联净化空调系统

1—初效过滤器　2—温、湿度处理室　3—风机　4—中效过滤器　5—高效过滤器

2. 分散式净化空调系统

1）在集中空调的环境中设置局部净化装置（包括微环境/隔离装置、空气自净器、层流罩、洁净工作台、洁净小室等）构成分散式送风的净化空调系统，也可称为半集中式净化空调系统，如图 6-15 所示。

2）在分散式柜式空调送风的环境中设置局部净化装置（高效过滤器送风口、高效过滤器风机机组、洁净小室等）构成分散式送风的净化空调系统，如图 6-16 所示。

二、气流流型和通风量

对于净化空调系统，为了使工作区获得低而均匀的含尘浓度，其气流流型的特点是：应尽量避免或减少涡流，减少二次气流，有利于迅速有效地排出污染物；应尽量限制和减少室内污染源散发的尘、菌的扩散，维持要求的空气洁净度等级；兼顾维持室内的温、湿度及工作人员的舒适度要求。洁净室和一般的空调房间的气流流型相比是明显不同的。

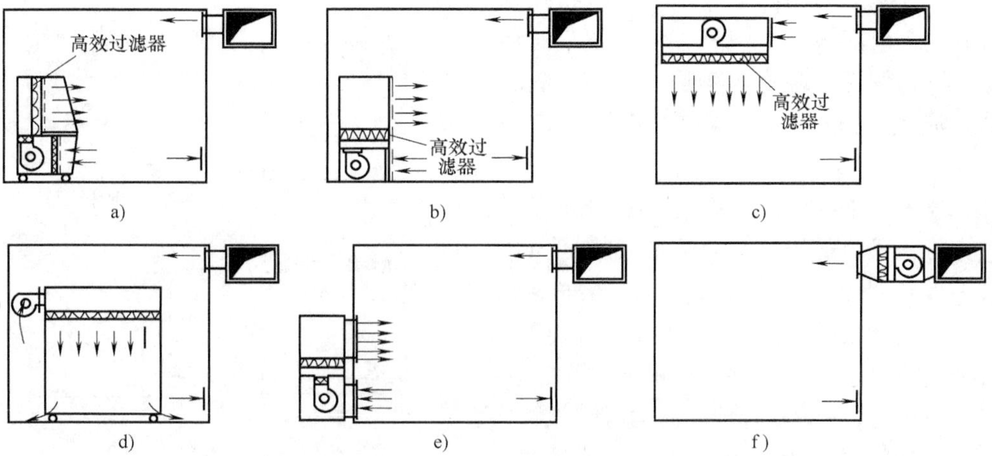

图 6-15　分散式送风的净化空调系统（一）

a）室内设置净化工作台　b）室内设置空气自净器　c）室内设置层流罩

d）室内设置洁净小室　e）走廊或套间设置空气自净器　f）增设高效过滤器送风机组

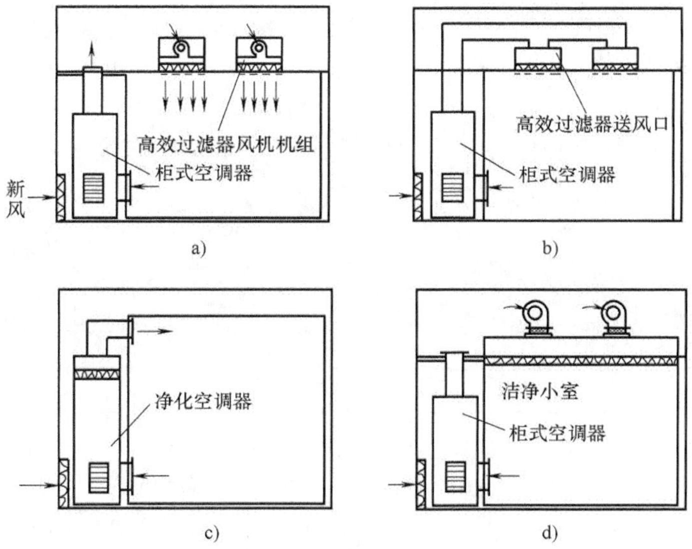

图 6-16　分散式送风的净化空调系统（二）

a）柜式空调器与高效过滤器风机机组　b）柜式空调器与高效过滤器送风口

c）柜式净化空调器　d）柜式空调器与洁净小室

洁净室的气流流型主要分为三类：单向流、非单向流和混合流。单向流是指沿单一方向呈平行流线，并且横断面上风速一致的气流，曾被称为“层流”等。非单向流是指不符合单向流定义的气流，曾被称为“乱流”等。混合流是由单向流和非单向流组合的气流，图 6-17 是三种气流流型的示意图。

1. 单向流流型与单向流洁净室

单向流洁净室的气流是从室内送风一侧平稳地流向其相对应的回风一侧，其主要特点表现为：将污染源散发出的尘、菌等污染物在未向室内扩散之前就被压出室外，洁净空气对污染源起到隔离作用，阻止污染物向室内扩散。

单向流流型分为水平单向流和垂直单向流。

(1) 水平单向流的形式　一面侧墙布满高效过滤器送风口送风，相对侧墙布满回风格栅（或中效过滤器）回风。送入的洁净空气沿水平方向均匀流向回风墙。图 6-18 所示为这类洁净室的示意图，这种典型的水平单向流洁净室的特点是；所需建筑层高不太高，便于布置灯具，高效过滤器安装、更换比较方便，但需洁净室两端长度较长，沿气流方向的空气洁净度不同，下风侧空气被上风侧的设备、人员污染等。图 6-19 所示为水平单向流一侧回风方式，这种方式可缩短洁净厂房长度，回风气流还可以用于生产辅助房。图 6-20 所示为水平单向流双侧回风方式，这种方式可确保产品生产工艺关键部位的空气洁净度等级，也可缩短洁净厂房长度，回风气流也可以用于生产辅助房，经周密布置可以减小洁净厂房面积和总送风量，降低投资和运行费用。

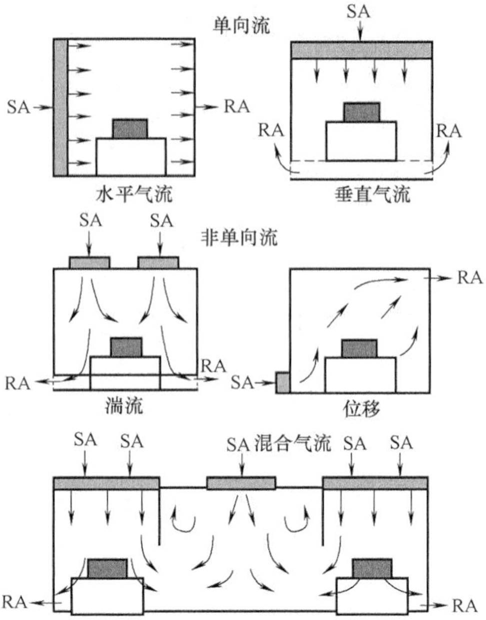

图 6-17　洁净室的三种气流流型示意图
SA—送风　RA—回风

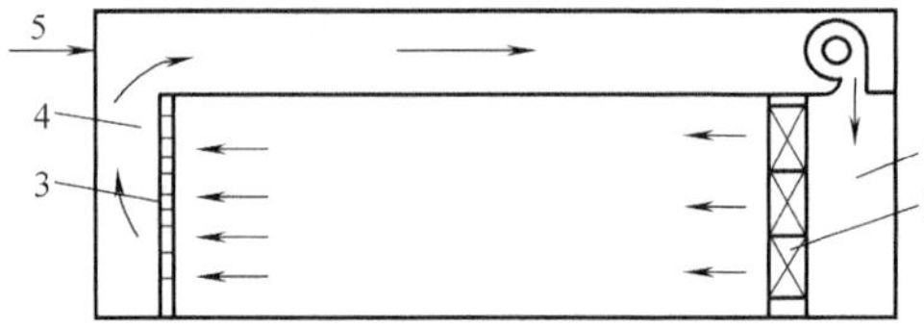

图 6-18　典型的水平单向流洁净室
1—送风静压小室　2—高效过滤器　3—格栅　4—回风静压小室　5—新风

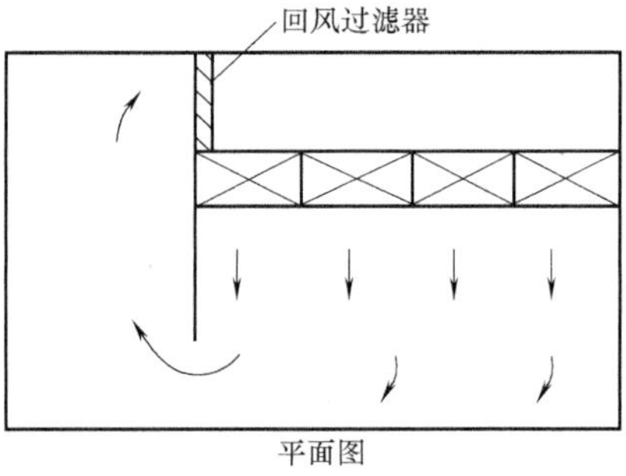

图 6-19　水平单向流一侧回风方式

(2) 垂直单向流的形式　顶棚布满高效过滤器送风口送风，格栅地板或侧下回风。图 6-21 所示为典型的垂直单向流的气流流型，洁净空气自上而下地垂直平行流经工作区，带尘、菌的污染空气穿过格栅地板，经回风静压箱进入回风管。

典型的垂直单向流洁净室的主要特点是空气洁净度高，室内空气相互污染少，被工作活动区污染的空气可很快排出，防止微粒扩散，地面不会积尘，微粒二次飞扬极少，室内任何地方都能达到所要求的洁净度等级，生产工艺设备布置方便，自净能力强，可以简化人员净

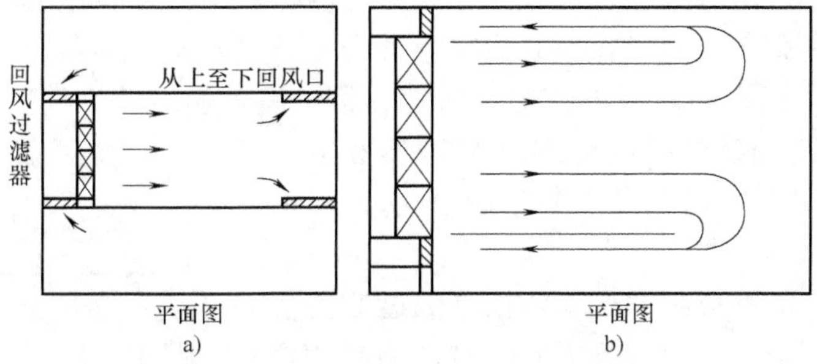

图 6-20 水平单向流双侧回风方式

化设施；但顶棚、地板结构复杂，高效过滤器数量多，造价、运行费用高。垂直单向流周边压出式回风的方式，是一种较为简单的垂直单向流洁净室，室内气流不都是平行气流，若将周边压出改为两侧下部压出回风（见图 6-22），则室内气流的平行性可得到改善，这种形式的垂直单向流洁净室应以满足洁净室内工艺生产区对洁净度的要求为前提。图 6-23所示为有围挡壁的局部垂直单向流洁净室，这种方式延伸了垂直单向流的有效长度，相当于缩短了送风口至工作区的距离，主要用于洁净厂房内仅有部分工作区需要高级别生产环境的场所。

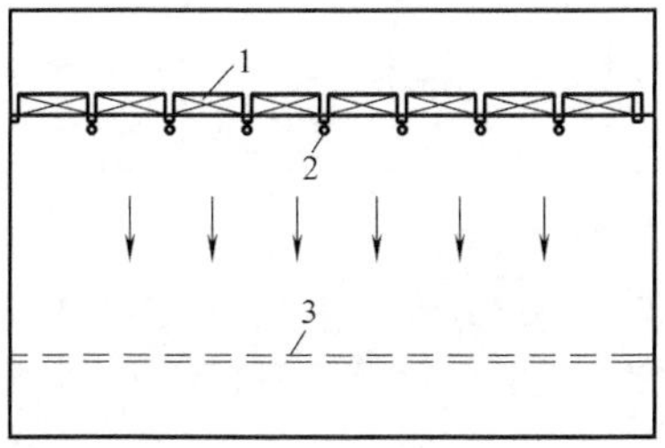

图 6-21 典型的垂直单向流的气流流型
1—高效过滤器 2—照明灯具 3—格栅地板

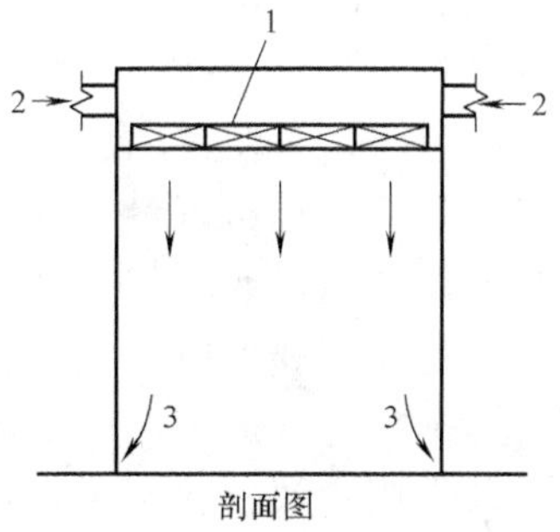

图 6-22 垂直单向流两侧下部压出回风的方式
1—高效过滤器 2—送风 3—回风口

单向流洁净室能够保证室内达到严格的洁净度要求，但其换气次数也高达 200 ~ 600 次/h，是非单向流洁净室的 10 ~ 20 倍，因此它的造价和运行费用远高于非单向流洁净室，单向流方式一般用于空气洁净度等级为 1 ~ 5 级的洁净室。

2. 非单向流流型及其洁净室

非单向流是一种不均匀的气流分布方式，其速度、方向在洁净室内各处是不同的，这是洁净室中使用最为普遍的气流组织形式。非单

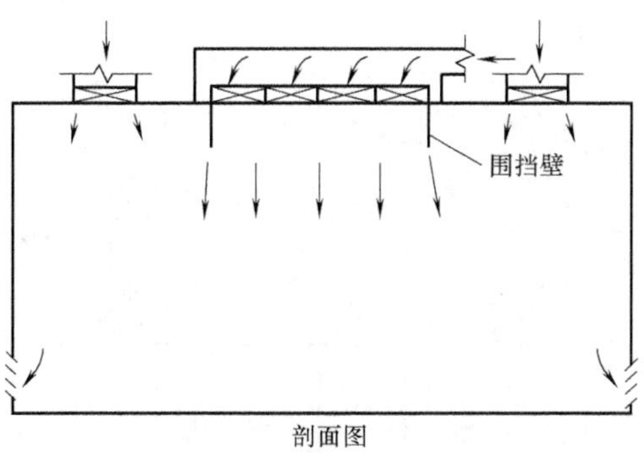

图 6-23 有围挡壁的局部垂直单向流洁净室

向流是把从污染源散发出来的尘、菌等污染物在室内扩散作为前提，用经过高效过滤器处理的洁净空气将污染物冲淡稀释，从而保证室内所需的洁净度等级，因此，非单向流洁净室所需的换气次数随要求的洁净度和室内污染物扩散情况不同而差别很大。图 6-24 所示为非单向流的气流组织概况。

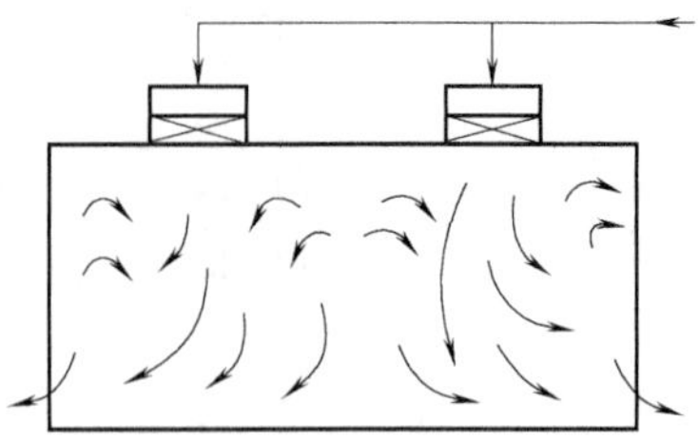

图 6-24 非单向流的气流组织概况

非单向流洁净室的气流组织形式依据高效过滤器及回风口的安装方式不同分为顶送侧下回、侧送侧回和顶送顶回三类。其中，顶送侧下回是比较常见的形式。图 6-25 所示为几种常见的非单向流洁净室送风的气流流型。

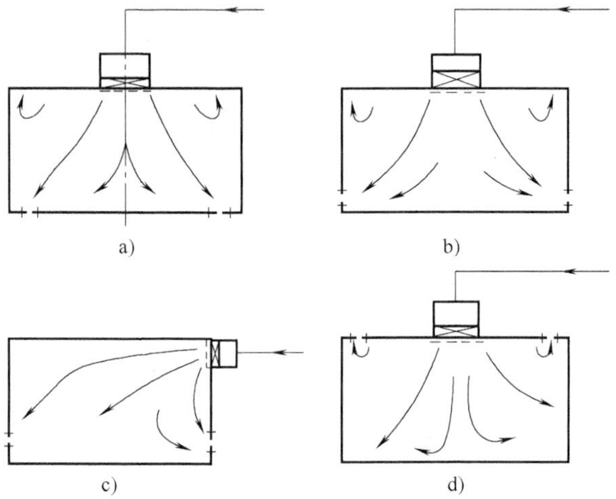

图 6-25 非单向流洁净室送风的气流流型

a）顶送下回 b）顶送下侧回 c）侧送侧下回 d）顶送顶回

带扩散孔板送风口顶送侧下回的非单向流洁净室（见图 6-26），经高效过滤器处理的洁净空气由扩散板送出，工作区气流分布比较均匀，空气洁净度明显优于周围，而周围区域由于送风进入室内后不断卷入室内污染空气，洁净度较差。相邻送风口之间或洁净室四角、边沿等送风气流不能覆盖的部位洁净度会更差些。因此，在布置顶送风口时，为使室内各处洁净度尽可能均匀，在总送风量一定的条件下适当多设送风口或均匀布置送风口，尽可能地让相邻送风口气流在工作区高度上衔接，确保工作区要求的洁净度。若采用高效过滤器风口顶送时（见图 6-27），送风气流扩散角小，送风速度较大，会直接吹到地面，使工作区气流分布不均匀，所以这种方式的单个送风口的风量不宜大，需用多个送风口弥补气流不均的现象。回风口气流呈汇流状态，对整个房间的气流流型影响较小，回风口的布置只需适当均布，数量不宜过少，一般回风口的间距在 6 ~ 12m，洁净室宽度大于 6m 时宜双侧布置回风口。

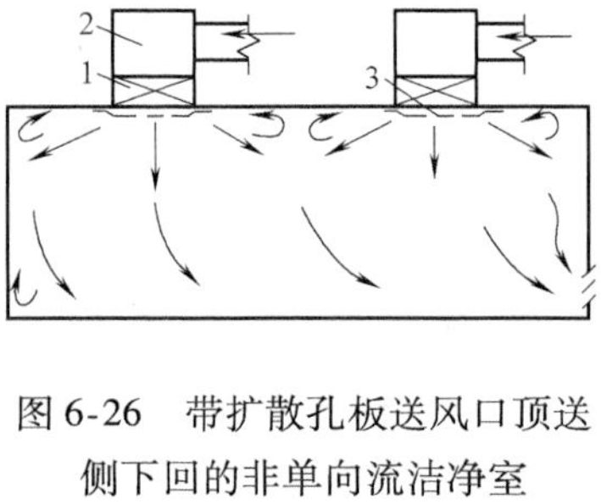

图 6-26 带扩散孔板送风口顶送侧下回的非单向流洁净室

1—高效过滤器 2—静压箱 3—扩散孔板

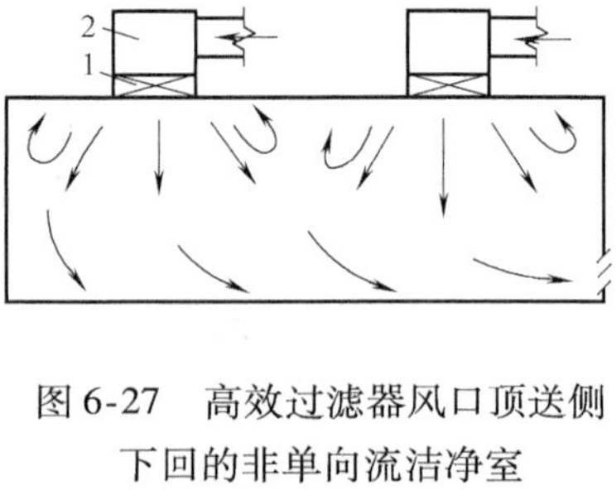

图 6-27 高效过滤器风口顶送侧下回的非单向流洁净室

1—高效过滤器 2—静压箱

单侧上送、对侧下回或单侧上送、同侧下回的非单向流洁净室，虽可降低建筑层高，简化管道系统，但工作区高度可能处于汇流、涡流区，一般只适用于房间宽度小于6m的8～9级洁净室。顶送顶回的非单向流洁净室一般用于回风口不便在侧墙布置的情况，一些洁净工程实践表明，将顶部回风口设置在洁净室的边、角部位或对洁净度不敏感的工艺设备上方，能确保工作区所需的一定洁净度要求，其效果常常优于侧送侧回的气流流型。

非单向流洁净室在净化工程中最为常见，其室内的换气次数一般在10～60次/h（不考虑维持室内的温、湿度的情况下），造价和运行费用比单向流洁净室低很多，但非单向流洁净室无法满足室内较严的空气洁净度要求。非单向流的气流流型一般用于洁净度等级为6～9级的洁净室。

3. 混合流及其洁净室

混合流洁净室是将非单向流流型和单向流流型在同一洁净室内组合使用，在需要空气洁净度严格的部位采用单向流流型，其他部位则为非单向流流型，这样既满足了使用要求，也节省了设备投资和运行费用。

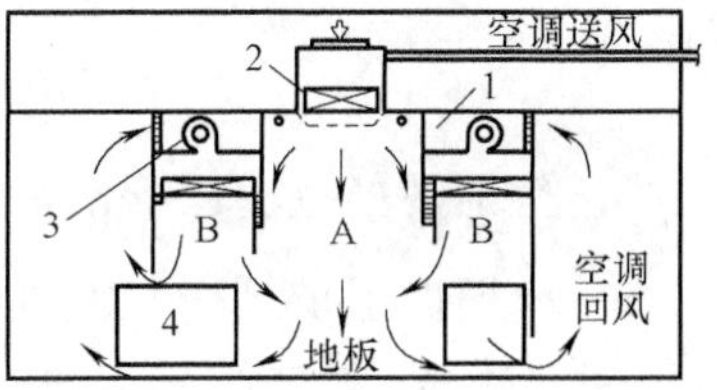

图6-28 混合流的气流流型
1—层流罩 2—高效过滤器
3—风机 4—工作台

图6-28所示为混合流的气流流型。A区为非单向流区，B区为单向流区。B区上方安装带加压风机的单向流洁净罩，保证该区域为单向流流型。A区依靠高效过滤器送风口顶送风维持低级别的洁净度要求。

隧道式洁净室如图6-29所示，它是由两侧的垂直单向流洁净区——产品生产区（工作区）、中间的非单向流洁净区——走道、运输通道和辅助设备或要求低的生产区组合的混合流流型的洁净室，一般单向流部分的空气洁净度等级为ISO 5级或要求更严的洁净区，非单向流部分为ISO 6～7级。单向流和非单向流气流的混合回风经维修区或管道间，一部分回至集中净化空调系统的空调机，另一部分至单向流洁净罩（层流罩），这种混合流洁净室内的不同区域有不一样的洁净度等级，利用不同的气流流型满足了产品生产过程、操作过程对空气洁净度的要求。如果产品生产过程或设备要求较多地增大单向流区的宽度，采用层流罩已不能满足需要时，可采用多台风机过滤单元（FFU）构成所需宽度的单向流区。为解决风机过滤单元的循环风的冷量平衡，应在FFU的送风静压箱内增设干式表冷器对送风进行冷却，调节送风温度。

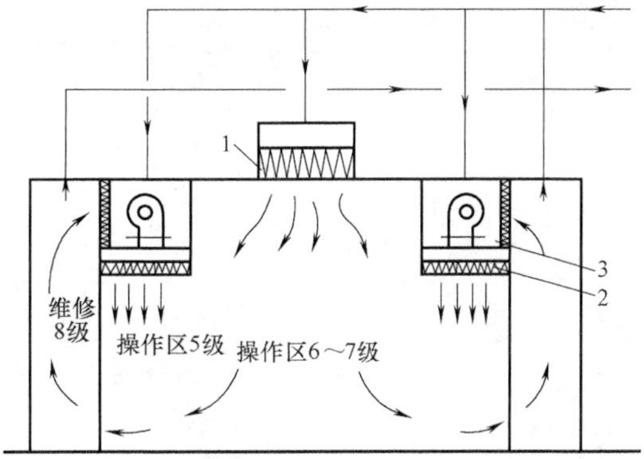

图6-29 隧道式洁净室
1—高效送风口 2—HEPA/ULPA过滤器 3—层流罩

三、洁净室的压差控制及送风量

洁净室与周围的空间必须保持一定的静压差，其目的是保证洁净室在正常工作或空气平衡暂时受到破坏时，洁净室的洁净度免受邻室的污染或污染邻室。洁净室（区）之间的静压差应为5～20Pa，并应采取可行的技术措施控制洁净室（区）之间的静压差。

1. 压差控制

我国《洁净厂房设计规范》（GB 50073—2013）中对洁净室的压差控制有如下规定：洁净室与周围空间必须维持一定的压差，并应按生产工艺要求决定维持正压差或负压差。不同等级的洁净室以及洁净区与非洁净区之间的压差应不小于5Pa，洁净区与室外的压差应不小于10Pa。

国内外洁净室压差风量的确定，多数是采用房间换气次数估算的，也可以采用缝隙法计算泄漏风量。缝隙法较估算法合理、精确。缝隙法计算洁净室压差风量可按下式进行，即

$$L_z = \alpha \sum (ql) \tag{6-12}$$

式中 L_z——维持洁净室压差值所需的压差风量（m^3/h）；

α——根据围护结构气密性确定的安全系数，一般可取1.1～1.2；

q——当洁净室维持某一压差值时，围护结构单位长度缝隙的渗漏风量［$m^3/(h \cdot m)$］，其值可参见表6-6；

l——洁净室围护结构的缝隙长度（m）。

表6-6 围护结构单位长度缝隙的渗漏风量 ［单位：$m^3/(h \cdot m)$］

门窗形式 压差/Pa	非密闭门	密闭门	单层固定密闭钢窗	单层开启式密闭钢窗	传递窗	壁板
5	17	4	0.7	3.5	2.0	0.3
10	24	6	1.0	4.5	3.0	0.6
15	30	8	1.3	6.0	4.0	0.8
20	36	9	1.5	7.0	5.0	1.0
25	40	10	1.7	8.0	5.5	1.2
30	44	11	1.9	8.5	6.0	1.4
35	48	12	2.1	9.0	7.0	1.5
40	52	13	2.3	10.0	7.5	1.7
45	55	15	2.5	10.5	8.0	1.9
50	60	16	2.6	11.5	9.0	2.0

当采用换气次数法时，维持室内所需压差的压差风量可参考表6-7提供的数据确定换气次数，也可以采用经验数据进行估算。即当洁净室的压差值为5Pa时，相应的换气次数为1～2次/h，当洁净室的压差值为10Pa时，相应的换气次数为2～4次/h。因为洁净室压差风量的大小与洁净室围护结构的气密性及维持的压差值有关，所以在选取换气次数时，对于气密性差的房间可取上限，气密性好的房间可取下限。

表 6-7 洁净室压差值与房间换气次数 （单位：次/h）

室内压差值/Pa	有外窗、气密性较差的洁净室	有外窗、气密性较好的洁净室	无外窗、土建式洁净室
5	0.9	0.7	0.6
10	1.5	1.2	1.0
15	2.2	1.8	1.5
20	3.0	2.5	2.1
25	3.6	3.0	2.5
30	4.0	3.3	2.7
35	4.5	3.8	3.0
40	5.0	4.2	3.2
45	5.7	4.7	3.4
50	6.5	5.3	3.6

洁净室的压差控制可以通过以下几种方式实现：回风口控制、余压阀控制、压差变送器控制、微机控制等。

回风口控制是通过调节回风口上的百叶或阻尼层改变其阻力来调整回风量，以实现控制洁净室压差的目的。

余压阀控制是通过调节安装在洁净室的余压阀上的平衡压块，从而改变余压阀的开度，实现室内正压控制，其系统流程图如图 6-30 所示。

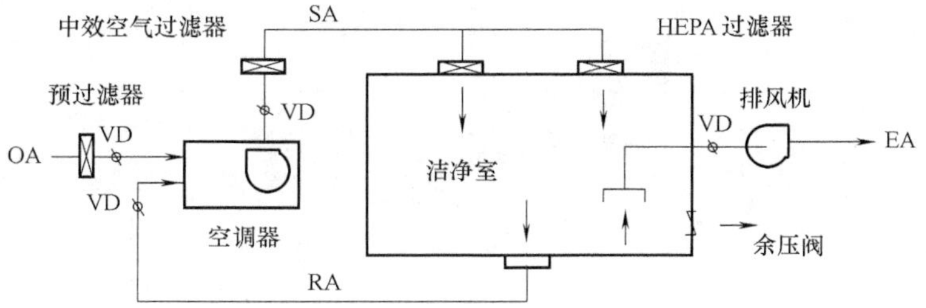

图 6-30 余压阀控制正压

OA—新风 SA—送风 RA—回风 EA—排风 VD—风阀

差压变送器控制是用差压变送器检测室内压力，自动控制必要的回风量，其系统流程图如图 6-31 所示。

微机控制是在对正压值各不相同的多个房间进行正压控制时，利用微机和电动风阀控制不同房间的送风和回风，可使控制系统简单化。

2. 洁净送风量

洁净室的送风量计算不同于一般的空调房间，经过滤处理送入洁净室的清

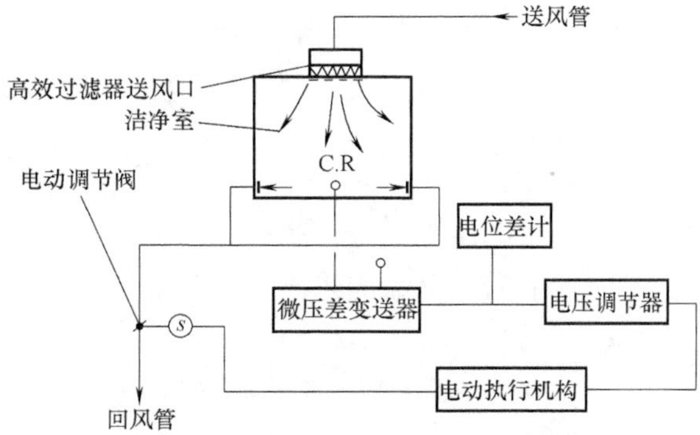

图 6-31 自动控制压差系统原理图

洁空气除了要承担室内的热湿负荷外，还要排除、稀释室内的污染物，以维持室内的洁净度。

非单向流洁净室内冲淡稀释微粒所需的送风量 L_s（单位：m^3/h）可按下式进行计算，即

$$L_s = KV \tag{6-13}$$

$$K = \frac{60G \times 10^{-3}}{N[(1-S)(1-\eta_H)] - M(1-S)(1-\eta_X)} \tag{6-14}$$

式中 K——换气次数（次/h）；

V——洁净室的体积（m^3）；

G——洁净室内单位体积含尘量 [pc/(min·L)]；

N——非单向流洁净室稳定含尘浓度（pc/L）；

M——室外空气含尘浓度（pc/L）；

S——回风量与送风量之比；

η_H——回风通路上过滤器的总效率；

η_X——新风通路上过滤器的总效率。

实际洁净室工程设计中很难应用式（6-14）进行换气次数计算，一般采用经验换气次数。我国《洁净厂房设计规范》（GB 50073—2013）中明确规定了不同级别的非单向流洁净室洁净送风量计算所需的经验换气次数，见表 6-8。

表 6-8 洁净室的换气次数 （单位：次/h）

空气洁净度等级	GB 50073—2013①,②	ISO/DIS 14644-4	医药洁净厂房设计规范(1997)
6 级（1000 级）	50 ~ 60	25 ~ 56	
7 级（10000 级）	15 ~ 25	11 ~ 25	≥25
8 级（100000 级）	10 ~ 15	3.5 ~ 7	≥15
9 级（1000000 级）	10 ~ 15	3.5 ~ 7	≥12③

① 换气次数适用于层高小于 4.0m 的洁净室。
② 室内人员少、热源小时，宜采用下限值。
③ 大于 100000 级的洁净室不少于 12 次。

非单向流消除室内余热、余湿的送风量可按式（6-15）和式（6-16）进行计算。

$$L_q = \frac{3600\sum Q}{\rho\Delta h} \tag{6-15}$$

式中 L_q——消除室内余热的送风量（m^3/h）；

$\sum Q$——洁净室的总热负荷（kW）；

ρ——空气密度（kg/m^3）；

Δh——送风焓差（kJ/kg），$\Delta h = h_N - h_O$。

$$L_w = \frac{1000\sum W}{\rho\Delta d_O} \tag{6-16}$$

式中　L_w——消除室内余湿的送风量（m^3/h）；

$\sum W$——洁净室的总热负荷（kW）；

Δd_O——含湿量差（g/kg），$\Delta d_O = d_N - d_O$。

单向流洁净室的送风量按照与气流垂直方向的洁净室断面及气流的平均速度进行计算，即

$$L_s = 3600vA \tag{6-17}$$

式中　L_s——单向流洁净室的洁净送风量（m^3/h）；

v——断面平均速度（m/s）；

A——垂直气流方向的洁净室断面面积（m^2）。

单向流洁净室的洁净送风量与断面气流平均风速直接有关，断面气流平均风速的取值大小直接关系到净化空调系统的初投资和运行费用，以及洁净室的空气洁净度。国内外的有关标准对断面平均风速都有规定，各有关标准规定的洁净室断面平均风速见表6-9，洁净室的断面平均风速与换气次数的相关性见表6-10。

表6-9　洁净室断面平均风速　（单位：m/s）

空气洁净度等级	GB 50073—2013	ISO/DIS 14644-4	EU-GMP 1997
1～4级	0.3～0.5	0.3～0.5	—
5级	0.2～0.5	0.2	0.45①
6级		0.1～0.3	—

① 欧盟EU-GMP 1997中“A级”的单向流平均风速为0.45（1±20%）m/s。

表6-10　洁净室的断面平均风速与换气次数的相关性

等级	断面平均风速/(m/s)	换气次数/(次/h)
ISO 8(100000)	0.005～0.04	5～48
ISO 7(10000)	0.005～0.07	60～90
ISO 6(1000)	0.125～0.2	150～240
ISO 5(100)	0.2～0.4	240～480
ISO 4(10)	0.25～0.45	300～540
ISO 3(1)	0.3～0.45	360～540
高于ISO 3(1)	0.3～0.5	360～600

混合流洁净室是单向流与非单向流洁净室的组合，其洁净送风量的计算可按照不同的净化要求分别进行计算。

洁净室送风量L的最终确定需综合满足洁净室温、湿度要求所需的风量及消除室内有毒有害物质所需送风量等，最后的洁净送风量应是其中的最大值，即L_s、L_q、L_w中的最大值。

3. 洁净室新风量与回风量

洁净室所需的新风量应满足：①作业人员健康所需的新鲜空气量；②维持洁净室静压差所需的补充风量；③补充各排风系统的排风所需的新风量。

《洁净厂房设计规范》（GB 50073—2013）中规定，洁净室内的新鲜空气量应取下列两项中的最大值：补偿室内排风量和保持室内正压值所需的新鲜空气量之和，保证供给洁净室内每人每小时的新鲜空气量不小于 $40m^3$。

补偿室内排风量和保持室内正压值所需的新鲜空气量之和可用下式表示，即

$$L_x = \sum L_p + L_z \tag{6-18}$$

式中 $\sum L_p$——洁净空调系统范围内各排风系统排风量之和（m^3/h）；

L_z——维持洁净室静压差的压差风量（m^3/h）。

净化空调系统的回风量 L_H 是系统的送风量与新风量之差，可表示为

$$L_H = L - L_x \tag{6-19}$$

式中 L——净化空调系统的送风量（m^3/h）；

L_x——净化空调系统的新风量（m^3/h）。

综上所述，当洁净室内保持恒定正压时，净化空调系统的风量平衡式为

$$L = L_H + L_x = L_H + \sum L_p + L_z \tag{6-20}$$

第五节 室内空气质量控制

近年来，室内的空气质量问题引起了诸多学者和国家有关部门的重视。自 20 世纪 60 年代以来，高层建筑发展迅速，在基本上对外封闭的建筑物内普遍地采用空气调节来解决内部环境的控制问题。20 世纪 70 年代出现的“能源危机”，引起大众对减少能量消耗的普遍重视，减少能耗的一些技术措施也应运而生。在建筑物的热环境控制方面，大多从增强维护结构的隔热性和密闭性、降低送入空调房间的新风量和适当降低空气环境的参数等方面入手来降低能耗。这些措施的应用在降低空调能耗方面有积极意义，但同时却有越来越多的人抱怨空气不清新并引发出如眼、鼻、喉部刺激，黏膜和皮肤干燥，潮红斑（皮疹），疲倦、头痛、呼吸道感染、咳嗽、哮喘、瘙痒及过敏、恶心及头昏等症状。这些症状并非同时发生，但各种症状的发生原因不明，远离这些建筑物后，某些症状可不治而愈。世界卫生组织将上述症候群认定为“病态建筑综合征”（Sick Building Syndrome，SBS）。

研究工作的成果表明，影响室内空气质量的因素包括无机化合物、有机化合物、微生物、灰尘、烟雾等，它们的来源可能是建筑材料、装饰材料、家具、炉灶、电子和电器用品、潮湿环境、空调系统及设备等。此外，人体本身产生的污染，地毯、壁面材料等释放的微量污染物等，也都是造成空气环境的污染源。

鉴于空气调节与空气质量有如此重要的关联，本节拟简要介绍空气质量控制的内容。

一、空气质量控制的评价

如何建立合理的室内空气质量标准是室内空气科学面临的一个难题，一些学术组织、研究机构或政府部门试图在已有的研究成果和现有一些卫生标准的基础上，提出推荐性的污染物控制浓度指南或地区性规定。在制定此类指南或规定时，对不同的暴露时间和不同品质要求采用不同的污染物目标控制值。例如提出对人体健康无影响的基本目标值和考虑不确定性、人的个体差异性的最佳目标值。表 6-11 列出目前一些可比的污染物浓度取值情况，我国的室内空气质量标准中的一些污染物限制值也在表中列出。

表 6-11 一些污染物的控制目标值

污染物名称	建议最佳目标值①	基本目标值	我国标准取值
二氧化氮(NO_2)/($\mu g/m^3$)	100(1h)	200(1h)	240(1h 均值)
一氧化碳(CO)/(mg/m^3)	5(8h),15(1h)	10(8h),30(1h)	10(1h 均值)
二氧化碳(CO_2)/(mg/m^3)	900(长期)	1800(长期)	1200(1‰,日均值)
臭氧(O_3)/($\mu g/m^3$)	60(8h)	120(8h)	160(1h 均值)
甲醛/($\mu g/m^3$)	50(0.5h)	100(0.5h)	100(1h 均值)
可吸入颗粒物 PM10/($\mu g/m^3$)	25(日平均)	50(日平均)	150(日平均)
总挥发性有机化合物/($\mu g/m^3$)	200(8h)	300(8h)	600(8h 均值)
氡(Rn)/(Bq/m^3)	50(年均值)	100(年均值)	400(年均值)

① 最佳目标值是部分欧洲国家在制定“健康建筑”规范中提出的，我国香港特别行政区也有类似的分级规定。

建立室内空气品质指南、规定或标准，是从客观上规定出各种可能成为污染物的控制值，但并未确定人在这种受控的空气环境中感知满意度如何，即主观上的“感知空气品质”的评价如何。

丹麦工业大学的 P. O. Fanger 教授利用人的嗅觉的灵敏性，将一个群体的嗅觉反应作为环境空气质量的评价指标，从上千人的调查统计中找出相当于一个标准人的气味污染量，并以此作为其他污染源污染量的比较基础。以一个人静坐时的污染量作为 $1 Ol_f$，在不同的通风条件下，人们对空气质量的不满意率的研究结果如图 6-32 所示。可见，随着未经污染的通风空气量的增加，不满意率很快降低，但总有少数人，即使在通风量很大的条件下，仍然认为空气质量不佳。

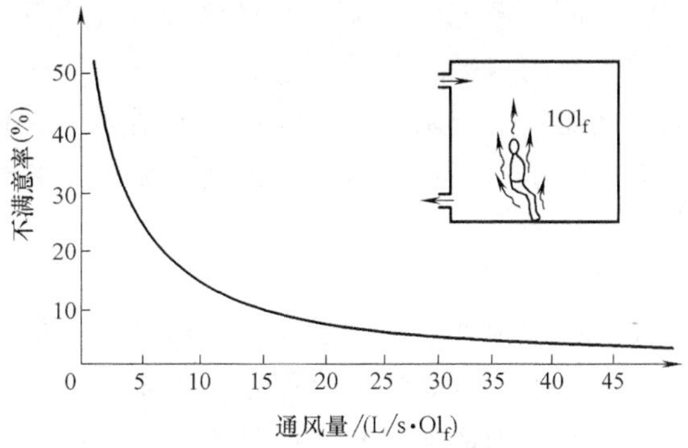

图 6-32 不满意率与通风量的关系

对图 6-32 内曲线的拟合结果为

$$\left.\begin{aligned} PD &= 395\exp(-1.83g^{0.25}) \\ & g \geqslant 0.32 L/s \cdot Ol_f \\ PD &= 100\% \quad g < 0.32 L/s \cdot Ol_f \end{aligned}\right\} \tag{6-21}$$

式中 PD——不满意率；

g——通风量。

由式（6-21）可得，在室内除了人外无其他污染源，且将 $PD=20\%$ 定为空气质量可接受的条件时，每人所需的新鲜空气量约为 $25m^3/h$，而当 $PD=10\%$ 时，则接近 $60m^3/h$。

此外，对 15 个办公建筑的现场研究表明，人体自身的生物污染和吸烟造成的污染为 $52 Ol_f$，建筑表面材料和室内设备的污染为 $28 Ol_f$，而通风空调系统的污染相当于 $58 Ol_f$，这说明通风空调系统对室内环境的污染是不可忽视的。

综上所述，对室内空气质量的全面评价应包括主、客观两方面。美国供暖、制冷和空调工程师协会（ASHRAE）在 1989 年发布的“满足可接受室内空气品质的通风”标准（ASHRAE62—1989）中定义良好的室内空气品质为“空气中没有已知污染物达到公认权威机构规定的浓度指标，且绝大多数人（≥80%）对所处空间空气未表示不满意”。该标准于1996年修订时，除上述表达外，提出可接受感知室内空气品质，以强调“绝大多数人不因气味和刺激性而表示不满”。可见只用可能造成污染的物质浓度限制值来控制室内空气质量是不够的，还必须使该空气环境使人满意。由于人体不能感知无气味和无刺激性的物质成分，所以主观评价方法不够全面。

二、室内空气质量的控制方法

要使室内空气质量达到对人体健康无害且令居住者满意，应采取以下三方面的控制措施：

1. 污染源控制

采用不导致空气污染的材料、物品和用具，或者采用具有低可致污染散发量的材料和物品，从源头上采取的污染控制措施是最有效的。一些发达国家为促进低可致污染散发量的材料和家具等的生产，采用分级标识的做法。使用高级别低可致污染的材料和家具构建的室内空气质量应对人体健康无害且使大多数人满意。

空气调节系统和设备可损害室内空气质量，制定严格、明确的管理制度，提高操作和维护管理人员的水平，并经一定的等级考核，是改善空气质量的重要措施。此外，研究开发低污染、低能耗的空调系统和设备，如阻力小、便于清理的静电过滤器，阻力小、便于水体集中处理的淋水室，不用传动带直连的无蜗壳风机等。总之，空气调节应为室内提供健康、满意的空气环境。

2. 通风稀释

通风是室内外空气的交换，在室外空气质量优于室内的条件下，这种交换就会起到稀释室内污染物、降低其浓度的作用。由室内外空气密度不同而产生的热压和室外空气流动所产生的风压作用形成的自然通风是不耗能的简单通风方式，虽然它不可控，处于一种无组织状态，但不需付出任何代价即可收到一定的效益，因而它是改善室内空气质量措施的首选。

考虑到自然通风受室外空气环境条件变化的限制，稳定性差且保证率低，对要求高且自然通风不易实现的场合，应采用可控并且可靠性高的机械通风。机械通风可以根据污染源在空间内的分布，设计比较合理的气流分布方式。一般空调系统都兼有通风的功能，只要维护管理得当，就能起到向室内供给新鲜空气、稀释室内污染物的作用。

3. 污染物净化

在污染源控制和通风稀释仍不能使室内空气质量达到一定的目标值和使人满意的情况下，采用一些污染物净化的手段是一种补救措施。目前污染物的净化方法主要有吸附法（包括物理吸附和化学吸附）、光催化法、低温等离子体净化法和生物净化等。利用臭氧消毒灭菌也是很有效的，但过高的臭氧浓度反而对人体有害。

思考与练习题

1. 空气的含尘浓度怎样表示？
2. 室内空气的净化要求怎样分类？
3. 我国空气洁净度等级是如何规定的？
4. 过滤器可分为哪几类？

5. 评价过滤器的性能有哪些指标？各指标是如何定义的？
6. 过滤器的选用应考虑哪些方面？
7. 净化空调系统的基本形式有哪几种？
8. 洁净室内采用的气流组织形式有哪几种？
9. 洁净室的正压控制措施有哪些？
10. 保持洁净室净化的综合措施有哪些？
11. 已知过滤器（二级过滤）的过滤效率分别为 $\eta_1=60\%$、$\eta_2=85\%$，过滤器的总效率是多少？
12. 洁净室新风量怎么确定？

第七章

空调系统的风道设计

风道是通风空调工程的重要组成部分。空调房间的送、回风能否达到设计要求，完全取决于风道系统的压力分布以及风机在该系统中的平衡工作点。同时，空气在风道内流动所损失的能量，是靠风机消耗电能予以补偿的。因此，在进行风道系统的设计时，既要考虑满足设计风量等使用要求，又要考虑使其初投资和运行费用最低，同时，还应该考虑和建筑设计的密切配合，做到协调和美观。

第一节　风道内空气流动阻力

空气在风道内流动时，由于黏性和流体的相对运动及流动惯性等因素，并且需要流过一定形状的局部构件，这样就产生了流动阻力。流动阻力包括摩擦阻力和局部阻力，空气在风道内流动过程中，就要克服这两种阻力而消耗能量，流动总阻力为这两者之和，即

$$\Delta p = \sum(\Delta p_m + p_{hm}) \tag{7-1}$$

式中　Δp_m——风管内的摩擦阻力（Pa）；

p_{hm}——风管内的局部阻力（Pa）。

一、摩擦阻力的计算

气体沿管壁流动时，不可避免地产生摩擦阻力，根据流体力学可知，摩擦阻力 Δp_m（单位：Pa）主要发生在流动边界层内，可按下式计算，即

$$\Delta p_m = \lambda \frac{l}{d_e}\frac{\rho v^2}{2} \tag{7-2}$$

式中　λ——摩擦阻力系数；

v——风管内空气的平均速度（m/s）；

ρ——风管内空气的密度（kg/m^3）；

l——风管长度，m；

d_e——风管的当量直径（m），对圆管，d_e 为圆管的内径 D，非圆管的 $d_e = 4R_s = 4A/U$，R_s 为风管的水力半径，A 为风管的过流断面面积，U 为过流断面上流体接触壁面的长度（也称湿周）。

工程上，空气流动阻力常用单位长度风管的摩擦阻力（又称比摩阻）与风管长度的乘积计算，比摩阻 R_m（单位：Pa/m）的表达式为

$$R_m = \frac{\Delta p_m}{l} = \frac{\lambda}{d_e}\frac{\rho v^2}{2} \tag{7-3}$$

1. 摩擦阻力系数 λ 的确定

（1）层流状态

$$\lambda = \frac{64}{Re} \tag{7-4}$$

式中 Re——管内空气流动的雷诺数。

（2）湍流状态

湍流水力光滑区

$$\lambda = \frac{0.3164}{Re^{0.25}} \tag{7-5}$$

湍流过渡区

$$\frac{1}{\sqrt{\lambda}} = -2\lg\left(\frac{K}{3.7D} + \frac{2.51}{Re\sqrt{\lambda}}\right) \tag{7-6}$$

湍流粗糙区

$$\lambda = 0.11\left(\frac{K}{D}\right)^{0.25} \tag{7-7}$$

式中 D——圆风管内径（m）；

K——风管内表面的当量绝对粗糙度（mm）。

各种材料的绝对粗糙度 K 见表 7-1。

表 7-1 各种管材绝对粗糙度 K

管道材料	K/mm	管道材料	K/mm
薄钢板和镀锌板	0.15～0.18	胶合板	1.0
塑料板	0.01～0.05	混凝土板	1～3
矿渣石膏板	1.0	木板	0.2～1.0
矿渣混凝土板	1.5	砖管道	3～6

在空调系统中，空气的流动状态大多处在湍流过渡区，各种管道的摩擦阻力系数 λ 也可以参考表 7-2 中的数据。

表 7-2 管内表面摩擦阴力系数 λ

薄钢板和光滑水泥管	0.1～0.2	水泥胶砂抹的管	
污秽钢管	0.75～0.9	水泥胶砂砖砌管	0.045～0.2
橡皮软管	0.01～0.03	混凝土涵管	0.045～0.2
胶合板管	0.06～0.08	木板	0.09～0.1

2. 矩形风道当量直径的计算

流体力学中讨论的管道，大都是针对圆管而言，风管阻力损失的计算图表也是根据圆形风管绘制的。而在空调系统中，大多采用矩形风管，为此，当风管截面为矩形时，首先要把矩形风管折算成相当于圆形风管的当量直径（即与矩形风管有相等比摩阻的圆形风管直径），再按当量直径求得比摩阻 R_m。

当量直径有两种，一种是流速当量直径，另一种是流量当量直径。

（1）流速当量直径 D_v 假设一圆形风管，风管中的空气流速 v 与矩形风管的空气流速相等，而且两风管中的比摩阻 R_m 值相等，则此圆形风管的直径就称为该矩形风管的流速当量直径，以 D_v 表示。

根据定义及式（7-2），则有下式成立，即

$$R_m=\left(\frac{\lambda}{D_v}\frac{\rho v^2}{2}\right)_{圆形}=\left(\frac{\lambda}{d_e}\frac{\rho v^2}{2}\right)_{矩形}$$

因 λ、v、ρ 都彼此相等，所以可得

$$D_v=d_e=\frac{4ab}{2(a+b)}=\frac{2ab}{a+b} \tag{7-8}$$

式中 a、b——矩形风道的边长（m）；

D_v——矩形风管的流速当量直径（m）。

（2）流量当量直径　假设一圆形风管，风管中的空气流量 L 与矩形风管中的空气流量相等，且两风管中比摩阻 R_m 也相等，则此圆形风管的直径就称为该矩形风管的流量当量直径，以 D_L 表示。

对圆形风管有

$$v'=\frac{4L}{\pi D_L^2},\Delta p'_m=\frac{\lambda l}{D_L}\frac{\rho\left[4L/(\pi D_L^2)\right]^2}{2}$$

对矩形风管有

$$v''=\frac{L}{ab},\Delta p''_m=\frac{\lambda l}{2ab/(a+b)}\frac{\rho\left[L/(ab)\right]^2}{2}$$

令 $\Delta p'_m=\Delta p''_m$，得流量当量直径为

$$D_L=1.27\sqrt[5]{\frac{a^3b^3}{a+b}} \tag{7-9}$$

为了简化矩形风管流量当量直径的计算过程，将上式制作成专门的计算表，见表 7-3，利用此表可直接查取矩形风管的流量当量直径。

3. 摩擦阻力的温度修正

因风管内空气温度会影响风管中空气摩擦阻力的大小，温度的变化使空气的密度和运动黏度发生变化，所以要对摩擦阻力的值进行修正。温度不同时可按下式加以修正，即

$$\varepsilon_t=\left(\frac{293}{t+273}\right)^{0.825} \tag{7-10}$$

式中 ε_t——温度修正系数，ε_t 的值可由图 7-1 查取。

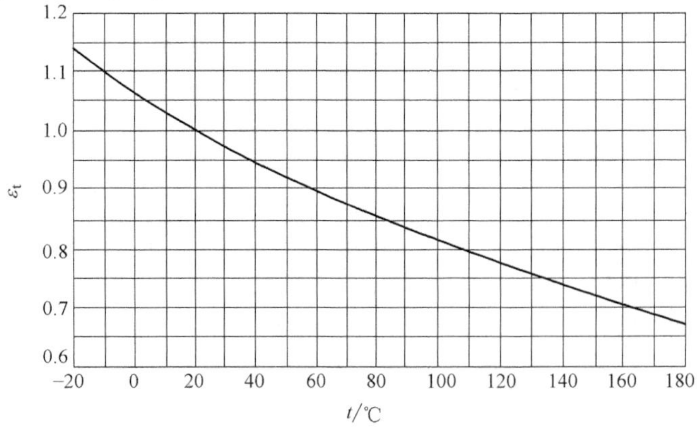

图 7-1　摩擦阻力温度修正系数

表 7-3 矩形风管流量当量直径

b \ a	100	120	140	160	180	200	220	240	250	260	280	300	320	340	360	380	400	420	440	460	480	500
100	109																					
120	119	131																				
140	129	142	153																			
160	137	151	163	175																		
180	145	160	173	185	197																	
200	152	168	182	195	207	219																
220	159	176	191	204	217	229	241															
240	166	183	198	213	226	239	251	262														
250	169	186	202	217	231	244	256	268	273													
260	172	190	206	221	235	248	261	272	279	284												
280	177	196	213	229	244	257	271	282	289	295	306											
300	183	202	220	237	252	267	280	293	299	305	316	328										
320	188	208	227	244	260	275	289	301	309	314	326	338	350									
340	193	214	233	251	267	283	297	310	318	323	336	348	360	372								
360	198	219	239	258	274	290	305	320	327	333	346	358	370	382	394							
380	203	225	245	264	281	298	314	328	335	342	355	367	380	392	404	416						
400	207	230	250	270	288	305	321	336	343	351	264	376	390	402	414	426	438					
420	211	234	256	276	294	312	328	344	351	359	373	386	399	411	424	436	448	459				
440	215	239	261	282	300	319	335	352	360	367	381	395	408	420	434	446	458	469	481			
460	219	243	267	287	306	325	342	359	366	374	389	403	417	430	443	456	468	479	491	503		
480	223	248	272	292	312	331	349	366	374	382	397	412	426	439	452	465	478	489	502	513	526	
500	227	252	276	298	318	337	355	373	381	389	404	420	435	448	461	474	488	498	512	523	536	547
520	231	256	281	303	324	343	362	380	388	396	412	428	443	457	471	483	497	508	522	533	546	558
540	234	261	285	308	329	349	368	387	395	403	420	436	450	465	480	494	506	518	532	543	556	568
560	238	265	289	312	334	355	374	393	401	410	427	443	458	473	488	501	515	527	541	553	565	578
580	242	269	293	317	339	360	380	398	407	417	434	450	466	481	496	510	524	537	550	562	575	588
600	245	273	298	322	345	365	386	404	414	423	440	458	473	489	504	518	533	546	559	571	585	598
620	248	276	302	326	350	371	392	410	420	429	447	465	480	497	512	526	542	555	568	580	594	607
630	250	278	304	328	352	373	394	414	423	432	450	468	484	500	516	530	545	559	573	586	599	612
640	252	279	306	331	355	376	397	416	426	435	454	472	487	504	520	534	550	564	577	590	603	616
660	255	283	310	335	359	381	402	422	432	441	460	478	495	511	528	542	558	572	586	599	612	625
680	258	387	314	339	363	386	407	428	437	447	466	484	502	518	535	550	566	580	595	608	621	634
700	261	291	318	343	368	391	413	433	443	453	472	490	509	525	542	558	573	588	603	617	630	643
720	264	294	323	348	373	396	418	438	448	459	478	497	515	532	549	565	580	596	611	626	639	652
740	267	297	325	352	376	400	423	444	454	464	484	503	521	539	556	572	588	604	619	633	648	661
760	260	300	330	356	381	405	428	449	459	470	490	508	527	546	563	579	595	612	627	641	656	670
780	273	305	333	360	385	409	433	455	465	475	495	515	533	552	570	586	603	620	634	649	664	679
800	276	307	336	362	389	413	438	460	470	480	501	520	539	556	576	593	610	627	641	657	672	687

（续）

a / b	500	550	600	630	650	700	750	800	850	900	950	1000	1100	1200	1250	1300	1400	1500	1600	1700	1800	1900	2000
500	547																						
550	573	601																					
600	598	628	657																				
630	612	643	672	689																			
650	622	653	683	699	711																		
700	643	677	707	726	737	765																	
750	666	700	732	751	763	792	820																
800	687	722	754	775	787	818	847	875															
850	707	743	777	797	810	842	873	902	929														
900	726	751	799	820	833	866	897	927	956	984													
950	744	783	820	841	855	889	921	952	982	1010	1040												
1000	762	802	840	862	876	911	944	976	1010	1040	1070	1090											
1050	779	820	859	882	897	932	967	1000	1030	1070	1090	1120											
1100	796	838	878	901	916	953	988	1020	1060	1080	1120	1140	1200										
1150	812	855	896	920	932	973	1010	1040	1080	1110	1140	1170	1230										
1200	827	872	914	938	955	993	1030	1070	1100	1130	1170	1190	1250	1310									
1250	843	888	931	956	973	1010	1050	1090	1120	1160	1190	1220	1280	1340	1370								
1300	858	904	945	973	990	1020	1070	1110	1140	1180	1200	1240	1300	1360	1400	1420							
1350	872	919	964	990	1010	1050	1090	1130	1160	1200	1230	1270	1330	1390	1420	1450							
1400	886	934	980	1010	1020	1070	1110	1150	1180	1220	1260	1290	1350	1420	1450	1470	1530						
1450	900	949	996	1020	1040	1080	1130	1160	1200	1240	1280	1310	1380	1440	1470	1500	1560						
1500	913	963	1010	1040	1060	1100	1140	1180	1220	1260	1300	1330	1400	1460	1500	1530	1580	1640					
1600	939	991	1040	1070	1090	1140	1180	1220	1260	1300	1340	1370	1440	1510	1540	1570	1630	1690					
1700	965	1020	1070	1100	1120	1170	1210	1250	1300	1340	1380	1410	1490	1550	1590	1610	1680	1740	1800	1860			
1800	989	1040	1100	1130	1150	1190	1240	1290	1330	1370	1410	1450	1530	1600	1630	1660	1730	1790	1850	1910	1970		
1900	1010	1070	1120	1150	1170	1220	1280	1320	1360	1410	1450	1490	1560	1640	1680	1710	1780	1840	1900	1960	2020	2080	
2000	1030	1090	1150	1180	1200	1250	1300	1360	1390	1440	1480	1520	1590	1680	1720	1750	1820	1880	1950	2010	2070	2130	2190
2100	1060	1110	1180	1210	1230	1280	1330	1380	1430	1470	1520	1560	1630	1720	1760	1790	1870	1930	2000	2060	2120	2180	2240
2200	1080	1140	1200	1230	1250	1310	1360	1410	1460	1500	1550	1590	1670	1760	1800	1830	1910	1970	2040	2100	2170	2230	2290
2300	1100	1160	1220	1250	1280	1330	1380	1430	1500	1530	1580	1620	1710	1790	1830	1870	1950	2020	2090	2160	2220	2280	2340
2400	1120	1180	1240	1270	1300	1360	1410	1460	1510	1560	1610	1650	1740	1830	1870	1910	1990	2060	2130	2200	2270	2330	2390
2500	1440	1200	1260	1300	1320	1380	1430	1490	1540	1590	1640	1680	1780	1860	1900	1940	2020	2100	2170	2240	2330	2380	2440
2600	1150	1220	1280	1320	1340	1400	1460	1510	1560	1620	1660	1710	1810	1900	1940	1990	2060	2140	2210	2280	2360	2420	2490
2700	1170	1240	1300	1340	1370	1430	1480	1540	1590	1640	1690	1740	1840	1930	1 970	2010	2100	2180	2250	2330	2400	2470	2530
2800	1190	1260	1320	1360	1390	1450	1510	1560	1620	1670	1720	1770	1860	1960	2010	2050	2130	2210	2290	2370	2440	2510	2580
2900	1210	1280	1340	1380	1410	1470	1530	1590	1640	1700	1750	1800	1900	1990	2040	2080	2170	2250	2330	2410	2480	2550	2620
3000	1220	1290	1360	1400	1430	1490	1550	1610	1670	1720	1770	1830	1930	2020	2070	2110	2200	2290	2370	2240	2520	2590	2660

4. 比摩阻线算图

在风管设计中，为了避免烦琐的计算，常将比摩阻 R_m 根据式（7-3）制成线算图进行计算。图 7-2 所示为圆形风管的比摩阻线算图。图的横坐标为每小时通过的风量，纵坐标为比摩阻，图中有两种直线，粗线上标出管径，细线上标出流速和动压。该图的制作条件是：大气压力为 101.3kPa、温度为 20℃、相对湿度为 60% 的标准空气，其密度 ρ 为 $1.2kg/m^3$，运动黏度 $\nu=15.06\times10^{-6}\ m^2/s$，管道绝对粗糙度 $K=0$，按照湍流过渡区公式计算。线算图左边是风道粗糙度修正，各种管材的绝对粗糙度见表 7-1。使用线算图时，已知流量 L、流速 v、管径 D、比摩阻 R_m 及动压头 p_d 中的任意两个，即可查出其他三个参数。

必须说明的是，在利用线算图查摩擦阻力时，一定要注意对应的关系。当采用流速当量直径 D_v 时，必须结合风管内的空气流速 v 查比摩阻 R_m；若采用流量当量直径 D_L 时，必须对应风管内的空气流量 L 查取比摩阻 R_m。但是不论采用哪种当量直径查比摩阻，其值都应是相等的。

【例 7-1】 有一矩形薄钢板风道，风管的断面尺寸为 800mm × 630mm，风量为 $15000m^3/h$，管壁粗糙度 $K=0.15$，空气的温度为 50℃，试求该风道的比摩阻。

【解】 矩形风管内空气的流速为

$$v=\frac{L}{3600A}=\frac{15000}{3600\times0.8\times0.63}m/s=8.267m/s$$

矩形风道的流速当量直径为

$$D_v=\frac{2ab}{a+b}=\frac{2\times0.8\times0.63}{0.8+0.63}m=0.705m$$

由 $v=8.267m/s$、$D_v=0.705m$、$K=0.15mm$，查得 $R_m=0.90Pa/m$。

计算温度修正系数

$$\varepsilon_t=\left(\frac{293}{t'+273}\right)^{0.825}=\left(\frac{293}{50+273}\right)^{0.825}=0.923$$

所以该风道的比摩阻为 $R'_m=\varepsilon_t R_m=0.923\times0.90Pa/m=0.831Pa/m$

二、局部阻力及其降低措施

在风道系统中，总要安装一些管件用以调节或控制空气的流动，如弯头、三通、变径管、入口、出口、阀门、风帽、百叶窗等。流体通过这些局部构件时，由于流动方向的改变或断面发生变化等原因所造成的压力损失，称为局部阻力损失。

风管局部阻力损失按下式计算，即

$$p_{hm}=\zeta\frac{\rho v^2}{2} \tag{7-11}$$

式中 p_{hm}——局部阻力损失（Pa）；

ζ——局部阻力系数。

局部阻力系数 ζ 详见有关设计资料或由附录 C-1 查取，附录中列出了常用的通风构件的局部阻力系数，某些空调设备，如加热器、过滤器、冷却器等的局部阻力或阻力系数可根据它们的产品说明书确定。用实验方法确定局部阻力系数时，往往很难将风道部件本身的摩擦阻力和局部阻力分开，因此局部阻力系数一般包括了这两者的作用，计算时不必再另外考虑这些部件的摩擦阻力，同时要注意，由表中查得的局部阻力系数必须与对应的动压相一致。为了在设计和施工时尽量减小局部阻力，以利于节能，下面对几种典型的局部构件进行简单介绍。

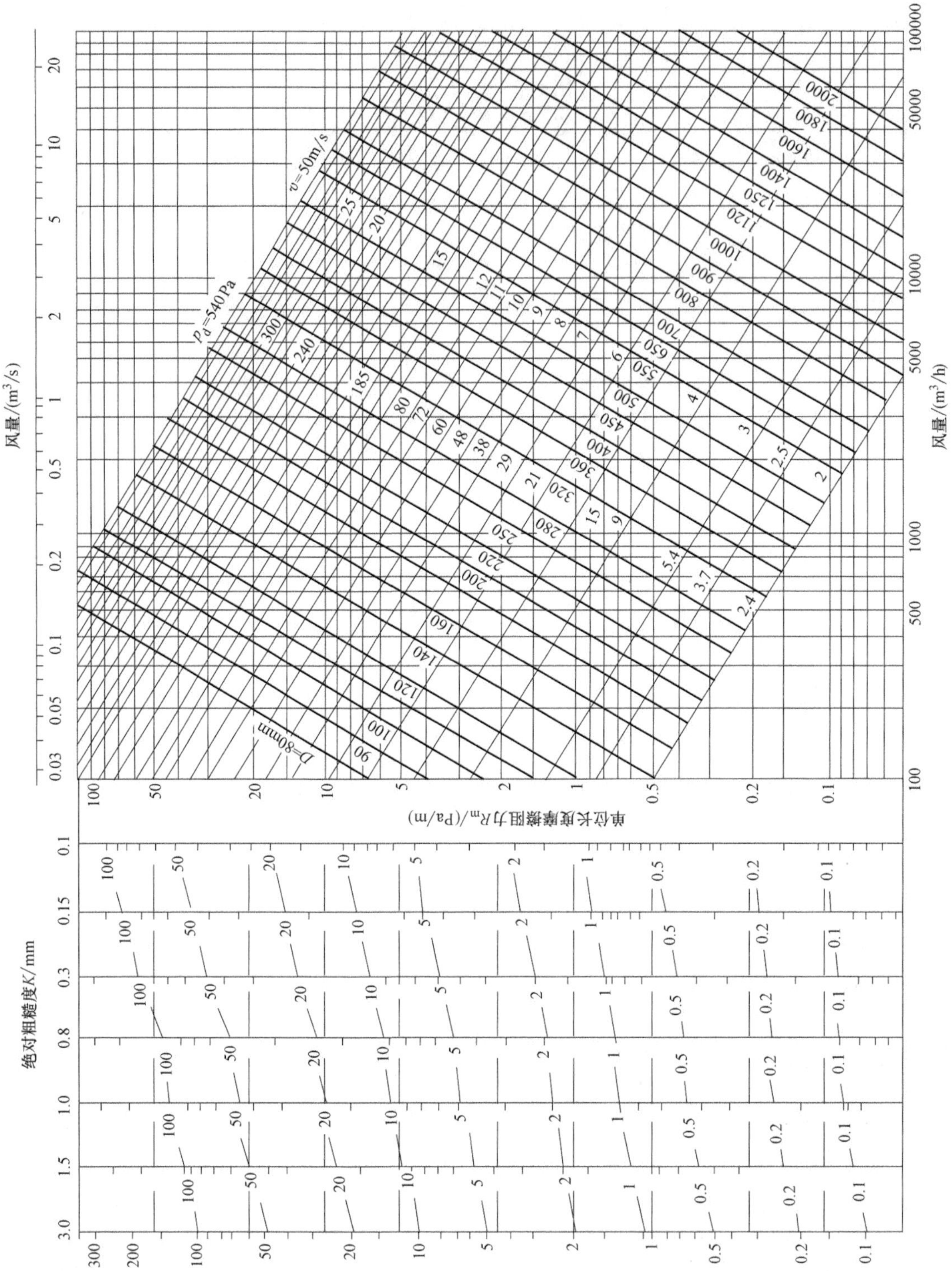

图 7-2 圆形风管的比摩阻线算图

1. 弯头

空气流过弯头时，流向发生变化，将形成两个涡流区Ⅰ和Ⅱ，如图7-3所示。由于气流的惯性，在边壁的尖角处发生边界层脱离而形成旋涡Ⅰ，同时由于离心力的作用，使管壁外侧减速增压，外侧压力大于内侧，外侧流速小于内侧，在外侧也会发生边界层脱离形成旋涡Ⅱ。随着弯头曲率半径的减小，旋涡造成的压力损失加大。为了减小形成旋涡的压力损失，可采取以下措施：

1）增大弯头的曲率半径 r。

2）在弯头内设置导流叶片，减小涡流。

加设导流板比增加曲率半径更有利。

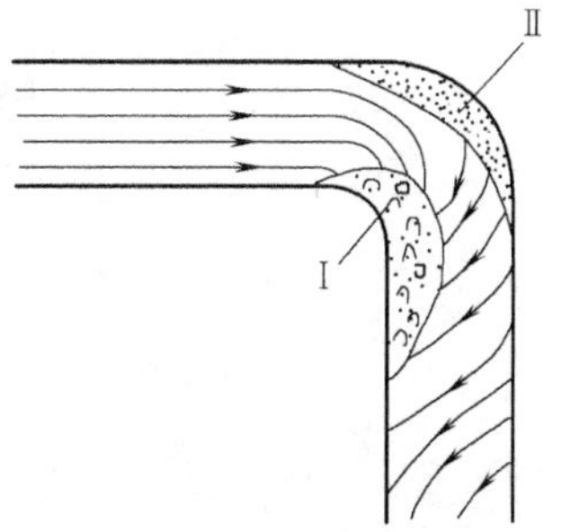

图7-3　弯头内空气的流动状态

2. 变径管

空气流经变径管时，由于过流断面的变化而引起流速变化，突然扩大时造成静压减小，突然缩小时造成静压加大，从而在减速增压区内将形成涡流，消耗能量。过流断面变化越大，损失也越大，要想减小阻力损失，就必须减小过流断面的变化，可以用渐变管来代替突然扩大和突然缩小。图7-4所示为渐扩管中气体的流动状况，由于进气的射流作用，流体在渐扩管内就脱离了管壁，并沿管壁形成涡流区，扩散角 α 越大，涡流区就越大，压力损失也大。为了减小阻力，一般扩散角 $\alpha \leqslant 45°$ 为宜。

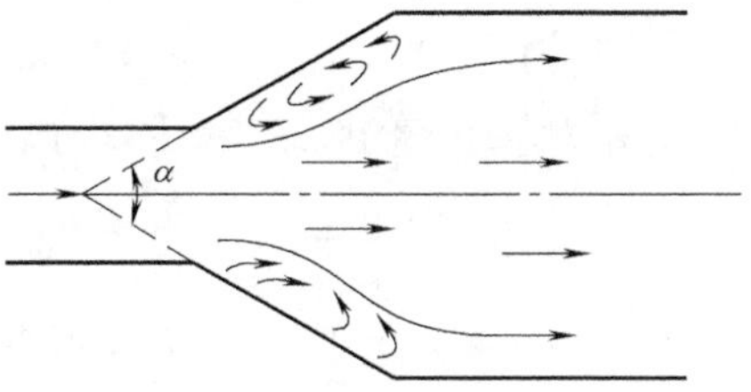

图7-4　渐扩管中气体的流动状况

3. 三通

流体流过三通时，由于速度的大小和方向发生变化，出现涡流，因而造成局部阻力损失。三通的局部阻力大小与三通断面的形状、两支管的夹角、支管与总管的截面比有关。

三通有两个支管，所以有两个局部阻力系数，除特别注明对应各自的动压外，一般都对应总压头。图7-5所示为合流三通中流体的运动状况。需要说明的是，当直管内气流速度大于支管内气流速度时，会发生直管气流引射支管气流的现象，即直管损失能量，支管得到能量，使支管的局部阻力系数出现负值。为避免这种现象发生，尽量使两支管和总管的气流速度相等。

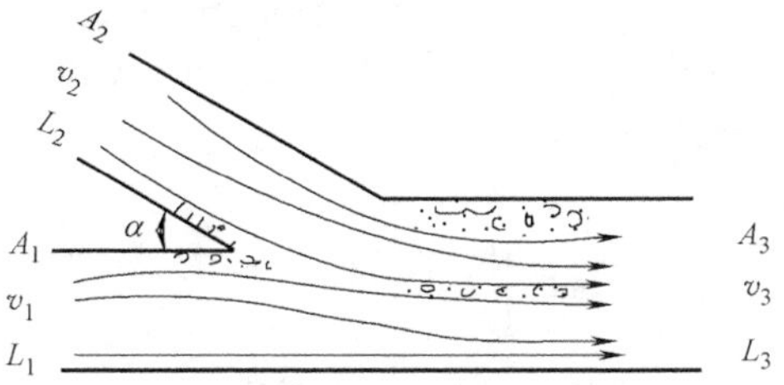

图7-5　合流三通中流体的运动状况

为减小三通的局部阻力，应尽量减小支流与总流的夹角，一般不超过30°，同时也可在三通内加设导流片。

4. 气流的进口和出口

流体在进口处，由于惯性，流速方向为半径的方向，指向管轴心，这样入口截面上流速不同，静压也不同，形成涡流，造成压力损失，如图7-6a所示。为了减小进口局部阻力，进口处可做成流线型，如图7-6b所示。

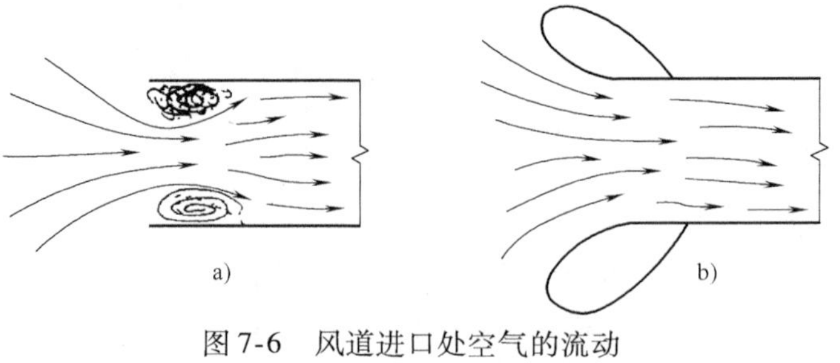

图 7-6　风道进口处空气的流动

流体在出口处，实际上是突然扩大。为了减小出口处局部阻力损失，出口处可做成扩张型，如图 7-7 所示。

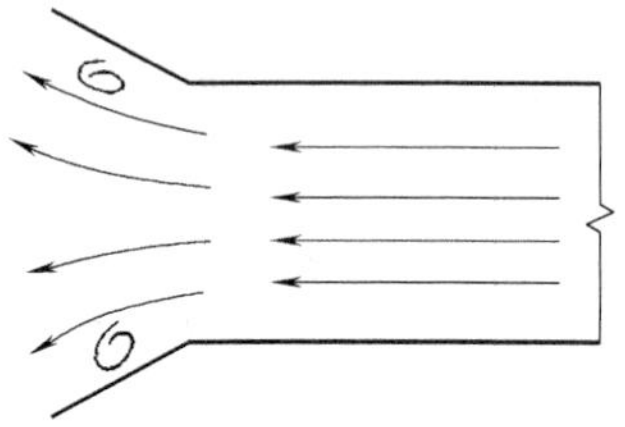

图 7-7　扩张型风道出口处空气的流动

三、风道内的压力分布

为了能正确对风道系统进行设计，有必要对风道中空气压力的分布情况进行分析。空气在风道内从 1 断面流向 2 断面时，其压力的变化应符合伯努利定律，即

$$p_{j1}+\frac{\rho v_1^2}{2}=p_{j2}+\frac{\rho v_2^2}{2}+\Delta p_{1-2} \tag{7-12}$$

式中　p_{j1}、p_{j2}——风道 1、2 截面处的静压（Pa）；

$\frac{\rho v_1^2}{2}$、$\frac{\rho v_2^2}{2}$——风道 1、2 截面处的动压（Pa）；

Δp_{1-2}——风管 1、2 断面之间的沿程阻力损失与局部阻力损失之和。

由此可见，风道内的压力包括动压和静压两部分，称为全压。即

$$p_q=p_d+p_j \tag{7-13}$$

空气在流动过程中存在着流动阻力，要损失能量，即全压随着流动过程在变化。同时，当风道的过流断面或流量发生变化时，会引起动压和静压之间的相互转化，因此在整个风道系统中，形成了压力分布。

图 7-8 所示为兼有摩擦阻力和局部阻力的风道系统，取大气压力为零，则风机开动后，各断面的压力计算如下：

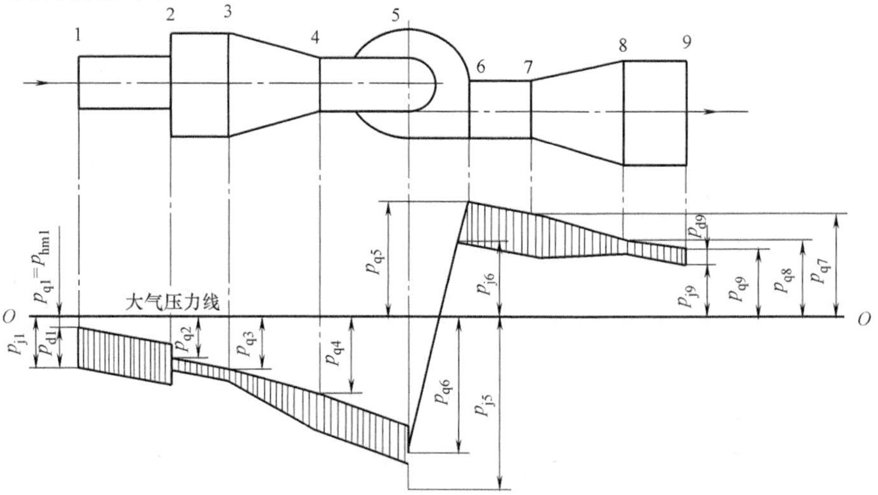

图 7-8　风道内空气压力分布图

断面 1（风道进口处）：

空气进口处即截面 1 满足：$p_{q0}=p_{q1}+p_{hm1}$，由 p_{q0} = 大气压力 =0，得 $p_{q1}=-p_{hm1}$。又 1 断面的动压为 $p_{d1}=\frac{\rho v_1^2}{2}$，则有 1 断面的静压 $p_{j1}=p_{q1}-p_{d1}=-\left(p_{hm1}+\frac{\rho v_1^2}{2}\right)$。

断面 2：$p_{d2}=p_{q1}-(R_m l+p_{hm})_{1-2}=p_{q1}-R_{m,1-2}l_{1-2}-p_{hm,1-2}$

因 $v_1>v_2$，故 $p_{d2}=\frac{\rho v_2^2}{2}<p_{d1}=\frac{\rho v_2^2}{2}$。

得 $p_{j2}=p_{q2}-p_{d2}=-\ (p_{hm1}+R_{m,1-2}l_{1-2}+p_{hm2})\ -\frac{\rho v_2^2}{2}$

式中 $R_{m,1-2}$——管段 1-2 的比摩阻；

p_{hm2}——管段突然扩大时的局部阻力损失。

由于断面 2 的流速小于断面 1 的流速，空气流过 2 后发生静压复得现象。以下各断面的静压均为全压减动压，不再重复说明。

断面 3：
$$p_{q3}=p_{q2}-(R_m l+p_{hm})_{2-3}=p_{q2}-R_{m,2-3}l_{2-3}$$
$$p_{d3}=\frac{\rho v_3^2}{2}=p_{d2}$$

断面 4：
$$p_{q4}=p_{q3}-p_{hm3}$$

式中 p_{hm3}——渐缩管 3-4 间的局部阻力损失。

断面 5（风机进口处）：$p_{q5}=p_{q4}-(R_{m,4-5}l_{4-5}+p_{hm5})$

式中 $R_{m,4-5}$——管段 4-5 间的比摩阻；

p_{hm5}——风机进口处 90°弯头的局部阻力损失。

断面 9（风道出口处）：空气出口处的静压为大气压力，为 0，但出口处还有一定的气流速度，因而还有一定的动压，因此

$$p_{q9}=p_{d9}+p'_{hm9}=(1+\zeta'_9)\frac{\rho v_9^2}{2}=\zeta_9\frac{\rho v_9^2}{2}=p_{hm9}$$

式中 v_9——风道出口处空气流速；

p'_{hm9}——风道出口的局部阻力损失；

ζ'_9——风道出口处的局部阻力系数；

ζ_9——包括动压损失在内的出口处的局部阻力系数，这时特别要注意的是在手册中一般是直接给出 ζ 值而不是 ζ'；

p_{hm9}——包括出口动压损失在内的出口局部阻力损失。

断面 8：
$$p_{q8}=p_{q9}+R_m l_{8-9}$$

断面 7：
$$p_{q7}=p_{q8}+p_{hm,7-8}$$

式中 $p_{hm,7-8}$——断面 7-8 之间渐扩管的局部阻力损失。

断面 6：
$$p_{q6}=p_{q7}+R_{m,6-7}l_{6-7}$$

根据摩擦阻力与风道长度之间的直线关系，把以上各点的全压标在图上，连接各个全压线，可得到全压分布线。以各点全压减动压，即可画出静压分布线，如图 7-8 所示。

由压力分布图和分析计算，可以看出空气在风道内的流动规律如下：

1）当空气由静止变为流动状态时，只能靠静压转化为动压来实现，且动压为正。

2）以风机为界，吸入侧的静压都为负值，压出侧的静压都为正值，且在风机入口处全压和静压最小，在风机出口处全压和静压最大。由此，要保持风管接口处的严密，否则会有空气漏进或漏出，影响送风量。

3）风道两个断面的全压差即为两断面间风道的总压力损失。

4）风机压头等于风机进、出口处的全压差，也等于风道的阻力及出口处的动压之和，亦即等于风道的总阻力。即 $\Delta p = p_{q6} - p_{q5} = \sum_{1}^{9}(R_m l + p_{hm})$。

第二节　风道的设计计算

一、风道的设计原则

1）风管的截面尺寸，应采用国家颁布的通风管道的统一规格，以利于工业化制作。风管的统一规格详见附录 C-2。

2）各并联支管之间的计算压力损失不平衡率应不大于 15%。如果不满足此要求，可以通过调整管径的方法使之达到平衡。由于管径与总阻力之间的近似关系为 $\Delta p \propto D^{0.22}$，若以 D、D'表示调整前后的管径，Δp、$\Delta p'$表示调整前后的总阻力，则有

$$D' = D\left(\frac{\Delta p}{\Delta p'}\right)^{0.22} \tag{7-14}$$

按照上式调整管径，直到阻力平衡达到要求为止。此外，在不可能通过确定分支管管径达到阻力平衡要求时，可利用风阀进行调节。

3）尽量减少局部构件的数量或采用局部阻力系数小的构件，以减小局部阻力损失。

4）风机风压的确定，宜按风道总压力损失的 10% ~15% 数值附加；风机风量的大小宜按系统总风量的 10% 附加。

二、风道的设计计算方法

风道的设计计算有以下几种：

（1）流速控制法　流速控制法是先按技术经济要求选定风管的流速，再根据风量确定风管的断面尺寸和阻力。

（2）压损平均法　压损平均法也称为当量阻力法。这种方法是在已知的情况下将总压头按干管长度平均分配给各部分，再根据各部分的风量和分配到的作用压头计算管道断面尺寸。该方法适用于风机压头已定以及进行分支管路压损平衡等场合。

（3）静压复得法　当流体的全压一定时，风速降低，则静压增加。静压复得法就是利用这种管段内静压和动压的相互转换，由风管每一分支处复得的静压来克服该管段的阻力，根据这一原则确定风管的断面尺寸。此法适用于高速空调系统的设计计算。

工程上应用最多的是流速控制法，下面主要介绍用这种方法进行风道系统的设计计算。

三、假定流速法风道设计计算方法

假定流速法的设计计算步骤是：

1）绘制系统轴测图，标注各段长度和风量。

2）选定最不利环路（一般是指最长或局部构件最多的分支管路）。

3）选定流速，确定断面尺寸，并校核管内实际流速。根据附录 C-3 和附录 C-4 选定流

速，表中所列风速大部分有一高低范围，当风量较大时，可取表中上限。根据给定风量和选定流速，计算管道断面尺寸 $a \times b$（或管径 D），并使其符合附录 C-2 中所列的通风管道统一规格。再用规格化了的断面尺寸及风量，算出风道内实际流速。

4）计算各管段的比摩阻 R_m 和局部阻力 p_{hm}。阻力计算应从最不利环路开始。

5）计算各段总阻力，并检查并联各管路的阻力平衡情况。

6）根据系统的总阻力和总风量选择风机。

【例 7-2】 有一风机盘管空调系统的新风系统，风道全部用镀锌钢板（$K=0.15$mm）制作。每个送风口的风量为 1080m³/h，空调处理箱阻力为 295Pa，试确定该系统的风道断面尺寸及所需风机压头。

【解】 1. 绘制系统的轴测图，如图 7-9 所示。并对各管段进行编号，标注管段长度和风量。

2. 选定最长的管段 1-2-3-4-5-6 为最不利环路。

3. 选定流速，确定断面尺寸。

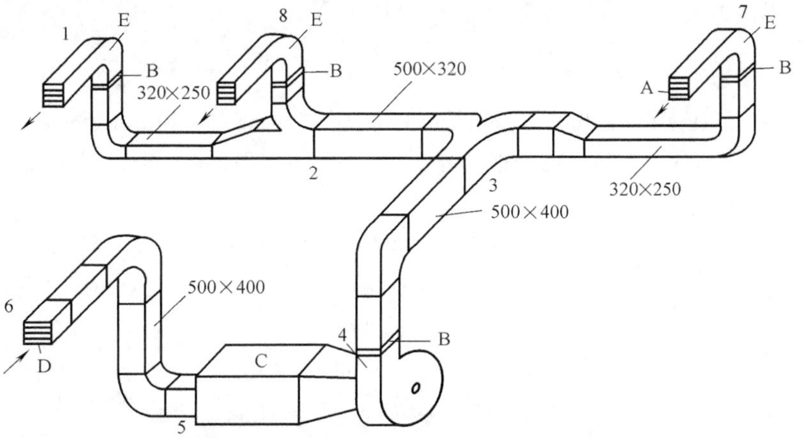

图 7-9　例 7-2 图

A—活动百叶风口　B—风量调节阀　C—空气处理室　D—固定百叶风口　E—变径弯头

管段 1-2：风量为 1080m³/h，初选流速为 4m/s，算得风管断面面积为

$$A' = \frac{1080}{3600 \times 4}\text{m}^2 = 0.075\text{m}^2$$

根据附录 C-2，将 A'规格化为 320mm × 250mm，实际面积为 $A = 0.08\text{m}^2$，这时管内空气实际流速为 3.75m/s。

管段 2-3：风量为 2160m³/h，初选流速为 4m/s，同理得风管的断面面积为 $A' = 0.15\text{m}^2$。管道断面规格化尺寸为 500mm × 320mm，管内实际流速为 3.75m/s。

管段 3-4：风量为 3240m³/h，初选流速为 5m/s，算得风管的断面面积为 $A' = 0.18\text{m}^2$，则管道断面的规格化尺寸为 500mm × 400mm，管内实际流速为 4.5m/s。

管段 5-6：风量为 3240m³/h，初选流速为 5m/s，算得风管的断面面积为 $A' = 0.18\text{m}^2$，则管道断面的规格化尺寸为 500mm × 400mm，管内实际流速为 4.5m/s。

管段 7-3：风量为 1080m³/h，初选管道流速为 4m/s，算得风管的断面面积为 $A' = 0.075\text{m}^2$，则规格化尺寸为 320mm × 250mm，风管内的实际流速为 3.75m/s。

管段 8-2：风量为 1080 m^3/h，初选风速为 4m/s，同理得管道的规格化尺寸为 320mm × 250mm，风管内的实际流速为 3.75m/s。

4. 计算摩擦阻力和局部阻力

管段 1-2：（管长 9m）

（1）摩擦阻力部分　根据风管流速 3.75m/s 和流速当量直径 281mm，查图 7-2 得比摩阻 $R_m = 0.71\text{Pa/m}$，得管段 1-2 的摩擦阻力 $\Delta p_{m,1\text{-}2} = 0.71 \times 9\text{Pa} = 6.39\text{Pa}$。

（2）局部阻力部分

1）活动百叶风口。送风口 A 采用活动百叶风口，风口的有效截面利用系数为 0.8，初选取风口的送风速度为 3.0m/s，则风口面积为 $\frac{1080}{3600 \times 3.0 \times 0.8}\text{m}^2 = 0.125\text{m}^2$，取其外形尺寸为 500mm × 250mm，计算风口迎面风速为 $\frac{1080}{3600 \times 0.5 \times 0.25}\text{m/s} = 2.4\text{m/s}$。

由风口有效面积利用系数 0.8，查附录 C-1 序号 25，查得活动百叶风口的局部阻力系数为 $\zeta = 3.5$，则计算出活动百叶风口的局部阻力损失为

$$p_{\text{hmA}} = \zeta \frac{\rho v^2}{2} = 3.5 \times \frac{1.2 \times 2.4^2}{2}\text{Pa} = 12.1\text{Pa}$$

2）变径弯头（90°）。沿气流方向断面 320mm × 250mm 变为 500mm × 250mm，查附录 C-1 序号 10，按 $a_0/b_0 = 0.25/0.32 = 0.78$，$b_1/b_0 = 0.5/0.32 = 1.56$，查得局部阻力系数为 $\zeta = 0.91$（对应于小截面的动压）。

3）多叶调节阀。根据三叶片及全开情况查附录 C-1 序号 27，查得 $\zeta = 0.25$。

4）弯头。根据 $\alpha = 90°$，$r/b = 1.0$，$a/b = 0.32/0.25 = 1.28$，查附录 C-1 序号 7，得 $\zeta = 0.20$。

5）渐缩管。截面由 500mm × 320mm 变成 250mm × 320mm，采用单面缩小，查附录 C-1 序号 5，按 $\theta = 60°$，查得 $\zeta = 0.07$（对应小截面 A_1 的流速）。

6）三通直通。根据三通直通断面与总流断面之比为 0.5，三通直通风量与总风量之比为 0.5，查附录 C-1 序号 16，得 $\zeta = 0.12$，对应总流动压，由以上计算知总流速度也为 3.75m/s，则该段局部阻力损失与总阻力损失分别为

$$p_{\text{hm},1-2} = 12.1 + \sum\zeta \frac{\rho v^2}{2} = \left(12.1 + \sum\zeta \frac{1.2 \times 3.75^2}{2}\right)\text{Pa} = 25.18\text{Pa}$$

$$\Delta p_{1\text{-}2} = \Delta p_{m,1\text{-}2} + p_{\text{hm},1\text{-}2} = (6.39 + 25.18)\text{Pa} = 31.57\text{Pa}$$

管段 2-3（管长 5m）：

（1）摩擦阻力部分　风道速度为 3.75m/s，风管的流速当量直径为 390mm，查得 $R_m = 0.49\ \text{Pa/m}$，则 $\Delta p_{m,2\text{-}3} = 5 \times 0.49\text{Pa} = 2.45\text{Pa}$。

（2）局部阻力部分　局部构件为分叉三通，根据分支管与总支管断面之比为 0.8，查附录 C-1 序号 18，得 $\zeta = 0.27$，相对应于总流动压（总流流速为 4.5m/s），则

$$p_{\text{hm},2\text{-}3} = \zeta \frac{\rho v^2}{2} = 0.27 \times \frac{1.2 \times 4.5^2}{2}\text{Pa} = 3.28\text{Pa}$$

$$\Delta p_{2-3} = 5.73\text{Pa}$$

管段 3-4（管长 8m）：

（1）摩擦阻力部分　风速为 4.5m/s，风管的流速当量直径为 444mm，查得 $R_m =$

0.56Pa/m，则 $\Delta p_{m,3-4}=0.56\times8\text{Pa}=4.48\text{Pa}$。

（2）局部阻力部分

1）90°弯头。$r/b=1$，$a/b=0.8$，查附录 C-1 序号 7 得 $\zeta=0.23$。

2）风量调节阀。根据三叶片全开度，查附录 C-1 序号 27，得 $\zeta=0.25$。

根据计算得该段的局部阻力 $p_{hm,3-4}=5.83\text{Pa}$，总阻力 $\Delta p_{3-4}=10.31\text{Pa}$。

管段 4-5：

空调箱及其出口渐缩管合为一个局部阻力，即 $\Delta p_{4-5}=295\text{Pa}$。

管段 5-6（管长 6m）：

（1）摩擦阻力部分　风速为 4.5m/s，风管当量直径为 444mm，查得 $R_m=0.56\text{Pa/m}$，计算阻力 $\Delta p_{m,1-2}=3.36\text{Pa}$。

（2）局部阻力部分

1）固定百叶风口。进风口 D 采用固定百叶风口，有效面积利用系数为 0.8，进风量为 $3240\text{m}^3/\text{h}$，假定进风口的风速为 3.5m/s，则固定百叶风口面积为$\dfrac{3240}{3600\times3.5\times0.8}\text{m}^2=0.321\text{m}^2$，取其外形尺寸为 500mm×630mm，则风口面风速为$\dfrac{3240}{3600\times0.63\times0.5}\text{m/s}=2.86\text{m/s}$。

查附录 C-1 序号 25，得 $\zeta=0.9$（对应面风速）。

2）渐缩管。截面由 500mm×630mm 渐缩为 500mm×400mm，查附录 C-1 序号 5，按 $\theta=60°$查得 $\zeta=0.07$，对应小头流速。

3）90°弯头两个。由 $r/b=1$，$a/b=1.25$，查附录 C-1 序号 7，得 $\zeta=0.2$；由 $r/b=1$，$a/b=0.8$，查得 $\zeta=0.23$，共计 $\sum\zeta=0.43$。

4）突扩（空调器进口）。新风管入口与空调箱截面面积之比设为 $A_0/A_1=0.5$，由附录 C-1 序号 3，得 $\zeta=0.26$（对应小头截面流速），可得 $p_{hm,5-6}=13.65\text{Pa}$，$\Delta p_{5-6}=17.01\text{Pa}$。

管段 7-3（管长为 13m）：

（1）摩擦阻力部分　条件同管段 1-2，即 $R_m=0.71\text{Pa/m}$，得 $\Delta p_{m,7-3}=13\times0.71\text{Pa}=9.23\text{Pa}$。

（2）局部阻力部分　以下五项与管段 1-2 相同。

1）活动百叶风口。$p_{hm,A}=12.1\text{Pa}$。

2）变径弯头（90°）。局部阻力系数为 $\zeta=0.91$（对应于小截面处的动压）。

3）多叶调节阀。局部阻力系数为 $\zeta=0.25$。

4）弯头（90°）。局部阻力系数为 $\zeta=0.20$。

5）渐缩管。局部阻力系数为 $\zeta=0.07$（对应小截面 A_1 的流速）。

6）分叉三通。条件同管段 2-3（即 $A_2/A_1=0.8$），管段的局部阻力系数为 $\zeta=0.27$，对应总流流速为 4.5m/s，则得 $p_{hm,7-3}=27.45\text{Pa}$，$\Delta p_{7-3}=36.68\text{Pa}$。

管段 8-2（管长为 3m）：

（1）摩擦阻力部分　条件同管段 1-2，即 $R_m=0.71\text{Pa/m}$，得 $\Delta p_{m,8-2}=3\times0.71\text{Pa}=2.13\text{Pa}$。

（2）局部阻力部分　以下三项与管段 1-2 相同。

1）活动百叶风口。$p_{hm,A}=12.1\text{Pa}$。

2）变径弯头（90°）。局部阻力系数为 $\zeta=0.91$（对应于小截面处的动压）。

3）多叶调节阀。局部阻力系数为 $\zeta=0.25$。

4）三通分支管。根据三通分支管断面与总流断面之比为0.5，三通分支管风量与总风量之比为0.5，查附录C-1序号16，得 $\zeta=0.5$（对应总流动压），总流风速为3.75m/s，得 $p_{hm,8\text{-}2}=26.11\text{Pa}$，$\Delta p_{8\text{-}2}=28.42\text{Pa}$。

5. 检查并联管路的阻力平衡

管路1-2的总阻力损失 $\Delta p_{1\text{-}2}=31.57\text{Pa}$；管路8-2的总阻力损失 $\Delta p_{8\text{-}2}=28.42\text{Pa}$；两者的不平衡率为 $\frac{31.57-28.42}{31.57}=9.97\%$，符合要求。

管路1-2-3的总阻力损失 $\Delta p_{1\text{-}2\text{-}3}=(31.57+5.73)\text{Pa}=37.30\text{Pa}$；管路7-3的总阻力损失 $\Delta p_{7\text{-}3}=36.68\text{Pa}$；两者的不平衡率为 $\frac{37.30-36.68}{37.30}\times100\%=1.9\%$，符合要求。

检查结果表明，两个并联管路的阻力平衡都满足要求。如果不满足要求，可以通过调整管径或调节风量调节阀的方法使之达到平衡要求。

6. 计算选用风机所需的风量风压

管段1-2-3-4-5-6的总阻力损失为359.62Pa，考虑到安全因素，增加15%，则选用风机所需的风压为

$$p=359.62\times1.15\text{Pa}=413.56\text{Pa}$$

设计系统总送风量为3240m³/h，考虑到系统可能漏风，增加10%，则选用风机所需的风量为

$$L=1.10\times3240\text{m}^3/\text{h}=3564\text{m}^3/\text{h}$$

四、均匀送风管道的计算

为了保证空调房间得到均匀的空气分布，有时需要将等量的空气沿风道侧壁的成排孔或短管均匀送出，这种风道称为均匀送风管道。

均匀送风管道通常有两种形式：一种是风道断面变化，各侧孔的面积相等；另一种是风道断面不变而改变各侧孔面积的大小。后者虽可保证均匀送风，但每个孔口的出流速度不等；而前者既可保证均匀送风，每个孔口的出流速度也相等。

1. 均匀送风管道的设计原理

空气在风道内流动时，其静压垂直作用于管壁。如果在风道的侧壁上开孔，则由于孔口内外压力差的作用，空气会从孔口流出，但空气从孔口流出的实际流速和方向，不仅取决于静压形成的垂直于管壁的速度，而且受到气流在风道内的流速影响。由于孔口内外的静压差产生的流速（单位：m/s）为

$$v_j=\sqrt{\frac{2\Delta p_j}{\rho}} \tag{7-15}$$

空气在风道内的流速为

$$v_d=\sqrt{\frac{2p_d}{\rho}} \tag{7-16}$$

式中 Δp_j——风道内外静压差（Pa）；

p_d——风道内动压（Pa）；

侧孔出流状态如图 7-10 所示。在风道内流速的影响下，孔口出流方向要发生偏斜，实际流速为合成流速。即

$$v=\sqrt{v_j^2+v_d^2}$$

孔口出流实际速度与风道轴线间的夹角为 α，称为出流角，该角的正切与正弦分别为

$$\tan\alpha=\frac{v_j}{v_d}=\sqrt{\frac{\Delta p_j}{p_d}} \tag{7-17}$$

$$\sin\alpha=\frac{v_j}{v} \tag{7-18}$$

从侧孔流出的风量（单位：m^3/h）为

$$L_0=3600\mu Av \tag{7-19}$$

式中　μ——孔口流量系数；

A——孔口在气流垂直方向上的投影面积，由图 7-10 可知，$A=A_0\sin\alpha=A_0\frac{v_j}{v}$，$A_0$ 为孔口面积。

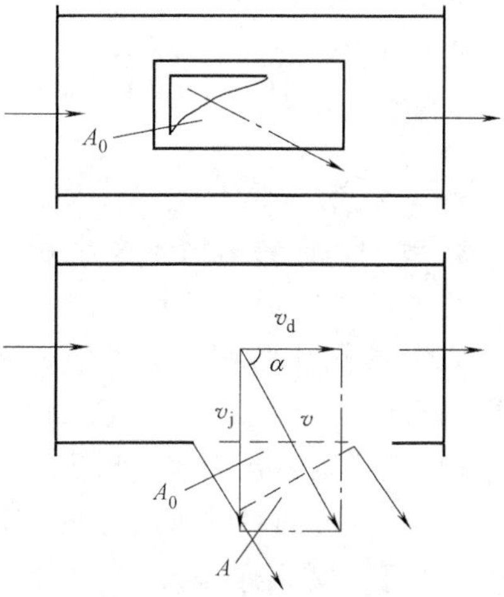

图 7-10　侧孔出流状态图

因此式（7-19）可改写为

$$L_0=3600\mu A_0 v_j$$

或

$$L_0=3600\mu A_0\sqrt{\frac{2\Delta p_j}{\rho}} \tag{7-20}$$

通常称 v_j 为名义出流速度，称 v_0 为在孔口面积 A_0 上的平均速度。显然有

$$v_0=\frac{L_0}{3600A_0}=\mu v_j \tag{7-21}$$

2. 均匀送风管道计算条件

为了实现均匀送风，首先要保证各侧孔出流量相等，其次要保证孔口出流方向尽量与风道壁面垂直。只有同时满足这两点要求，送入房间的空气才能均匀分布于室内。如果出口气流过分偏斜，即使各侧孔风量相同，也很难得到均匀送风。要满足这两个要求，由以上分析可知，对于孔口面积相同的均匀送风管道，则需要在尽量增大 α 角的前提下使各侧孔的静压差相等、各侧孔的流量系数相等。

（1）保持各侧孔静压差相等的条件　图 7-11 中，取断面 1-1 和 2-2，列出两断面间的能量方程为

$$p_{j1}+p_{d1}=p_{j2}+p_{d2}+(p_m+p_{hm})_{1-2}$$

要使

$$p_{j1}=p_{j2}$$

则需

$$p_{d1}-p_{d2}=(p_m+p_{hm})_{1-2}$$

可见，如果使两侧孔间的动压降等于两侧孔间的阻力，则可保持两侧孔处风道内静压相等。

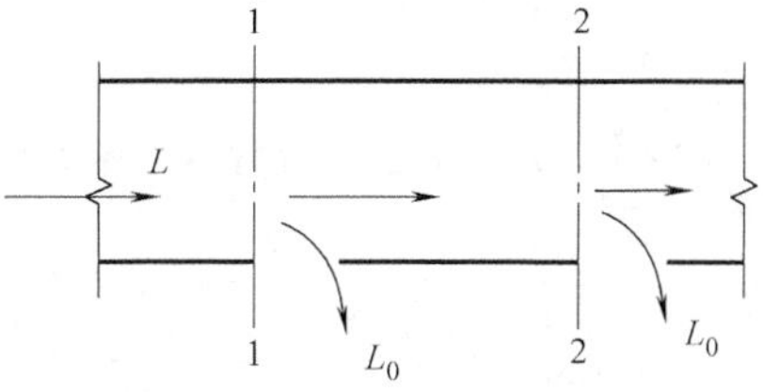

图 7-11　各侧孔静压相等的条件

（2）保持各侧孔流量系数相等的条件　流量系数 μ 与孔口形状、出流角 α 及孔口出流量与分流前流量之比 τ_0（$\tau_0=L_0/L$）有关。

对于锐边孔口的流量系数 μ 值如图 7-12 所示，从图中可以看出，在 $\alpha\geqslant60°$，τ_0 在 0.1 ~0.5范围内，其流量系数可近似为常数且 $\mu=0.60$。

（3）增大出流角 α 的条件　为了保证均匀送风，应尽量增大 α 角，最好是 $\alpha=90°$，但这必须使 $v_j/v_d=\infty$，这在实际中不可能做到。一般取 $\alpha \geqslant 60°$，则有 $\tan\alpha \geqslant 1.73$，根据式（7-17）要求

$$\frac{v_j}{v_d} \geqslant 1.73 \text{ 或 } \frac{\Delta p_j}{p_d} \geqslant 3.0 \qquad (7\text{-}22)$$

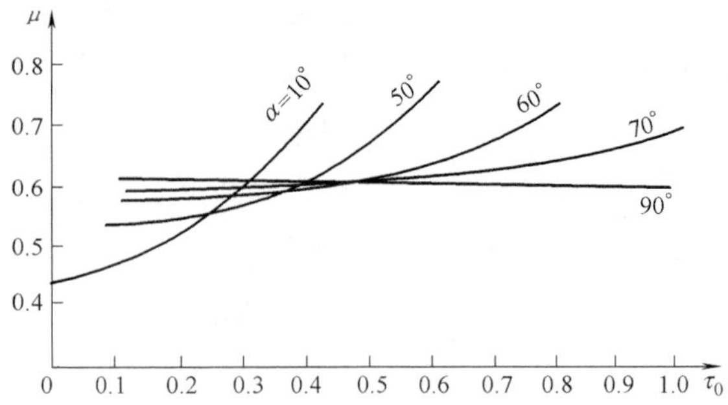

图 7-12　锐边孔口的 μ 值

3. 均匀送风管道的计算方法

均匀送风管道设计计算的主要任务在于确定各侧孔面积、送风管道断面尺寸以及管道阻力。其计算步骤如下：

1）先确定侧孔个数、侧孔间距及每个孔口的流量。

2）根据房间对送风速度的要求，先拟定孔口平均速度 v_0，再计算静压速度 $v_j=v_0/\mu$（$\mu=0.6$）、孔口静压 $p_j=\rho v_j^2/2$ 和侧孔面积 $A_0=L_0/v_0$（各孔面积相同）。

3）按照 $v_j/v_d \geqslant 1.73$ 的原则设定 v_d，求出第一孔口前断面 1 的尺寸（或管道直径）以及动压 p_{d1} 和全压 p_{q1}。

4）计算管段 1-2 之间的阻力 $(R_m l+p_{hm})_{1\text{-}2}$，空气流经侧孔直通部分的局部阻力系数见表 7-4。由此，计算出第二断面处的全压，即

$$p_{q2}=p_{q1}-(R_m l+p_{hm})_{1\text{-}2}$$

5）根据 p_{q2} 得出 p_{d2}（$p_{d2}=p_{q2}-p_j$，各孔口的 p_j 相等），然后确定 v_{d2} 和截面 2 处的断面尺寸（或管道直径）。

6）依次类推，继续求出各管段的阻力及各截面孔口处的断面尺寸（或管道直径）。

表 7-4　空气流过侧孔直通部分的局部阻力系数

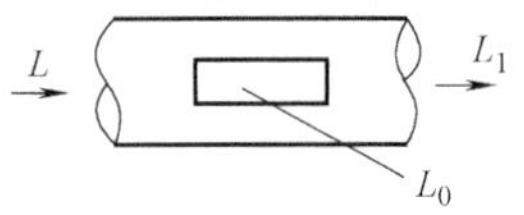	L_0/L	0	0.1	0.2	0.3	0.4	0.5	0.6	0.7	0.8	0.9	~1
	ζ	0.15	0.05	0.02	0.01	0.03	0.07	0.12	0.17	0.23	0.29	0.35

【例 7-3】 有一总风量为 $7200\text{m}^3/\text{h}$ 的均匀送风管道，要求采用 6 个侧孔，各侧孔面积相等，如图 7-13 所示，孔口出流速度的平均流速为 4.0m/s，试确定其孔口面积、风道各段直径及总阻力损失。

【解】 1）由已知的孔口出流平均流速 4.0m/s，可求出各侧孔的面积 A_0。

$$L_0=\frac{7200}{6}\text{m}^3/\text{h}=1200\text{m}^3/\text{h}$$

$$A_0=\frac{L_0}{3600v_0}=\frac{1200}{3600\times4.0}\text{m}^2=0.083\text{m}^2$$

侧孔静压流速为

$$v_j=\frac{v_0}{\mu}=\frac{4.0}{0.6}\text{m/s}=6.67\text{ m/s}$$

侧孔应有静压为

$$p_j=\frac{\rho v_j^2}{2}=\frac{1.2\times 6.67^2}{2}\text{Pa}=26.70\text{Pa}$$

2）按 $v_j/v_d \geqslant 1.73$ 来设定 v_{d1}。

$$v_{d1}\leqslant\frac{v_j}{1.73}=\frac{6.67}{1.73}\text{m/s}=3.86\text{m/s}$$

取 $v_{d1}=3.5\text{m/s}$。

断面 1 的动压为

$$p_{d1}=\frac{\rho v_{d1}^2}{2}=\frac{1.2\times 3.5^2}{2}\text{Pa}=7.35\text{Pa}$$

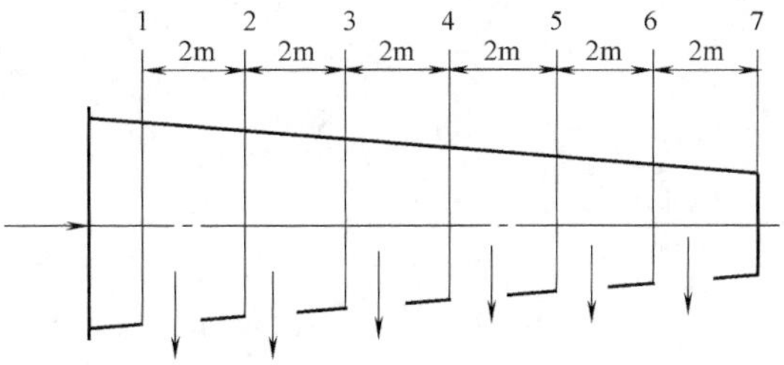

图 7-13　均匀送风管道

断面 1 的直径

$$D_1=\sqrt{\frac{4L_0\times 6}{3600\pi v_{d1}}}=\sqrt{\frac{4\times 1200\times 6}{3600\pi\times 3.5}}\text{m}=0.853\text{m}$$

断面 1 的全压

$$p_{q1}=p_{j1}+p_{d1}=(26.70+7.35)\text{Pa}=34.05\text{Pa}$$

3）计算管段 1-2 的阻力。

① 摩擦阻力。根据风量（7200－1200）$\text{m}^3/\text{h}=6000\text{m}^3/\text{h}$ 和管径 $D=853\text{mm}$，查图 7-1 得 $R_{m,1\text{-}2}=0.12\text{Pa/m}$。必须指出，此处计算 R_m 所用的管径应取 1、2 截面处直径的平均值 $(D_1+D_2)/2$，计算时 D_2 是未知数，但近似用 D_1 来代替平均管径，误差并不大。

$$\Delta p_{m,1\text{-}2}=lR_{m,1\text{-}2}=2\times 0.12\text{Pa}=0.24\text{Pa}$$

② 局部阻力。空气流过侧孔直通部分的局部阻力系数可从表 7-4 查得。根据 $L_0/L=1200/7200=0.167$，用插入法得 $\zeta=0.03$。

$$p_{hm,1\text{-}2}=\zeta\frac{\rho v_{d1}^2}{2}=(0.03\times 7.35)\text{Pa}=0.22\text{Pa}$$

$$\Delta p_{1\text{-}2}=\Delta p_{m,1\text{-}2}+p_{hm,1\text{-}2}=(0.24+0.22)\text{Pa}=0.46\text{Pa}$$

断面 2 的全压为

$$p_{q2}=p_{q1}-(\Delta p_m+p_{hm})_{1\text{-}2}=(34.05-0.46)\text{Pa}=33.59\text{Pa}$$

4）计算断面 2 的直径 D_2。

$$p_{d2}=p_{q2}-p_j=(33.59-26.70)\text{Pa}=6.89\text{Pa}$$

$$v_{d2}=\sqrt{\frac{2p_{d2}}{\rho}}=\sqrt{\frac{2\times 6.89}{1.2}}\text{m/s}=3.39\text{m/s}$$

$$D_2=\sqrt{\frac{4L_0\times 5}{3600\pi v_{d2}}}=\sqrt{\frac{4\times 1200\times 5}{3600\pi\times 3.39}}\text{m}=0.791\text{m}$$

5）计算管段 2-3 的阻力，求断面 3 直径。

① 摩擦阻力。根据风量（6000－1200）$\text{m}^3/\text{h}=4800\text{m}^3/\text{h}$ 及管径 $D=791\text{mm}$，查图 7-1 得 $R_{m,2\text{-}3}=0.13\text{Pa/m}$，得

$$\Delta p_{m,2\text{-}3}=lR_{m,2\text{-}3}=2\times 0.13\text{Pa}=0.26\text{Pa}$$

② 局部阻力。空气流过侧孔直通部分的局部阻力系数可从表 7-4 查得。根据 $L_0/L=1200/6000=0.2$，查得 $\zeta=0.02$。因此得

$$p_{hm,2\text{-}3}=\zeta\frac{\rho v_{d2}^2}{2}=0.02\times6.89\text{Pa}=0.138\text{Pa}$$

$$\Delta p_{2\text{-}3}=\Delta p_{m,2\text{-}3}+p_{hm,2\text{-}3}=(0.26+0.138)\text{Pa}=0.398\text{Pa}$$

断面3的全压为

$$p_{q3}=p_{q2}-(\Delta p_m+p_{hm})_{2\text{-}3}=(33.59-0.398)\text{Pa}=33.192\text{Pa}$$

$$p_{d3}=p_{q3}-p_j=(33.192-26.70)\text{Pa}=6.492\text{Pa}$$

$$v_{d3}=\sqrt{\frac{2p_{d3}}{\rho}}=\sqrt{\frac{2\times6.492}{1.2}}\text{m/s}=3.29\text{m/s}$$

$$D_3=\sqrt{\frac{4L_0\times4}{3600\pi v_{d3}}}=\sqrt{\frac{4\times1200\times4}{3600\pi\times3.29}}\text{m}=0.718\text{m}$$

依次类推可求得其余各断面直径，详细计算过程不再赘述。最后把各截面连接起来，成为一条锥形风道。断面1的全压即为均匀送风管的总阻力损失，其值为34.05Pa。

第三节　空调系统风道设计中的有关问题

一、风道所用材料和断面选择

用作风道的材料有薄钢板、胶合板、纤维板、玻璃钢板、矿渣石膏板、砖及混凝土等。风道材料应根据使用要求和消防要求及就地取材的原则选用。一些易燃或在高温下分解有毒气体的材料不宜用作风道材料。

薄钢板是最常用的材料，一般采用普通薄钢板或镀锌薄钢板，其优点是易于工业化加工制作、安装方便并能承受较高温度。镀锌钢板具有一定的耐蚀性能，适用于室外空气湿度较高或室内潮湿以及有净化要求的空调系统。

砖、混凝土等材料制作的风管也是常见的一种风管，主要用于需要与建筑、结构配合的场合。它节省钢材，经久耐用，但阻力较大。在体育馆、影剧院等大型公共建筑和纺织厂的空调工程中，常利用建筑空间组合成通风管道。

风管的截面形状有圆形和矩形两种，工程中大都采用矩形风管，其原因是矩形风管容易和建筑结构、室内装修相配合，而且由于风道中风速一般较低，风道断面面较大，相对来说矩形风管较圆形风管易于制作。但在断面面积相等时，矩形风管的周边较长，耗费材料多，其摩擦阻力也比圆形风管大。当矩形风管的边长比为$b/a=1.0\sim3.5$时，和流通面积相等的圆形风管相比，比摩阻大16%～45%，管道用料多13%～36%，且当风管断面较小时，圆形风管的制作则较容易。所以在高速空调系统中多采用圆形风管。

当采用矩形风管时，矩形风管的宽高比可达8:1，但宽高比从1:1增至8:1，表面积要增加60%。因此在设计风道时，除特殊情况外，矩形风管断面的宽高比尽量小于3.5，越接近1越好，任何时候都不要大于8，这样可以节省动力及制造和安装费用。

二、风道布置及连接

风道的布置关系到空调系统的总体布局，同时对实现系统的最终设计有重要意义。风道布置应与建筑、生产工艺密切配合，同时还要考虑下列因素：

1）尽量缩短管线长度，避免复杂的局部构件，减少分支管线，节省材料，减小系统阻力。此外，还应便于安装、调节和维修。

2）应注意局部管件的形式和连接的合理性，尽量减小涡流。对一些局部构件加装导流板和保持必要的曲率半径是很重要的，如风道的弯管部分应尽量采用大的曲率半径 r，最常用的是 $r/b=1.5\sim2.0$（b 是矩形风管的宽度或圆形风管的直径），在 r/b 小于 1.0 时，要安装导流叶片，使阻力减小。对风管断面扩大时采用渐扩管，其扩张角应尽量小于 20°，风道断面缩小时的渐缩管，其收缩角应尽量小于 45°。

3）风机进出口处的动压很大，要正确处理通风机进出口处的连接管，否则会引起很大的压损。例如在风机的进口处加装导流叶片，在风机出口处最好有长度为出口边长 1.5～2.5 倍的直管段，以减少涡流。如果受空间限制，风机的出口处不能满足上述要求时，出口管的转弯方向应顺着风机叶轮转动的方向，或在弯管中加装导流叶片。风机叶轮轴线应与空气处理室断面的中心对准，以免气流偏心造成风速不均匀。风机出口调节风阀应安装在帆布软接头之后，以免风机振动使阀门产生附加噪声。

三、采用双风机的风机压力问题

当空调系统回风管路较长（阻力大），而排风口又要求靠近空调机房时（实际情况大都如此），为了避免房间正压太大以及适应变动新风量的要求，往往需要设置双风机，即一台送风，另一台回风。在选择风机时必须正确确定风机的压力。要注意的是，只满足送、回两个风机风压之和等于系统总阻力这一点是不够的，还必须使送、回风机各自的压力正好与其管路阻力相适应。对于送风机来说，它所必须提供的压力应包括室内要求保持的正压值，回风机的风压则要去掉这一值。如送风机风压偏大而回风机风压偏小，就会使室内正压偏大，反之则会使室内正压偏小或形成负压。

双风机系统特别适用于要求室内正压恒定而全年新风变化的空调系统。此外，由于两台风机工作，每台风机的压头比单用一台风机时小，故转速低，噪声小。因此在影剧院、体育馆以及某些工业建筑的空调工程中常被采用。

四、风管保温

为了减少空气在输送过程中的冷、热量损失，防止风管穿越房间对室内空气产生影响，以及低温风道表面在温度较高的非空调房间内结露，都需要对风道进行保温处理。

风管保温材料主要有软木、聚苯乙烯泡沫塑料、超细玻璃纤维、聚氨酯泡沫塑料和蛭石板等。它们的热导率大都在 0.12W/(m·℃）以下。通过保温管壁的传热系数一般控制在 1.84W/（m^2·℃）以下。对于敷设在非空调房间的风道，一般保温厚度可取 25mm。

风管的保温结构要合理，对冷管道常用的保温结构由保温层、防潮层和保护层组成。保温层外设防潮层，主要是防止空气中的水蒸气渗入保温层内部而结露，导致保温层受潮而增大保温材料的热导率。一般可在保温层外包油毡、油纸和刷沥青进行防潮处理。保护层随敷设地点和当地材料供应情况不同，可采用水泥保护层、铁皮保护层、玻璃布或塑料布保护层、木板或胶合板保护层等。对设在室内的管道应注意保温结构外表面光滑和美观，对隐蔽在吊顶内的管道外表面涂沥青作为防潮层的，可以不加保护层。若风管敷设在室外，要做好防雨、防潮措施。

思考与练习题

1. 风管内的阻力损失包括哪两个方面？应如何计算？
2. 为什么要尽可能减小局部阻力？减小局部阻力的方法有哪些？

3. 风管内的空气压力分布图是怎样绘出的？其规律是什么？

4. 在设计空调风道时，管内空气流速应如何选择？这样做的目的是什么？

5. 有一空调系统采用薄钢板风道。

1）当 $d=300\text{mm}$、$L=1200\text{m}^3/\text{h}$ 时，查图求 R_m、v、p_d。

2）当 $v=12\text{m/s}$、$L=3000\text{m}^3/\text{h}$ 时，查图求 D、R_m、p_d。

3）若为矩形风道，$a=200\text{mm}$、$b=300\text{mm}$、$L=1400\text{m}^3/\text{h}$。

查图求 R_m、v、p_d。

6. 一矩形风道的截面尺寸为 400mm×200mm，风道长 8m，风量为 $0.88\text{m}^3/\text{s}$，在 $t=20$℃的工况下运行，如采用薄钢板或混凝土（$K=3.0$）制作风道，试分别用流速当量直径和流量当量直径计算其摩擦阻力。又如空气在冬季加热至 50℃，夏季冷却至 10℃，该矩形风道的摩擦阻力有何变化？

7. 为什么要进行并联管路的阻力平衡校核？校核不平衡怎么办？

8. 某直流式空调系统如图 7-14 所示。风道全部用镀锌钢板制作。已知消声器阻力为 50Pa，空调箱阻力为 290Pa，试确定该系统风道截面尺寸及所需风机风压。

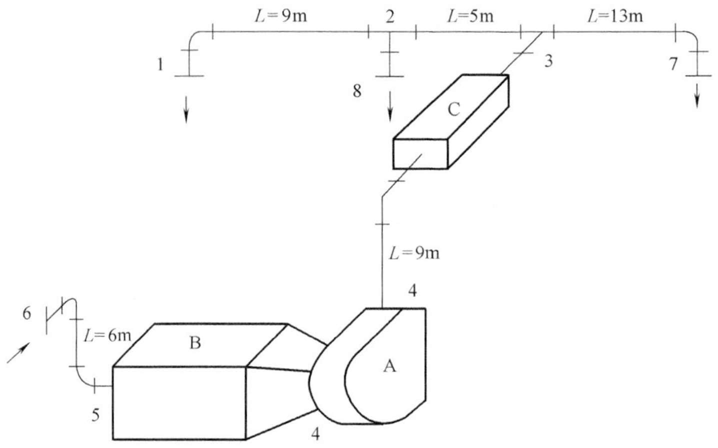

图 7-14　题 8 图

A—风机　B—空调器　C—消声器

9. 风管系统总阻力如何计算？送风机的风压与系统总阻力有什么关系？

10. 送风管内的静压与动压对风口送风各有何作用？

11. 有一总风量为 $7200\text{m}^3/\text{h}$ 的送风系统，管道截面为圆形。要求采用 8 个侧孔送风口（各孔口面积相等）的均匀送风道，如图 7-15 所示，试确定其孔口面积、风道各段直径及总阻力损失。

12. 风管断面的几何形状有哪几种？各有何优缺点？

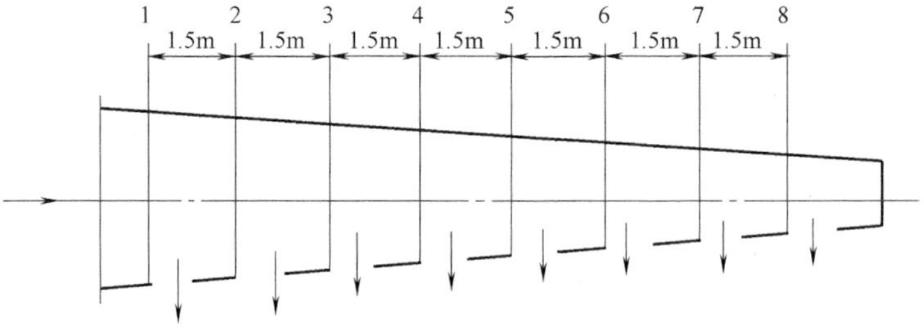

图 7-15　题 11 图

第八章

空调系统的消声和隔振技术

第一节　空调系统的噪声

安装有空调等建筑设备的现代建筑，都可能受到空调、通风、给排水、电气等设备在运行时产生的噪声和振动影响。其中空调系统产生的噪声和振动的影响最大，是使人烦恼、影响人体健康和环境舒适性，甚至威胁建筑物安全的重要因素之一。空调系统的消声与隔振是空调设计的重要内容，对减小空调产生的噪声和振动影响，提高人的舒适感和工作效率，延长建筑物的使用寿命有着极其重要的意义。

一、噪声的基本概念

从物理学的观点讲，凡是各种频率和声强的声音杂乱无章地组合在一起就称为噪声，而有规则的振动产生的声音称为音乐。从心理学和生理学观点讲，凡使人感到烦躁不安、刺耳的、讨厌和影响人工作、学习、休息的声音都称为噪声，有时即使是一首优美的乐曲，对一个正在思考问题的人来说，同样是噪声。

二、空调系统噪声的来源

通风空调系统中，影响空调房间的主要噪声源是通风机。其他噪声源（如冷水机组、水泵）产生的噪声也很大，但它们不与送排风系统直接连通，不会直接以空气动力噪声的形式影响空调房间。通风机噪声由空气动力噪声、机械噪声和电磁噪声组成，通常以空气动力噪声为主要噪声成分。空气动力噪声是由于气流速度与压力的波动而产生的。它由气流涡旋噪声、撞击噪声和回旋噪声组成。气流涡旋噪声是气流在吸入口和叶轮中脱流形成的，它与风机的进出口、前盘结构及其相互配合有关。回旋噪声又称叶片噪声，是旋转叶片对气流发生周期性的压力，引起气体压力和速度的脉动变化产生的。它与风机的转速高低、叶轮直径大小有关。

机械噪声是由机器设备本身或系统中物件的振动产生的，如通风机、电动机等的机械振动以及其他机件运转不平衡时产生的噪声。

电磁噪声是由电动机的定子与转子之间交变电磁引力、磁致伸缩引起的。

三、空调房间噪声的物理量度

1. 声压与声强

（1）声压　声源的振动在空气中传播，不但与声源本身有关，而且与空气的密度有关。在空气稀薄处，静压强就小，空气密度大处，静压强就增大。大气压力随着声波的作用不断起伏。这种变化就相当于在原来的大气压强上再叠加一个变化的压强，这个被叠加的压强称为声压，用 p 来表示，单位是 N/m^2（即 Pa）。在空气中，当声频为 1000Hz 时，人耳可感觉的最小的声压称为阈声压（p_0），p_0 为 2×10^{-5}Pa，通常把 p_0 作为比较的标准声压，也称为基准声压，而人耳可忍受的最大声压称痛阈声压，其大小为 20Pa。声压表示声音的强弱，可以用仪表直接测量。

（2）声强　声波在介质中传播的过程也可看作是能量的传播过程。在垂直于声波传播方向的单位面积上单位时间内通过的声能称为声强（I），单位为 W/m^2。相对应于基准声压的声强称为基准声强（I_0），为 10^{-12} W/m^2；相对应于痛阈声压，人耳可忍受的最大声强为 $1W/m^2$。

2. 声压级与声强级

从听阈声压到痛阈声压，绝对值相差 100 万倍，说明人耳的可听范围是很宽的。由于该范围的声压、声强变化很大，在测量和计算时很不方便，而且对声压变化的感觉具有相对性，例如，以声压从 0. 01Pa 变化到 0. 1Pa 与从 1Pa 变化到 10Pa 做比较，虽然两者声压增加的绝对值不同，但由于两者声压增加的倍数相同，人耳对两者声音增强的感觉也是相同的。因此，为便于表达，声音的量度采用对数标度，即以相对于其基准量的比值的对数来表示，其单位为 B（贝尔），又为了更便于实际使用，取用 B 的十分之一，即 dB（分贝）作为声音量度的常用单位。也就是说，声音是以“级”来表示其大小的，即声压级、声强级。

（1）声压级　阈声压对基准声压（p_0）之比的常用对数的 20 倍称为声压级（L_p），单位为 dB，即

$$L_p = 20\lg\frac{p}{p_0} \tag{8-1}$$

式中　p_0——基准声压，$p_0 = 2\times10^{-5}$Pa；

p——声压（Pa）。

由式（8-1）可看到，听阈声压级为

$$L_p = 20\lg\frac{p}{p_0} = 20\lg\frac{2\times10^{-5}}{2\times10^{-5}}\text{dB} = 0\text{dB}$$

痛阈声压级为

$$L_p = 20\lg\frac{p}{p_0} = 20\lg\frac{20}{2\times10^{-5}}\text{dB} = 120\text{dB}$$

由此可见，从听阈到痛阈，由 100 万倍的声压变化范围缩小成声压级 0 ~ 120dB 的变化范围，这就简化了声压的量度。

声压级是表示声场特性的，其大小与测点距声源的距离有关。

（2）声强级　声强对基准声强 I_0 之比的常用对数的 10 倍称为声强级（L_1），其单位也是 dB，即

$$L_1 = 10\lg\frac{I}{I_0} \tag{8-2}$$

式中　I_0——基准声强，$I_0 = 10^{-12}W/m^2$；

I——声强（W/m^2）。

由于声强的测量是相当困难的，实际上往往是通过测量声压、利用声强与声压的平方成

正比的关系，导出声强级。即

$$I_1 = \frac{p^2}{\rho c}$$

式中 ρ——空气密度；

c——声速。

故
$$L_1 = 10\lg\frac{I}{I_0} = 10\lg\left(\frac{p}{p_0}\right)^2 = 20\lg\frac{p}{p_0}$$

由此可见，声压级及声强级在分贝数值上是相等的。

3. 声功率与声功率级

（1）声功率　单位时间内声源以声波形式辐射的总能量称为能量声功率（W），单位为W。基准声功率 W_0 为 10^{-12} W。

（2）声功率级　声功率对基准声功率（W_0）之比的常用对数的10倍称为声功率级（L_W），单位为dB，即

$$L_W = 10\lg\frac{W}{W_0} \tag{8-3}$$

式中 W_0——基准声功率，$W_0 = 10^{-12}$ W；

W——声功率（W）。

声波功率级是表示声源性质的，它直接表示声源发射能量的大小。

4. 声波的叠加

各种声波的单位均是对数单位，因此当有两个声源同时产生噪声时，其合成的声级就不能按自然数运算，它必须按照对数法则进行运算。

当几个不同的声压级叠加时，可用下式计算，即

$$\sum L_p = 10\lg(10^{0.1L_{p1}} + 10^{0.1L_{p2}} + \cdots + 10^{0.1L_{pn}}) \tag{8-4}$$

式中 $\sum L_p$——各个声压级叠加的总和（dB）；

L_{p1}、L_{p2}、…、L_{pn}——声源1、2、…、n 的声压级（dB）。

当有 M 个相同的声压级相叠加时，则

$$\sum L_p = 10\lg(M \times 10^{0.1L_p}) = 10\lg M + 10\lg 10^{0.1L_p}$$
$$= 10\lg M + L_p$$

从上式可知当两个相同的声压级相叠加时，仅比单个声源的声压级大3dB，如果两个有声源的声压级不同并以 D 表示两者声压之差，即 $D = L_{p1} - L_{p2}$，则由式（8-4）可得叠加后的总声压级 L_p 为

$$L_p = L_{p1} + 10\lg(1 + 10^{-0.1D}) \tag{8-5}$$

把上式等号右面的第二项作为附加值并画成线算图，如图8-1所示。

各声级分贝值的平均值，也应按照上述分贝的求和方法进行，把 n 个声音的分贝数相加，再减去 $10\lg n$。

四、空调房间允许的噪声标准

把空调房间的噪声全部消除不容易做到，也没有必要。任何要求安静的房间总是允许某些噪声存在。室内允许的噪声级称为噪声标准（即噪声容许标准）。噪声标准的制定应能满足生产和工作的需要，同时消除噪声对人体的危害。噪声标准与技术经济条件密切相关，不

应当无原则地提高噪声标准。由于人耳对各种频率的噪声听觉不同，因此，噪声标准应给出不同频率容许声压级的分贝数。国际标准组织技术委员会推荐用噪声评价曲线（即 N 或 NR 曲线）作为标准，如图 8-2 所示。由图可知，低频允许的声压级的分贝数较高，高频允许值较低。这是因为低频噪声消除较难，同时人耳对它的敏感程度也较弱，高频噪声较易消除，人耳对高频噪声敏感程度也较强。

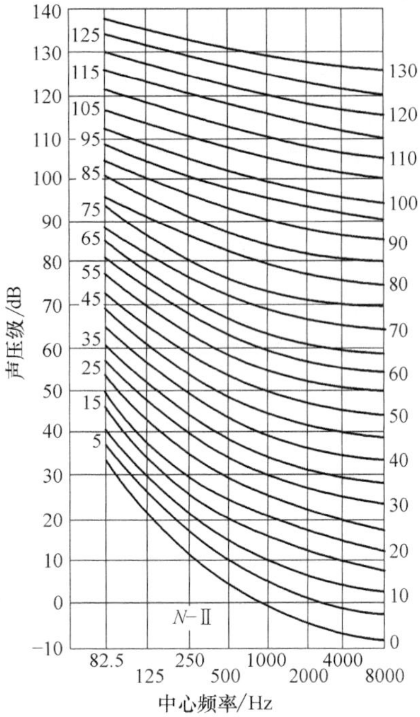

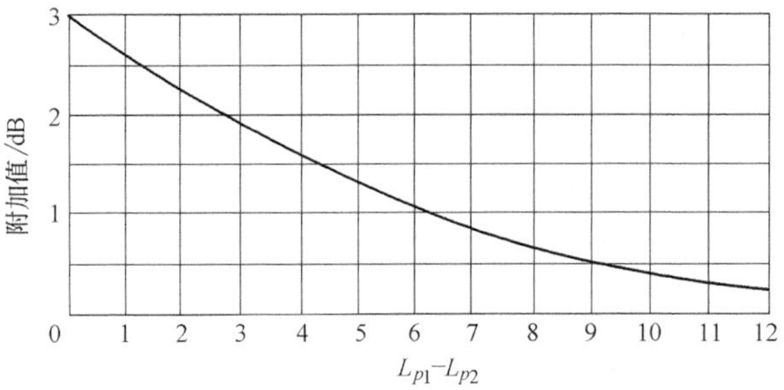

图 8-1 两个声压级叠加的附加值　　图 8-2 噪声评价标准曲线（N 曲线）

消声要求的空调房间大致可分为两类：一类是生产或工作过程本身对噪声有严格要求，如广播电台和电视台的播音室、录音室等，这类房间的噪声标准应根据工艺的需要由工艺设计人员提出，经有关方面协商确定；另一类是在生产或工作过程中要求给操作人员创造较安静的环境，如仪表装配间及半导体器件生产车间等，这类房间噪声标准应经调查研究，根据技术经济的许可条件确定。

目前，可以参考表 8-1 所给出的噪声评价曲线来确定房间允许的噪声分贝数。

表 8-1 某些场合的室内允许噪声标准　（单位：dB）

建筑物性质	噪声评价曲线 N 号	声级计 A 档读数(L_A)
电台、电视台的播音室	20～30	25～35
剧场、音乐厅、会议室	20～30	25～35
体育馆	40～50	45～55
车间(根据不同用途)	45～70	50～75

根据建筑物的性质，由表 8-1 选用 N（或 NR）曲线号数，由图 8-2 查出各频带允许的噪声声压级的分贝数。表 8-1 还列出 N 曲线号数与声级计 A 档读数相对应的数值。由此可见，噪声评价曲线号数 N 与声级计 A 档读数 L_A 之间的关系是 $N=L_A-5$。

五、空调系统中噪声的自然衰减

1. 系统部件的噪声自然衰减

风管输送空气到房间的过程中噪声有各种衰减，这种噪声衰减的机理是很复杂的。例如噪声在直管中可被管材吸收一部分，还可能有噪声透射到管外。在风管转弯处和断面变形处以及风管开口（风口）处，还将有一部分噪声被反射，从而引起噪声的衰减。这里简单提供下列资料供参考。

（1）直管的噪声衰减　采用表 8-2 的数值，当风管粘贴有保温材料时，低频噪声的消声量可增加一倍。

表 8-2　直管（长方形断面）的消声量　　（单位：dB/m）

风道	尺寸	中心频率/Hz			
		63	125	250	>250
小	152mm×152mm	0.7	0.7	0.5	0.3
中	610mm×610mm	0.7	0.7	0.5	0.16
大	1830mm×1830mm	0.3	0.3	0.16	0.03

（2）弯头的噪声衰减　弯头的噪声衰减可采用图 8-3 所示的数值。

（3）三通的噪声衰减　当管道分支时，声能基本上按比例地分给各个支管。自主管到任意支管的三通噪声衰减量（单位：dB）可按下式计算，即

$$\Delta L = 10\lg(A/A_0) \qquad (8\text{-}6)$$

式中　A_0——三通分支处全部支管的截面面积之和（m^2）；

A——计算支管的截面面积（m^2）。

图 8-4 就是按上式作出的图表，供计算时查用。

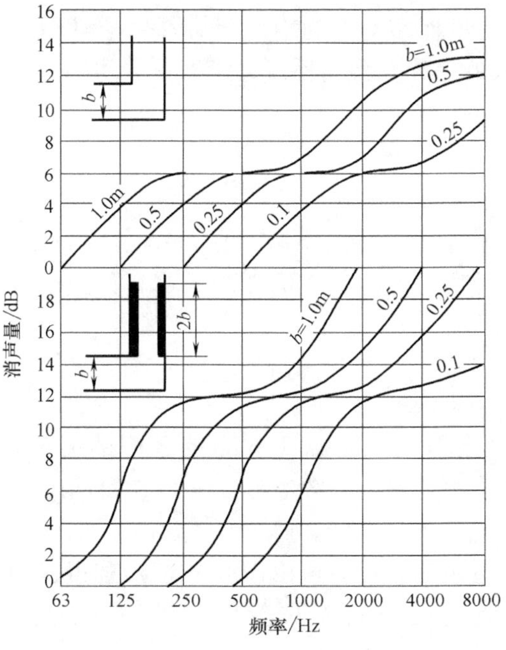

图 8-3　弯头的噪声衰减

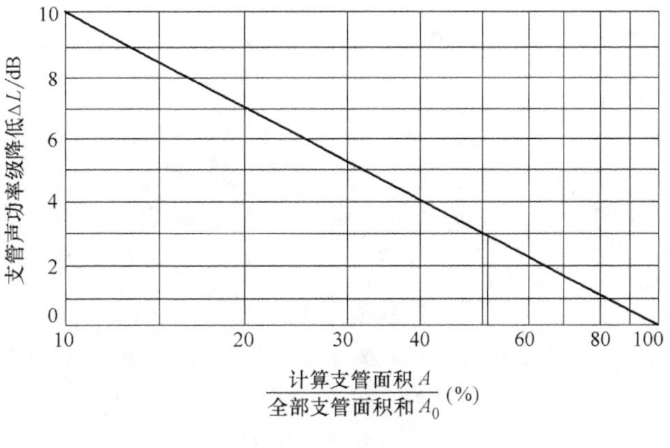

图 8-4　三通的噪声衰减

(4) 变径管的噪声衰减　变径管的噪声衰减可按下式计算:

$$\Delta L = 10\lg \frac{(1+m)^2}{4m} \tag{8-7}$$

式中　m——膨胀比, $m = A/A_0$。

按上式作出图 8-5, 以供直接查用。

(5) 风口反射的噪声衰减　风机的声功率并非全沿着管道由末端辐射入房间内, 在从风口到房间的突扩过程中, 有一部分声功率是被反射回去的, 反射回去的声功率与风口的尺寸和频率有关, 可按图 8-6 查出。

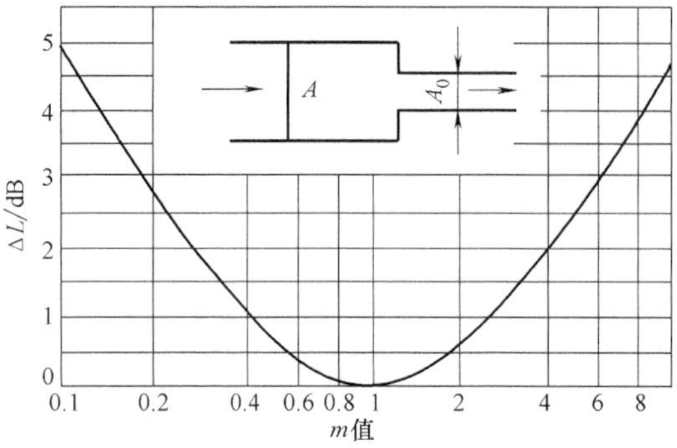

图 8-5　变径管的噪声衰减

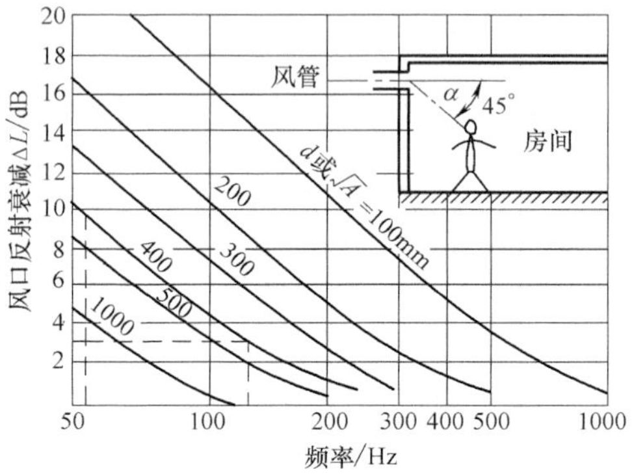

图 8-6　风口反射的噪声衰减

2. 空气进入房间内噪声的衰减

通过风机声功率级的确定和上述自然衰减的计算, 可以算得从风口进入室内的声功率级, 但室内的允许标准是以声压级为基准的。究竟进入室内的声音对人耳造成的感觉如何, 即室内测量点的声压级到底是多少呢? 室内测量点的声压级与人耳 (或测点) 离声源 (风口) 的距离以及声音辐射出来的方向和角度等有关。另外, 室内的声压级必然由于建筑物内壁、平顶、家具设备等的吸声程度不同而有相当大的差异, 换句话说, 声音进入房间后再一次被衰减。

风口的声功率级 L_W 与室内的声压级 L_p 之间存在以下关系:

$$L_W = L_p + \Delta L$$

或

$$L_p = L_W + \Delta L$$

式中, ΔL 值既反映了声功率级与声压级的转换, 又反映了室内噪声的衰减, 其具体数值可按下式计算 (也可由图 8-7 查得), 即

$$\Delta L = 10\lg\left(\frac{Q}{4\pi r^2} + \frac{4}{R}\right) \tag{8-8}$$

式中　Q——声源与测点 (人耳) 间的方向因素, 主要取决于声源 A 与测点 B 间的夹角 θ (图 8-8), 并与频率与风口长边尺寸的乘积有关, 其数值可按表 8-3 确定;

r——A、B 点之间的距离 (m);

R——房间常数 (m^2), 由房间大小和吸声能力决定, R 值可由图 8-9 直接查得, 图中是由室内吸声面积和平均吸声系数所决定的, 见表 8-4, 在一般情况下, $\bar{\alpha} = 0.1 \sim 0.15$。

表 8-3 用以确定 ΔL 值的方向因素 Q 值

频率×长边（Hz×m）	10	20	30	50	75	100	200	300	500	1000	2000	4000
角度 $\theta=0°$	2	2.2	2.5	3.1	3.6	4.1	6	6.5	7	8	8.5	8.5
角度 $\theta=45°$	2	2	2	2.1	2.3	2.5	3	3.3	3.5	3.8	4	4

表 8-4 室内吸声能力（平均吸声系数 $\overline{\alpha}$）

房间名称	平均吸声系数 $\overline{\alpha}$
广播台，音乐厅	0.4
宴会厅等	0.3
办公室、会议室	0.15～0.20
剧场、展览馆等	0.1
体育馆等	0.05

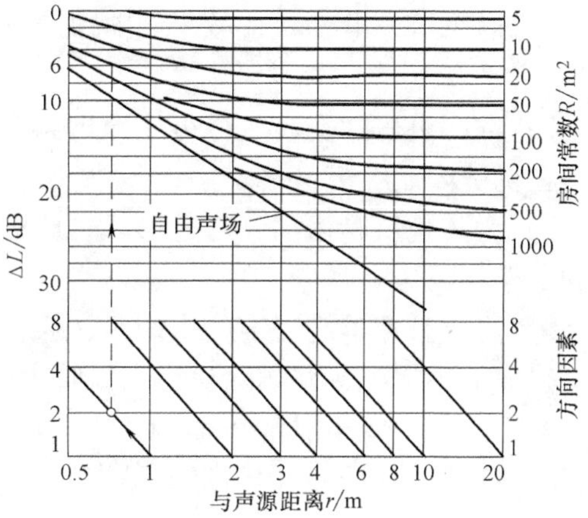

图 8-7 风口噪声进入室内的衰减

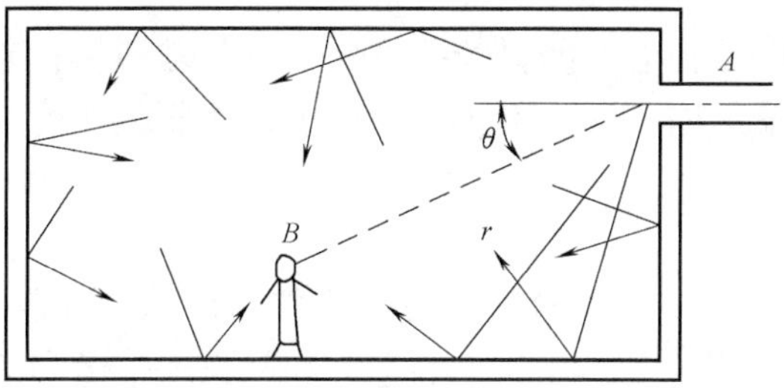

图 8-8 声源 A 与测点 B 间的夹角

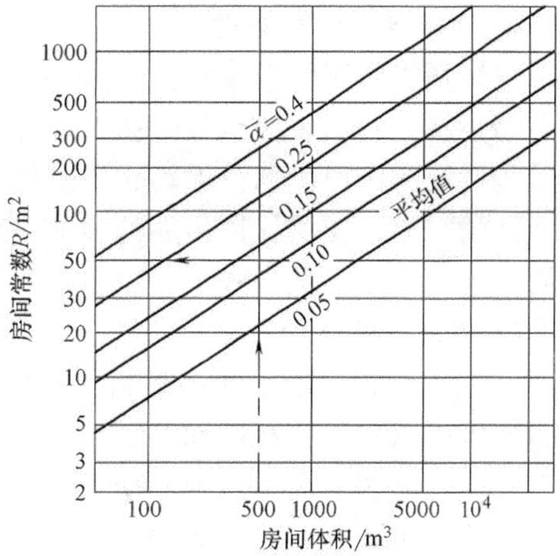

图 8-9 房间常数线算图

第二节 控制空调系统中噪声的技术措施

一、减少噪声的主要措施

空调系统噪声的消除，首先应从减少系统噪声着手，采用消声器仅可作为一种辅助措施。减少空调系统噪声的主要措施如下：

1）设计空调系统时，应尽可能选用低速叶片向后弯曲的离心式通风机，使通风机的正常工作点接近最高效率点运转。

2）电动机与通风机直接传动噪声最小，其次为联轴器传动。如必须采用间接传动，应选用无缝的 V 带。

3）校正好通风机的动平衡与静平衡。

4）在低速空调系统中，风道内空气流速不宜过高，以防止产生附加噪声。风速一般应限制在允许的范围内。

5）通风机、电动机应安装在减振基础上，风机进出口要避免急剧转弯，同时安装软接头。

6）空调机房的安装应尽可能地远离有消声要求的空调房间，为防止设备运转时噪声传出，在机房内贴吸声材料。

7）为防止风管振动，对矩形风管应按规定进行加固，通过墙壁或悬吊在楼板下时，风管和支架要隔振。

8）当风管穿过高噪声的房间时，应对风管进行隔声处理。

采取上述措施，并扣除噪声在风管内的自然衰减值后，若仍不能满足室内允许的噪声标准，多余的噪声就要靠消声器消除。有时在实际工程中，也有不去计算和考虑自然衰减量的，直接加装消声器来达到降低噪声的效果，这样使消声设计更为完全可靠。

二、消声器

管道系统的消声器是系统噪声控制的重要措施，消声器的作用是降低和消除通风机噪声沿风管道传入室内或传向周围环境。

1. 消声器的消声原理

空调系统所用的消声器有多种形式，但根据消声原理的不同大致可分为阻性和抗性两大类。消声器是利用装在风管内壁上或在管道中按一定方式排列的吸声材料的吸声作用，使沿通道传播的噪声声能部分地转化为热能而消耗掉，达到消声的目的。抗性消声器是利用管道内截面的突变，使沿管道传播的声波向声源方向反射回去，而不再向前传播，从而起到消声作用。

2. 消声器的常用形式

（1）阻性消声器　吸声材料能够把入射在其上的声能部分吸收掉。声能之所以被吸收，是由于吸声材料的多孔性和松散性。当声波进入孔隙，引起孔隙中的空气和材料产生微小的振动，由于摩擦和黏滞阻力，使相当一部分声能转化为热能而被吸收掉。所以吸声材料大多都是疏松或多孔性的，如玻璃棉、泡沫塑料、矿渣棉、毛毡、石棉绒、吸声砖、加气混凝土、木丝板等。其主要特点是具有贯穿材料的许多细孔，即所谓开孔结构。而大多数隔热材料要求有封闭的空隙，故两者是不同的。

材料的吸声性能可用吸声系数 α 表示，则

$$\alpha = \frac{E_2}{E_1} \tag{8-9}$$

式中　E_1——入射到材料上的声能；

E_2——材料吸收的声能。

吸声系数 α 可用专门的声学仪器测出。一般材料吸声系数在 0 ~ 1 之间。吸声系数 α 的

数值越高，说明材料的吸声性能越好，通常将 α 大于0.2以上的材料称为吸声材料。工程上常用的吸声材料的吸声系数见表8-5。

表8-5　各种材料的吸声系数

材料名称	厚度/cm	密度/(kg/m³)	各种频率下的吸声系数					
			125	250	500	1000	2000	4000
玻璃纤维	5	100	0.07	1.10	0.25	0.65	0.77	0.94
	9	100	0.18	0.44	0.89	0.98	0.98	0.99
	9	200	0.30	0.54	0.94	0.89	0.86	0.84
超细玻璃棉	5	20	0.10	0.35	0.85	0.85	0.86	0.86
	10	20	0.25	0.60	0.85	0.87	0.87	0.85
矿渣棉	6	240	0.25	0.55	0.78	0.75	0.87	0.91
	8	240	0.35	0.65	0.65	0.75	0.88	0.92
	8	150	0.30	0.84	0.93	0.78	0.93	0.94
工业毛毡	5	370	0.11	0.30	0.50	0.50	0.50	0.52
	7	370	0.18	0.35	0.43	0.50	0.53	0.54
聚氨酯泡沫塑料	4	45	0.10	0.19	0.36	0.70	0.75	0.80
	6	45	0.11	0.25	0.53	0.87	0.79	0.81
	8	45	0.20	0.40	0.95	0.90	0.98	0.85
加气微孔砖	5.5	620	0.20	0.40	0.60	0.52	0.65	0.62
	5.5	830	0.15	0.40	0.57	0.48	0.59	0.60
	5.5	1100	0.13	0.20	0.22	0.30	0.29	0.29
水泥膨胀珍珠岩板	5	350	0.16	0.46	0.64	0.48	0.56	0.55
	8	350	0.34	0.47	0.40	0.37	0.48	0.55
石棉蛭石板	3.4	420	0.22	0.30	0.39	0.41	0.50	0.50
	3.8	420	0.12	0.14	0.35	0.39	0.55	0.54
木丝板	2		0.15	0.15	0.16	0.34	0.78	0.52
	4		0.19	0.20	0.48	0.79	0.42	0.70
	8		0.25	0.53	0.82	0.63	0.84	0.59

吸声材料大都是疏松或多孔性的，玻璃棉和矿渣棉等的厚度在4 cm以上时，吸声系数为0.85～0.90，是良好的吸声材料。中等吸声材料，如工业毡、石棉、加气微孔吸声砖，厚度在4 cm以上时高频的吸声系数也在0.6以上，而木丝板的吸声系数较低，在0.5以下。

吸声材料固定在管道内壁，或按一定方式排列在管道或壳体内，就构成了阻性消声器。它依靠吸声材料和吸声作用来达到消声的目的。阻性消声器对中、高频噪声消声效果显著，但对低频噪声消声效果较差。为了提高消声量，可以改变吸声材料的厚度、容量和结构形式。

阻性消声器有以下多种形式。

1）管式消声器。这是一种简单的消声器，它仅在管壁内周贴上一层吸声材料，故又称“管衬”，如图8-10所示。

管式消声器的优点是制作方便，阻力小，但是当管道断面面积较小时，将会影响对高频噪声的消声效果。这是因为，当频率达到一定值时，声波将以窄束状通过消声器，很少或根本不与管壁吸声材料接触，从而使消声效果下降。当声波波长小于通道断面尺寸时，消声效果便开始下降，这种现象称为“高频失效”，并将消声器开始明显失效的频率称为上限失效频率 f_c，其经验公式为

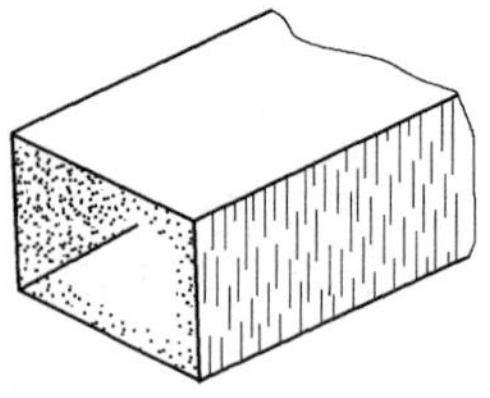

图 8-10 管式消声器

$$f_c = 1.85\frac{c}{D} \quad (8\text{-}10)$$

式中 D——消声器通道断面的直径（m）；当通道断面为矩形时，则 $D \approx 1.13\sqrt{Bh}$（B 为管的宽度，h 为高度，单位均为 m）；

c——空气中声速（m/s）。

因此，管式消声器只适用于直径较小的风道，直径一般不宜大于 400mm。图 8-11 所示为 200mm×280mm 的管式消声器在采用不同吸声材料（管衬）时的消声量。

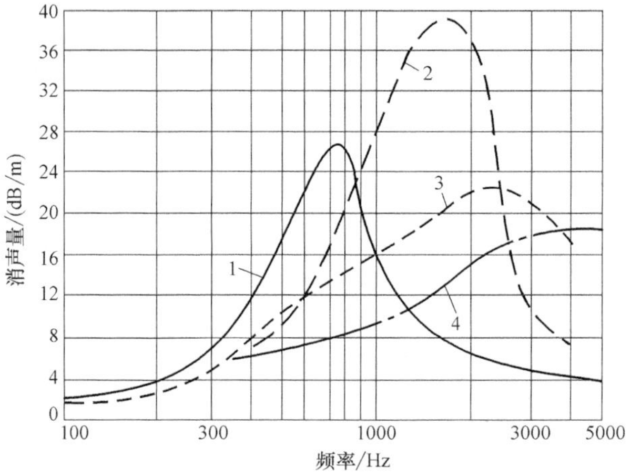

图 8-11 管衬的消声量

1—表面穿孔的软质纤维板，厚 3cm 2—玻璃棉板密度 160kg/m³，厚 2.5cm
3—矿渣棉板密度 280kg/m³，厚 2.5cm 4—特种吸声板材密度 320kg/m³，厚 2.5cm

2）片式和格式消声器。管式消声器对低频噪声的消声效果不好，对较高频率又易直通，并随断面增加而使消声量减少，因此对于较大断面的风道可将断面划分成几个格子，这就成为片式及格式消声器，如图 8-12 所示。

片式消声器应用比较广泛，构造简单，对中、高频吸声性能较好，阻力也不大。格式消声器具有同样的特点，但因要保证有效断面面积不小于风管道断面面积，故体积较大。这种消声器内的气体流速不宜过高，以防气流产生湍流噪声而使消声

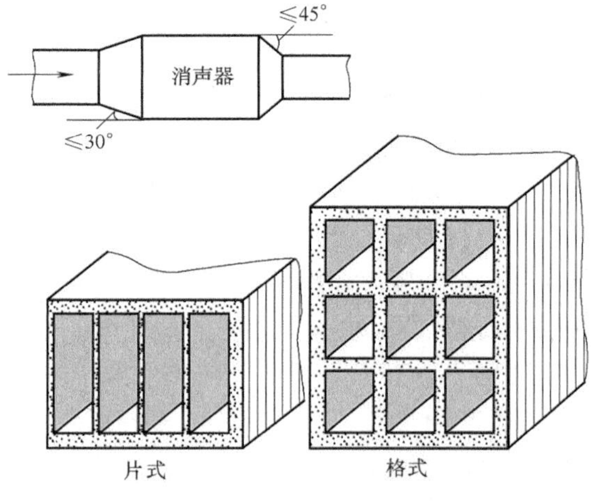

图 8-12 片式和格式消声器

无效。

片式消声器的片间距一般取为 100 ~ 200mm，格式消声器的每个通道约为 200mm × 200mm，片材厚度根据噪声源的频率特性，取 100mm 左右为宜。

图 8-13 所示为片式消声器的消声性能，其中隔片厚 100mm，内部填充 64kg/m^3 玻璃棉或 96kg/m^3 的矿物棉。图中 s 为片距。可以看出随着片距的增加，消声效果相应地下降。

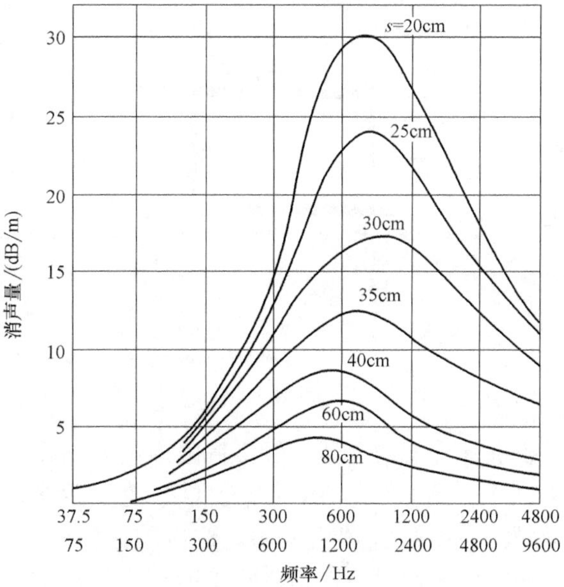

图 8-13 片式消声器的消声性能

3）折板式、声流式消声器。将片式消声器的吸声片改制成曲折式，就成为折板式消声器，如图 8-14 所示。折板器加大了声波的入射角，并增加了声波在消声器内的反射次数。由于增加了声波与吸声材料接触的机会，从而提高了中、高频声的消声量，但折板式消声器的阻力比片式消声器的阻力大。

为了使消声器既具有良好的消声效果，又具有尽量小的空气阻力，可将消声器的吸声片横截面制成正弦波状或近似正弦波状，这种消声器称为声流式消声器，如图 8-15 所示。

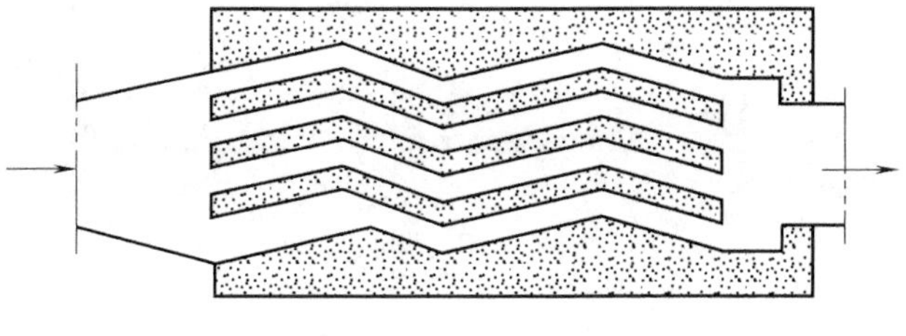
图 8-14 折板式消声器

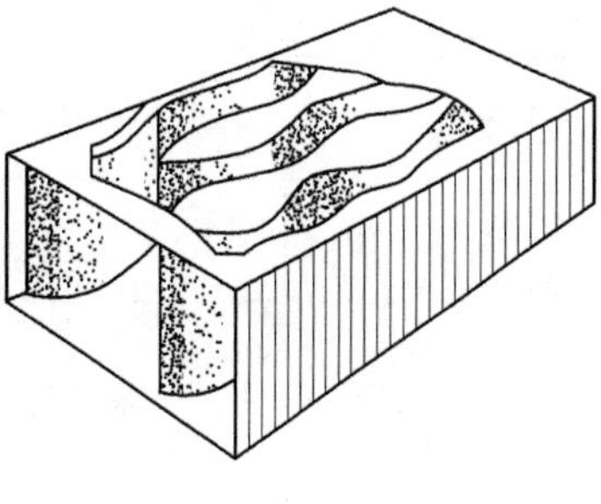
图 8-15 声流式消声器

4）室式消声器（迷宫式消声器）。在大容积的箱（室）内表面粘贴吸声材料，并错开气流的进出口位置，就构成了室内消声器（见图 8-16a），多室式又称迷宫式（见图8-16b）。它们的消声原理除了主要的阻性消声外，还因气流通道断面变化而具有一定的抗性消声作用。室式消声器的特点是消声频程较宽，安装维修方便，但阻力大，占用空间大。

（2）抗性消声器 这种消声器是由管和小室相连而成的，如图 8-17 所示。利用管道内截面的突变，使沿管道传播的声波向声源方向反射回去，而起到消声作用。为保证一定的消声效果，消声器的膨胀比（大断面与小断面面积之比）应大于 5。

抗性消声器具有良好的低频或低中频消声性能，它不需内衬多孔性吸声材料，故能使用于高湿或腐蚀性气体等场合。但由于消声频程较窄，空气阻力大，占用空间多，一般很少应用。

（3）复合式消声器 为了集中阻性和抗性消声器的优点，以便在低频到高频范围内都有良好的消声效果，我国实际工程中近年来常采用一种把前述几种消声作用组合在一起的复

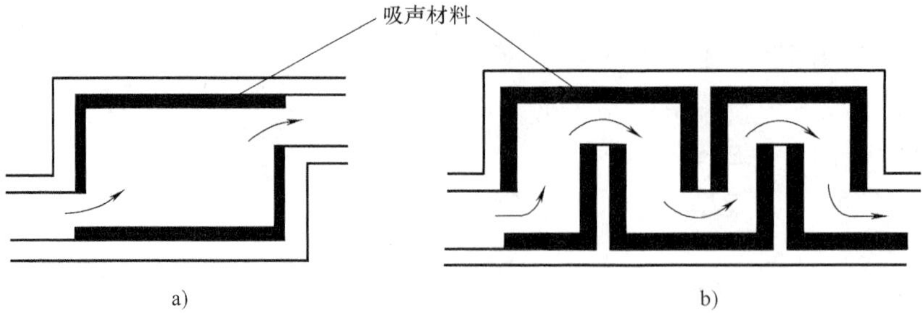

图 8-16　室式消声器

a）单室式　b）迷宫式

合式消声器。

阻抗复合式消声器一般由用吸声材料制成的阻性吸声片和若干个抗性膨胀室组成，如图 8-18 所示。这 10～20dB 对低频声的消声性能好，实验证明，1.2m 长的阻抗复合式消声器的低频消声量可达 10～20dB。这样的低频消声效果是一般管式、片式消声器等所不能达到的。用类似原理而装在圆风管上的这种消声器可做成图 8-19 所示的形式。此外，对于在空调系统不能采用纤维性吸声材料的场合（如净化空调工程），则用金属（铝等）结构的微穿孔板消声器可取得良好的效果。

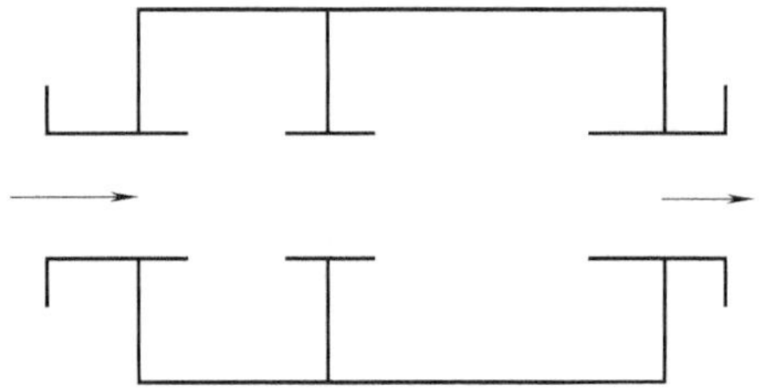

图 8-17　抗性消声器示意图

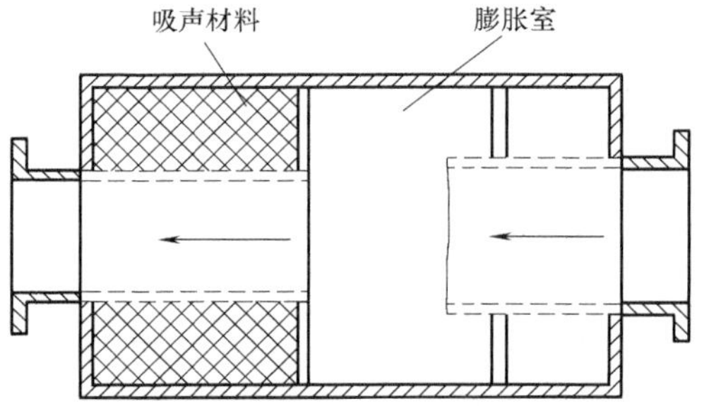

图 8-18　阻抗复合式消声器

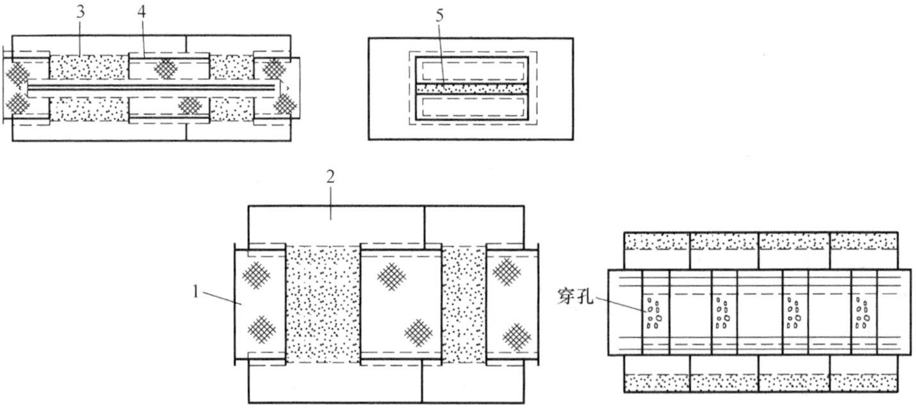

图 8-19　复合式消声器

1—外包玻璃布　2—膨胀室　3—0.5mm 厚钢板，8mm 孔占 30%　4—木框外包玻璃布　5—内填玻璃棉（$\rho=20kg/m^3$）

（4）其他形式的消声器　除了上述介绍的几种消声器外，还可利用风管构件作为消声器，它具有节约空间的优点。常用的有消声弯头和消声静压箱。

1）消声弯头。消声弯头（见图 8-20）就是在风管弯头上直接进行消声处理。它有两种处理方法：一是弯头内贴吸声材料，要求弯头内缘做成圆弧，外缘粘贴吸声材料的长度不应小于时弯头宽度的 4 倍；另一种是改良的消声弯头，外缘采用穿孔板、吸声材料和空腔。

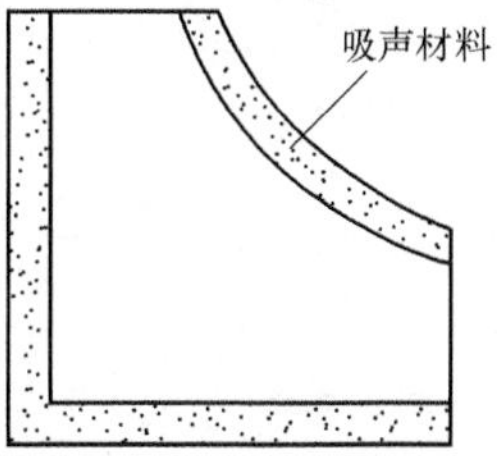

图 8-20　消声弯头

2）消声静压箱。在风机出口处或在空气分布器前设置内壁粘贴吸声材料的静压箱（见图 8-21），它既可以起稳定气流的作用，又可以起消声器的作用。

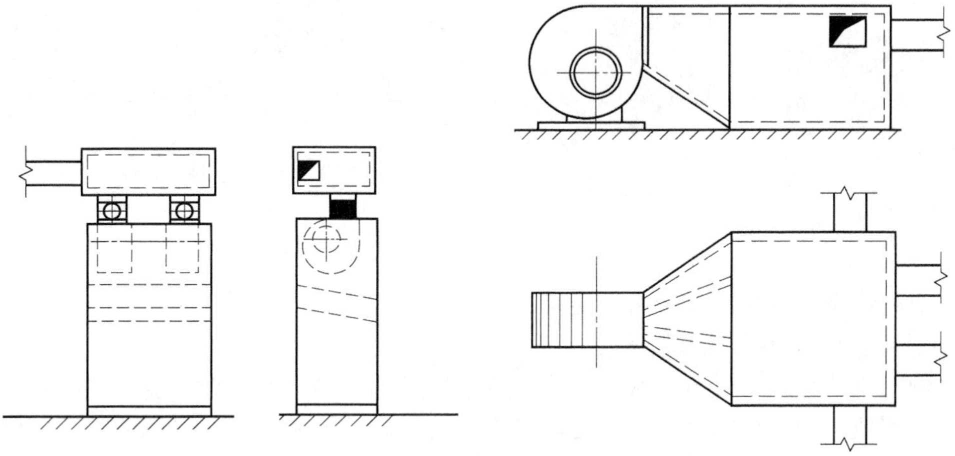

a)　　b)

图 8-21　消声静压箱的应用

a）消声箱装在空调机组出口　b）消声器起到静压箱作用

三、消声器应用举例

某地下工程大截面（3150mm × 3800mm）的通风道中采用微孔吸声砖砌成的片式消声器。片厚 120mm，片距 150mm，两节消声器 6500mm，用以降低 61A7-11No18 轴流通风机的噪声。当风速为 3.68m/s 时，100Hz 衰减 8dB，200 ~ 5000Hz 衰减 30dB 以上。平均阻力系数 2.48。消声器的简图和消声频率特性如图 8-22 所示。

在大截面的地下通风管道中，采用无机硬性微孔吸声材料砌成片式消声器（见图 8-22），施工方便，使用耐久，阻力小，消声效果较好。这种材料国外用得不少，近几年来国内也常用。无机硬性吸声砌块有陶土微孔吸声砖、水玻璃膨胀珍珠岩吸声制品、珍珠岩矿渣砖和泡沫玻璃等。

为改善消声器的低频消声效果，把部分消声片改成加气混凝土板菱形体组成的声流式消声器。把消声片砌成 5°的倾斜角，成为三折折板式消声器，增加声波与吸声材料的接触面积，提高中、高频的消声效果。几个消声方案简图和消声效果的比较如图 8-23 所示。

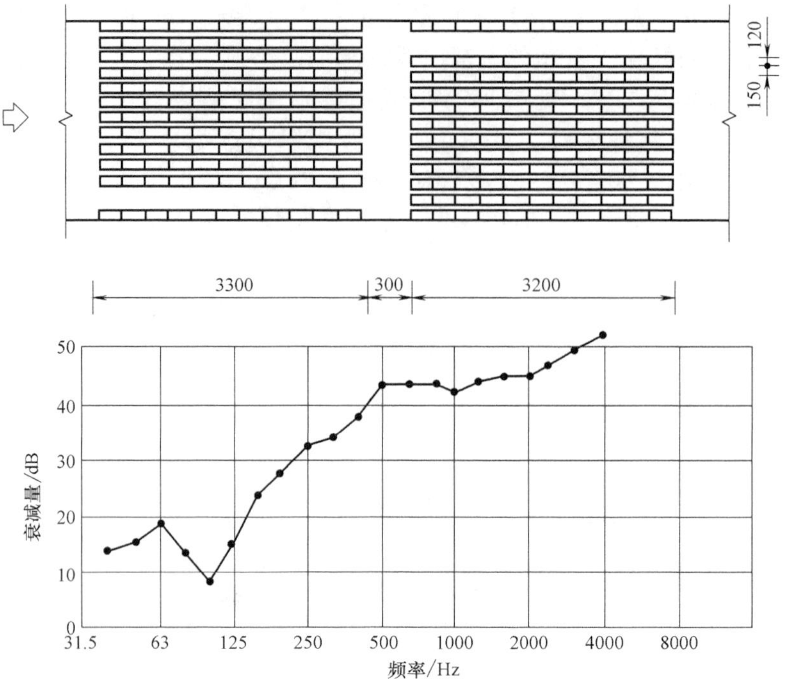

图 8-22 微孔吸声砖片式消声器和特征曲线

四、变风量空调系统噪声分析及控制

1. 空调系统的噪声源及传播途径

在空调通风系统中，风机、水泵、冷水机组等是主要噪声源。对于变风量空调系统，除空调器送、回风机为主要噪声源外，变风量末端装置内置风机、一次风调节阀以及风口等配件产生的噪声都将影响室内声学环境。

从声源到空调房间，有多种途径传播噪声，其传播途径如图 8-24 所示。

（1）风管传播

D_1：空调器送、回风机，末端装置内置风机，调节风阀以及送风管中各配件产生的噪声经风管从送风口传至室内。

D_2：空调器送、回风机以及回风管中各配件产生的噪声经回风管从回风口传至室内。如采用吊平顶回风静压箱，回风噪声先传至吊平顶内，再与吊平顶内其他声源产生叠加后从回风口、灯具与吊平顶的缝隙或直接穿透吊平顶传至室内。

（2）辐射传播

R_1：变风量末端装置内置风机或调节风阀产生的噪声，从箱体壁板辐射到吊平顶内。

R_2：主风管内噪声从管壁辐射到吊平顶内，或者管道井内的辐射噪声和吊平顶内其他来源的噪声叠加后从回风口、灯具、吊顶板缝隙直接穿透吊顶板传播到室内，或管道井内的噪声穿透管道井传播到室内。

（3）结构传播

S_1：空调机房内的设备噪声穿透机房隔墙传至室内。

S_2：机房内设备的振动和噪声通过柱子、楼板、墙体等固体传至室内，产生噪声的综合效应。

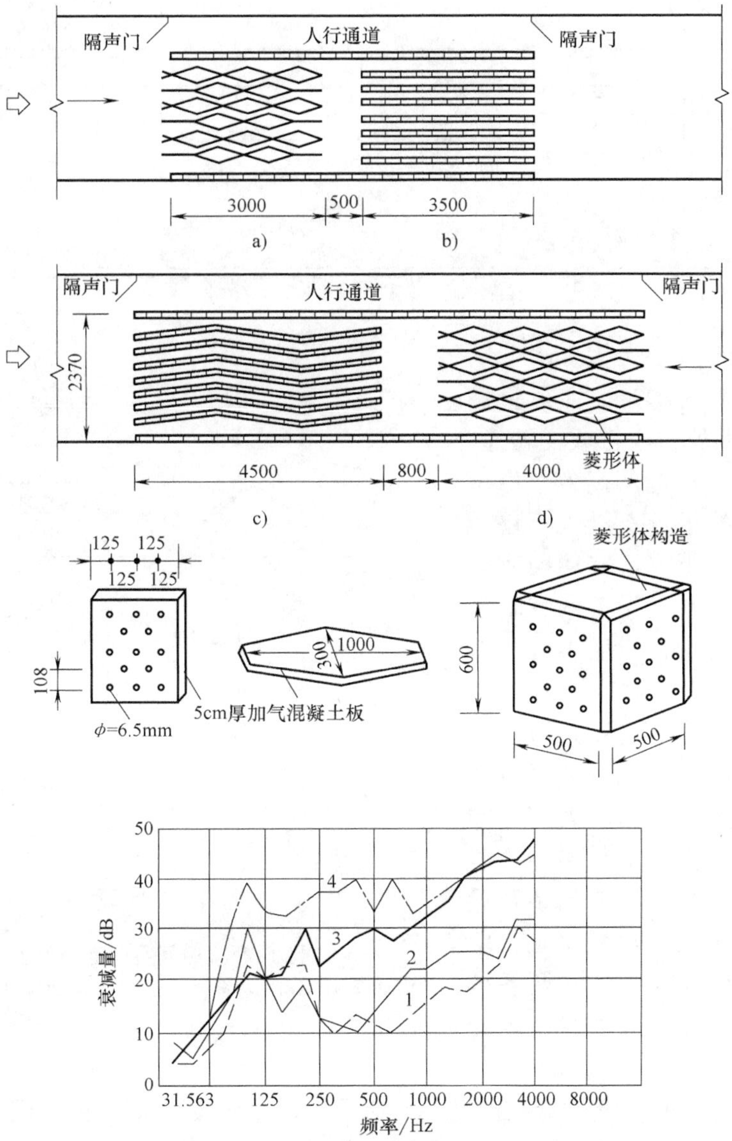

图 8-23 片式、折板式和菱形声流式消声器

1—加气混凝土板菱形声流式消声器（d） 2—加气混凝土板菱形声流式消声器（a）
3—菱形体和微孔砖片式消声器（a）+（b） 4—菱形体和微孔砖折板式消声器（d）+（c）

（4）空气传播

A：房间内空调设备产生的噪声，直接通过空气传播到邻近区域。

传入室内的各类噪声具有不同的频率特性和声压级，最后叠加成相应中心频率的总声压级。常见空调房间内的噪声范围如图 8-25 所示。

2. 变风量空调系统的噪声特性

相比于定风量空调系统，变风量空调系统的噪声有其特殊性。

（1）风机噪声 定风量系统空调器的送、回风机一般按设计风量选择，且在最高效率

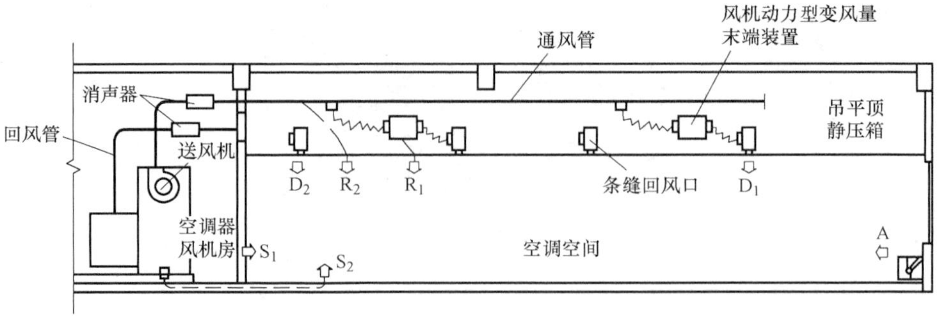

图 8-24　空调系统噪声传播途径

区运行，风机噪声较稳定。变风量系统空调器的送、回风机经常改变转速，要求风机在整个工作范围高效、稳定地运行。如风机的运行点进入不稳定区或低效率区，甚至风机转动频率与建筑物自振频率或其他设备的转动频率接近形成共振时，将产生很大的振动并辐射低频噪声。

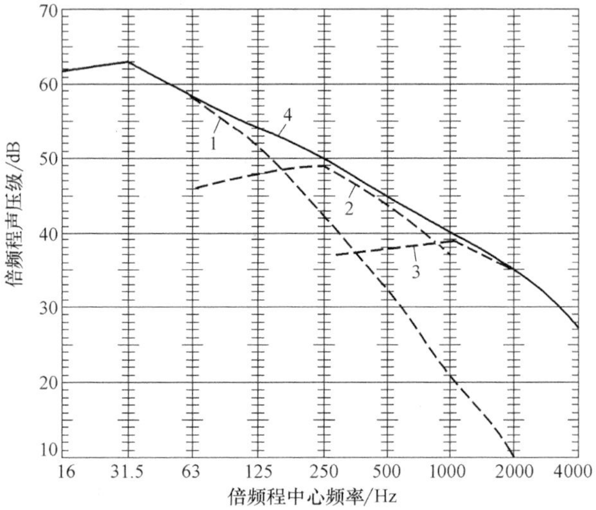

图 8-25　房间空调噪声范围图解

1—风机噪声声压级曲线　2—VAV 末端装置噪声声压级曲线

3—风口噪声声压级曲线　4—总的噪声叠加声压级曲线

（2）末端装置噪声　在高静压下，变风量末端装置的一次风调节阀将产生较大的节流噪声，风机动力型末端装置的内置风机也会产生噪声。这些噪声虽然不大，但是由于末端装置设置在空调房间且与人员比较接近，所以很难处理。因此，变风量空调系统设计的要点之一是处理好装置产生的噪声。

（3）回风噪声　变风量空调系统为了考虑系统风量平衡与新风再利用等因素，常采用吊平顶静压箱集风。当空调机房贴近空调房间时，集中回风管较难进行消声处理，回风管常成为传播噪声的捷径。此外，采用回风静压箱，吊平顶内各房间之间的间隔墙不延伸到顶，使之间容易串声，因此，需采用隔声效果较好的吊平顶材料。

变风量空调系统的特殊性对系统噪声控制提出了很高的要求，国内外常有变风量空调噪声控制不成功的案例，这应该引起设计施工人员对具体变风量工程控制噪声环节足够的重视。

第三节　空调装置的减振

一、基本概念

空调系统的振源来自于通风机、水泵和制冷压缩机等设备。如果这些设备转动部件的质量中心离开转轴中心，设备运转时就会产生振动。设备振动传给基础和建筑结构，基础和建筑结构把振动以弹性波的形式传到其他房间，并以噪声的形式出现（称为固体声）。虽然其频率很低，人耳感觉不到，但振动往往会影响某些工艺的生产精度和危及建筑物的安全，因此必须采取减振措施。

减弱振动设备传给基础的振动，是通过消除它们之间的刚性连接达到的。在振源与基础之间安装弹性构件，如弹簧减振器或橡皮、软木等，即可减弱振源传到基础的振动，这种方法称为积极减振。工艺自身隔振装置有精密仪器、仪表等，为防止外界振动对装置带来影响而采取的措施称为消极隔振。

通常用减振传递率 T 来衡量减振效果，它表示通过减振元件传递过去的力与设备总干扰力之比，即

$$T=\frac{传递力}{干扰力} \tag{8-11}$$

减振传递率 T 值越小，表示减振效果越好。

在忽略阻尼的条件下，减振传递率的数学表达式为

$$T=\left|\frac{1}{1-(f/f_0)^2}\right| \tag{8-12}$$

式中 f——振源干扰力的频率（Hz）；

f_0——振源与减振器共同组成体的固有频率（Hz）。

T 与 f/f_0 的关系如图 8-26 所示。由式（8-12）和图 8-26 可以看出，当 $f/f_0<1$ 时，$T>1$，干扰力通过减振器传给基础，不能起减振作用；当 $f/f_0=1$ 时，T 值为无穷大，系统发生共振，减振系统不仅不起减振作用，反而放大振动的干扰力；当 $f/f_0>1$ 时，$T<1$，减振器起减振作用。在工程上通常选用 $f/f_0=2.5\sim5$，虽然在理论上 f/f_0 值越大越好，但 f/f_0 越大，造价越高，且减振效果的提高幅度越来越小。

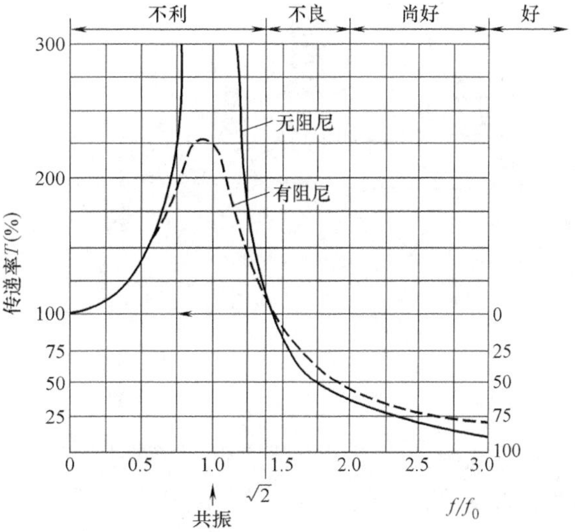

图 8-26 减振传递曲线

在减振设计时，首先应确定减振标准，即确定减振传递率 T，减振标准的确定可参考表 8-6。

表 8-6 减振参考标准

减振传递率 T(%)	减振评价	使用地点
<5	极好	压缩机装在播音室的楼板上
5~10	很好	通风机组装在楼层，其下层为办公室、图书馆、病房等和要求严格减振的房间

（续）

减振传递率 T(%)	减振评价	使用地点
10～20	好	通风机组装在广播电台、办公室、图书馆及病房一类的安静房间附近
20～40	较好	通风机组安装在地下室，而周围为上述以外的一般性房间
40～50	不良	设备装在远离使用地点时，或一般工业车间

二、减振措施

隔振材料种类很多，如软木、玻璃纤维板、毛毡、橡胶、金属弹簧等。在空调工程中，最为常用的隔振材料是橡胶及金属弹簧，或两者合成的隔振装置。下面介绍工程中常用的隔振装置。

1. 弹簧隔振器

弹簧隔振器是由单个或数个相同尺寸的弹簧和铸铁（或塑料）护罩组成的。图 8-27 所示为两种弹簧减振器的结构。

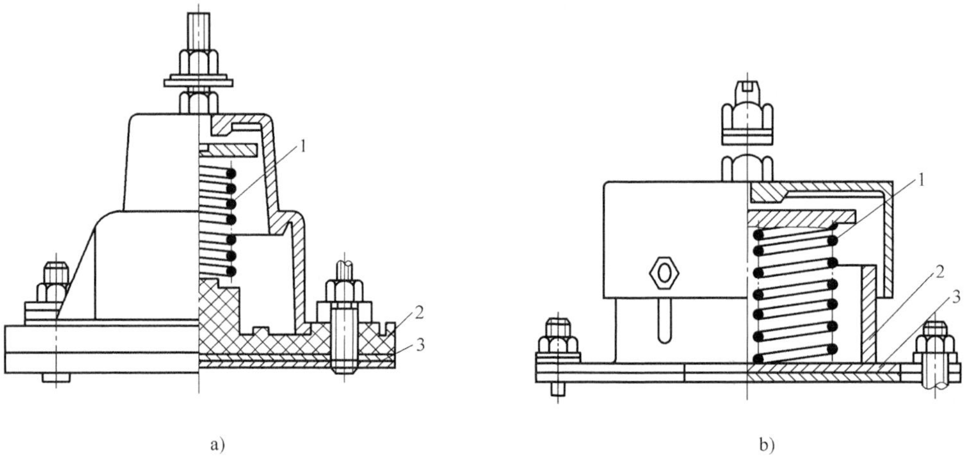

图 8-27　弹簧减振器的结构

a）TJ_1-1～10　b）TJ_1-11～14

1—弹簧　2—底盘　3—橡胶垫板

弹簧减振器由于固有频率低，静态压缩量大，承载力高，低频振动的隔振效果好。且能抗油水的侵蚀，不受温度的影响，使用年限长。缺点是阻尼小，容易传递高频振动，并在运转起动时转速通过共振频率会产生共振。水平方向的稳定性较差。如果将弹簧减振器与橡胶组合起来使用，减振效果会更好。

2. 橡胶隔振器

橡胶隔振器是采用经硫化处理的耐油丁腈橡胶作为它的隔振弹性体，并黏结在内外金属套上受剪切力的作用，因此，全称橡胶剪切隔振器。图 8-28 所示为 JG 型橡胶减振器的构造。

这种隔振器的特点是自振频率低，仅次于弹簧隔振器，并有足够的阻尼，隔振效果良好，安装和更换方便，价格低廉。但有使用多年后易老化的缺点，应定期检查更换。

3. 橡胶隔振垫

橡胶隔振垫是一种简便、经济的减振方法。图 8-29 所示为肋型橡胶隔振垫，它有单向单面和双面开肋、双向双面开肋等形式。

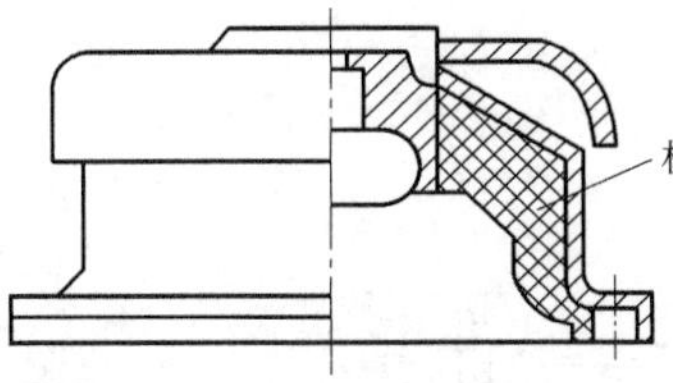

图 8-28 JC 型橡胶减振器的构造

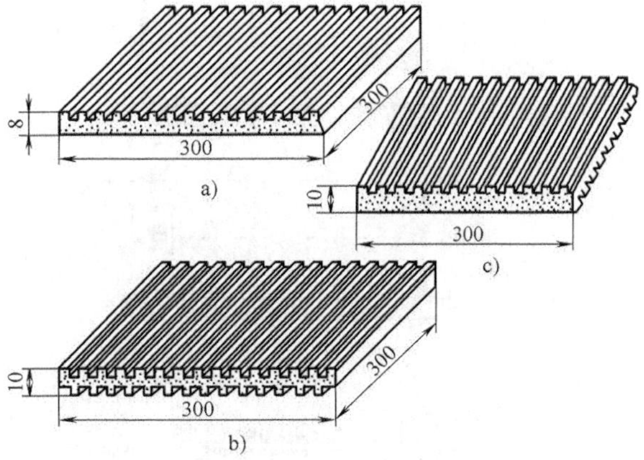

图 8-29 肋型橡胶隔振垫

这种橡胶隔振垫结构简单，安装简便，隔振效果好。但由于橡胶剪切受压，在长期荷载作用下，容易产生疲劳而缩短使用年限。

4. 隔振软管

隔振动力泵连接管道也是一种振动源，为防止管道的固体振动传声，必须在管道上装置隔振软管。目前常用的隔振软管有橡胶软管（见图 8-30）和不锈钢波纹软管两种类型。

橡胶软管具有很好的减振效果，缺点是受介质温度、压力的限制，且耐蚀性差。不锈钢波纹软管能耐高温、高压和腐蚀性介质，经久耐用，具有较好的隔振效果。不足之处是造价高。但对整个工程造价来说，用量较少，因此占总投资的比重很小。

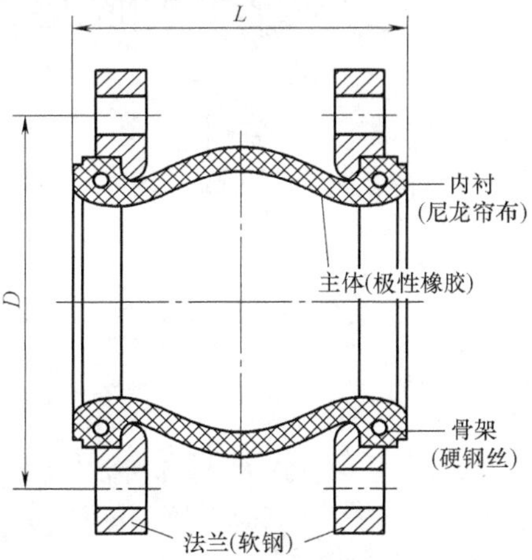

图 8-30 K-XT 型橡胶软管的构造

具有振动的设备均应设置减振设施，同时与其连接的管道应设置隔振软接。应根据减振器的自振频率 f_0 选择不同类型的减振器。当 $f_0 < 5\text{Hz}$，即设备转速较低时，宜采用弹簧减振器；当 $5\text{Hz} \leqslant f_0 < 12\text{Hz}$ 时，宜采用橡胶剪切型减振器；当 $f_0 \geqslant 12\text{Hz}$，即设备转速较高时，宜采用橡胶减振垫。

三、消声减振措施的实例

一个空调工程产生的噪声是多方面的，除了风机出口装帆布接头，管路上装消声器以及风机、压缩机、水泵基础考虑防振外，有条件时，对要求较高的工程，压缩机和水泵的进出管路处均应设有隔振软管。此外，为了防止振动，由风道和水管等传递出去，在管道吊卡、穿墙处均应做防振处理，图 8-31 中列举了有关这方面的措施，可供参考。

还应特别注意，对位于消声器后的风管，如它经过机房时，该部分风道应用石棉水泥做保温的涂抹层，以使它具有隔声能力，从而可以防止噪声从机房内再次进入已经消声的风管中。

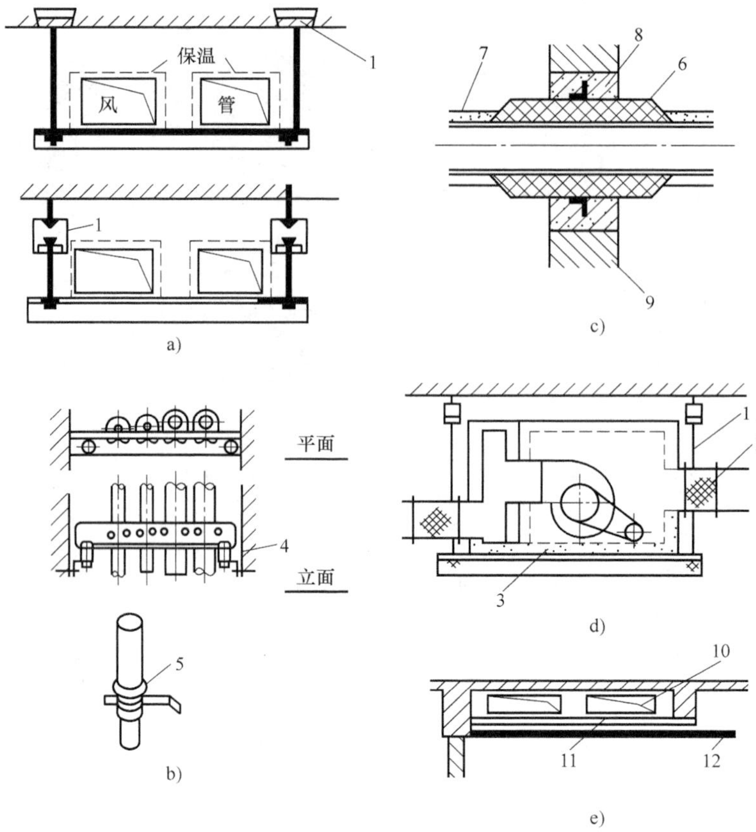

图 8-31 各种消声防振的辅助措施

a）风管吊卡的防振方法 b）水管的防振支架 c）风管穿墙的隔振方法
d）悬挂风机的消声防振方法 e）防止风道噪声从吊平顶向下扩散的隔声方法
1—防振吊卡 2—软接头 3—吸声材料 4—防振支座 5—包裹弹性材料 6—玻璃纤维棉
7—保温层 8—水泥砂浆 9—墙 10—风管 11—隔声板 12—吊平面

思考与练习题

1. 哪些是空调系统中的噪声源？它们产生何种噪声？
2. 空调系统产生的噪声主要通过哪些途径进入空调环境区域？
3. 减小空调系统的噪声传入空调环境的措施有哪些？
4. 用声级计 A 档来评价噪声的原因是什么？
5. 吸声材料是绝热材料吗？两者区别是什么？
6. 常用的消声器有哪些？它们的消声原理是什么？
7. 消声器一般设置在空调系统中哪个部位？
8. 消声器的选择要考虑哪些因素？
9. 在空调系统中哪些装置、设备会产生振动？振动的原因是什么？
10. 设备和装置的振动会带来哪些不良的影响？

11. 变风量空调系统噪声传播的途径是什么?
12. 变风量空调系统的噪声有哪些特性?
13. 对于空调系统的振动源，一般采取哪些措施来消除或减少影响?
14. 常用哪些隔振装置来隔振? 它们的特点是什么? 如何隔振?
15. 选择隔振装置一般要考虑哪些事项?

第九章

空调建筑的排风与防火排烟

在空调建筑有人居住和停留的场所，从卫生要求考虑，补充一定量的新风是必不可少的。考虑到风量在建筑物中的平衡，任何有补充新风的场所就应该设有排风系统。如公共建筑中的公共厕所、地下车库及客房卫生间等均需设置排风系统。

空调建筑与一般建筑物相比较具有围护结构密封性好、纵横向管井管道多、楼层普遍较高等特点。一旦起火则火势蔓延更快，扑救和人员疏散撤离更困难，比一般建筑具有更大的危险性和危害性。因此良好的防火排烟设施与建筑设计和空调系统设计都有着密切的关系。

第一节　空调建筑的排风

一、排风方式与排风设备

1. 排风方式

公共建筑的排风主要有以下三种形式：

（1）自然排风方式　这种排风方式简单、省能、投资少，并且在一天大部分时间内均能起作用。但这种方式排风能力小，且易受室内温度、湿度、大气压力、风向、风速等因素的影响，排风量不稳定。当排风口处气压处于正压状态时，甚至还会发生倒灌现象。因此，自然排风方式适用于卫生条件要求低的建筑物。

（2）机械排风方式　通常在排风系统上设排风扇或通风机进行排风。这种方式通风效果好，能满足各场所的卫生要求和风量平衡，但投资高，适用于卫生条件要求较高的建筑物。

（3）机械排风与自然排风相结合的排风方式　这种排风方式兼顾了自然排风与机械排风的优点，在工程中也有应用。如在宾馆的各房间装设普通的排气风扇，对卫生间进行全面通风换气，然后排入通风竖井，依靠自然排风能力把废气排至室外。这种排风方式比单纯的自然排风能力强，但排风竖井受气候影响较大，有时会发生倒灌。因此，对卫生要求较高的场合不能满足卫生要求。

2. 排风设备

排风设备主要有用于卫生间或房间排风的排气风扇和用于屋顶排风的风机两种。

（1）排气风扇　排气风扇根据安装部位的不同，有壁式排气扇和天花式排气扇两种。

壁式排气扇直接安装在墙洞上，与排风竖井直接相通。其特点是安装简单，维修方便，适用于对室内装修要求不高的场合使用。

天花式排气扇暗装在天花板内，通过短风管与排风竖井相连：其特点是运行噪声低，外表美观，易于和装修效果统一，适用于较高标准的建筑物。

（2）屋顶排风机 用于屋顶排风的风机，大多采用“蘑菇风机”。所谓“蘑菇风机”，实际上是一台轴流式风机，为了避免雨水的侵入和自然风的干扰，在其上部加装了一个蘑菇形外罩。

二、排风量及有关设计参数的确定

1. 排风量的确定

排风量计算方法有两种：一是按最小通风量 25 ~ 30m^3/(h·人) 计算；二是按换气次数计算，一般采用 5 ~ 8 次/h。

空调建筑的排风量确定还要考虑风量平衡与室内正压的要求，一般按新风补入量的 85% ~ 90% 确定排风量。如某宾馆客房新风量为 100 ~ 110m^3/h，则浴厕排风量可按 90 ~ 100m^3/h 确定。

对厨房的排风设计时，应使厨房处于负压状态，因此设计时应使排风量大于送风量，以防厨房气味外逸。

2. 有关设计参数的确定

（1）自然排风方式设计参数 自然排风方式的设计，主要是确定通风净截面面积。一般卫生间的排风口按卫生间计算的排风量与风口风速 0.5 ~ 1.0m/s 确定，排风竖井上部可按竖井中所有卫生间排风量的总和和 1.0 ~ 1.5 m/s 的风速确定。

（2）机械排风方式设计参数 机械排风方式一般是在房间设排风扇并在屋顶设排风机。因此屋顶风机的风量不能简单地按各卫生间排风量之和计算，而应该考虑 0.5 ~ 0.8 的卫生间同时使用系数（层数多时取小值，层数少时取大值），即屋顶风机的设计风量为各卫生间排风量之和再乘以同时使用系数。竖井上部截面面积可按风量和 4.5 ~ 6.0m/s 的风速确定。

（3）机械排风和自然排风相结合的排风方式的设计参数 这种排风方式一般仅在房间设排风扇，排风扇排出的气体则依靠竖井自然排风排至室外。因此竖井上部截面和可按上部风速 1.0 ~ 1.5m/s 和排风量来确定。排风量应取竖井上所有卫生间排风量的总和，再考虑 0.6 ~ 1.0 的同时使用系数。

三、排风竖井材质的确定

排风竖井的材质可选用镀锌钢板或砖砌风道。镀锌钢板风道密实性好，阻力小，但价格偏高，安装较困难。为节省投资和方便安装，目前大多采用砖砌风道。砖砌风道一定要有良好的密实性，并且内部抹灰应尽量光滑。

第二节 空调建筑的防火排烟

一、建筑防火和防烟分区

在建筑设计中，为了保障建筑和人员的安全，必须遵守我国颁布的有关规范，采取有效的防火排烟措施。

1. 防火分区

根据我国高层建筑的防火规范，防火分区的划分规定为：一类高层建筑每层防火单元最大允许面积为 1000m^2；二类高层建筑为 1500m^2，地下室为 500m^2。如果防火单元内设有自动灭火系统时，则防火面积可增加一倍。

为了把火灾控制在一定范围内，阻止火势蔓延扩大，减少火灾危害，常用防火墙、耐火楼板和防火门来进行防火分区。在建筑设计中，通常规定楼梯间、通风竖井、风道空间、电梯、自动扶梯升降通路等形成竖井的部分应作为防火分区。

2. 防烟分区

防烟分区是对防火分区的细化。防烟分区内不能防止火灾的扩大，仅能有效地控制火灾产生的烟气流动。首先要在有发生火灾危险的房间和用作疏散通道的走廊间加设防烟隔断，在楼梯间设置前室，并设自动关闭门，作为防火防烟的分界。

防烟分区可按如下规定：需设排烟设施的走道，净高不超过6m的房间，应采用防烟垂壁、隔墙或从顶棚下突出不小于50cm的梁划分防烟分区，每个防烟分区的建筑面积不宜超过500m^2，对装有自动喷水灭火系统的建筑物，防烟分区的面积可增大一倍，防烟分区不应跨越防火分区。

二、空调设计与防烟

从防火防烟观点出发，空调系统最好不用风道，而采用全水系统。但是，空调系统的选择，除考虑防火防烟之外，还要综合考虑。在某些工程上，采用全空气的空调系统是有利的。一般认为在高层建筑中一个空调系统负担4~6层时，投资比较经济，而防火防烟性能尚可。因此，在实际工程中，空调系统的风道常常穿过防火分区或防烟分区，为此系统上要设防火、防烟风门。

1. 防火、防烟风门

（1）防火风门（FD） 当发生火灾时，火焰侵入风道，高温使阀门上的易熔合金熔解，或使记忆合金产生形变使阀门自动关闭，它被用于风道与防火分区贯通的场合。一般规定防火墙与防火风门之间的风道用1.5mm厚的钢板制作（使之受热不易变形）。防火阀门与一般风门结合使用时，可兼起风量调节的作用，称为防火调节风门。图9-1所示为一般的防火风门结构。

（2）防烟风门（SD） 这是与烟感器连锁的风门，即通过能够探知火灾初期发生烟气的烟感器来关闭风门，以防止其他防火区的烟气侵入本区。这种风门结构如图9-2所示，是由电动机或电磁驱动的自动风门，它比防火风门的价格要高。如果在这种阀门上加上易熔合金，则可使之兼起防火的作用，故称防火防烟风门。

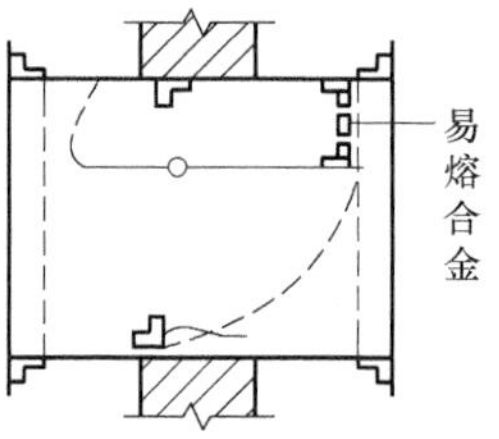

图9-1 一般的防火风门结构（FD）

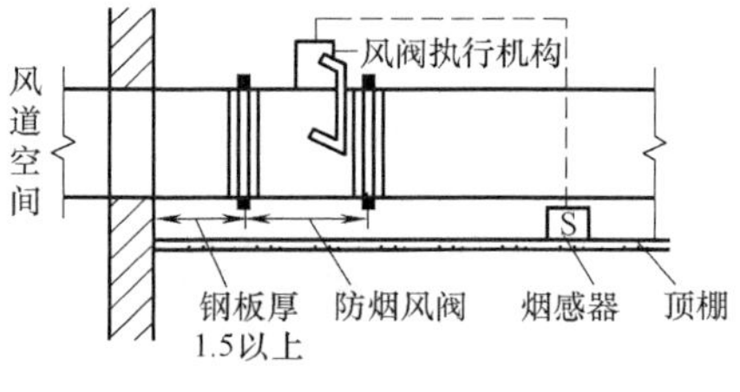

图9-2 防烟风门结构（SD）

国内现在生产把防火、防烟和风量调节三者结合为一体的风门，称防火防烟调节阀。它既与烟感器通过电信号联动，又受温度熔断器控制，也可通过手动使阀门瞬时严密关闭。温度熔断器更换后，可自动复位。

2. 通风空调系统应设置防火阀的部位

1）为防止通风机房火灾时，通过风管蔓延到相邻房间，在送风、回风和排风管穿过机房隔墙或楼板处，应设置防火阀（见图9-3）。

2）为防止火灾从危险性大的房间，经风管蔓延到邻近房间，应在通过其隔墙和楼板处的送、回风管和排风管上设置防火阀（见图9-4）。

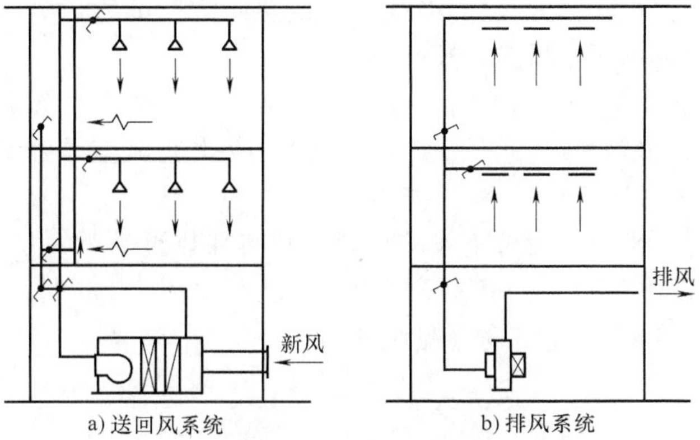

图9-3 风管穿越机房设置防火阀的位置

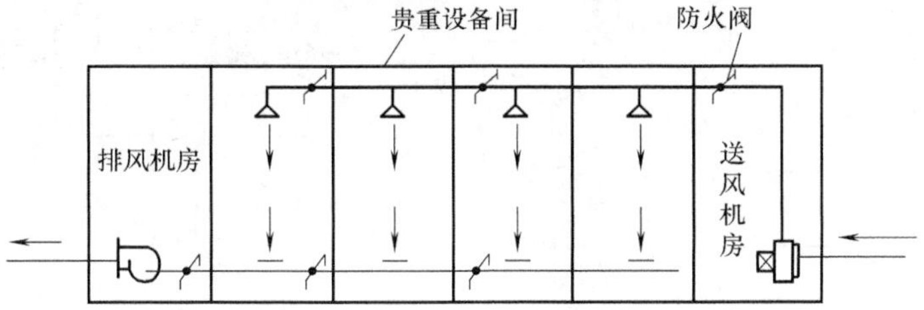

图9-4 风管通过隔墙与楼板设置防火阀的位置

3）为防止防火分区之间火灾的相互蔓延，可在穿越防火分区隔墙处的送、回风管道上设置防火阀（见图9-5）。

4）多层和高层建筑的楼板，一般可视为防火隔断，为防止火灾在上下层蔓延扩大，应在每层送、回风水平管与垂直总管的交接处设置防火阀（见图9-6）。

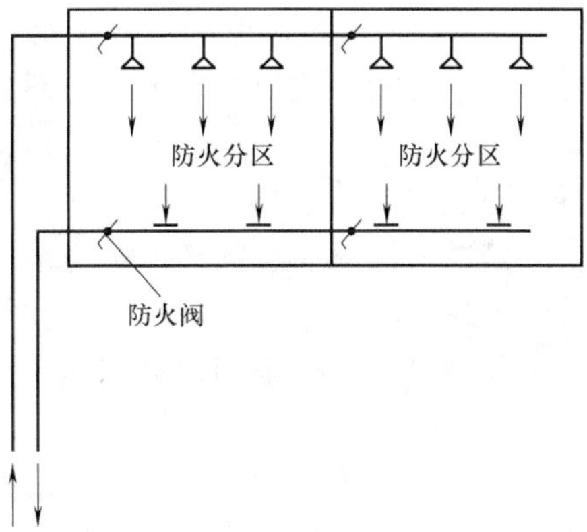

图9-5 风管穿越防火分区隔墙处设置防火阀的位置

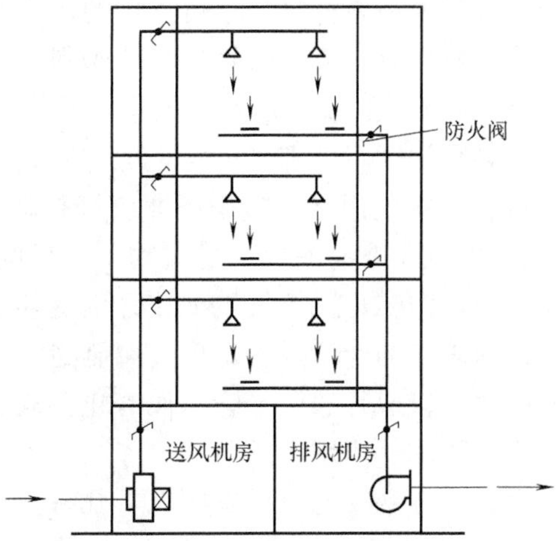

图9-6 高层和多层建筑风管设置防火阀的位置

5）穿越沉降缝、变形缝的墙的两侧风管上，应各设一个防火阀（见图9-7）。并在风管与墙体之间的缝隙中，用非燃柔性材料严密堵塞。为了使防火阀能自行关闭，防火阀关闭的方向应与风管内气流方向一致。

设置防火阀的通风管道应有一定的强度，在设置防火阀的管段处，应设单独的支吊架，以免由于管段变形而影响防火阀关闭的严密性。

为了使防火阀能及时、有效地关闭，控制防火阀关闭的易熔金属片或其他感温元件，应容易感温部位。易熔片及其感温元件的控制温度，应比通风空调系统最高正常温度高出25℃，一般情况下可采用70℃。

6）直接接室外的新风管一般可不设防火阀。只有在靠近邻近一层建筑物且离邻近物距离小于3 m时，或邻近建筑物为2层及2层以下，且距离小于5m时，才应设置防火阀，防止火灾通过新风管蔓延到邻近建筑物（见图9-8）。

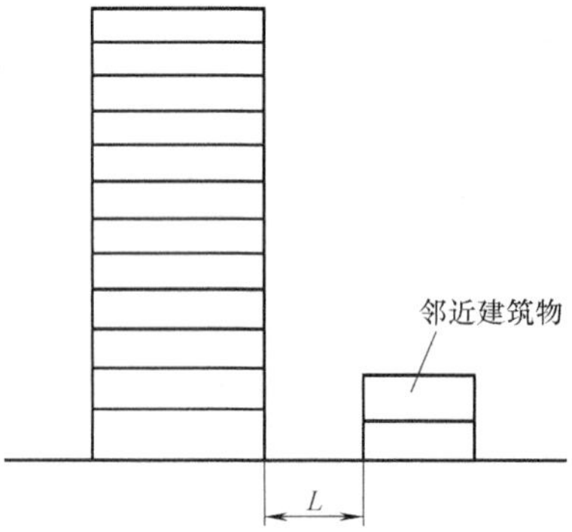

图9-7　变形缝、沉降缝防火阀的安装

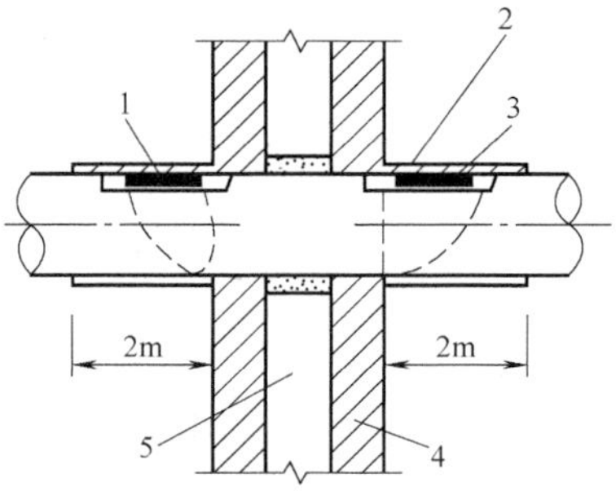

图9-8　接室外的新风管设置防火阀的条件

1、3—防火阀　2—非燃保温材料　4—墙　5—变形缝

3. 通风空调系统的防火措施

1）为了防止火灾沿着通风空调系统的风管和管道的保温材料、消声材料蔓延，上述保温、消声材料及其粘结剂，应采用非燃烧材料。只有在采用非燃烧材料有困难时，才允许采用难燃材料，易燃材料是绝对禁用的。常用的非燃烧保温材料有超细玻璃棉、岩棉和矿渣棉等。难燃材料有自熄性聚氨酯泡沫塑料、自熄性聚苯乙烯泡沫塑料等。

2）为了防止通风机已停止运行而电加热器仍继续工作引起火灾，电加器开关与通风机的启闭必须联锁，做到风机停止运行时，电加热器电源相应切断。此外，在电加热器前后各800mm范围内的风管，应采用非燃烧材料进行保温。

3）空气中含有易碎、易爆物质的房间，当风机停止运行时，此类物质容易从风管倒流至风机内。为防止风机发生火花，引起燃烧爆炸事故，其送、排风系统的通风机应采用防爆型的，即风机的叶轮采用有色金属制造，且电动机采用全封闭的。但如果通风机设在单独隔离的机房内，而且送风干管内设有止回阀，能防止上述危险时，也可采用普通型通风设备。

三、防烟、排烟方式

为达到防烟目的，可采用以下几种方式。

1. 自然排烟

利用火灾时室内热气流的浮力或室外风力的作用排烟的方式称为自然排烟。自然排烟不需要动力，当防烟楼梯间前室和消防电梯前室在有条件靠外墙布置时，可采用自然排烟，但要注意建筑物的高度，当建筑物高度超过 50m 的一类公共建筑和建筑高度超过 100m 的其他建筑的防烟楼梯间、前室或合用前室不应采用。

自然排烟经济简便，但容易受到室外风力的影响，当火灾房间处于迎风面时，烟气因受到风压作用而很难排出，烟气还会流向背风面有开口的房间，并能向上蔓延。因此，上下层窗之间外墙应有足够的高度。

2. 机械排烟

机械排烟的方式是利用设在建筑物上层的排烟风机，将烟气通过排烟口和排烟风道排出室外。

机械排烟不受室外风力的影响，烟气能及时有组织地排至室外最高处，能有效控制烟气的流动和蔓延。但机械排烟投资多，操作较复杂，并需消耗一定的动力。

3. 加压送风防烟

加压送风防烟方式是直接利用室外空气，不进行任何处理，送入防烟楼梯间和防烟楼梯间前室，使防烟楼梯间维持一定压力，并略高于其前室，使这些部位的压力比走道和火灾房间高，防止烟气侵入，保证疏散通路的安全。用这种方式防止烟气侵入已在世界各国高层建筑的防烟楼梯间和防烟楼梯间前室或消防电梯前室中广泛使用。

第三节 排烟系统与通风空调系统的兼用

为了充分发挥通风空调系统的作用，应该考虑将它在火灾时转为排烟系统的问题。但必须采取可靠的防火安全措施并符合排烟系统要求。

一、空调与排烟兼用

当房间内已有空调系统，而该房间又必须机械排烟时，可以利用空调系统的风口风道或兼作排烟系统。

图 9-9 所示为在排烟时利用空调系统的回风口作为排烟口，原有风机作为排烟风机，新风口作为排烟口。当火灾发生时，空调系统自动切换为排烟系统，与烟感器或温感器连锁的排烟阀 9、10 开，空调系统使用的阀门 6、7、8 关闭，该系统即投入排烟使用。

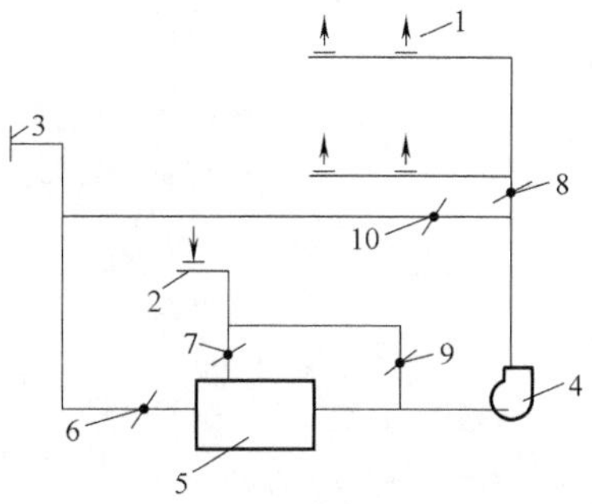

图 9-9 空调系统兼排烟系统（风机合用）
1—送风口 2—回风口兼排烟口 3—新风口兼排烟出口
4—风机（空调系统与排烟系统合用）
5—空调箱 6、7、8—多叶风阀（空调器）
9、10—排烟阀

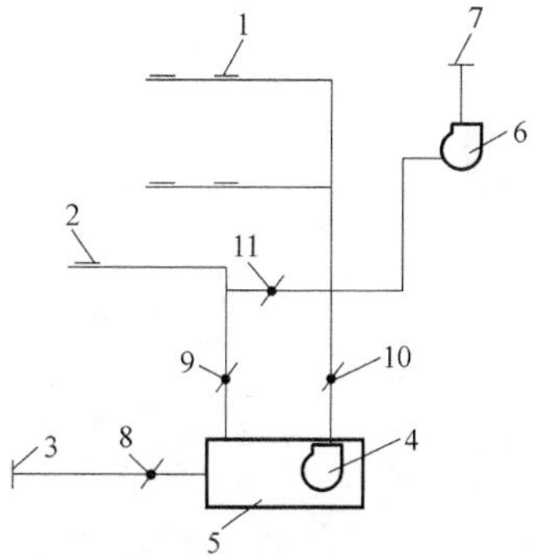

图 9-10 空调系统兼排烟系统（另设排烟风机）
1—送风口 2—回风口兼排烟进口 3—新风口
4—空调用风机 5—空调箱 6—排烟风机
7—排烟出口 8、9、10—多叶风阀（空调用）
11—排烟阀

图 9-10 所示也是空调系统兼排烟系统，空调用的风机在空调箱内，故另外设排烟风机，仅将原有的回风口作为排烟口。当火灾发生时，与烟感器或温感器联锁的排烟阀 11 打开，其余的空调系统使用的阀门 8、9、10 全部关闭，该系统即投入排烟使用。

二、通风与排烟兼用

通风系统换气次数一般均较空调系统大，如厨房（30 ~ 60 次/h）、车库（6 ~ 8 次/h）等，因此很适合向排烟工况转换。

图 9-11 所示为车库的送风系统兼作排烟系统。正常运转时有送风系统和排风系统，但排风系统的风量往往满足不了排烟时的需要，排风量一般按换气次数估算，不小于 6 次/h，多数采用 6 ~ 8 次/h。如果发生火灾时能将送风系统转换为排烟系统，则可大大增加排烟风量，与原有排气系统一起使用，保证烟气迅速排出。图 9-11 中，当排烟时，送风口作为排烟进口，利用原有送风机作为排烟风机，排烟阀 6、7 打开，送风系统用阀门 4、5 关闭，即可投入排烟使用。

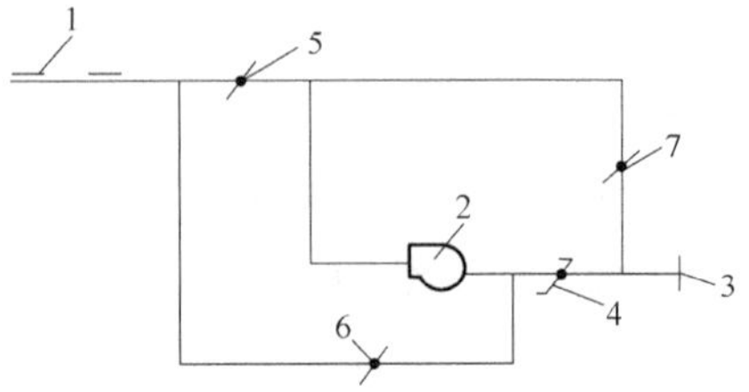

图 9-11 车库的送风系统兼作排烟系统
1—送风口兼排烟进口 2—送风机兼排烟风机 3—新风口兼排烟出口 4、5—送风系统用阀门 6、7—排烟阀

思考与练习题

1. 空调建筑的排风有哪几种形式？
2. 在建筑设计中，如何划分防火分区？设置防烟分区有哪些规定？
3. 空调系统的风道如何设防火、防烟风门？
4. 防火阀的作用是什么？在什么情况下设置防火阀？
5. 通风空调系统的防火措施有哪些？
6. 分析排烟系统与通风空调系统的兼用实例。

第十章

空调系统的测定与调整

在空调系统安装完毕后，需对系统的一些重要参数及主要设备的性能进行测试与调整，以保证空调系统工作的正常运行。

第一节　概　　述

一、空调系统测定与调整的目的

对于刚刚建成的空调系统，通过测定与调整，一方面可以发现系统设计、施工质量和设备性能等方面存在的问题，从而采取相应的改进措施，保证系统达到设计要求；另一方面可以使运行人员熟悉和掌握系统的性能和特点，并为系统的经济合理运行积累资料。对于已经投入使用的空调系统，当出现问题时，也需要通过测定与调整查找原因，加以改进。

二、测试与调整的内容

空调系统测定与调整的主要内容包括：空调系统风量的测定与调整，通风机的性能测定，空调设备的性能测定，空调房间空气状态参数，气流组织以及消声效果等方面的测定与调整等。

空调系统的测定与调整应遵照《通风与空调工程施工质量验收规范》（GB 50243—2002）规定的原则进行。测定中涉及的制冷系统、自动控制系统的测定与调整，可参考专门的书籍和资料。

三、测试调整前的准备工作

测定与调整工作应在工程验收之后进行。测定前必须做好以下几方面的准备工作。

1. 熟悉设计资料

首先必须熟悉空调系统的全部设计资料，包括图样和设计说明书，了解设计意图、设计参数及整个系统情况。重点要了解与测定有关的部分，如整个系统的组成，系统包括哪些设备的性能及使用方法（必要时还应查看产品说明书）。要搞清楚送、回风系统，供热和供冷系统及自动控制系统的组成、走向及特点，特别要明确各种调节装置和检测仪表的位置。

2. 准备测试仪表

根据空调系统的精度要求，选择相应精度等级的测试仪表，并进行校验与标定，以保证数据的准确性。

测试常用仪表有以下几类：

（1）温度仪表　常用的有液体温度计、热电偶温度计、热电阻温度计。对空气温度的测量多采用前两种。当采用水银温度计测量温度时，可采用范围为0～50℃、分度值为1℃、0.5℃、0.2℃、0.1℃的。而热电偶温度计和电阻温度计均需与二次仪表（如电位差计、温度自动记录仪）配套使用。

1）液体温度计。对于液体温度计，视填充的工作液体不同又可分为水银温度计和有机液体温度计。液体温度计是利用玻璃管内的液体受热膨胀、遇冷收缩产生体积变化，使与温包相通的毛细管内的液体发生变化来工作的。

液体温度计由温包、毛细管、膨胀泡、玻璃管及标尺组成，如图10-1所示。

液体温度计从构造上可分为棒式和内标式两种。其不同点是：前者的标尺直接刻在玻璃棒表面，后者的标尺嵌装在玻璃套或金属套管中。液体温度计的测量范围因内装液体的不同而各异。水银温度计的测量范围一般为－30～60℃，酒精温度计的测量范围一般为－100～75℃，其分度值有1℃、0.5℃、0.2℃、0.02℃和0.01℃等几种。

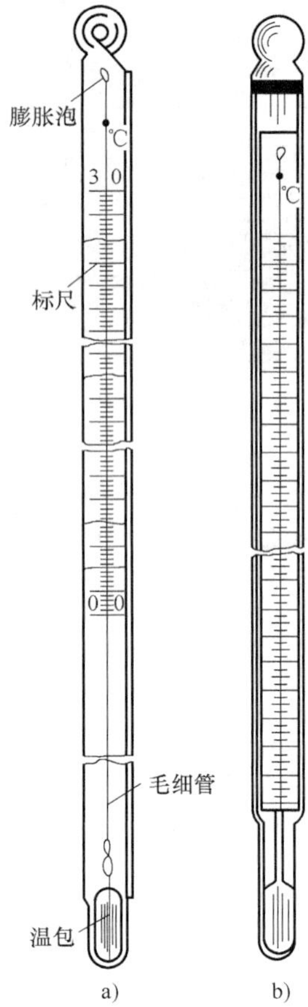

图10-1　液体温度计
a）棒式　b）内标式

使用液体温度计时要注意以下几个要求：

① 根据测量范围和测量精度要求选取相应分度值的温度计，并要事先进行校验。

② 在使用过程中，应经常进行定期校验。

③ 读数时要屏住呼吸，视线与水银液面及标尺线要平行，先读小数，后读整数。

④ 使用时应提前15min左右将温度计放入被测介质中。

2）热电偶温度计。热电偶温度计由热电偶、电测仪表和连接导线组成。如图10-2所示，热电偶由两根不同的导体或半导体焊接或铰接而成，形成回路。当热电偶两端所处的温度场不同时，将产生与两端温差相对应的热电势。实际应用时，将一端（冷端或自由端）温度固定，另一端（热端或工作端）置于空气中，此时热电偶将产生热电势，并在电测仪表上指示出来。

热电偶温度计具有热惰性小、反应快、测温范围广、精度高等特点，适用于远距离和集中测量。

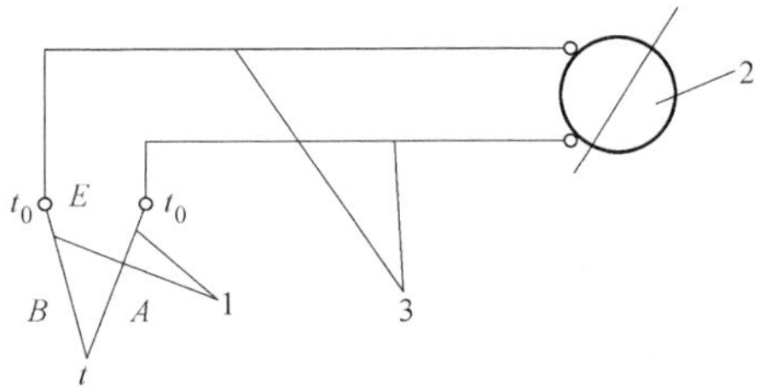

图10-2　热电偶温度计原理线路
1—热电偶　2—电测仪表　3—连接导线

3）热电阻温度计。热电阻温度计是利用导体或半导体的电阻值随温度变化的性质，通过仪表将热电阻的变化显示出来，并借此获得与电阻值相对应的温度值。热电阻温度计由热电阻、显示仪表和连接导线组成。其中，热电阻的材料主要有铜和铂，对应热电阻温度仪表的测温范围为：铜－50～150℃，铂－259～630℃。

（2）测湿仪表　常用的有普通型干湿球温度计、通风式干湿球温度计、自记式毛发湿度计、自记式温湿度计。其中前两种干湿球温度计在空调工程中用得最多。

1）普通型固定式干湿球温度计。普通型固定式干湿球温度计是将两个相同的水银温度计固定在一块平板上，其中一个温度计的温包上缠有一直保持湿润状态的纱布，作为湿球温度计；另一个温度计的温包直接暴露在空气中，作为干球温度计。其结构如图 10-3 所示。

普通型固定式干湿球温度计测量相对湿度的原理是：湿球温度计由于温包上包裹了湿纱布，水分不断蒸发，因而温包表面温度降低，其值一般会低于干球温度。干、湿球温度的差值与空气相对湿度的高低有关：二者的差值越大，相对湿度越小，空气越干燥；二者差值越小，则反之。由于通过湿球温包处的空气流速很小（小于 0.5m/s），因而在实际使用中，不能根据干、湿球温度直接读出空气的相对湿度值，而必须使用专门制作的相对湿度查算表。查算表一般附在固定式干湿球温度计的平板上。

在使用普通型固定式干湿球温度计时，一般是将其悬挂于空调房间的某一固定位置上进行测量。这种温度计结构简单，价格便宜，但测量精度稍差，一般用于测量精度要求不高的场合。

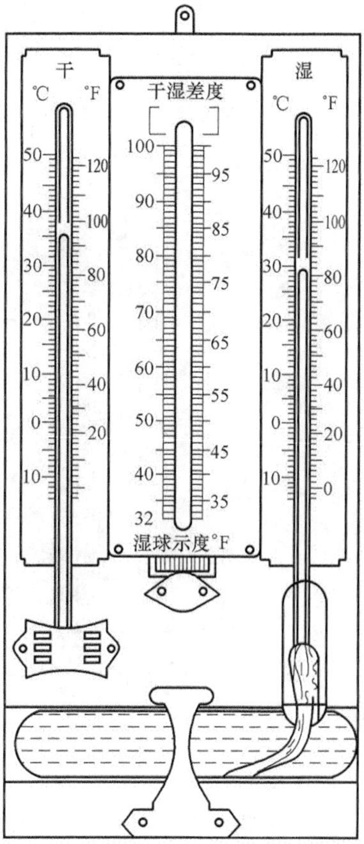

图 10-3　普通型固定式干湿球温度计

2）通风式干湿球温度计。通风式干湿球温度计由两个精确度（分度值为 0.1℃ 或 0.2℃）较高的水银温度计组成，一个称为干球温度计，另一个称为湿球温度计。两个温度计上部都装有一个电动或机械（发条）驱动的小风扇，通过导管使气流以等于或小于 2.5m/s 的速度通过两个温度计的温包。温包的四周装有金属保护套管，以防止辐射热对它的影响。

通风式干湿球温度计的外形如图 10-4 所示。这种温度计的测量精度很高，因此可以用它来校正测湿仪表。使用时应始终保持湿球温度计的纱布松软，具有良好的吸水性。要提前 15min 将它放在测量地点，若在有风的情况下使用，则人应在下风方向，以避免影响测量效果。

3）毛发湿度计。毛发湿度计是利用脱脂毛发随环境湿度的变化而改变其长度的原理制成的一种测量空气湿度的仪器，其形式有指针式和自记式两种。

图 10-5 所示为指针式毛发温度计。它是将一根脱脂毛发的一端固定在金属架上，另一端与杠杆相连。当空气的相对湿度发生变化时，毛发会随其伸长或缩短，并牵动杠杆机构动作，带动指针沿弧形刻度尺移动，从而指示出空气的相对湿度值。

由于当与毛发相连的机构中存在着摩擦时会影响它的正确指示，因此使用时要先将指针推向毛发放松的状态，再让它自然复位，观察指示值是否有复现性。平时要保持毛发清洁，如果毛发不干净，可用干净的毛笔蘸蒸馏水轻轻刷洗。再次使用前也要用毛笔蘸蒸馏水洗刷毛发，使其湿润。若要移动时，动作要轻，并将毛发调至松弛状态。

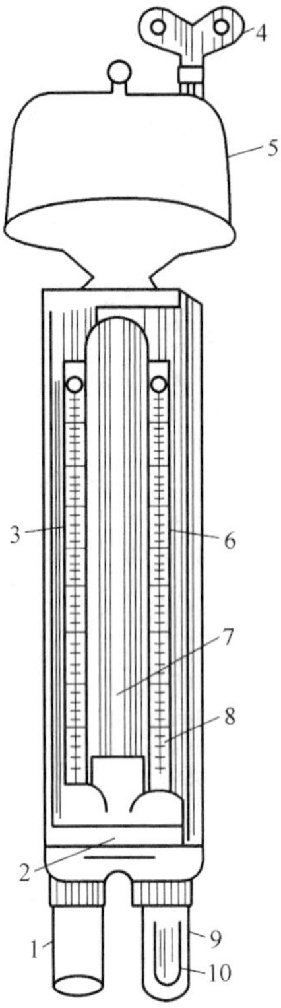

图 10-4 通风式干湿球温度计

1、9—外护管 2—塑料箍 3、6—水银温度计 4—钥匙 5—风扇外壳 7—金属总管 8—护板 10—内管

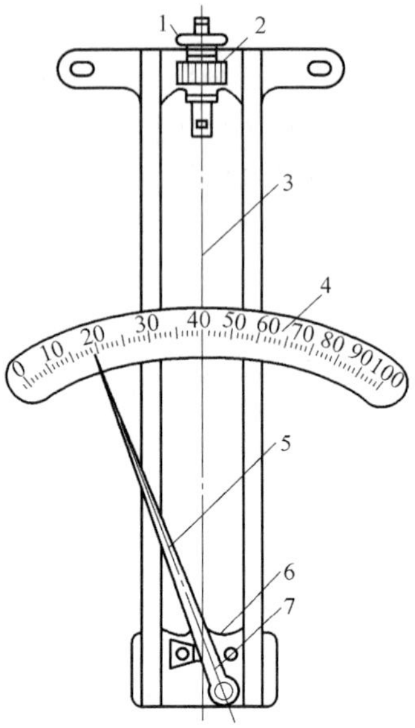

图 10-5 指针式毛发温度计

1—紧固螺母 2—调整螺钉 3—毛发 4—刻度尺 5—指针 6—弧块 7—重锤

(3) 测风速仪表 测风速的仪表有叶轮风速仪、杯式风速仪、热球风速仪、TSM-1A 型电风速计。叶轮风速仪一般测风速范围为 0.5 ~ 10m/s，杯式风速仪一般测风速范围为1.0 ~ 40m/s，国产的热球式电风速仪可测 0.05 ~ 10.0m/s 的风速，TSM-1A 型电风速计的风速测量范围为 0.05 ~ 15m/s。

1）叶轮风速仪。叶轮风速仪有两种形式，自记式叶轮风速仪和不自记式叶轮风速仪。图 10-6 所示为自记式叶轮风速仪。它的转轮叶片由几片扭成一定角度的薄叶片组成。转轴与表盘平行或垂直。它的工作原理是，当叶轮受到气流压力作用产生旋转运动时，叶轮转数与气流风速成正比，其转数由转轴上的齿轮传递给指针和计数器，并在表盘上显示出风速值。

不自记叶轮风速仪是一种使用时需备秒表的风速测量仪表，它的风速大小可按下式计算，即

$$风速 = (终读数 - 初读数)/测定时间$$

叶轮风速仪的测量范围为 0.5 ~ 10m/s，主要用于测量风口和空调系统装置中人能够出入的大截面的风速。

2）杯式风速仪。杯式风速仪又叫转杯式风速风向仪，它的风速感应元件是三个（或四个）半球形风杯，转轴与记速表盘平行，如图 10-7 所示。

杯式风速仪的工作原理与叶轮风速仪相似，使用时叶轮的旋转平面应平行于气流。它的测速范围为1～40m/s。有的杯式风速仪上还带有风标，用以指示风向。杯式风速仪多用于大风速的测定。

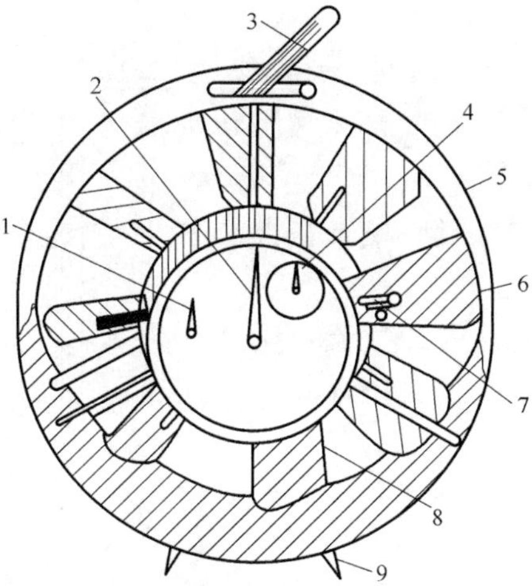

图10-6 自记式叶轮风速仪

1—记时红指针 2—长指针 3—提环 4—短指针 5—圆形框架 6—叶轮 7—回零压杆 8—起动杠杆 9—座架

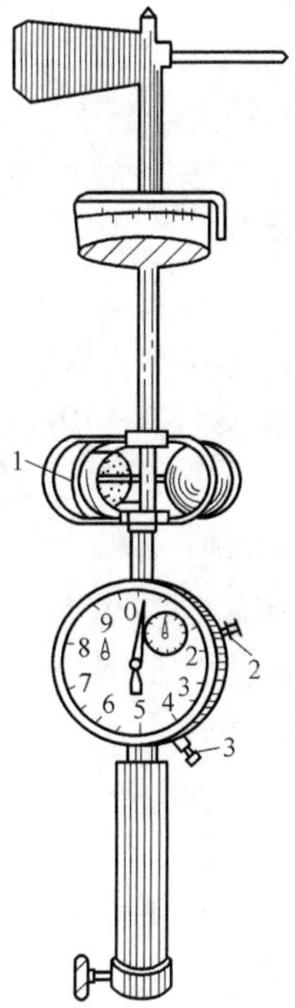

图10-7 杯式风速仪

1—风杯 2—回零压杆 3—起动压杆

3）热球风速仪。热球风速仪是空调测试中常用的仪表。它是根据流体中热物体的散热率与流速存在一定函数关系而制成的风速测量仪表，其工作原理如图10-8所示。

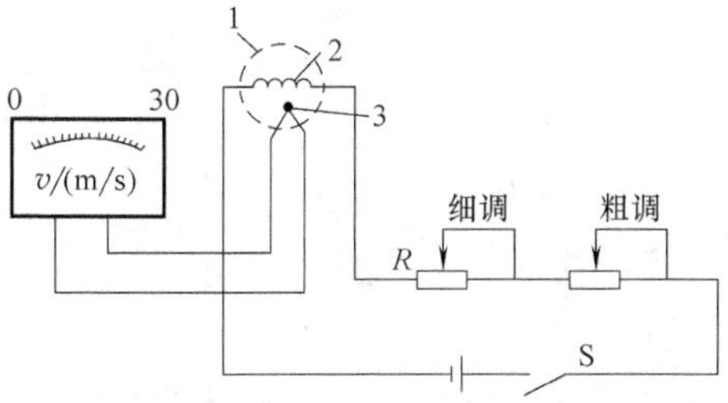

图10-8 热球风速仪原理图

1—玻璃球 2—电热线圈 3—热电偶

热球风速仪由两个电路组成：一个是加热电路，另一个是测温电路。电路的工作原理是，当一定大小的电流通过加热电路的线圈时，电热线圈发热，使玻璃球的温度升高，测温电路的热电偶产生热电势，并由表头反映出来。玻璃球的温升、热电势大小与气流速度有关。风速越大，球体散热越快，温升越小，热电势也就越小。反之，风速越小，球体散热越慢，温升越大，热电势也就越大。因此，在表头上直接借助风速刻度即可读出风速大小。仪表箱上的粗调、细调是用来调整加热电路电热线圈的，以使其保持稳定电流。

热球风速仪具有使用方便、反应快、热惰性小、灵敏度高等特点。它的测速范围为0.05～30m/s，测量低速风时尤为优越，是空调系统测试的常用仪表。热球风速仪的测头结构容易损坏，使用时要小心。使用注意事项如下：

① 将测杆连接导线的插头按正负号或标记插入仪表面板的插座内。

② 测杆要垂直放置，头部朝上，滑套的缩紧应不使测头露出，应保证测头在零风速下校准仪表零位。

③ 将选择开关由“断”旋转到“满度”位置，调节满度旋钮，使指针指示在上限刻度上。若达不到上限刻度，应调换电池。

④ 将选择开关旋转到“零位”位置上，然后调节“粗调”“细调”旋钮，观察表针是否能处于零位上。若达不到零位，应更换电池。

⑤ 测量是将测头上的红点对着迎风面，测杆与风向呈垂直状态，即可读数。若指针来回摆动，则读取中间数值。

⑥ 每次测量 5 ~ 10min 后，要重新校对一下“满度”和“零位”。

⑦ 测量完毕后将滑套缩紧，使工作开关置于“断”的位置，拔下插头，收拾好装箱。

⑧ 使用中不要用手触摸测头。测头一旦受污染，将影响其正常工作。

⑨ 使用完毕后要将电池取出，搬运时要轻拿轻放。

（4）测压仪表　在空调系统中主要需测量风管内的气流速度和压力（静压、动压、全压）。测量风压通常用液体压力计和皮托管（又称测压管）配合测定。

液体压力计有液柱式压力计、杯形压力计、斜管压力计、补偿式微压计、倾斜式微压计等。

1）液柱式压力计。液柱式压力计又叫作 U 形管压差计，它是最简单的测量风压的仪表，其外形如图 10-9 所示。液柱式压力计的测压原理是：当被测系统内的压力高于外界大气压力时，在系统内压力 p_1 和大气压力 p_2 的压差作用下，U 形管两端出现压力差

$$\Delta p = p_1 - p_2 = 9.8\rho h \qquad (10\text{-}1)$$

式中　ρ——U 形管内注入液体的密度（g/m^3），常用的液体有水、酒精等，其密度分别为 $1.0\times10^{-3}g/mm^3$、$0.81\times10^{-3}g/mm^3$；

h——液体液面的高度差（mm）。

液柱式压力计主要在要求不高的测试中使用，如用来测量各级过滤器的前后压差。

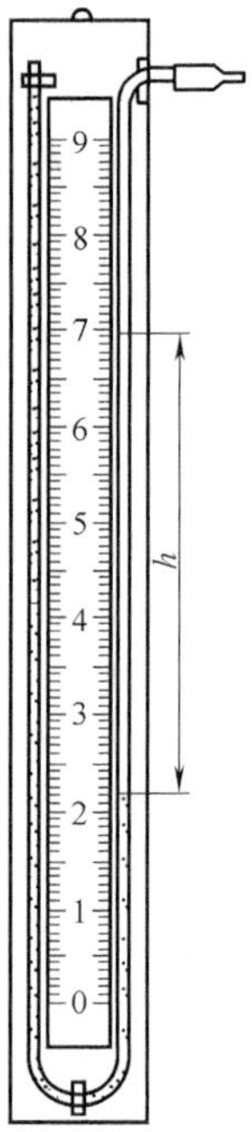

图 10-9　液柱式压力计

2）倾斜式微压计。倾斜式微压计是一种可见液体弯面的多测量范围液体压力计，如图 10-10 所示。当测量表压时，需要测量压力的空间和宽广容器相连通；当测量负压时，则与倾斜管相连通；在测量差压的情况下，把较高的压力和宽广容器接通，而把较低的压力和倾斜管接通。

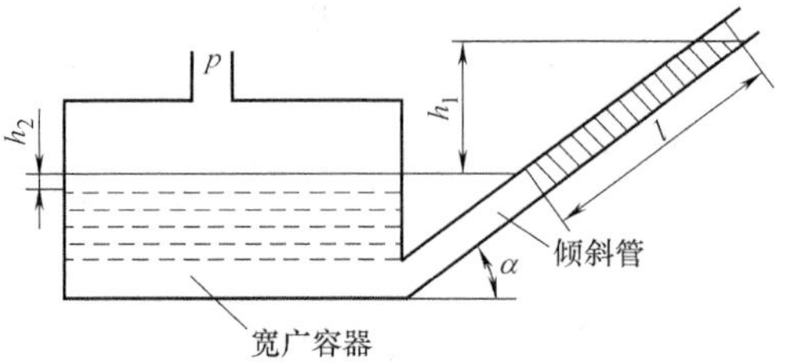

图 10-10　倾斜式微压计

3. 编制测试计划

在前述准备工作的基础上，应编制测试计划。内容主要包括测试的目的、方法、任务、程序和时间等。如有必要，还可对参加测试的

人员进行短期培训，以便使测试工作顺利进行。

第二节 空调系统的测定与调整方法

一、空调系统风量的测定与调整

1. 空调系统风量的测定

风量的测定主要包括系统总风量，新风量，回风量，排风量，支管、干管内的风量及送、回风口的风量等内容。概括起来可分为管道内风量测定和送、回风口处风量测定。

（1）在风管内测定风量　在风管中测定风量，可归结为选好测定断面，测量断面尺寸，确定测点及各测点的风速，进而求各测点的平均风速，最后根据风道截面和平均风速求出风量。

1）选择测定断面。测定断面应选择在气流比较均匀稳定的直管段上，同时应距离局部构件有一定的距离，根据气流流向，可选在局部构件后4～5倍直径及在局部构件前1.5～2倍直径（或矩形风管长边尺寸D）的直管段上，如图10-11所示。

2）测点位置和数目。由于气流速度在风管断面上的分布是不均匀的，管中心处流速较大，靠近管壁处比较小，所以在同一断面上应测若干点，然后取其平均值。

对于矩形断面，应将其断面划分为若干个接近正方形的面积相等的小断面，其断面面积一般不大于0.05m^2，即边长一般取150～200mm，测点位于小断面的中心，如图10-12所示。

对于圆形断面，可将风管断面划分成若干个面积相等的同心圆环，每个圆环测四个点，如图10-13所示。圆环数目视风管直径而定，见表10-1。各测点距风管中心的距离，可按下式计算，即

$$R_n = R\sqrt{\frac{2n-1}{2m}} \tag{10-2}$$

式中　R——风管半径（mm）；

R_n——从风管中心至第n个测点的距离；

n——自风管中心算起的圆环顺序号；

m——风管划分的圆环数。

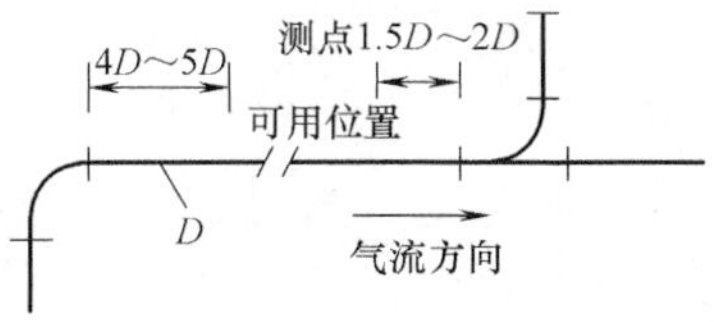

图10-11　测点截面位置

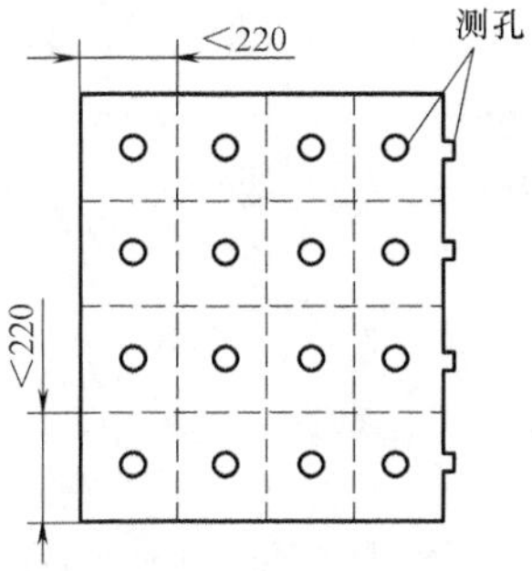

图10-12　矩形风管测点位置

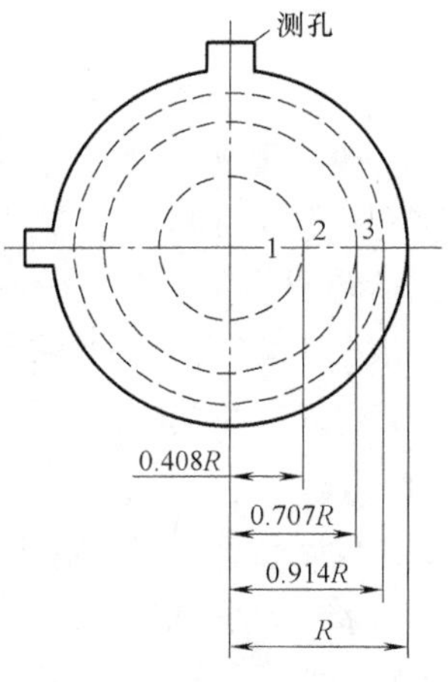

图10-13　圆形风管测点位置

为简化计算，具体可按表 10-2 选用。

表 10-1　圆形风管测定数

圆形风管直径/mm	<200	200～400	400～700	>700
圆环数/个	3	4	5	6
测点数/个	12	16	20	24

表 10-2　圆形风管测孔至测点的距离

直径/mm	200 以下	200～400	400～700	700 以上
测点 \ 圆环数	3	4	5	6
1	0.1R	0.1R	0.05R	0.05R
2	0.3R	0.2R	0.2R	0.15R
3	0.6R	0.4R	0.3R	0.25R
4	1.4R	0.7R	0.5R	0.35R
5	1.7R	1.3R	0.7R	0.5R
6	1.9R	1.6R	1.3R	0.7R
7		1.8R	1.5R	1.3R
8		1.9R	1.7R	1.5R
9			1.8R	1.65R
10			1.95R	1.75R
11				1.85R
12				1.95R

注：表中 R 为风管半径（mm）。

3）风管内平均动压与平均风速。风管内平均动压一般采用均方根计算，即

$$p_{d,p} = \left(\frac{\sqrt{p_{d1}} + \sqrt{p_{d2}} + \cdots + \sqrt{p_{dn}}}{n}\right)^2 \tag{10-3}$$

式中　$p_{d,p}$——风管内平均动压值（Pa）；

p_{d1}，p_{d2}，…，p_{dn}——测点动压（Pa）；

n——测点数目。

当各点的动压值相差不大时，可按算术平均值计算，即

$$p_{d,p} = \frac{p_{d1} + p_{d2} + \cdots + p_{dn}}{n} \tag{10-4}$$

在现场测定中，测定断面的选择受到条件的限制。当测点的动压值出现零和负值时，表明该测点气流不稳定，产生了涡流。计算平均动压时，宜将负值当作零值处理，而测点数目应包括动压为负值及零值在内的全部测点。

根据平均动压，可求出风管内平均风速，即

$$v_p = \sqrt{\frac{2p_{d,p}}{\rho}} \tag{10-5}$$

式中　v_p——测定断面平均风速（m/s）；

ρ——空气的密度（kg/m^3）。

4）通过风管的风量。平均风速确定后，通过风管的风量为

$$L = 3600 v_p A \tag{10-6}$$

式中 L——通过风管的风量（m^3/h）；

v_p——风管测定断面的平均风速（m/s）；

A——风管测定断面面积（m^2）。

（2）在送风口和回风口风量的测定 风口处的气流一般较为复杂，测定风量比较困难。

1）送风口风量测定。用叶轮风速仪紧贴风口平面来测量。按风口断面大小，把风口划分为若干个面积相等的块，在其中心处逐个测定，然后计算出平均风速 v_p，再按下式计算风量，即

$$L = 3600kAv_p \tag{10-7}$$

式中 L——送风口风量（m^3/h）；

k——考虑风口结构装饰形式的修正系数，一般取 0.7～1.0，对双层矩形百叶风口，取 $k=0.72$；

A——送风口外框面积（m^2）；

v_p——风口断面的平均风速（m/s）。

由于送风口存在射流，所以用叶轮风速仪测定要比热球风速仪要好。

2）回风口风量测定。回风口吸气作用范围较小，气流比较均匀，所以只需用叶轮风速仪贴近风口测量，其结果较正确。计算公式同式（10-7）。

2. 空调系统风量的调整

（1）空调系统风量调整的基本原理 由流体力学可知，风管的阻力包括两部分：一部分为沿程阻力损失，另一部分为局部阻力损失。即

$$\Delta p = \lambda \frac{l\rho v^2}{4R_s} + \sum\zeta \frac{\rho v^2}{2} \tag{10-8}$$

式中 R_s——风管的水力半径（m）；

l——风管长度；

ρ——空气密度（kg/m^3）；

v——管内气流的平均速度（m/s）；

λ——摩擦阻力系数；

ζ——局部阻力系数；

Δp——风道内空气流动阻力（Pa）。

将流量连续性方程中的流量 L 和面积 A 代入式（10-8）得

$$\Delta p = \left(\lambda \frac{l}{2R_s} + \sum\zeta\right)\frac{\rho L^2}{2A^2} \tag{10-9}$$

令

$$B = \left(\lambda \frac{l}{2R_s} + \sum\zeta\right)\frac{\rho}{2A^2} \tag{10-10}$$

则

$$\Delta p \approx BL^2$$

式中 B——风管阻力特性系数；

L——风量（m^3/h）；

Δp——风管阻力。

风管阻力特性系数 B 是与空气的性质、风管直径、长度、摩阻和局部阻力系数有关的

一个比例常数。对同一风管，如只改变风量，其他条件不变，则 B 值基本不变。

在图 10-14 所示的送风系统中，三通两支管的压力损失应平衡，流量将各管段的水力特性进行分配，则

$$\Delta p_1 = \Delta p_2, \Delta p_1 = B_1 L_1^2, \Delta p_2 = B_2 L_2^2$$

$$\frac{B_1}{B_2} = \frac{L_2^2}{L_1^2} \text{或} \frac{\sqrt{B_1}}{\sqrt{B_2}} = \frac{L_2}{L_1} \tag{10-11}$$

如果三通调节阀位置不变，不论总送风量如何变化，其风量总是按一定比例进行分配，即

$$\frac{\sqrt{B_1}}{\sqrt{B_2}} = \text{常数}, \frac{L_2}{L_1} = \frac{L_2'}{L_1'} = \frac{L_2''}{L_1''} = \cdots = \text{常数} \tag{10-12}$$

空调系统风量的调整就是根据这一原理进行的。

（2）空调系统风量调整的方法

1）流量等比分配法常数。用这种方法对送（回）风系统进行风量调整，一般应从系统中最不利的管段开始，逐步调向风机出口（或入口）段。

例如在图 10-15 所示送风系统中，先测出支管 1 和支管 2 的风量，并用支管上的风阀调整支管 1 和 2 的风量，使其比值 L_2'/L_1' 与设计风量的比值 L_2/L_1 近似相等，即 $L_2'/L_1' \approx L_2/L_1$；然后再测定并调整支管 3 和 4 的风量，以及支管 6 和 7、5 和 8 的风量，使它们的风量与设计风量的比值都近似相等。即

$$L_3'/L_4' = L_3/L_4$$
$$L_6'/L_7' = L_6/L_7$$
$$L_5'/L_8' = L_5/L_8 \tag{10-13}$$

显然，实测风量不是设计风量。根据风量平衡原理，将风机出口总风量调整到设计风量，此时，各支、干管的风量，会按各自的设计风量比值进行等比分配，实际送风量也就近似地等于设计送风量了。

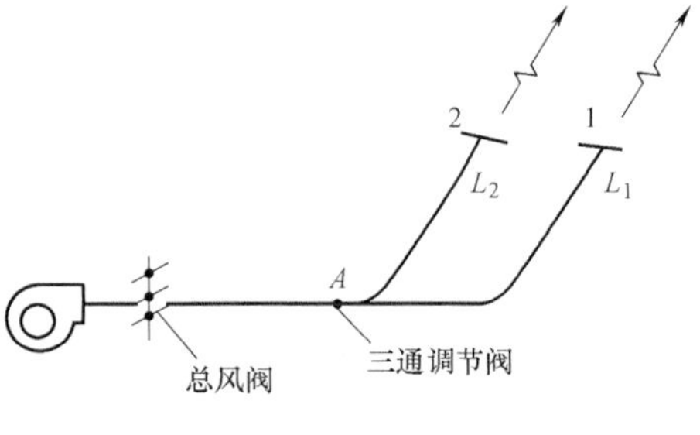

图 10-14 风量分配示意图

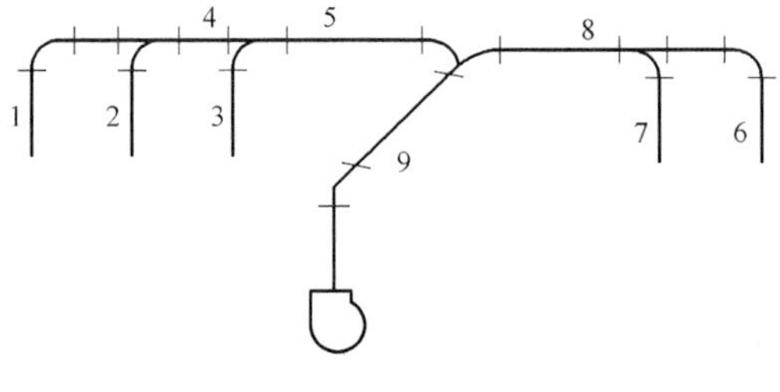

图 10-15 流量等比分配法调整示意图

采用流量等比分配法，其结果比较准确，反复测量的次数也不会很多，常用于较大的集中空调系统。但测量时必须在每一个管段上打测孔。有时，由于风管周围空间狭小，无法打测孔，这样便限制了此方法的普遍使用。

2）基准风口调整法。现在以图 10-16 所示的系统来说明采用这种方法的调整过程。

它是先用校验过的风速仪，将全部风口的送风量初测一遍，计算出初测风量 L 和设计风量之比的百分数，在每个支管上选取最小比值的风口作为基准风口，然后依此与其他风口进

行调整，使其比值接近，如图 10-16 所示。初测结果见表 10-3。

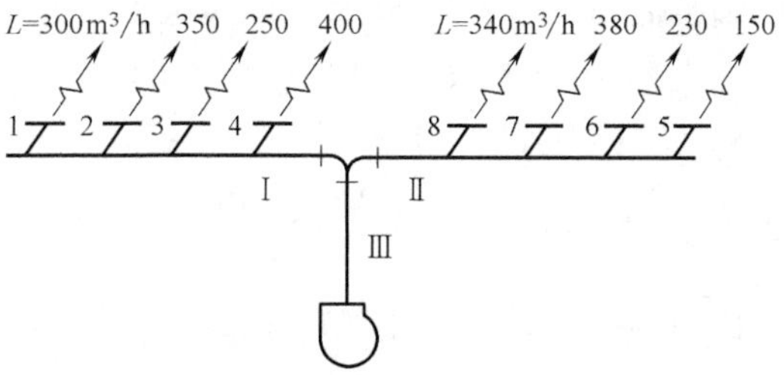

图 10-16 基准风口调整法示意图

从表 10-3 中可以看出，支干管 I 上的 1 号风口和支干管 II 上的 7 号风口为最小比值的风口，故选 1 号和 7 号风口作为“基准风口”，通过调整调节阀，使 1 号、2 号风口的实际风量与设计风量的比值百分数近似相等，即 $L_2'/L_2 \approx L_1'/L_1$，这说明两个风口之间的阻力已基本达到平衡。根据风量平衡原理可知，只要不变动已调节过的风量调节阀位置，无论前面管段的风量如何变化，其 1 号、2 号风口的风量总是按新比值等比地进行分配。

表 10-3 系统风量分配的初测结果

风口编号	设计风量 $L/(m^3/h)$	初测风量 $L'/(m^3/h)$	$\frac{初测风量}{设计风量}\times 100\%$
1	300	255	85
2	350	315	90
3	250	275	110
4	400	460	115
5	150	158	105
6	230	219	95
7	380	304	80
8	340	391	115

用同样方法，使 1 号风口与 3 号、4 号风口的风量比值近似相等，即 $L_1'/L_1 \approx L_3'/L_3$、$L_1'/L_1 \approx L_4'/L_4$。这样，支干管 I 上的四个风口均已调整平衡，其比值接近相等。

对于支干管 II，以 7 号风口作为“基准风口”，以同样的方法，使 7 号风口与 6 号、5 号、8 号风口的风量比值近似相等，即 $L_7'/L_7 \approx L_6'/L_6$，$L_7'/L_7 \approx L_5'/L_5$，$L_7'/L_7 \approx L_8'/L_8$。这样支管 II 上的四个风口也达到基本平衡。然后选取 4 号、8 号风口（I、II 支干管上任何两个风口均可）为支干管的代表风口，调节三通阀，使 $L_4'/L_4 \approx L_8'/L_8$，这说明支干管 I 和 II 之间已基本平衡。最后将总干管 III 的总风量调节到设计风量，则各支干管各风口将按最后调整的比值数自动进行等比分配送到设计风量。

基准风口法调整方便，无须在管段上打测孔，所以在调试中比较常用。

3. 通风机性能的测定

通风机性能测定包括通风机风量、全压、转速、轴功率、效率等，下面分别介绍。

（1）通风机全压　根据通风机吸入口和压出口处分别测得静压 p_j 和动压 p_d 值，通风机吸入口处动压为正值，静压为负值；而通风机压出口处动压、静压均为正值，然后按下式求得通风机的全压值，即

$$p_q = |p_y| + |p_x| \tag{10-14}$$

式中　p_q——通风机全压值（Pa）；

p_x——通风机吸入口全压（Pa），$p_x = p_j + p_d$；　（10-15）

p_y——通风机压出全压（Pa），$p_y = p_j + p_d$。　（10-16）

测定通风机全压、静压、动压均用皮托管和U形管压力计或斜管压力计。

（2）通风机风量　根据测得的动压 p_d，按式（10-5）求出平均风速 v_p，再按式（10-6）求出通风机的风量。

（3）通风机轴功率（电动机输出功率）　测定功率可用三相功率表或电度表和秒表测量。

1）根据电度表转盘转数确定。

$$P=\frac{knG\rho_T}{t} \tag{10-17}$$

式中　P——通风机的电动机功率（kW）；

k——电度表常数，为每一转耗电量（kW·h/r）；

n——在测试时间内，电度表转盘的转数；

G、ρ_T——电流和电压互感器比值；

t——测试时间（h）。

2）根据电流、电压表测量三相交流电动机的功率。

$$P=\frac{\sqrt{3}IU\cos\varphi}{1000}\eta_d \tag{10-18}$$

式中　P——电动机功率（kW）；

I——线电流（A）；

U—线电压（V）；

$\cos\varphi$——功率因数（可用功率因数表实测），一般可取0.8～0.85；

η_d——电动机效率，一般为0.8～0.9。

（4）通风机转速　使用转速表可直接测量通风机或电动机的转速。对于用V带传动的风机，也可根据电动机转速按下式进行换算，即

$$n_f=\frac{n_d D_d}{D_f K_p} \tag{10-19}$$

式中　n_f——通风机转速（r/min）；

n_d——电动机转速（r/min）；

D_f——通风机带轮直径（mm）；

D_d——电动机带轮直径（mm）；

K_p——带的滑动系数，一般取 $K_p=1.05$。

（5）通风机效率　通风机效率可按下式计算，即

$$\eta_f=\frac{Lp_q}{3600\times1000P\eta_z} \tag{10-20}$$

式中　η_f——通风机效率；

L——通风机风量（m^3/h）；

p_q——通风机全压（Pa）；

P——通风机轴功率或电动机输出功率（kW）；

η_z——传动效率，当联轴器传动时 $\eta_z=0.98$，用V带传动时，$\eta_z=0.95$。

二、空气处理设备的容量测定

对一般空调系统，测定的主要设备为加热器、表冷器或喷水室。现分别说明如下。

1. 加热器热容量的测定

在空调系统中，普遍采用以热水或蒸汽为热媒的加热器和电加热器。其中大型集中式系统多采用热水或蒸汽为热媒的加热器，小型空调机组多采用电加热器。此处主要介绍以蒸汽为热媒的加热器热容量的测试方法。

加热器的热容量测试应该在冬季设计工况下进行，这样才能确定加热器的最大加热能否满足设计要求。但在实际工程中，很难实现在冬季设计工况下测试，因此，只能利用非设计工况下的测试结果来推算设计工况下的放热量。

测定加热器放热量可选择温度较低的时间（如夜间），关闭加热器旁通阀门，打开热媒管道阀门，待系统加热工况基本稳定后，测出通过加热器的风量和前后温差，得出此时的加热量为

$$Q' = Gc(\overline{t_2} - \overline{t_1}) \tag{10-21}$$

式中　G——流量；

c——比热容；

$\overline{t_1}$、$\overline{t_2}$——加热器前、后空气的平均干球温度。

已知在设计条件下加热器的放热量为

$$Q' = KA\left(\frac{t_c + t_z}{2} - \frac{t_1 + t_2}{2}\right) \tag{10-22}$$

测定条件下加热器的放热量为

$$Q' = KA\left(\frac{t'_c + t'_z}{2} - \frac{\overline{t_1} + \overline{t_2}}{2}\right) \tag{10-23}$$

如果测定时的风量和热媒流量与设计工况下相同，则可得下式

$$Q' = Q'\frac{(t_c - t_z) - (t_1 + t_2)}{(t'_c + t'_z) - (\overline{t_1} + \overline{t_2})} \tag{10-24}$$

式中　K——加热器的传热系数［$W/(m^2 \cdot K)$］；

A——加热器的传热面积（m^2）；

t_c、t_z——设计条件下热媒的初、终温度（℃）；

t_1、t_2——设计条件下空气的初、终温度（℃）；

t'_c、t'_z——检测条件下热媒的初、终温度（℃）。

在式（10-24）中，经实测 t'_c、t'_z、$\overline{t_1}$、$\overline{t_2}$及 Q'均为已知，设计条件下的 t_c、t_z、t_1 及 t_2 也是已知的，故可推算出加热器在设计工况下的放热量 Q。如 Q 值与设计要求接近，那么可认为加热器的容量是能满足设计要求的。

在确定空气的温度时，应采用分块多点测试取其平均值的方法进行，以防温度分布不均匀而造成误差过大。为防止辐射热等因素的影响，应采取必要的防护措施。

在确定热媒参数时，可采用下述方法进行确定。当热媒为蒸汽时，可用精度较高、分度较小的压力表测出蒸汽压力，根据蒸汽压力查得对应的饱和温度，并以此作为热媒的平均温度；当热媒为热水时，可将温度计插入测温套内测出供、回水温度。如果没有测温套，可由热电偶做近似测量。其做法是将靠近加热器的供水及回水管表面的油漆刮掉，用砂布将其擦亮，然后在表面涂一薄层凡士林油，并把热电偶接头紧贴在管道表面上，用石棉绳将其与管道包扎在一起，测得的温度就是热媒温度。

2. 表冷器（喷水室）的容量测定

同样，比较理想的表冷器和喷水室检测条件应在设计工况下进行。鉴于实际条件的限制，一般可有以下两种情况：

1）空调系统已投入使用，室内热湿负荷比较接近设计条件。此时如果室内状态为 W，能通过调整一次回风的混合比，使 $h'_c \approx h_1$。即想办法使一次混合点的焓值与设计值相等（见图 10-17），然后在保持设计水初温和水流量下，测出通过冷却装置的空气终状态。如果空气终状态的焓值接近设计值，则可认为该冷却装置的容量能满足设计要求。

2）空调系统尚未正式投入使用，但仍使一次混合点调整到与设计点焓值相同，则按上所述方法仍能对冷却装置的降焓量进行检验。

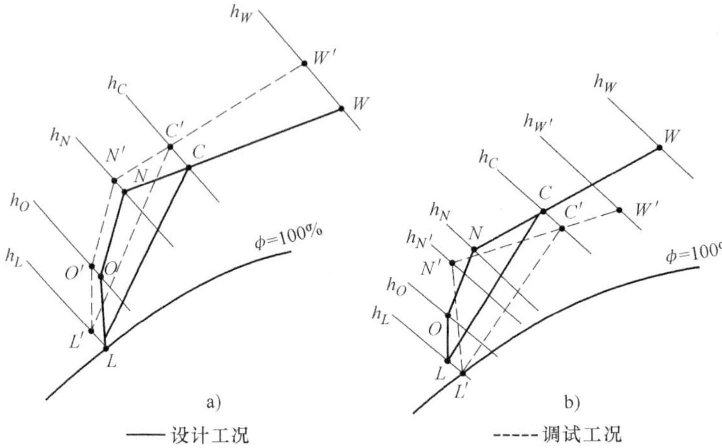

图 10-17　冷却装置容量测定

a）$h_{W'}=h_W$　b）$h_{W'}\neq h_W$

表冷器和喷水室的容量测定可在空气侧，也可在水侧，或两侧同时测量。空气侧测量的主要难点是通过冷却干燥后的空气终状态湿球温度不易测准，空气中带有一些水雾，常常将干球和湿球表面打湿，因此，必须采取防水的措施才能取得较好的测量结果。由于测量断面较大，现场测定难以做到均匀采样，应按下式求得断面平均干球和湿球温度值，即

$$t=\frac{\sum v_i t_i}{\sum v_i} \tag{10-25}$$

式中　v_i——各测点对应的风速值（m^3/s）。

在水侧测定冷却装置的冷量需测出一定时间内的水量和进出口水温。水量测定可采用容积法，即利用水池、水箱等容器测量水位变化，从而按下式求得水量，即

$$W=\frac{3600A\Delta h}{\Delta\tau}\text{m}^3/\text{h} \tag{10-26}$$

式中　A——容器的断面面积（m^2）；

Δh——在 $\Delta\tau$ 时间间隔内水位高度的变化量。

当然，如果条件具备，也可用孔板或其他流量测定仪器（如超声波流量计）实现管内或管流量测量。

水温测定应尽量使用高精度的测温仪表（如 1/10 分度的水银温度计），以免在温升较

小的情况下，温度测量不准带来很大的误差。

三、空调效果的检验

空调效果的检验主要指对工作区内空气温度（有时也需对相对湿度）、风速及洁净度的实际控制效果的检测。因此，进行这种检测时系统在接近设计状态下正常运行，自动控制系统少。

1. 工作区温湿度分布的测定

工作区温湿度的测定，主要是为了检查工作区域内温湿度指标是否达到设计要求。所用仪器的精度应高于测定对象要求的控制精度。当系统运行基本稳定以后，在工作区域内（一般空调房间应选择人经常活动的范围的工作面为工作区，恒温恒湿房间离外墙0.55m、离地面0.5～2m范围内为工作区）不同标高平面上确定数个测试点（见图10-18），测出各点的干湿球温度数值，再将所测值分别写在测点布置图上，其测试时间间隔应安排在空调房间工作时间内，每隔0.5h或1h进行一次。然后再对测试结果进行分析，若所测数据均处于允许波动值范围内，就说明系统能满足设计要求。

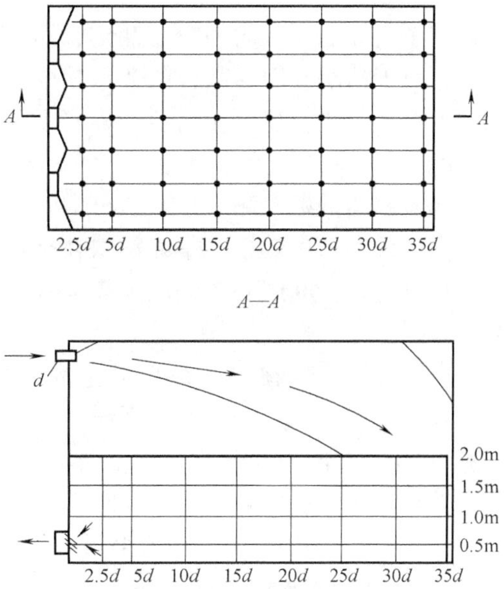

图 10-18 温湿度分布测试测点布置图

当不需要或无条件全面测定时，可以在回风口处测定，一般认为回风口处的空气状态基本上代表工作区的空气状态。

2. 气流分布的测定

气流分布的测定主要任务是检测工作区内的气流流速是否满足设计要求，有时也对整个空间的射流运动进行测定，但这种测定也是为实现工作区良好的气流分布服务的。

工作区内气流速度的测定对舒适性空调来说，主要在于检查是否超过规范或设计要求即可。如果某些局部区域内流速过大，则应对风口的出流方向进行适当调整。对具有较高精度要求的恒温室或洁净室，则要求在工作区内划分若干横向或竖向测量断面，形成交叉网格，如工作区温湿度测定的测点布置一致，在每一交点处用风速仪和流向显示装置确定该点的风速和流向。

空间的气流流型测定方法同上。测定的目的在于了解空间内射流的衰减过程、贴附情况、作用距离及室内涡流区的情况，从而检验设计的合理性。空间气流流型测定工作量很大，在无特殊要求时，只要工作区满足设计要求即可。

气流分布的风速测量一般用热线或热球风速仪，并可用气泡显示法、冷态发烟法或简单地使用合成纤维逐点确定空气方向。

3. 室内静压的测定与调整

根据设计要求，某些房间要求保持内部静压高于或低于周围大气压力，同时一些相邻房间之间有时也要求保持不同的静压值，因此，需对室内静压进行测定与调整。

室内静压可用补偿式微压差计来测定。或在需测静压的房间，将合成纤维丝或薄纸条（或燃着的香等）置于稍微开启的门缝处，如果纤维丝或纸条等飘向室外，则说明房间静压大于室外，呈正压状态，反之为负。

室内静压值的调整方法是靠调节回风量实现的。在使用无回风的风机盘管加集中送新风的系统（或诱导器系统）时，则室内正压完全由新风系统的送风量所决定。

4. 工作区洁净度测定

对洁净房间工作区的洁净度测定，可依照我国现行的“空气洁净技术措施”中有关规定进行。由于洁净空间内微粒的数量较少，具有分布的随机性，因此，国内外有关标准的有关规定不完全一致，建议在需要时参考我国的上述“空气洁净技术措施”及美国联邦标准FS-209E。

四、消声与隔振检测

空调系统的消声效果，最终反映在空调房间内的声级大小。以声级计测定空调房间内噪声级一般可选择房间中心离地面 1.2 m 处为测点。较大面积的空调房间应按设计要求选择测点数。

室内噪声测定应在空调系统停止运行时（包括室内发声设备）测出房间的本底噪声，起动空调系统后，测定由于空调系统运行所产生的噪声。如果被测房间的噪声级比本底噪声级（指 A 档）高出 100dB 以上，则本底噪声的影响可忽略不计；如果两者相差小于 3dB，则所测结果没有实质性意义；如果相差在 4 ~9dB 范围内，则可按表 10-4 修正。

表 10-4 考虑本底噪声的影响修正

被测噪声级与本底噪声级的差值/dB	4 ~5	6 ~9
修正值	-2	-1

在条件允许时，室内噪声级不仅以 A 档数值来评价，而且可按倍频程中心频率分档在噪声评价曲线上画出各频带的噪声级，以检查被测房间是否满足设计要求。同时，可以利用所测数据，分析影响室内噪声级的主要声源。

噪声测定要注意现场反射声的影响，不应在传声器或声源附近有较大的反射面。

风机、水泵或制冷压缩机一类运动设备的隔振效果，要通过空调房间地面振动位移度的测定来确定。测点一般选在房间中心或有必要控制振动的位置处。对于洁净室，有时还需各壁面的振动量。

第三节 系统调试中的故障分析及排除

在对空调系统进行测定与调整中，可能出现多种问题，对系统存在的问题应根据具体情况做详细的分析，并提出合适的解决方法。

一、风量不符合设计要求

1. 实测风量过多地大于设计风量

主要原因有：

1）系统的实际阻力小于设计计算阻力，风机在比设计风压低的情况下运行，风量增加。

2）设计时风机选得不合适，风量或风压偏大，使得实际风量增大。

解决的方法如下：

1）按风机特性，改变风机转速。

2）当无条件改变风机转速时，可用调节阀调节风量。但这样做运行不经济。

2. 实测风量过多地小于设计风量

主要原因有：

1）系统的实际阻力大于设计计算阻力，风机在此条件下运行，使风量减小。

2）送风系统向外漏风。

3）风机的质量不好（风量和风压与风机铭牌不符），安装及运行不善，如风机转向不对，转速未达到设计转速等。

解决的方法如下：

1）若条件许可，应改善系统特性，如对管道的局部构件（弯头、三通、调节阀等）进行改进，减小系统阻力。

2）对送风管道及空调箱等空气处理装置堵漏。

3）若风机的风量和风压与铭牌不符，则应调换风机。若转速不符，应检查传动带（电动机与风机用传动带连接时）是否松动，或采取相应措施使转速符合设计转速要求。另外应检查风机转向是否正确，必要时还应测定电动机的输入功率，检查电动机的运行是否正常。

二、空气处理设备容量不足

主要原因有：

1）在选择空气处理设备时，计算有误，所选择的空气处理设备的能力与实际需要值偏差较大。

2）所选择的空气处理设备质量不好（如传热性能达不到要求）和安装质量不良（如漏风等）。

3）冷（热）源出力不足。

4）漏水、漏风、漏热等使送风状态达不到设计要求。

解决的方法如下：

1）重新检查设计，如通过适当提高水量、降低水温（或提高水温）等，若仍不满足要求，则必须更换。

2）检查冷冻机制冷量、管道保温或漏热损失，检查水泵流量，管道有无堵塞。以上各项可综合诊断，分别加以解决。

3）改善挡水板或滴水盘的安装质量，减少带水量；检查系统漏风量，尤其是热湿处理后各段的漏风量；检查风道保温和风机温升，如发现漏风或温升过大，则需堵漏，加大保温或适当降低系统的阻力。

三、空调效果方面不符合设计要求

主要原因有：

1）室内实际热、湿负荷与设计值有较大出入。

2）风口气流分布不合理。

3）过滤器未检漏，系统未清洗，室内正压得不到保证，使洁净度低于设计要求。

解决的方法如下：

1）可通过进出风量和焓差测定进行校核，必要时可加大送风量或适当调整送风状态。

2）调整风口出流方向，必要时更换风口结构形式。

3）进行过滤器检漏，清洁风道系统，调整室内正压，调整气流分布，使洁净度达到要求。

四、消声和隔振方面达不到要求

主要原因有：

1）风口部件松动，风口风速过高。

2）消声器消声能力低，选择不合理。

3）经消声器后的风道没有正确隔离噪声源。

解决的方法如下：

1）紧固风口松动部件，改大送风口面积或减少送风量。

2）检测消声器的消声能力，若质量低劣，应更换消声器。

3）检查消声器的设置位置，若隔离不佳应采取管外隔离，以减少机房噪声通过风管传递。

思考与练习题

1. 空调系统测定与调整的目的是什么？
2. 空调系统测定与调整的内容有哪些？按什么原则进行？
3. 空调系统测试调整前的准备工作有哪些？常用的测试仪表有哪些？各自的特点是什么？
4. 空调系统风量的测定与调整的内容有哪些？
5. 如何进行风管内风量的测定？
6. 送风口和回风口的风量如何测定？
7. 空调系统风量的调整内容有哪些？
8. 空调系统风量调整的基本原理涉及流体力学哪些知识？
9. 风量调整时基准风口如何确定？
10. 通过测定什么参数来确定冷却装置和加热装置的容量？测定方法是什么？
11. 空调效果的检验如何进行？其包括哪些内容？
12. 试分析风量不符合设计要求的原因。
13. 试分析空调处理设备容量不足、空调效果不好的原因及解决方法。

附录

附录 A

附录 A-1　湿空气的密度、水蒸气压力、含湿量和焓（大气压力 $B = 101325\text{Pa}$）

空气温度 t/℃	干空气密度 ρ/(kg/m^3)	饱和空气密度 ρ_b/(kg/m^3)	饱和空气的水蒸气分压力 $p_{v,s}$/mbar	饱和空气含湿量 d_b/[g/kg(干空气)]	饱和空气焓 h_b/[kJ/kg(干空气)]
-20	1.396	1.395	1.02	0.63	-18.55
-19	1.394	1.393	1.13	0.70	-17.39
-18	1.385	1.384	1.25	0.77	-16.20
-17	1.379	1.378	1.37	0.85	-14.99
-16	1.374	1.373	1.50	0.93	-13.77
-15	1.368	1.367	1.65	1.01	-12.60
-14	1.363	1.362	1.81	1.11	-11.35
-13	1.358	1.357	1.98	1.22	-10.05
-12	1.353	1.352	2.17	1.34	-8.75
-11	1.348	1.347	2.37	1.46	-7.45
-10	1.342	1.341	2.59	1.60	-6.07
-9	1.337	1.336	2.83	1.75	-4.73
-8	1.332	1.331	3.09	1.91	-3.31
-7	1.327	1.325	3.36	2.08	-1.88
-6	1.322	1.320	3.67	2.27	-0.42
-5	1.317	1.315	4.00	2.47	1.09
-4	1.312	1.310	4.36	2.69	2.68
-3	1.308	1.306	4.75	2.94	4.31
-2	1.303	1.301	5.16	3.19	5.90
-1	1.298	1.295	5.61	3.47	7.62
0	1.293	1.290	6.09	3.78	9.42
1	1.288	1.285	6.56	4.07	11.14
2	1.284	1.281	7.04	4.37	12.89
3	1.279	1.275	7.57	4.70	14.74
4	1.275	1.271	8.11	5.03	16.58
5	1.270	1.266	8.70	5.40	18.51
6	1.265	1.261	9.32	5.79	20.51
7	1.261	1.256	9.99	6.21	22.61
8	1.256	1.251	10.70	6.65	24.70
9	1.252	1.247	11.46	7.13	26.92
10	1.248	1.242	12.25	7.63	29.18
11	1.243	1.237	13.09	8.15	31.52
12	1.239	1.232	13.99	8.75	34.08

（续）

空气温度 t/℃	干空气密度 ρ/ (kg/m^3)	饱和空气密度 ρ_b/ (kg/m^3)	饱和空气的水蒸气分压力 $p_{v,s}$/ mbar	饱和空气含湿量 d_b/ [g/kg(干空气)]	饱和空气焓 h_b/ [kJ/kg(干空气)]
13	1.235	1.228	14.94	9.35	36.59
14	1.230	1.223	15.95	9.97	39.19
15	1.226	1.218	17.01	10.6	41.78
16	1.222	1.214	18.13	11.4	44.80
17	1.217	1.208	19.32	12.1	47.73
18	1.213	1.204	20.59	12.9	50.66
19	1.209	1.200	21.92	13.8	54.01
20	1.205	1.195	23.31	14.7	57.78
21	1.201	1.190	24.80	15.6	61.13
22	1.197	1.185	26.37	16.6	64.06
23	1.193	1.181	28.02	17.7	67.83
24	1.189	1.176	29.77	18.8	72.01
25	1.185	1.171	31.60	20.0	75.78
26	1.181	1.166	33.53	21.4	80.39
27	1.177	1.161	35.56	22.6	84.57
28	1.173	1.156	37.71	24.0	89.18
29	1.169	1.151	39.95	25.6	94.20
30	1.165	1.146	42.32	27.2	99.65
31	1.161	1.141	44.82	28.8	104.67
32	1.157	1.136	47.43	30.6	110.11
33	1.154	1.131	50.18	32.5	115.97
34	1.150	1.126	53.07	34.4	122.25
35	1.146	1.121	56.10	36.6	128.95
36	1.142	1.116	59.26	38.8	135.65
37	1.139	1.111	62.60	41.1	142.35
38	1.135	1.107	66.09	43.5	149.47
39	1.132	1.102	69.75	46.0	157.42
40	1.128	1.097	73.58	48.8	165.80
41	1.124	1.091	77.59	51.7	174.17
42	1.121	1.086	81.80	54.8	182.96
43	1.117	1.081	86.18	58.0	192.17
44	1.114	1.076	90.79	61.3	202.22
45	1.110	1.070	95.60	65.0	212.69
46	1.107	1.065	100.61	68.9	223.57
47	1.103	1.059	105.87	72.8	235.30
48	1.100	1.054	111.33	77.0	247.02
49	1.096	1.018	117.07	81.5	260.00
50	1.093	1.043	123.04	86.2	273.40
55	1.076	1.013	156.94	114	352.11
60	1.060	0.981	198.70	152	456.36
65	1.044	0.946	249.38	204	598.71
70	1.029	0.909	310.82	276	795.50
75	1.014	0.868	384.50	382	1080.19
80	1.000	0.823	472.28	545	1519.81
85	0.986	0.773	576.69	828	2281.81
90	0.973	0.718	699.31	1400	3818.36
95	0.959	0.656	843.09	3120	8436.40
100	0.947	0.589	1013.00	—	—

附录 B

附录 B-1　我国主要城市的室外空气气象参数

城市名	纬度(北)	海拔/m	大气压力/kPa		冬季室外计算干球温度/℃	冬季室外计算相对湿度(%)	夏季室外计算干球温度/℃	夏季室外计算湿球温度/℃	夏季日平均干球温度/℃	夏季平均日较差/℃	室外平均风速/(m/s)	
			冬	夏							冬	夏
北京	39°48′	31.2	102.04	99.86	-12	45	33.2	26.4	28.6	8.8	2.8	1.9
天津	39°06′	3.3	102.66	100.48	-11	53	33.4	26.9	29.2	8.1	3.1	2.6
石家庄	38°02′	80.5	101.69	99.56	-11	52	35.1	26.6	29.7	10.4	18	1.5
太原	37°47′	777.9	93.29	91.92	-15	51	31.2	23.4	26.1	9.8	2.6	2.1
呼和浩特	40°49′	1063.0	90.09	88.94	-22	56	29.9	20.8	25.0	9.4	1.6	1.5
沈阳	41°46′	41.6	102.08	100.07	-22	64	31.4	25.4	27.2	8.1	3.1	2.9
大连	38°54′	92.8	101.38	99.47	-14	58	28.4	25.0	25.5	5.6	5.8	4.3
长春	43°54′	236.8	99.40	97.79	-26	68	30.5	24.2	25.9	8.8	4.2	3.5
哈尔滨	45°41′	171.7	100.15	98.51	-29	74	30.3	23.4	26.0	8.8	3.8	3.5
上海	31°10′	4.5	102.51	100.53	-4	75	34.0	28.2	30.4	6.9	3.1	3.2
南京	32°00′	8.9	102.52	100.40	-6	73	35.0	28.3	31.4	6.9	2.6	2.6
杭州	30°14′	41.7	102.09	100.05	-4	77	35.7	28.5	31.5	8.3	2.3	2.2
合肥	31°52′	29.8	102.23	100.09	-7	75	35.0	28.2	31.7	6.3	2.5	2.6
福州	26°05′	84.0	101.26	99.64	4	74	35.2	28.0	30.4	9.2	2.7	2.9
厦门	24°27′	63.2	101.38	99.91	6	73	33.4	27.6	29.9	6.7	3.5	3.0
南昌	28°36′	46.7	101.88	99.91	-3	74	35.6	27.9	32.1	6.7	3.8	2.7
济南	36°41′	51.6	102.02	99.85	-10	54	34.8	26.7	31.3	6.7	3.2	2.8
青岛	36°04′	76.0	101.69	99.72	-9	64	29.0	26.0	27.2	3.5	5.7	4.9

（续）

城市名	纬度（北）	海拔/m	大气压力/kPa		冬季室外计算干球温度/℃	冬季室外计算相对湿度（%）	夏季室外计算干球温度/℃	夏季室外计算湿球温度/℃	夏季日平均干球温度/℃	夏季平均日较差/℃	室外平均风速/（m/s）	
			冬	夏							冬	夏
郑州	34°43′	110.4	101.28	99.17	-7	60	35.6	27.4	30.8	9.2	3.4	2.6
洛阳	34°40′	154.5	100.88	98.76	-7	57	35.9	27.5	30.9	9.6	2.5	2.1
武汉	30°37′	23.3	102.33	100.17	-5	76	35.2	28.2	31.9	6.3	2.7	2.6
长沙	28°12′	44.9	101.99	99.94	-3	81	35.8	27.7	32.0	7.3	2.8	2.6
广州	23°08′	6.6	101.95	100.45	5	70	33.5	27.7	30.1	6.5	2.4	1.8
海口	20°02′	14.1	101.60	100.24	10	85	34.5	27.9	29.9	8.8	3.4	2.8
南宁	22°49′	72.2	101.14	99.60	5	75	34.2	27.5	30.3	7.5	1.8	1.6
桂林	25°20′	161.8	100.29	98.61	0	71	33.9	27.0	30.5	6.5	3.2	1.5
成都	30°40′	505.9	96.32	94.77	1	80	31.6	26.7	28.0	6.9	0.9	1.1
重庆	29°35′	259.1	99.12	97.32	2	82	36.5	27.3	32.5	2.7	1.2	1.4
贵阳	26°35′	1071.2	89.75	88.79	-3	78	30.0	23.0	26.3	1	2.2	2.0
昆明	25°01′	1891.4	81.15	80.80	1	68	25.8	19.9	22.2	6.9	2.5	1.8
拉萨	29°40′	3658.0	65.00	65.23	-8	28	22.8	13.5	18.1	9.0	2.2	1.8
西安	34°18′	396.6	97.87	95.92	-8	67	35.2	26.0	30.7	8.7	1.8	2.2
兰州	36°07′	1517.2	85.14	84.31	-13	58	30.5	20.2	25.8	9.0	0.5	1.3
西宁	36°37′	2261.2	77.51	77.35	-15	48	25.9	16.4	20.7	10.0	1.7	1.9
银川	38°29′	111.5	89.57	88.35	-18	58	30.6	22.0	25.9	9.0	1.7	1.7
乌鲁木齐	43°47′	917.9	91.99	90.67	-27	80	34.1	18.5	29.0	9.8	1.7	3.1
台北	25°021′	9.0	100.97	100.53	9	82	33.6	27.3	30.5	6.9	3.7	2.8
香港	22°181′	32.0	101.95	100.56	8	71	32.4	27.3	30.0	4.6	6.5	5.3

附录 B-2　北纬 40°的太阳总辐射强度　（单位：W/m²）

透明度等级		4						5						6							透明度等级
朝向		S	SE	E	NE	N	H	S	SE	E	NE	N	H	S	SE	E	NE	N	H		朝向
时刻（地方太阳时）	6	52 (45)	250 (215)	445 (383)	411 (353)	165 (142)	166 (143)	50 (43)	209 (180)	368 (316)	340 (292)	142 (122)	148 (127)	49 (42)	164 (141)	279 (240)	258 (222)	115 (99)	127 (109)	18	时刻（地方太阳时）
	7	83 (71)	421 (362)	630 (542)	519 (446)	152 (131)	345 (297)	87 (75)	379 (326)	559 (481)	463 (398)	148 (127)	324 (279)	93 (80)	334 (287)	483 (415)	404 (347)	142 (122)	304 (261)	17	
	8	131 (113)	537 (462)	692 (595)	506 (435)	109 (94)	533 (458)	137 (118)	500 (430)	638 (549)	472 (406)	117 (101)	509 (438)	137 (118)	443 (381)	559 (481)	420 (361)	121 (104)	466 (401)	16	
	9	258 (222)	593 (510)	661 (568)	420 (361)	135 (116)	711 (611)	258 (222)	569 (489)	630 (542)	407 (350)	144 (124)	690 (593)	254 (218)	521 (448)	575 (494)	381 (328)	155 (133)	645 (555)	15	
	10	361 (310)	576 (495)	542 (466)	279 (240)	151 (130)	842 (724)	357 (307)	558 (480)	527 (453)	281 (242)	162 (139)	821 (706)	349 (300)	526 (452)	498 (428)	281 (242)	176 (151)	779 (670)	14	
	11	424 (365)	493 (424)	365 (314)	158 (136)	158 (136)	919 (790)	416 (358)	480 (413)	362 (311)	169 (145)	169 (145)	892 (767)	402 (346)	495 (395)	354 (304)	181 (156)	181 (156)	847 (728)	13	
	12	448 (385)	364 (313)	162 (139)	162 (139)	162 (139)	949 (816)	438 (377)	361 (310)	172 (148)	172 (148)	172 (148)	919 (790)	422 (363)	352 (303)	185 (159)	185 (159)	185 (159)	872 (750)	12	
	13	424 (365)	199 (171)	158 (136)	158 (136)	158 (136)	919 (790)	416 (358)	207 (178)	169 (145)	169 (145)	169 (145)	892 (767)	402 346	216 (186)	181 (156)	181 (156)	181 (156)	847 (728)	11	
	14	361 (310)	151 (130)	151 (130)	151 (130)	151 (130)	842 (724)	357 (307)	162 (139)	162 (139)	162 (139)	162 (139)	821 (706)	349 (300)	176 (151)	176 (151)	176 (151)	176 (151)	779 (670)	10	
	15	258 (222)	135 (116)	135 (116)	135 (116)	135 (116)	711 (611)	258 (222)	144 (124)	144 (124)	144 (124)	144 (124)	690 (593)	254 (218)	155 (133)	155 (133)	155 (133)	155 (133)	645 (555)	9	
	16	131 (113)	109 (94)	109 (94)	109 (94)	109 (94)	533 (458)	137 (118)	117 (101)	117 (101)	117 (101)	117 (101)	509 (438)	137 (118)	121 (104)	121 (104)	121 (104)	121 (104)	466 (401)	8	
	17	83 (71)	83 (71)	83 (71)	83 (71)	152 (131)	345 (297)	87 (75)	87 (75)	87 (75)	87 (75)	148 (127)	324 (279)	93 (80)	93 (80)	93 (80)	93 (80)	142 (122)	304 (261)	7	
	18	52 (45)	52 (45)	52 (45)	52 (45)	165 (142)	166 (143)	50 43	50 (43)	50 (43)	50 (43)	142 (122)	148 (127)	49 (42)	49 (42)	49 (42)	49 (42)	115 (99)	127 (109)	6	
日总计		3057 (2637)	3964 (3408)	4186 (3599)	3142 (2702)	1904 (1637)	7981 (6862)	3051 (2623)	3824 (3288)	3986 (3427)	3033 (2608)	1935 (1664)	7687 (6610)	2990 (2571)	3609 (3103)	3706 (3187)	2885 (2481)	1964 (16891	7208 (6198)		日总计
日平均		128 (110)	165 (142)	174 (150)	131 (113)	79 (68)	333 (286)	127 (109)	150 (137)	166 (143)	127 (109)	80 (69)	320 (275)	124 (107)	150 (129)	155 (133)	120 (103)	81 (70)	300 (258)		日平均
朝向		S	SW	W	NW	N	H	S	SW	W	NW	N	H	S	SW	W	NW	N	H		朝向

附录 B-3　北纬 40°透过标准玻璃窗的太阳辐射强度

（单位：W/m^2）

透明度等级		1						2						透明度等级	
朝向		S	SE	E	NE	N	H	S	SE	E	NE	N	H	朝向	
辐射照度		直接辐射（散射辐射）						直接辐射（散射辐射）						辐射照度	
时刻（地方太阳时）	6	0(37)	245(37)	558(37)	507(37)	106(37)	83(41)	0(38)	211(38)	477(38)	434(38)	91(38)	71(45)	18	时刻（地方太阳时）
	7	0(59)	392(59)	679(59)	530(59)	72(59)	259(49)	0(63)	349(63)	605(63)	472(63)	64(63)	231(59)	17	
	8	2(78)	463(78)	659(78)	420(78)	0(78)	454(51)	2(84)	424(84)	606(84)	385(84)	0(84)	418(67)	16	
	9	57(95)	466(95)	551(95)	238(95)	0(95)	620(56)	53(98)	434(98)	513(98)	222(98)	0(98)	577(69)	15	
	10	138(108)	406(108)	362(108)	58(108)	0(108)	748(57)	130(155)	380(115)	340(115)	55(115)	0(115)	702(77)	14	
	11	200(112)	283(112)	133(112)	0(112)	0(112)	822(52)	188(119)	266(119)	124(119)	0(119)	0(119)	773(71)	13	
	12	222(114)	124(114)	0(114)	0(114)	0(114)	848(53)	209(120)	117(120)	0(120)	0(120)	0(120)	798(71)	12	
	13	200(112)	7(112)	0(112)	0(112)	0(112)	822(52)	188(119)	6(119)	0(119)	0(119)	0(119)	773(71)	11	
	14	138(108)	0(108)	0(108)	0(108)	0(108)	748(57)	130(115)	0(115)	0(115)	0(115)	0(115)	702(77)	10	
	15	57(95)	0(95)	0(95)	0(95)	0(95)	620(56)	53(98)	0(98)	0(98)	0(98)	0(98)	577(69)	9	
	16	2(78)	0(78)	0(78)	0(78)	0(78)	454(51)	2(84)	0(84)	0(84)	0(84)	0(84)	418(67)	8	
	17	0(59)	0(59)	0(59)	0(59)	72(59)	259(49)	0(63)	0(63)	0(63)	0(63)	64(63)	231(59)	7	
	18	0(37)	0(37)	0(37)	0(37)	106(37)	83(41)	0(38)	0(38)	0(38)	0(38)	91(38)	71(45)	6	
朝向		S	SW	W	NW	N	H	S	SW	W	NW	N	H	朝向	
透明度等级		3						4						透明度等级	
朝向		S	SE	E	NE	N	H	S	SE	E	NE	N	H	朝向	
辐射照度		直接辐射（散射辐射）						直接辐射（散射辐射）						辐射照度	
时刻（地方太阳时）	6	0(43)	180(43)	409(43)	371(43)	78(43)	60(56)	0(43)	145(43)	331(43)	301(43)	63(43)	49(58)	18	时刻（地方太阳时）
	7	0(65)	309(65)	536(65)	419(65)	57(65)	205(69)	0(67)	266(67)	462(67)	361(67)	49(67)	177(79)	17	
	8	2(88)	387(88)	552(88)	351(88)	0(88)	379(83)	2(90)	342(90)	488(90)	311(90)	0(90)	336(93)	16	
	9	49(106)	401(106)	475(106)	205(106)	0(106)	533(88)	44(112)	364(112)	430(112)	186(112)	0(112)	484(106)	15	
	10	121(117)	354(117)	315(117)	50(117)	0(117)	652(90)	110(124)	324(124)	288(124)	47(124)	0(124)	598(109)	14	
	11	176(121)	248(121)	116(121)	0(121)	0(121)	722(84)	162(130)	224(130)	107(130)	0(130)	0(130)	665(108)	13	

（续）

透明度等级		3						4						透明度等级	
朝向		S	SE	E	NE	N	H	S	SE	E	NE	N	H	朝向	
辐射照度		直接辐射（散射辐射）						直接辐射（散射辐射）						辐射照度	
时刻（地方太阳时）	12	195（123）	114（123）	0（123）	0（123）	0（123）	747（85）	180（134）	101（134）	0（134）	0（134）	0（134）	688（110）	12	时刻（地方太阳时）
	13	176（121）	6（121）	0（121）	0（121）	0（121）	722（84）	162（130）	6（130）	0（130）	0（130）	0（130）	665（108）	11	
	14	121（117）	0（117）	0（117）	0（117）	0（117）	652（90）	110（124）	0（124）	0（124）	0（124）	0（124）	598（109）	10	
	15	49（106）	0（106）	0（106）	0（106）	0（106）	583（88）	44（112）	0（112）	0（112）	0（112）	0（112）	484（106）	9	
	16	2（88）	0（88）	0（88）	0（88）	0（88）	379（83）	2（90）	0（90）	0（90）	0（90）	0（90）	336（93）	8	
	17	0（65）	0（65）	0（65）	0（65）	57（65）	205（69）	0（67）	0（67）	0（67）	0（67）	49（67）	177（79）	7	
	18	0（43）	0（43）	0（43）	0（43）	78（43）	60（56）	0（43）	0（43）	0（43）	0（43）	63（43）	49（58）	6	
朝向		S	SW	W	NW	N	H	S	SW	W	NW	N	H	朝向	

透明度等级		5						6						透明度等级	
朝向		S	SE	E	NE	N	H	S	SE	E	NE	N	H	朝向	
辐射照度		直接辐射（散射辐射）						直接辐射（散射辐射）						辐射照度	
时刻（地方太阳时）	6	0（42）	117（42）	267（42）	243（42）	51（42）	40（58）	0（40）	86（40）	194（40）	177（40）	37（40）	29（58）	18	时刻（地方太阳时）
	7	0（72）	229（72）	398（72）	311（72）	42（72）	152（91）	0（77）	190（77）	329（77）	257（77）	35（77）	126（104）	17	
	8	1（96）	306（96）	437（96）	278（96）	0（96）	300（109）	1（100）	258（100）	268（100）	234（100）	0（100）	254（123）	16	
	9	4（119）	307（119）	398（119）	172（119）	0（119）	648（124）	36（128）	291（128）	544（128）	149（128）	0（128）	387（149）	15	
	10	104（133）	302（133）	270（133）	43（133）	0（133）	557（131）	91（144）	266（144）	137（144）	38（144）	0（144）	492（160）	14	
	11	150（138）	203（138）	100（138）	0（138）	0（138）	619（130）	134（149）	190（149）	88（149）	0（149）	0（149）	551（159）	13	
	12	167（142）	94（142）	0（142）	0（142）	0（142）	641（133）	150（152）	85（152）	0（152）	0（152）	0（152）	572（160）	12	
	13	150（138）	0（138）	0（138）	0（138）	0（138）	619（130）	134（149）	5（149）	0（149）	0（149）	0（149）	551（159）	11	
	14	104（133）	0（133）	0（133）	0（133）	0（133）	557（131）	91（144）	0（144）	0（144）	0（144）	0（144）	492（160）	10	
	15	41（119）	0（119）	0（119）	0（119）	0（119）	448（124）	36（128）	0（128）	0（128）	0（128）	0（128）	387（149）	9	
	16	1（96）	0（96）	0（96）	0（96）	0（96）	300（109）	1（100）	0（100）	0（100）	0（100）	0（100）	254（123）	8	
	17	0（72）	0（72）	0（72）	0（72）	42（72）	152（91）	0（77）	0（77）	0（77）	0（77）	35（77）	126（104）	7	
	18	0（42）	0（42）	0（42）	0（42）	51（42）	40（58）	0（40）	0（40）	0（40）	0（40）	37（40）	29（58）	6	
朝向		S	SW	W	NW	N	H	S	SW	W	NW	N	H	朝向	

附录 B-4　大气透明度等级

附录 B-4 标定的透明度等级	下列大气压力(×10^2 Pa)时的透明度等级							
	650	700	750	800	850	900	950	1000
1	1	1	1	1	1	1	1	1
2	1	1	1	1	1	2	2	2
3	1	2	2	2	2	3	3	3
4	2	2	3	3	3	4	4	4
5	3	3	4	4	4	4	4	5
6	4	4	4	5	5	5	6	6

附录 B-5　围护结构外表面的太阳辐射热的吸收系数 ρ

面层类别	表面性质	表面颜色	吸收系数
石棉材料：			
石棉水泥板		浅灰色	0.72～0.78
金属：			
白铁屋面	光滑，旧	灰黑色	0.86
粉刷：			
拉水泥墙面	粗糙，旧	灰色或米黄色	0.63～0.65
石灰粉刷	光滑，新	白色	0.48
陶石子墙面	粗糙，旧	浅灰色	0.68
水泥粉刷墙面	光滑，新	浅蓝色	0.56
砂石粉刷		深色	0.57
墙：			
红砖墙	旧	红色	0.72～0.73
硅酸盐砖墙	不光滑	青灰色	0.43～0.60
混凝土块墙		灰色	0.65
屋面：			
红瓦屋面	旧	红色	0.56
红色瓦屋面	旧	红褐色	0.65～0.74
灰瓦屋面	旧	浅灰色	0.52
石板瓦	旧	银灰色	0.75
水泥屋面	旧	青灰色	0.74
浅色油毛毡	粗糙，新	浅黑色	0.72
黑色油毛毡	粗糙，新	深黑色	0.86

附录 B-6　围护结构瞬变传热引起的冷负荷计算的有关数据[注]

说明：

按照构造和建筑热物理特性不同，现将外墙和屋面分别划分为六种类型（Ⅰ～Ⅵ）。各种不同材料、构造及厚度的 303 种外墙和 324 种屋面（包括通风和不通风的屋面）的归类及其有关的建筑热物理特性参数，分别在表 1 和表 2 中给出。在表 3 和表 4 中分别给出各种类型外墙和屋面的逐时冷负荷计算温度 t_l 值。其中外墙系按东、西、南、北、东北、西北、东南、西南八个朝向分别给出并提供了各朝向一昼夜之中的最大值和最小值，以供参考。在表 1 中类型栏内标 0 者，按稳定传热计算，即以日平均综合温度作为室外计算温度。

在设计选用时，应先在表 1 或表 2 中查出欲计算的外墙或屋面所属类型，再在表 3 或表 4 中查出相应的 t_l 值。于是，便可进行冷负荷的逐时计算。

使用表 3 和表 4 时应注意下列事项：

1）此两表的编制条件是以北京（北纬 39°48′）的气象参数数据为依据，以 7 月份代表夏季，所采用的室外日平均温度为 29℃，室外最高温度为 33.5℃，室外日温波幅为 9.6℃。

所采用的外表面传热系数为 18.6W/(m^2·K)，内表面传热系数为 8.7W/(m^2·K)。

所采用的外墙和屋面的吸收系数为 $\rho=0.90$。

2）对不同设计地点，表 3 或表 4 中的 t_l 值应加上地点修正修值 t_d。在表 5 中给出全国 40 个地点的 9 个不同朝向的 t_d 值。

3）当外表面传热系数不同于 18.6W/(m^2·K) 时，应将表中查得的 t_l 值乘以表 6 中的修正值 K_α。

4）当内表面传热系数不同时，可不加修正。

5）考虑到城市大气污染和中、浅颜色的耐久性差，建议吸收系数一律采用 $\rho=0.90$，即对表中数值不加修正。但如确有把握经久保持建筑围护结构表面的中、浅色时，则可将表中数值乘以表 7 所列的吸收系数修正值 K_ρ。

根据以上综合修正结果，外墙和屋面的冷负荷计算温度为

$$t'_{1,n}=(t_{1,n}+t_d)K_\alpha K_\rho$$

相应的冷负荷计算式为

$$LQ_n(q)=AK(t'_{1,n}-t_N)$$

表 1　外墙结构类型

序号	构造	壁厚 δ /mm	导热热阻/(m^2·K/W)	传热系数/[W/(m^2·K)]	质量/(kg/m^2)	热容量/[kJ/(m^2·K)]	类型
1	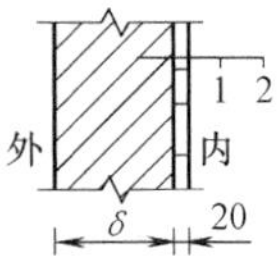 1. 砖墙 2. 白灰粉刷	240	0.32	2.05	464	406	Ⅲ
		370	0.48	1.55	698	612	Ⅱ
		490	0.63	1.26	914	804	Ⅰ

[注] 由于教材篇幅有限，附录 B-7 的表 1 和表 2 只选取原“专刊”有关表中极少数几项。

（续）

序号	构造	壁厚 δ /mm	导热热阻/ ($m^2·K/W$)	传热系数/ [$W/(m^2·K)$]	质量/ (kg/m^2)	热容量/ [$kJ/(m^2·K)$]	类型
2	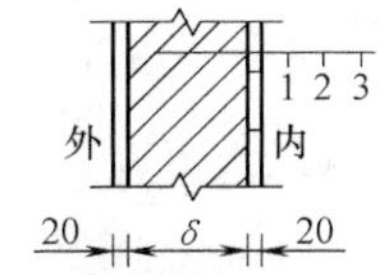 1. 水泥砂浆 2. 砖墙 3. 白灰粉刷	240	0.34	1.97	500	436	Ⅲ
		370	0.50	1.50	734	645	Ⅱ
		490	0.65	1.22	950	834	Ⅰ
3	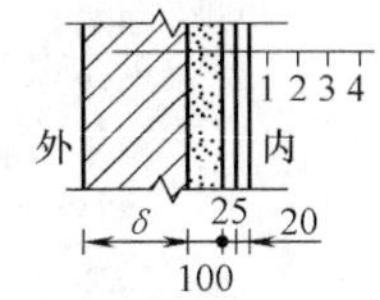 1. 砖墙 2. 泡沫混凝土 3. 木丝板 4. 白灰粉刷	240	0.95	0.90	534	478	Ⅰ
		370	1.11	0.78	768	683	Ⅰ
		490	1.26	0.70	984	876	0
4	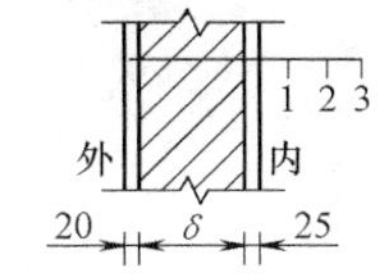 1. 水泥砂浆 2. 砖墙 3. 木丝板	240	0.47	1.57	478	432	Ⅲ
		370	0.63	1.26	712	608	Ⅱ

表 2　屋面构造类型

序号	构造	壁厚 δ /mm	保温厚		导热热阻/ ($m^2·K/W$)	传热系数/ [$W/(m^2·K)$]	质量/ (kg/m^2)	热容量/ [$kJ/(m^2·K)$]	类别
			材料	厚度 l /mm					
1	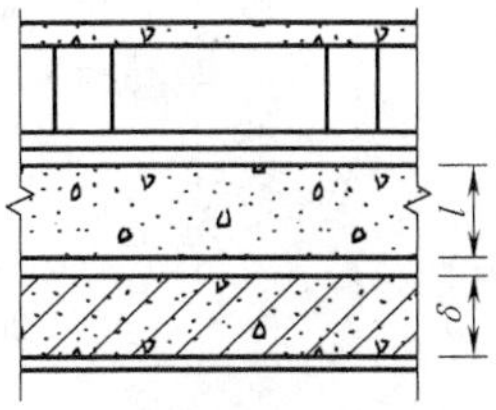 1. 预制细石混凝土板 25mm,表面喷白色水泥浆 2. 通风层≥200mm 3. 卷材防水层 4. 水泥砂浆找平层 20mm 5. 保温层 6. 隔气层 7. 找平层 20mm 8. 预制钢筋混凝土板 9. 内粉刷	35	水泥膨胀珍珠岩	25	0.77	1.07	292	247	Ⅳ
				50	0.98	0.87	301	251	Ⅳ
				75	1.20	0.73	310	260	Ⅲ
				100	1.41	0.64	318	264	Ⅲ
				125	1.63	0.56	327	272	Ⅲ
				150	1.84	0.50	336	277	Ⅲ
				175	2.06	0.45	345	281	Ⅱ
				200	2.27	0.41	353	289	Ⅱ
			沥青膨胀珍珠岩	25	0.87	1.01	292	247	Ⅳ
				50	1.09	0.79	301	251	Ⅳ
				75	1.36	0.65	310	260	Ⅲ
				100	1.63	0.56	318	261	Ⅲ
				125	1.89	0.49	327	272	Ⅲ
				150	2.17	0.43	336	277	Ⅲ
				175	2.43	0.38	345	281	Ⅱ
				200	2.70	0.35	353	289	Ⅱ
			加气混凝土 泡沫混凝土	25	0.67	1.20	298	256	Ⅳ
				50	0.79	1.05	313	265	Ⅳ
				75	0.90	0.93	328	281	Ⅲ
				100	1.02	0.84	343	293	Ⅲ
				125	1.14	0.76	358	306	Ⅲ
				150	1.26	0.70	373	318	Ⅲ
				175	1.38	0.64	388	331	Ⅲ
				200	1.50	0.59	403	344	Ⅱ

（续）

序号	构造	壁厚 δ /mm	保温厚		导热热阻/(m² · K/W)	传热系数/[W/(m² · K)]	质量/(kg/m²)	热容量/[kJ/(m² · K)]	类别
			材料	厚度 l /mm					
2	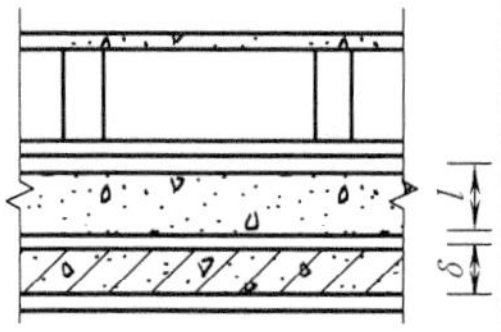 1. 预制细石混凝土板25mm，表面喷白色水泥浆 2. 通风层≥200mm 3. 卷材防水层 4. 水泥砂浆找平层20mm 5. 保温层 6. 隔气层 7. 现浇钢筋混凝土板 8. 内粉刷	70	水泥膨胀珍珠岩	25	0.78	1.05	376	318	Ⅲ
				50	1.00	0.86	385	323	Ⅲ
				75	1.21	0.72	394	331	Ⅲ
				100	1.43	0.63	402	335	Ⅱ
				125	1.64	0.55	411	339	Ⅱ
				150	1.86	0.49	420	348	Ⅱ
				175	2.07	0.44	429	352	Ⅱ
				200	2.29	0.41	437	360	Ⅰ
			沥青膨胀珍珠岩	25	0.83	1.00	376	318	Ⅲ
				50	1.11	0.78	385	323	Ⅲ
				75	1.38	0.65	394	331	Ⅲ
				100	1.64	0.55	402	335	Ⅱ
				125	1.91	0.48	411	339	Ⅱ
				150	2.18	0.43	420	348	Ⅱ
				175	2.45	0.38	429	352	Ⅱ
				200	2.72	0.35	437	360	Ⅰ
			加气混凝土 泡沫混凝土	25	0.69	1.16	383	323	Ⅲ
				50	0.84	1.02	397	335	Ⅲ
				75	0.93	0.91	412	348	Ⅲ
				100	1.05	0.83	427	360	Ⅱ
				125	1.17	0.74	442	373	Ⅱ
				150	1.29	0.69	457	385	Ⅰ
				175	1.41	0.64	472	398	Ⅰ
				200	1.53	0.59	487	411	Ⅰ

表 3 外墙冷负荷计算温度 $t_{1,n}$ Ⅱ型外墙 （单位:℃）

时间＼朝向	S	SW	W	NW	N	NE	E	SE
0	36.1	38.2	38.5	36.0	33.1	36.2	38.5	38.1
1	36.2	38.5	38.9	36.3	33.2	36.1	38.4	38.1
2	36.2	38.6	39.1	36.5	33.2	36.0	38.2	37.9
3	36.1	38.6	39.2	36.5	33.2	35.8	38.0	37.7
4	35.9	38.4	39.1	36.5	33.1	35.6	37.6	37.4
5	35.6	38.2	38.9	36.3	33.0	35.3	37.3	37.0
6	35.3	37.9	38.6	36.1	32.8	35.0	36.9	36.6
7	35.0	37.5	38.2	35.8	32.6	34.7	36.4	36.2
8	34.6	37.1	37.8	35.4	32.3	34.3	36.0	35.8
9	34.2	36.6	37.3	35.1	32.1	33.9	35.5	35.3
10	33.9	36.1	36.8	34.7	31.8	33.6	35.2	34.9
11	33.5	35.7	36.3	34.3	31.6	33.5	35.0	34.6
12	33.2	35.2	35.9	33.9	31.4	33.5	35.0	34.5
13	32.9	34.9	35.5	33.6	31.3	33.7	35.2	34.6
14	32.8	34.6	35.2	33.4	31.2	33.9	35.6	34.8
15	32.9	34.4	34.9	33.2	31.2	34.3	36.1	35.2
16	33.1	34.3	34.8	33.2	31.3	34.6	36.6	35.7
17	33.4	34.4	34.8	33.2	31.4	34.9	37.1	36.2
18	33.9	34.7	34.9	33.3	31.6	35.2	37.5	36.7

（续）

时间 \ 朝向	S	SW	W	NW	N	NE	E	SE
19	34.4	35.2	35.3	33.5	31.8	35.4	37.9	37.2
20	34.9	35.8	35.8	33.9	32.1	35.7	38.2	37.5
21	35.3	36.5	36.5	34.4	32.4	35.9	38.4	37.8
22	35.7	37.2	37.3	35.0	32.6	36.1	38.5	38.0
23	36.0	37.7	38.0	35.5	32.9	36.2	38.6	38.1
最大值	36.2	38.6	39.2	36.5	33.2	36.2	38.6	38.1
最小值	32.8	34.3	34.8	33.2	31.2	33.5	35.0	34.5

表 4　屋面冷负荷计算温度 $t_{1,n}$　　（单位：℃）

时间 \ 屋面类型	Ⅰ型	Ⅱ型	Ⅲ型	Ⅳ型	Ⅴ型	Ⅵ型
0	43.7	47.2	47.7	46.1	41.6	38.1
1	44.3	46.4	46.0	43.7	39.0	35.5
2	44.8	45.4	44.2	41.4	36.7	33.2
3	45.0	44.3	42.4	39.3	34.6	31.4
4	45.0	43.1	40.6	37.3	32.8	29.8
5	44.9	41.8	38.8	35.5	31.2	28.4
6	44.5	40.6	37.1	33.9	29.8	27.2
7	44.0	39.3	35.5	32.4	28.7	26.5
8	43.4	38.1	34.1	31.2	28.4	36.8
9	42.7	37.0	33.1	30.7	29.2	28.6
10	41.9	36.1	32.7	31.0	31.4	32.0
11	41.1	35.6	33.0	32.3	34.7	36.7
12	40.2	35.6	34.0	34.5	38.9	42.2
13	39.5	36.0	35.8	37.5	43.4	47.8
14	38.9	37.0	38.1	41.0	47.9	52.9
15	38.5	38.4	40.7	44.6	51.9	57.1
16	38.3	40.1	43.5	47.9	54.9	59.8
17	38.4	41.9	46.1	50.7	56.8	60.9
18	38.8	43.7	48.3	52.7	57.2	60.2
19	39.4	45.4	49.9	53.7	56.3	57.8
20	40.2	46.7	50.8	53.6	54.0	54.0
21	41.1	47.5	50.9	52.5	51.0	49.5
22	42.0	47.8	50.3	50.7	47.7	45.1
23	42.9	47.7	49.2	48.4	44.5	41.3
最大值	45.5	47.8	50.9	53.7	57.2	60.9
最小值	38.3	35.6	32.7	30.7	28.4	26.5

表 5　Ⅰ～Ⅳ型结构地点修正值 t_d　　（单位：℃）

编号	城市	S	SW	W	NW	N	NE	E	SE	水平
1	北京	0.0	0.0	0.0	0.0	0.0	0.0	0.0	0.0	0.0
2	天津	-0.4	-0.3	-0.1	-0.1	-0.2	-0.3	-0.1	-0.3	-0.5
3	石家庄	0.5	0.6	0.8	1.0	1.0	0.9	0.8	0.6	0.4
4	太原	-3.3	-3.0	-2.7	-2.7	-2.8	-2.8	-2.7	-3.0	-2.8
5	呼和浩特	-4.3	-4.3	-4.4	-4.5	-4.6	-4.7	-4.4	-4.3	-4.2

（续）

编号	城市	S	SW	W	NW	N	NE	E	SE	水平
6	沈阳	-1.4	-1.7	-1.9	-1.9	-1.6	-2.0	-1.9	-1.7	-2.7
7	长春	-2.3	-2.7	-3.1	-3.3	-3.1	-3.4	-3.1	-2.7	-3.6
8	哈尔滨	-2.2	-2.8	-3.4	-3.7	-3.4	-3.8	-3.4	-2.8	-4.1
9	上海	-0.8	-0.2	0.5	1.2	1.2	1.0	0.5	-0.2	0.1
10	南京	1.0	1.5	2.1	2.7	2.7	2.5	2.1	1.5	2.0
11	杭州	1.0	1.4	2.1	2.9	3.1	2.7	2.1	1.4	1.5
12	合肥	1.0	1.7	2.5	3.0	2.8	2.8	2.4	1.7	2.7
13	福州	-0.8	0.0	1.1	2.1	2.2	1.9	1.1	0.0	0.7
14	南昌	0.4	1.3	2.4	3.2	3.0	3.1	2.4	1.3	2.4
15	济南	1.6	1.9	2.2	2.4	2.3	2.3	2.2	1.9	2.2
16	郑州	0.8	0.9	1.3	1.8	2.1	1.6	1.3	0.9	0.7
17	武汉	0.4	1.0	1.7	2.4	2.2	2.3	1.7	1.0	1.3
18	长沙	0.5	1.3	2.4	3.2	3.1	3.0	2.4	1.3	2.2
19	广州	-1.9	-1.2	0.0	1.3	1.7	1.2	0.0	-1.2	-0.5
20	南宁	-1.7	-1.0	0.2	1.5	1.9	1.3	0.2	-1.0	-0.3
21	成都	-3.0	-2.6	-2.0	-1.1	-0.9	-1.3	-2.0	-2.6	-2.5
22	贵阳	-4.9	-4.3	-3.4	-2.3	-2.0	-2.5	-3.5	-4.3	-3.5
23	昆明	-8.5	-7.8	-6.7	-5.5	-5.2	-5.7	-6.7	-7.8	-7.2
24	拉萨	-13.5	-11.8	-10.2	-10.0	-11.0	-10.1	-10.2	-11.8	-8.9
25	西安	0.5	0.5	0.9	1.5	1.8	1.4	0.9	0.5	0.4
26	兰州	-4.8	-4.4	-4.0	-3.8	-3.9	-4.0	-4.0	-4.4	-4.0
27	西宁	-9.6	-8.9	-8.4	-8.5	-8.9	-8.6	-8.4	-8.9	-7.9
28	银川	-3.8	-3.5	-3.2	-3.3	-3.6	-3.4	-3.2	-3.5	-2.4
29	乌鲁木齐	0.7	0.5	0.2	-0.3	-0.4	-0.4	0.2	0.5	0.1
30	台北	-1.2	-0.7	0.2	2.6	1.9	1.3	0.2	-0.7	-0.2
31	二连浩特	-1.8	-1.9	-2.2	-2.7	-3.0	-2.8	-2.2	-1.9	-2.3
32	汕头	-1.9	-0.9	0.5	1.7	1.8	1.5	0.5	-0.9	0.4
33	海口	-1.5	-0.6	1.0	2.4	2.9	2.3	1.0	-0.6	1.0
34	桂林	-1.9	-1.1	0.0	1.1	1.3	0.9	0.0	-1.1	-0.2
35	重庆	0.4	1.1	2.0	2.7	2.8	2.6	2.0	1.1	1.7
36	敦煌	-1.7	-1.3	-1.1	-1.5	-2.0	-1.6	-1.1	-1.3	-0.7
37	格尔木	-9.6	-8.8	-8.2	-8.3	-8.8	-8.3	-8.2	-8.8	-7.6
38	和田	-1.6	-1.6	-1.4	-1.1	-0.8	-1.2	-1.4	-1.6	-1.5
39	喀什	-1.2	-1.0	-0.9	-1.0	-1.2	-1.9	-0.9	-1.0	-0.7
40	库车	0.2	0.3	0.2	0.1	-0.3	-0.2	0.2	0.3	0.3

表 6 外表面传热系数修正值 K_α

α_w	12	14	16	18	20	22	24	26
K_α	1.06	1.03	1	0.98	0.97	0.95	0.94	0.93

表 7 吸收系数修正值 K_ρ

类别 / 颜色	外墙	屋面
浅色	0.94	0.88
中色	0.97	0.94

表 8 单层窗玻璃的 K 值

α_n/[W/(m^2·K)] / α_w/[W/(m^2·K)]	5.8	6.4	7.0	7.6	8.1	8.7	9.3	9.9	10.5	11
11.6	3.87	4.13	4.36	4.58	4.79	4.99	5.16	5.34	5.51	5.66
12.8	4.00	4.27	4.51	4.76	4.98	5.19	5.38	5.57	5.76	5.93
14.0	4.11	4.38	4.65	4.91	5.14	5.37	5.58	5.79	5.81	6.16
15.1	4.20	4.49	4.78	5.04	5.29	5.54	5.76	5.98	6.19	6.38
16.3	4.28	4.60	4.83	5.16	5.43	5.68	5.92	6.15	6.37	6.58
17.5	4.37	4.68	4.99	5.27	5.55	5.82	6.07	6.32	6.55	6.77
18.6	4.43	4.76	5.07	5.61	5.66	5.94	6.20	6.45	6.70	6.93
19.8	4.49	4.84	5.15	5.47	5.77	6.05	6.33	6.59	6.34	7.08
20.9	4.55	4.90	5.23	5.59	5.86	6.15	6.44	6.71	6.98	7.23
22.1	4.61	4.97	5.30	5.63	5.95	6.26	6.55	6.83	7.11	7.36
23.3	4.65	5.01	5.37	5.71	6.04	6.34	6.64	6.93	7.22	7.49
24.4	4.70	5.07	5.43	5.77	6.11	6.43	6.73	7.04	7.33	7.61
25.6	4.73	5.12	5.48	5.84	6.18	6.50	6.83	7.13	7.43	7.69
26.7	4.78	5.16	5.54	5.90	6.25	6.58	6.91	7.22	7.52	7.82
27.9	4.81	5.20	5.58	5.94	6.30	6.64	6.98	7.30	7.62	7.92
29.1	4.85	5.25	5.63	6.00	6.36	6.71	7.05	7.37	7.70	8.00

表 9 双层窗玻璃的 K 值

α_n/[W/(m^2·K)] / α_w/[W/(m^2·K)]	5.8	6.4	7.0	7.6	8.1	8.7	9.3	9.9	10.5	11
11.6	2.37	2.47	2.55	2.62	2.69	2.74	2.80	2.85	2.90	2.73
12.8	2.42	2.51	2.59	2.67	2.74	2.80	2.86	2.92	2.97	3.01
14.0	2.45	2.56	2.64	2.72	2.79	2.86	2.92	2.98	3.02	3.07
15.1	2.49	2.59	2.69	2.77	2.84	2.91	2.97	3.02	3.08	3.13
16.3	2.52	2.63	2.72	2.80	2.87	2.94	3.01	3.07	3.12	3.17
17.5	2.55	2.65	2.74	2.84	2.91	2.98	3.05	3.11	3.16	3.21
18.6	2.57	2.67	2.78	2.86	2.94	3.01	3.08	3.14	3.20	3.25

（续）

α_n/[W/(m²·K)] \ α_w/[W/(m²·K)]	5.8	6.4	7.0	7.6	8.1	8.7	9.3	9.9	10.5	11
19.8	2.59	2.70	2.80	2.88	2.97	3.05	3.12	3.17	3.23	3.28
20.9	2.61	2.72	2.83	2.91	2.99	3.07	3.14	3.20	3.26	3.31
22.1	2.63	2.74	2.84	2.93	3.01	3.09	3.16	3.23	3.29	3.34
23.3	2.64	2.76	2.86	2.95	3.04	3.12	3.19	3.25	3.31	3.37
24.4	2.66	2.77	2.87	2.97	3.06	3.14	3.21	3.27	3.34	3.40
25.6	3.67	2.79	2.90	2.99	3.07	3.15	3.20	3.29	3.36	3.41
26.7	2.69	2.80	2.91	3.00	3.09	3.17	3.24	3.31	3.37	3.43
27.9	2.70	2.81	2.92	3.01	3.11	3.19	3.25	3.33	3.40	3.45
29.1	2.71	2.83	2.93	3.04	3.12	3.20	3.28	3.35	3.41	3.47

表 10　玻璃窗传热系数的修正值

窗 框 类 型	单　层　窗	双　层　窗
全部玻璃	1.00	1.00
木窗框，80%玻璃	0.90	0.95
木窗框，60%玻璃	0.80	0.85
金属窗框，80%玻璃	1.00	1.20

表 11　玻璃窗冷负荷计算强度 $t_{l,c}$

时刻	0	1	2	3	4	5	6	7	8	9	10	11
$t_{l,c}$/℃	27.2	26.7	26.2	25.8	25.5	25.3	25.4	26.0	26.9	27.9	29.0	29.9
时刻	12	13	14	15	16	17	18	19	20	21	22	23
$t_{l,c}$/℃	30.8	31.5	31.9	32.2	32.2	32.0	31.6	30.8	29.9	29.1	28.4	27.8

表 12　玻璃窗的地点修正值 t_d　　（单位：℃）

编号	城市	t_d	编号	城市	t_d
1	北京	0	21	成都	-1
2	天津	0	22	贵阳	-3
3	石家庄	1	23	昆明	-6
4	太原	-2	24	拉萨	-11
5	呼和浩特	-4	25	西安	2
6	沈阳	-1	26	兰州	-3
7	长春	-3	27	西宁	-8
8	哈尔滨	-3	28	银川	-3
9	上海	1	29	乌鲁木齐	1
10	南京	3	30	台北	1
11	杭州	3	31	二连浩特	-2
12	合肥	3	32	汕头	1
13	福州	2	33	海口	1
14	南昌	3	34	桂林	1
15	济南	3	35	重庆	3
16	郑州	2	36	敦煌	-1
17	武汉	3	37	格尔木	-9
18	长沙	3	38	和田	-1
19	广州	1	39	喀什	0
20	南宁	1	40	库车	0

附录 B-7 透过玻璃窗日射得热形成的冷负荷计算的有关数据

表 1 夏季各纬度带的日射得热因数最大值 $D_{j,max}$ (单位：W/m^2)

纬度带 \ 朝向	S	SE	E	NE	N	NW	W	SW	水平
20°	130	312	541	465	130	465	541	312	876
25°	145	331	509	421	134	421	509	331	834
30°	173	374	538	415	115	415	538	374	833
35°	251	436	575	429	122	429	575	436	844
40°	302	477	599	442	114	442	599	477	842
45°	368	508	598	433	109	433	598	508	812
拉萨	174	462	727	592	133	592	727	462	991

注：每一纬度带包括的宽度为 ±2°30′纬度。

表 2 窗玻璃的 C_s 值

玻 璃 类 型	C_s 值
“标准玻璃”	1.00
5mm 厚普通玻璃	0.93
6mm 厚普通玻璃	0.89
3mm 厚吸热玻璃	0.96
5mm 厚吸热玻璃	0.88
6mm 厚吸热玻璃	0.83
双层 3mm 厚普通玻璃	0.86
双层 5mm 厚普通玻璃	0.78
双层 6mm 厚普通玻璃	0.74

注：1. “标准玻璃”是指 3mm 厚的单层普通玻璃。
2. 吸热玻璃是指上海耀皮玻璃集团股份有限公司生产的浅蓝色吸热玻璃。
3. 表中 C_s 对应的内、外表面传热系数为 $\alpha_n=8.7W/(m^2 \cdot K)$ 和 $\alpha_w=18.6W/(m^2 \cdot K)$。
4. 这里的双层玻璃内、外层玻璃是相同的。

表 3 窗内遮阳设施的遮阳系数 C_n 值

内遮阳类型	颜 色	C_n
白布帘	浅色	0.50
浅蓝布帘	中间色	0.50
深黄、紫红、深绿布帘	深色	0.65
活动百叶帘	中间色	0.60

表 4 窗的有效面积系数 C_a 值

系数 \ 窗的类别	单层钢窗	单层木窗	双层钢窗	双层木窗
有效面积系数 C_a	0.85	0.70	0.75	0.60

表 5　北区无内遮阳窗玻璃冷负荷系数

朝向＼时刻	0	1	2	3	4	5	6	7	8	9	10	11	12	13	14	15	16	17	18	19	20	21	22	23
S	0.16	0.15	0.14	0.13	0.12	0.11	0.13	0.17	0.21	0.28	0.39	0.49	0.54	0.65	0.60	0.42	0.36	0.32	0.27	0.23	0.21	0.20	0.18	0.17
SE	0.14	0.13	0.12	0.11	0.10	0.09	0.22	0.34	0.45	0.51	0.62	0.58	0.41	0.34	0.32	0.31	0.28	0.26	0.22	0.19	0.18	0.17	0.16	0.15
E	0.12	0.11	0.10	0.09	0.09	0.08	0.29	0.41	0.49	0.60	0.56	0.37	0.29	0.29	0.28	0.26	0.24	0.22	0.19	0.17	0.16	0.15	0.14	0.13
NE	0.12	0.11	0.10	0.09	0.09	0.08	0.35	0.45	0.53	0.54	0.38	0.30	0.30	0.30	0.29	0.27	0.26	0.23	0.20	0.17	0.16	0.15	0.14	0.13
N	0.26	0.24	0.23	0.21	0.19	0.18	0.44	0.42	0.43	0.49	0.56	0.61	0.64	0.66	0.66	0.63	0.59	0.64	0.64	0.38	0.35	0.32	0.30	0.28
NW	0.17	0.15	0.14	0.13	0.12	0.12	0.13	0.15	0.17	0.18	0.20	0.21	0.22	0.22	0.28	0.39	0.50	0.56	0.59	0.31	0.22	0.20	0.19	0.18
W	0.17	0.16	0.15	0.14	0.13	0.12	0.12	0.14	0.15	0.16	0.17	0.17	0.18	0.25	0.37	0.47	0.52	0.62	0.55	0.24	0.23	0.21	0.20	0.18
SW	0.18	0.16	0.15	0.14	0.13	0.12	0.13	0.15	0.17	0.18	0.20	0.21	0.29	0.40	0.49	0.54	0.64	0.59	0.39	0.25	0.24	0.22	0.20	0.19
水平	0.20	0.18	0.17	0.16	0.15	0.14	0.16	0.22	0.31	0.39	0.47	0.53	0.57	0.69	0.68	0.55	0.49	0.41	0.33	0.28	0.26	0.25	0.23	0.21

表 6　北区有内遮阳窗玻璃冷负荷系数

朝向＼时刻	0	1	2	3	4	5	6	7	8	9	10	11	12	13	14	15	16	17	18	19	20	21	22	23
S	0.07	0.07	0.06	0.06	0.06	0.05	0.11	0.18	0.26	0.40	0.58	0.72	0.84	0.80	0.62	0.45	0.32	0.24	0.16	0.10	0.09	0.09	0.08	0.08
SE	0.06	0.06	0.06	0.05	0.05	0.05	0.30	0.54	0.71	0.83	0.80	0.62	0.43	0.30	0.28	0.25	0.22	0.17	0.13	0.09	0.08	0.08	0.07	0.07
E	0.06	0.05	0.05	0.05	0.04	0.04	0.47	0.68	0.82	0.79	0.59	0.38	0.24	0.24	0.23	0.21	0.18	0.16	0.11	0.08	0.07	0.07	0.06	0.06
NE	0.06	0.05	0.05	0.05	0.04	0.04	0.54	0.79	0.79	0.60	0.38	0.29	0.29	0.29	0.27	0.25	0.21	0.16	0.12	0.08	0.07	0.07	0.06	0.06
N	0.12	0.11	0.11	0.10	0.09	0.09	0.59	0.54	0.54	0.65	0.75	0.81	0.83	0.83	0.79	0.71	0.60	0.61	0.68	0.17	0.16	0.15	0.14	0.13
NW	0.08	0.07	0.07	0.06	0.06	0.06	0.09	0.13	0.17	0.21	0.23	0.25	0.26	0.26	0.35	0.57	0.76	0.83	0.67	0.13	0.10	0.09	0.09	0.08
W	0.08	0.07	0.07	0.06	0.06	0.06	0.08	0.11	0.14	0.17	0.18	0.19	0.20	0.34	0.56	0.72	0.83	0.77	0.53	0.11	0.10	0.09	0.09	0.08
SW	0.08	0.08	0.07	0.07	0.06	0.06	0.09	0.13	0.17	0.20	0.23	0.28	0.38	0.53	0.73	0.63	0.79	0.59	0.37	0.11	0.10	0.10	0.09	0.09
水平	0.09	0.09	0.08	0.08	0.07	0.07	0.13	0.26	0.42	0.57	0.69	0.77	0.85	0.84	0.73	0.84	0.49	0.33	0.19	0.13	0.12	0.11	0.10	0.09

表 7　南区无内遮阳窗玻璃冷负荷系数

朝向＼时刻	0	1	2	3	4	5	6	7	8	9	10	11	12	13	14	15	16	17	18	19	20	21	22	23
S	0.21	0.19	0.18	0.17	0.16	0.14	0.17	0.26	0.33	0.42	0.48	0.54	0.59	0.70	0.70	0.57	0.52	0.44	0.35	0.30	0.28	0.26	0.24	0.22
SE	0.14	0.13	0.12	0.11	0.11	0.10	0.20	0.36	0.47	0.52	0.61	0.54	0.39	0.37	0.36	0.35	0.32	0.28	0.23	0.20	0.19	0.18	0.16	0.15
E	0.12	0.11	0.10	0.09	0.09	0.08	0.24	0.39	0.48	0.61	0.57	0.38	0.31	0.30	0.29	0.28	0.27	0.23	0.21	0.18	0.17	0.15	0.14	0.13
NE	0.12	0.12	0.11	0.10	0.09	0.09	0.26	0.41	0.49	0.59	0.54	0.36	0.32	0.32	0.31	0.29	0.27	0.24	0.20	0.18	0.17	0.16	0.14	0.13
N	0.28	0.25	0.24	0.22	0.21	0.19	0.38	0.49	0.52	0.55	0.59	0.63	0.66	0.68	0.68	0.68	0.69	0.69	0.60	0.40	0.37	0.35	0.32	0.30
NW	0.17	0.16	0.15	0.14	0.13	0.12	0.12	0.15	0.17	0.19	0.20	0.21	0.22	0.27	0.33	0.48	0.54	0.63	0.52	0.25	0.23	0.21	0.20	0.18
W	0.17	0.16	0.15	0.14	0.13	0.12	0.12	0.14	0.16	0.17	0.18	0.19	0.20	0.28	0.40	0.50	0.54	0.61	0.50	0.24	0.23	0.21	0.20	0.18
SW	0.18	0.17	0.15	0,14	0.13	0.12	0.13	0.16	0.19	0.23	0.25	0.27	0.29	0.37	0.48	0.55	0.67	0.60	0.38	0.26	0.24	0.22	0.21	0.19
水平	0.19	0.17	0.16	0.15	0.14	0.13	0.14	0.19	0.28	0.37	0.45	0.52	0.56	0.68	0.67	0.53	0.46	0.38	0.30	0.27	0.26	0.23	0.22	0.20

表 8　南区有内遮阳窗玻璃冷负荷系数

朝向＼时刻	0	1	2	3	4	5	6	7	8	9	10	11	12	13	14	15	16	17	18	19	20	21	22	23
S	0.10	0.09	0.09	0.08	0.08	0.07	0.14	0.31	0.47	0.60	0.69	0.77	0.87	0.84	0.74	0.66	0.54	0.38	0.20	0.13	0.12	0.12	0.11	0.10
SE	0.07	0.06	0.06	0.05	0.05	0.05	0.27	0.55	0.74	0.83	0.75	0.52	0.40	0.39	0.36	0.33	0.27	0.20	0.13	0.09	0.09	0.08	0.08	0.07
E	0.06	0.05	0.05	0.05	0.04	0.04	0.36	0.63	0.81	0.81	0.63	0.41	0.27	0.27	0.25	0.23	0.20	0.15	0.10	0.08	0.07	0.07	0.07	0.06
NE	0.06	0.06	0.05	0.05	0.05	0.04	0.40	0.67	0.82	0.76	0.56	0.38	0.31	0.30	0.28	0.25	0.21	0.17	0.11	0.08	0.08	0.07	0.07	0.06
N	0.13	0.12	0.12	0.11	0.10	0.10	0.47	0.67	0.70	0.72	0.77	0.82	0.85	0.84	0.81	0.78	0.77	0.75	0.56	0.18	0.07	0.16	0.15	0.14
NW	0.08	0.07	0.07	0.06	0.06	0.06	0.08	0.13	0.17	0.21	0.24	0.26	0.27	0.34	0.54	0.71	0.84	0.77	0.46	0.11	0.10	0.09	0.09	0.08
W	0.08	0.07	0.07	0.06	0.06	0.06	0.07	0.12	0.16	0.19	0.21	0.22	0.23	0.37	0.60	0.75	0.84	0.73	0.42	0.10	0.10	0.09	0.09	0.08
SW	0.08	0.08	0.07	0.07	0.06	0.06	0.09	0.16	0.22	0.28	0.32	0.35	0.36	0.50	0.69	0.84	0.83	0.61	0.34	0.11	0.10	0.10	0.09	0.09
水平	0.09	0.08	0.08	0.07	0.07	0.06	0.09	0.21	0.38	0.54	0.67	0.76	0.85	0.83	0.72	0.61	0.45	0.28	0.16	0.12	0.11	0.10	0.10	0.09

附录 B-8 设备、用具、人体、照明的散热冷负荷系数

表 1 有罩设备和用具显热散热冷负荷系数

连续使用小时数	开始使用后的小时数																							
	1	2	3	4	5	6	7	8	9	10	11	12	13	14	15	16	17	18	19	20	21	22	23	24
2	0.27	0.40	0.25	0.18	0.14	0.11	0.09	0.08	0.07	0.06	0.05	0.04	0.04	0.03	0.03	0.30	0.02	0.02	0.02	0.02	0.01	0.01	0.01	0.01
4	0.28	0.41	0.51	0.59	0.39	0.30	0.24	0.19	0.16	0,14	0.12	0.10	0.09	0.08	0.07	0.06	0.05	0.05	0.04	0.04	0.03	0.03	0.02	0.02
6	0.29	0.42	0.52	0.59	0.65	0.70	0.48	0.37	0.30	0.25	0.21	0.18	0.16	0.14	0.12	0.11	0.09	0.08	0.07	0.06	0.05	0.05	0.04	0.04
8	0.31	0.44	0.54	0.61	0.66	0.71	0.75	0.78	0.55	0.43	0.35	0.30	0.25	0.22	0.19	0.16	0.14	0.13	0.11	0.10	0.08	0.07	0.06	0.06
10	0.33	0.46	0.55	0.62	0.68	0.72	0.76	0.79	0.81	0.84	0.60	0.48	0.39	0.33	0.28	0.24	0.21	0.18	0.16	0.14	0.12	0.11	0.09	0.08
12	0.36	0.49	0.58	0.64	0.69	0.74	0.77	0.80	0.82	0.85	0.87	0.88	0.64	0.51	0.42	0.36	0.31	0.26	0.23	0.20	0.18	0.15	0.13	0.12
14	0.40	0.52	0.61	0.67	0.72	0.76	0.79	0.82	0.84	0.86	0.88	0.89	0.91	0.92	0.67	0.54	0.45	0.38	0.32	0.28	0.24	0.21	0.19	0.16
16	0.45	0.57	0.65	0.70	0.75	0.78	0.81	0.84	0.86	0.87	0.89	0.90	0.92	0.93	0.94	0.94	0.69	0.56	0.46	0.39	0.34	0.29	0.25	0.22
18	0.52	0.63	0.70	0.75	0.79	0.82	0.84	0.86	0.88	0.89	0.91	0.92	0.93	0.94	0.95	0.95	0.96	0.96	0.71	0.58	0.48	0.41	0.35	0.30

表 2 无罩设备和用具显热散热冷负荷系数

连续使用小时数	开始使用后的小时数																							
	1	2	3	4	5	6	7	8	9	10	11	12	13	14	15	16	17	18	19	20	21	22	23	24
2	0.56	0.64	0.15	0.11	0.08	0.07	0.06	0.65	0.04	0.04	0.03	0.03	0.02	0.02	0.12	0.02	0.01	0.01	0.01	0.01	0.01	0.01	0.01	0.01
4	0.57	0.65	0.71	0.75	0.23	0.18	0.14	0.12	0.10	0.08	0.07	0.06	0.05	0.05	0.04	0.04	0.03	0.03	0.02	0.02	0.02	0.02	0.01	0.01
6	0.57	0.65	0.71	0.76	0.79	0.82	0.29	0.22	0.18	0.15	0.13	0.11	0.10	0.08	0.07	0.06	0.06	0.05	0.04	0.04	0.03	0.03	0.03	0.02
6	0.57	0.65	0.71	0.76	0.79	0.82	0.29	0.22	0.18	0.15	0.13	0.11	0.10	0.08	0.07	0.06	0.06	0.05	0.04	0.04	0.03	0.03	0.03	0.02
8	0.58	0.66	0.72	0.76	0.80	0.82	0.85	0.87	0.33	0.26	0.21	0.18	0.15	0.13	0.11	0.10	0.09	0.08	0.07	0.06	0.05	0.04	0.04	0.03
10	0.60	0.68	0.73	0.77	0.81	0.83	0.85	0.87	0.89	0.90	0.36	0.29	0.24	0.20	0.17	0.15	0.13	0.11	0.10	0.08	0.07	0.07	0.06	0.05
12	0.62	0.69	0.75	0.79	0.82	0.84	0.86	0.88	0.89	0.91	0.92	0.93	0.38	0.31	0.25	0.21	0.18	0.16	0.14	0.12	0.11	0.09	0.08	0.07
14	0.64	0.71	0.76	0.80	0.83	0.85	0.87	0.89	0.90	0.92	0.93	0.93	0.94	0.95	0.40	0.32	0.27	0.23	0.19	0.17	0.15	0.13	0.11	0.10
16	0.67	0.74	0.79	0.82	0.85	0.87	0.89	0.90	0.91	0.92	0.93	0.94	0.95	0.96	0.96	0.97	0.42	0.34	0.28	0.24	0.20	0.18	0.15	0.13
18	0.71	0.78	0.82	0.85	0.87	0.99	0.90	0.92	0.93	0.94	0.94	0.95	0.96	0.96	0.97	0.97	0.97	0.98	0.43	0.35	0.29	0.24	0.21	0.18

表 3　照明散热冷负荷系数

灯具类型	空调设备运行时数/h	开灯时数/h	开灯后的小时数																							
			0	1	2	3	4	5	6	7	8	9	10	11	12	13	14	15	16	17	18	19	20	21	22	23
明装荧光灯	24	13	0.37	0.67	0.71	0.74	0.76	0.79	0.81	0.83	0.84	0.86	0.87	0.89	0.90	0.92	0.29	0.26	0.23	0.20	0.19	0.17	0.15	0.14	0.12	0.11
	24	10	0.37	0.67	0.71	0.74	0.76	0.79	0.81	0.83	0.84	0.86	0.87	0.29	0.26	0.23	0.20	0.19	0.17	0.15	0.14	0.12	0.11	0.10	0.09	0.08
	24	8	0.37	0.67	0.71	0.74	0.76	0.79	0.81	0.83	0.84	0.29	0.26	0.23	0.20	0.19	0.17	0.15	0.14	0.12	0.11	0.10	0.09	0.08	0.07	0.06
	16	13	0.60	0.87	0.90	0.91	0.91	0.93	0.93	0.94	0.94	0.95	0.95	0.96	0.96	0.97	0.29	0.26								
	16	10	0.60	0.83	0.83	0.84	0.84	0.84	0.85	0.85	0.86	0.88	0.90	0.32	0.28	0.25	0.23	0.19								
	16	8	0.51	0.79	0.82	0.84	0.85	0.87	0.88	0.89	0.90	0.79	0.26	0.23	0.20	0.19	0.17	0.15								
	12	10	0.63	0.90	0.91	0.93	0.93	0.94	0.95	0.95	0.95	0.96	0.96	0.37												
暗装荧光灯或明装白炽灯	24	10	0.34	0.55	0.61	0.65	0.68	0.71	0.74	0.77	0.79	0.81	0.83	0.39	0.35	0.31	0.28	0.25	0.23	0.20	0.18	0.16	0.15	0.14	0.12	0.11
	16	10	0.58	0.75	0.79	0.80	0.80	0.81	0.82	0.83	0.84	0.86	0.87	0.39	0.35	0.31	0.28	0.25								
	12	10	0.69	0.86	0.89	0.90	0.91	0.91	0.92	0.93	0.94	0.95	0.95	0.50												

表 4　人体显热散热冷负荷系数

在室内的总小时数	每个人进入室内后的小时数																							
	1	2	3	4	5	6	7	8	9	10	11	12	13	14	15	16	17	18	19	20	21	22	23	24
2	0.49	0.58	0.17	0.13	0.10	0.08	0.07	0.06	0.05	0.04	0.04	0.03	0.03	0.02	0.02	0.02	0.02	0.01	0.01	0.01	0.01	0.01	0.01	0.01
4	0.49	0.59	0.66	0.71	0.27	0.21	0.16	0.14	0.11	0.10	0.08	0.07	0.06	0.06	0.05	0.04	0.04	0.03	0.03	0.03	0.02	0.02	0.02	0.01
6	0.50	0.60	0.67	0.72	0.76	0.79	0.34	0.26	0.21	0.18	0.15	0.13	0.11	0.10	0.08	0.07	0.06	0.06	0.05	0.04	0.04	0.03	0.03	0.03
8	0.51	0.61	0.67	0.72	0.76	0.80	0.82	0.84	0.38	0.30	0.25	0.21	0.18	0.15	0.13	0.12	0.10	0.09	0.08	0.07	0.06	0.05	0.05	0.04
10	0.53	0.62	0.69	0.74	0.77	0.80	0.83	0.85	0.87	0.89	0.42	0.34	0.28	0.23	0.20	0.17	0.15	0.13	0.11	0.10	0.09	0.80	0.07	0.06
12	0.55	0.64	0.70	0.75	0.79	0.81	0.84	0.86	0.88	0.89	0.91	0.92	0.45	0.36	0.30	0.25	0.21	0.19	0.16	0.14	0.12	0.11	0.09	0.08
14	0.58	0.66	0.72	0.77	0.80	0.83	0.85	0.87	0.89	0.90	0.91	0.92	0.93	0.94	0.47	0.38	0.31	0.26	0.23	0.20	0.17	0.15	0.13	0.11
16	0.62	0.70	0.75	0.79	0.82	0.85	0.87	0.88	0.90	0.91	0.92	0.93	0.94	0.95	0.95	0.96	0.49	0.39	0.33	0.28	0.24	0.20	0.18	0.16
18	0.66	0.74	0.79	0.82	0.85	0.87	0.89	0.90	0.92	0.93	0.94	0.94	0.95	0.96	0.96	0.97	0.97	0.97	0.50	0.40	0.33	0.28	0.24	0.21

附录 C

附表 C-1 局部阻力系数

序号	名称	图形和断面	局部阻力系数 ζ（ζ 值以图内所示的速度 v 计算）					
1	渐扩管	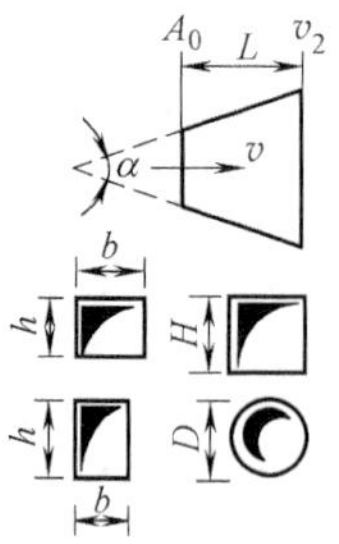	$\frac{A_1}{A_0}$	$\alpha/(°)$ 10	15	20	25	30
			1.25	0.02	0.03	0.05	0.06	0.07
			1.50	0.03	0.06	0.10	0.12	0.13
			1.75	0.05	0.09	0.14	0.17	0.19
			2.00	0.06	0.13	0.20	0.23	0.26
			2.25	0.08	0.16	0.26	0.38	0.33
			3.50	0.09	0.19	0.30	0.36	0.39

序号	名称	图形和断面					
2	渐扩管	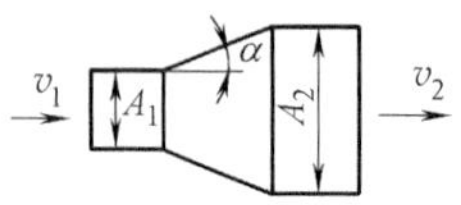	$\alpha/(°)$	22.5	30	45	90
			ζ	0.6	0.8	0.9	1.0

序号	名称	图形和断面											
3	突扩	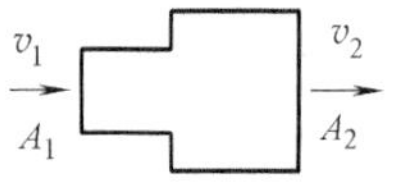	A_1/A_2	0	0.1	0.2	0.3	0.4	0.5	0.6	0.7	0.9	1.0
			ζ_1	1.0	0.81	0.64	0.49	0.36	0.26	0.16	0.09	0.04	0
4	突缩	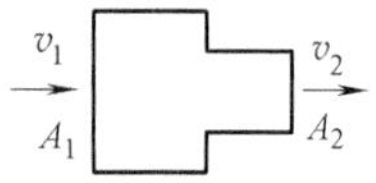	A_1/A_2	0	0.1	0.2	0.3	0.4	0.5	0.6	0.7	0.9	1.0
			ζ_1	0.5	0.47	0.42	0.38	0.34	0.30	0.25	0.20	0.09	0

序号	名称	图形和断面					
5	渐缩	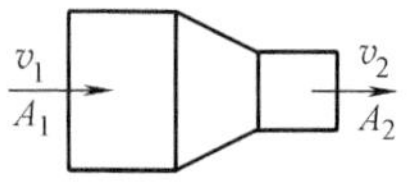	$\theta/(°)$	30	45	60	$\Delta p=\zeta\frac{v_2^2\rho}{2}$
			ζ	0.02	0.04	0.07	

序号	名称	图形和断面	$\alpha/(°)$ \\ R	1D	1.5D	2D	2.5D	3D	6D	10D	
6	圆形或正方形弯头	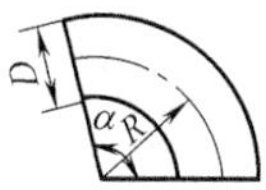	7.5	0.028	0.021	0.018	0.016	0.014	0.010	0.008	$\zeta=0.008\frac{0.75}{n^{0.6}}$ 式中 $n=R/D$ 或 $n=R/b$，b 为正方形边长
			15	0.058	0.044	0.037	0.033	0.029	0.021	0.016	
			30	0.11	0.081	0.069	0.061	0.054	0.038	0.030	
			60	0.18	0.41	0.12	0.10	0.091	0.064	0.051	
			90	0.23	0.18	0.15	0.13	0.12	0.083	0.006	
			120	0.27	0.20	0.17	0.15	0.13	0.10	0.076	
			150	0.30	0.22	0.19	0.17	0.15	0.11	0.084	
			180	0.33	0.25	0.21	0.18	0.16	0.12	0.092	

（续）

序号	名称	图形和断面	局部阻力系数 ζ（ζ 值以图内所示的速度 v 计算）

7 矩形弯头

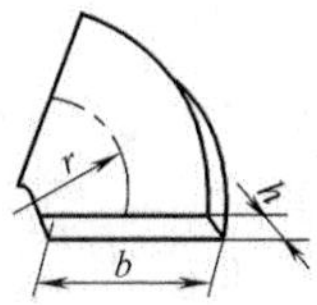

$\frac{h}{b}$	r/b										
	0.25	0.5	0.75	1.0	1.5	2.0	3.0	4.0	5.0	6.0	8.0
0.5	1.5	1.4	1.3	1.2	1.1	1.0	1.0	1.1	1.1	1.2	1.2
0.75	0.57	0.52	0.46	0.44	0.40	0.39	0.39	0.40	0.42	0.43	0.44
1.0	0.27	0.25	0.23	0.21	0.19	0.18	0.18	0.19	0.20	0.27	0.21
1.5	0.22	0.20	0.19	0.17	0.15	0.14	0.14	0.15	0.16	0.17	0.17
2.0	0.20	0.18	0.16	0.15	0.14	0.13	0.13	0.14	0.14	0.15	0.15

8 矩形弯头

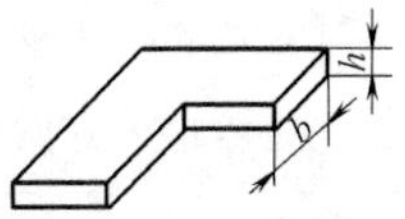

$\frac{h}{b}$	0.25	0.5	1.0	2.0
ζ	2.1	1.7	1.2	0.6

9 板弯头带导风板

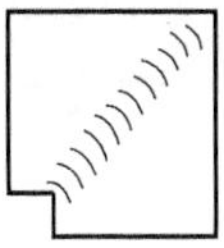

1. 单叶式 $\zeta=0.35$
2. 双叶式 $\zeta=0.10$

10 矩形风道缩小或扩大的弯头

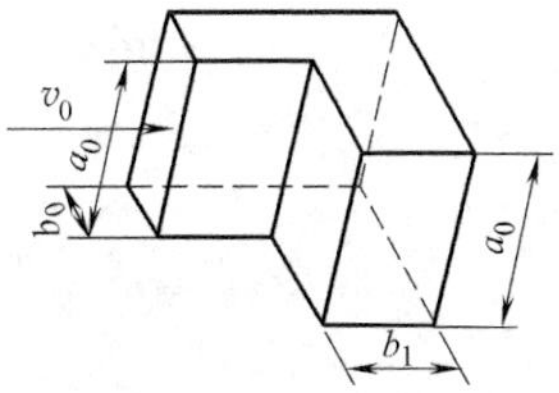

$\frac{a_0}{b_0}$	b_1/b_0					
	0.6	0.8	1.2	1.4	1.6	2.0
0.25	1.8	1.4	1.2	1.1	1.1	1.1
1.0	1.7	1.4	1.0	0.95	0.90	0.84
4.0	1.5	1.1	0.81	0.76	0.72	0.66
∞	1.5	1.0	0.69	0.63	0.6	0.55

11 乙形弯

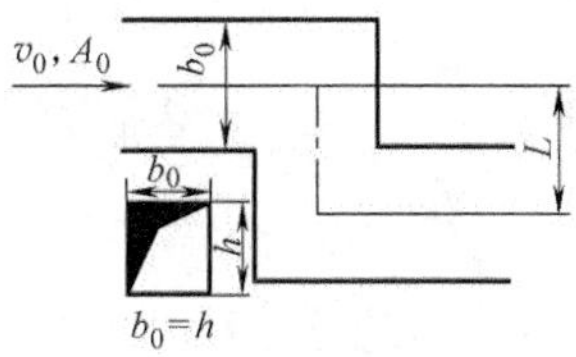

l/b_0	0	0.4	0.6	0.8	1.0	1.2	1.4	1.6	1.8	2.0
ζ	0	0.62	0.89	1.61	2.63	3.61	4.01	4.18	4.22	4.18
l/b_0	2.4	2.8	3.2	4.0	5.0	6.0	7.0	9.0	10.0	∞
ζ	3.75	3.31	3.20	3.08	2.92	2.80	2.70	2.5	2.41	2.30

12 Z形管

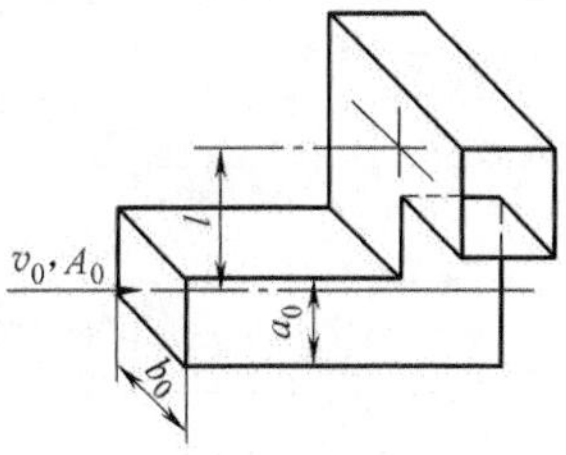

l/b_0	0	0.4	0.6	0.8	1.0	1.2	1.4	1.6	1.8	2.0
ζ	1.15	2.40	2.90	3.31	3.44	3.40	3.36	3.28	3.20	3.11
l/b_0	2.4	2.8	3.2	4.0	5.0	6.0	7.0	9.0	10.00	∞
ζ	3.16	3.18	3.15	3.00	2.89	2.78	2.70	2.50	2.41	2.30

（续）

序号	名称	图形和断面	局部阻力系数 ζ（$\frac{\zeta_1}{\zeta_2}$值以图内所示的速度$\frac{v_1}{v_2}$计算）
13	合流三通（分支管）	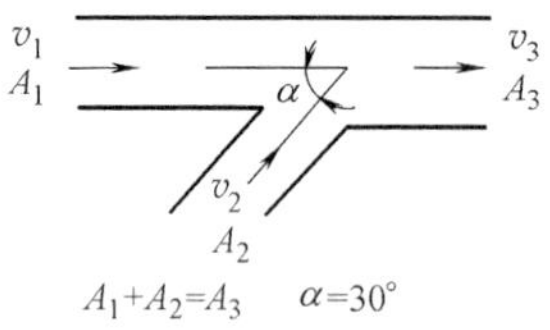	见下表

A_2/A_3	L_2/L_3 0.00	0.03	0.05	0.1	0.2	0.3	0.4	0.5	0.6	0.7	0.8	1.0
	ζ_2											
0.06	-1.13	-0.07	-0.30	+1.82	10.1	23.3	41.5	65.2	—	—	—	—
0.10	-1.22	-1.00	-0.76	+0.02	2.88	7.34	13.4	21.1	29.4	—	—	—
0.20	-1.50	-1.35	-1.22	-0.84	+0.05	+ 1.4	2.70	4.46	6.48	8.70	11.4	17.3
0.33	-2.00	-1.80	-1.70	-1.40	-0.72	-0.12	+ 0.52	1.20	1.89	2.56	3.30	4.80
0.50	-3.00	-2.80	-2.6	-2.24	-1.44	-0.91	-0.36	0.14	0.56	0.84	1.18	1.53
	ζ_1											
0.01	0	0.06	+0.04	-0.10	-0.81	-2.10	-4.07	-6.60	—	—	—	—
0.10	0.01	0.10	0.08	+0.04	-0.33	-1.06	-2.14	-3.60	5.40	—	—	—
0.20	0.06	0.10	0.13	0.16	+0.06	-0.24	-0.73	-1.40	-2.30	-3.34	-3.59	-8.64
0.33	0.42	0.45	0.48	0.51	0.52	+0.32	+0.07	-0.32	-0.83	-1.47	-2.19	-4.00
0.50	1.40	1.40	1.40	1.36	1.26	1.09	+0.86	+0.53	+0.15	-0.52	-0.82	-2.07

序号	名称	图形和断面	局部阻力系数
14	合流三通（分支管）	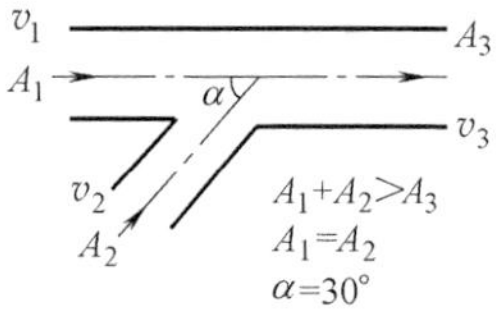	见下表

$\frac{L_2}{L_3}$	A_2/A_3 0.1	0.2	0.3	0.4	0.6	0.8	1.0
	ζ_2						
0	-1.00	-1.00	-1.00	-1.00	-1.00	-1.00	-1.00
0.1	+ 0.21	-0.46	-0.57	-0.60	-0.62	-0.63	-0.63
0.2	3.1	+0.37	-0.06	-0.20	-0.28	-0.30	-0.35
0.3	7.6	1.5	+0.50	+0.20	+0.05	-0.08	-0.10
0.4	13.50	2.95	1.15	0.59	0.26	+0.18	+0.16
0.5	21.2	4.58	1.78	0.97	0.44	0.35	0.27
0.6	30.4	6.42	2.60	1.37	0.64	0.43	0.31
0.7	41.3	8.5	3.40	1.77	0.76	0.56	0.40
0.8	53.8	11.5	4.22	2.14	0.85	0.53	0.45
0.9	58.0	14.2	5.30	2.58	0.89	0.52	0.40
1.0	83.7	17.3	6.33	2.92	0.89	0.39	0.27

（续）

序号	名称	图形和断面	局部阻力系数ζ(ζ值以图内所示的速度v计算)
15	合流三通(直管)	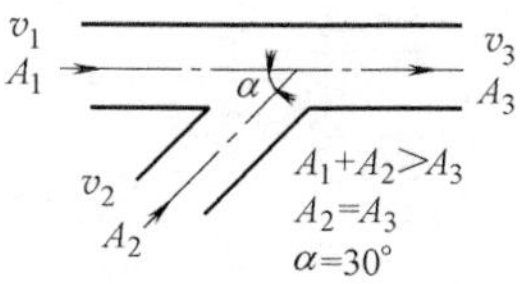	见下表
16	90°矩形断面送出三通	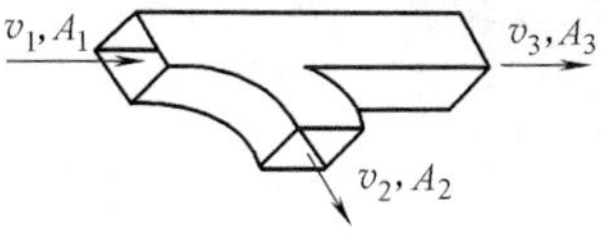	见下表
17	90°矩形断面吸入三通	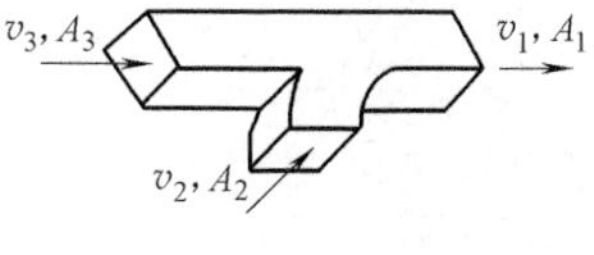	见下表

15 合流三通(直管)

局部阻力系数$\zeta\left(\frac{\zeta_1}{\zeta_2}\right.$值以图内所示速度$\left.\frac{v_1}{v_2}\right.$计算$\left.\right)$

$\frac{L_2}{L_3}$	A_2/A_3						
	0.1	0.2	0.3	0.4	0.6	0.8	1.0
	ζ_1						
0	0.00	0	0	0	0	0	0
0.1	0.02	0.11	0.13	0.15	0.16	0.17	0.17
0.2	-0.33	0.01	0.13	0.18	0.20	0.24	0.29
0.3	-1.10	-0.25	-0.01	+0.10	0.22	0.30	0.35
0.4	-2.15	-0.75	-0.30	-0.05	0.17	0.26	0.35
0.5	-3.60	-1.43	-0.70	- 0.35	0.00	0.21	0.32
0.6	-5.40	-2.35	-1.25	-0.70	-0.20	+0.06	0.25
0.7	-7.60	-3.40	-1.95	-1.2	-0.50	-0.15	+0.10
0.8	-10.1	-4.61	-2.74	-1.82	-0.90	-0.43	-0.15
0.9	-13.0	-6.02	-3.70	-2.55	-1.40	-0.80	-0.45
1.0	-16.80	-7.70	-4.75	-3.35	-1.90	-1.17	-0.75

16 90°矩形断面送出三通

$\frac{L_2}{L_1}$	$\frac{A_2}{A_1}$				$\frac{A_2}{A_1}$	
	0.25	0.5	0.75	1.0	0.25	1.0
	ζ_2				ζ_3	
0.1	0.7	0.61	0.65	0.68	—	—
0.2	0.5	0.5	0.55	0.56	—	—
0.3	0.6	0.4	0.40	0.45	—	—
0.4	0.8	0.4	0.35	0.40	0.05	0.03
0.5	1.25	0.5	0.35	0.30	0.15	0.05
0.6	2.0	0.6	0.38	0.29	0.20	0.12
0.7	—	0.8	0.45	0.29	0.30	0.20
0.8	—	1.05	0.58	0.30	0.40	0.29
0.9	—	1.5	0.75	0.48	0.46	0.35

17 90°矩形断面吸入三通

$\frac{L_2}{L_1}$	$\frac{A_2}{A_3}$			$\frac{A_2}{A_3}$	
	0.25	0.50	1.0	0.5	1.0
	ζ_2			ζ_3	
0.1	-0.6	-0.6	0.6	0.20	0.20
0.2	0.0	-0.2	-0.3	0.20	0.22
0.3	0.4	0.0	-0.1	0.10	0.25
0.4	1.2	0.25	0.0	0.0	0.24
0.5	2.3	0.40	0.1	-0.1	0.20
0.6	3.6	0.70	0.2	-0.2	0.18
0.7	—	1.0	0.3	-0.3	0.15
0.8	—	1.5	0.4	-0.4	0.00

（续）

序号	名称	图形和断面	局部阻力系数 ζ（ζ 值以图内所示的速度 v 计算）

18 矩形三通

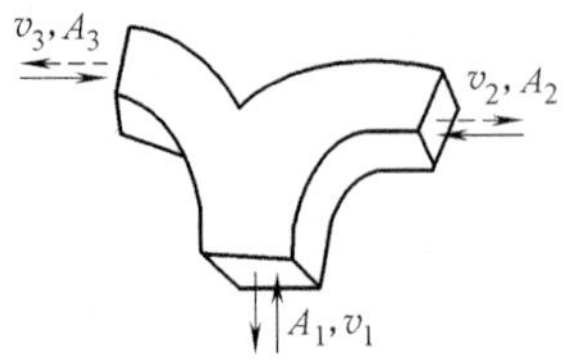

A_2/A_1	0.5	1
分流	0.304	0.247
合流	0.233	0.072

19 圆形三通

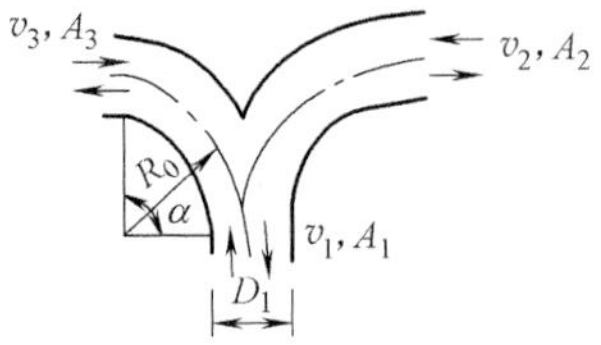

合流（$R_0/D_1=2$）

L_3/L_1	0	0.10	0.20	0.30	0.40	0.50	0.60	0.70	0.80	0.90	1.0
ζ_1	−0.13	−0.10	−0.07	−0.30	0	+0.03	0.03	0.03	0.03	0.05	0.08

分流（$A_3/A_1=0.5, L_3/L_1=0.5$）

R_0/D_1	0.5	0.75	1.0	1.5	2.0
ζ_1	1.10	0.60	0.40	0.25	0.20

20 直角三通

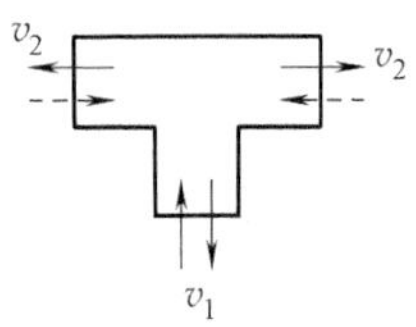

v_2/v_1	0.6	0.8	1.0	1.2	1.4	1.6
ζ_{12}	1.18	1.32	1.50	1.72	1.98	2.28
ζ_{21}	0.6	0.8	1.0	1.6	1.9	2.5

21 矩形送出三通

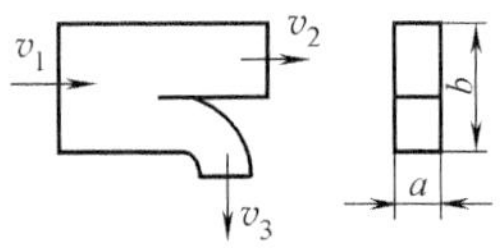

$v_2/v_1<1$ 时可不计，$v_2/v_1\geqslant 1.0$ 时

x	0.25	0.5	0.75	1.0	1.25
$\zeta_{直通}$	0.21	0.07	0.05	0.15	0.36
$\zeta_{分支}$	0.30	0.20	0.30	0.40	0.05

表中：$x=\left(\frac{v_3}{v_2}\right)\times\left(\frac{a}{b}\right)^{1/4}$

$\Delta p_H=\zeta\frac{\rho v_1^2}{2}$

22 矩形吸入三通

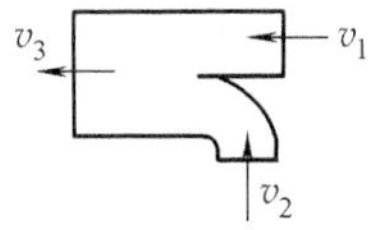

v_1/v_3	0.4	0.6	0.8	1.0	1.2	1.5	
$\frac{A_1}{A_3}=0.75$	−1.2	−0.3	0.35	0.8	1.1	—	$\Delta p_H=\zeta\frac{\rho v_3^2}{2}$
0.67	−1.7	−0.9	−0.3	0.1	0.45	0.7	ζ 为直通之值
0.6	−2.1	−0.3	−0.8	0.4	0.1	0.2	
$\zeta_{分支}$	−1.3	−0.9	−0.5	0.1	0.55	1.4	$\Delta p_H=\zeta\frac{\rho v_3^2}{2}$

23 侧孔吸风

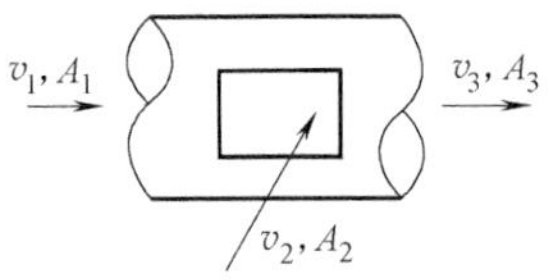

$\frac{A_2}{A_1}$	L_2/L_0 0.1	0.2	0.3	0.4	0.5
	ζ_0				
0.1	0.8	1.3	1.4	1.4	1.4
0.2	−1.4	0.9	1.3	1.4	1.4
0.4	−9.5	0.2	0.9	1.2	1.3
0.6	−21.2	−2.5	0.3	1.0	1.2

$\frac{A_2}{A_1}$	L_2/L_0 0.1	0.2	0.3	0.4
	ζ_1			
0.1	0.1	−0.1	−0.8	−2.6
0.2	0.1	0.2	−0.01	−0.6
0.4	0.2	0.3	0.3	0.2
0.6	0.2	0.3	0.4	0.4

（续）

<table>
<tr><th>序号</th><th>名称</th><th>图形和断面</th><th>局部阻力系数 ζ（ζ 值以图内所示的速度 v 计算）</th></tr>
<tr><td>24</td><td>侧面送风口</td><td>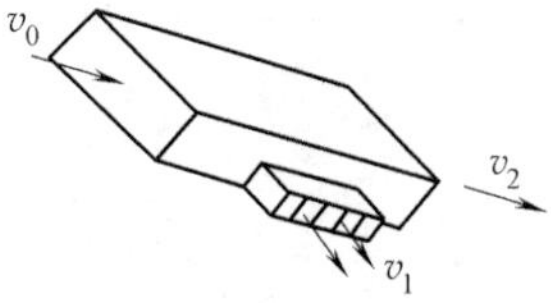</td><td>$\zeta=2.04$</td></tr>
<tr><td>25</td><td>百叶风格</td><td>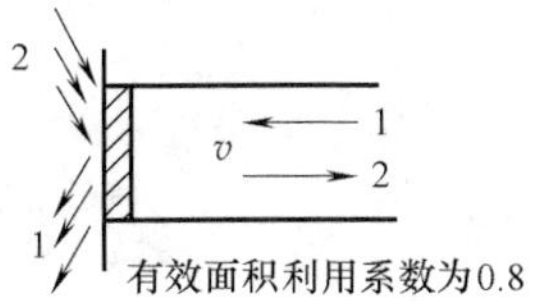</td><td>活动百叶格
$\zeta_1=3.5$　$\zeta_2=1.4$

固定百叶格
$\zeta_1=2.7$　$\zeta_2=0.9$</td></tr>
<tr><td>26</td><td>墙孔</td><td>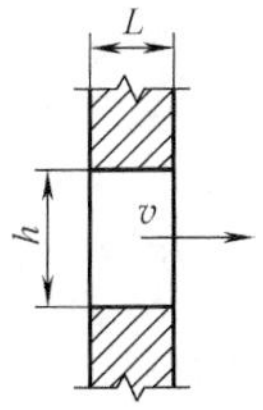</td><td>
<table>
<tr><td>$\frac{l}{h}$</td><td>0.0</td><td>0.2</td><td>0.4</td><td>0.6</td><td>0.8</td><td>1.0</td><td>1.2</td><td>1.4</td><td>1.6</td><td>1.8</td><td>2.0</td><td>4.0</td></tr>
<tr><td>ζ</td><td>2.83</td><td>2.72</td><td>2.60</td><td>2.34</td><td>1.95</td><td>1.76</td><td>1.67</td><td>1.62</td><td>1.6</td><td>1.6</td><td>1.55</td><td>1.55</td></tr>
</table>
</td></tr>
<tr><td>27</td><td>风量调节阀</td><td>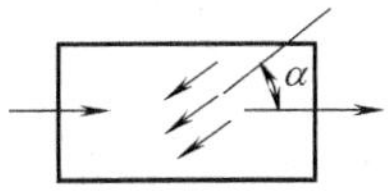</td><td>
<table>
<tr><td>α/(°) \ n</td><td>1</td><td>2</td><td>3</td><td>4</td><td>5</td></tr>
<tr><td>0</td><td>0.4</td><td>0.35</td><td>0.25</td><td>—</td><td>—</td></tr>
<tr><td>15</td><td>0.6</td><td>1.1</td><td>0.7</td><td>0.5</td><td>0.4</td></tr>
<tr><td>20</td><td>3.5</td><td>3.3</td><td>2.8</td><td>2</td><td>1.8</td></tr>
<tr><td>45</td><td>17</td><td>10</td><td>6.5</td><td>6</td><td>5.2</td></tr>
<tr><td>60</td><td>95</td><td>30</td><td>20</td><td>15</td><td>13</td></tr>
<tr><td>75</td><td>800</td><td>90</td><td>60</td><td>—</td><td>—</td></tr>
</table>
</td></tr>
<tr><td>28</td><td>孔板送风口</td><td>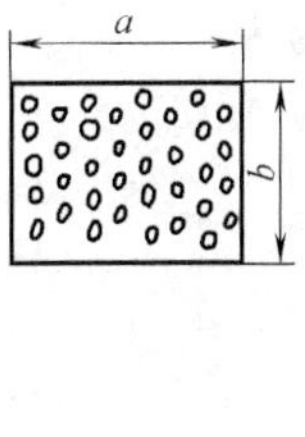</td><td>
<table>
<tr><td rowspan="2">v</td><td colspan="5">开孔率</td><td rowspan="8">$\Delta p_H=\zeta\frac{v^2\rho}{2}$
v 为面风速</td></tr>
<tr><td>0.2</td><td>0.3</td><td>0.4</td><td>0.5</td><td>0.6</td></tr>
<tr><td>0.5</td><td>30</td><td>12</td><td>6.0</td><td>3.6</td><td>2.3</td></tr>
<tr><td>1.0</td><td>33</td><td>13</td><td>6.8</td><td>4.1</td><td>2.7</td></tr>
<tr><td>1.5</td><td>35</td><td>14.5</td><td>7.4</td><td>4.6</td><td>3.0</td></tr>
<tr><td>2.0</td><td>39</td><td>15.5</td><td>7.8</td><td>49</td><td>3.2</td></tr>
<tr><td>2.5</td><td>40</td><td>16.5</td><td>8.3</td><td>5.2</td><td>3.4</td></tr>
<tr><td>3.0</td><td>41</td><td>17.5</td><td>8.0</td><td>5.5</td><td>3.7</td></tr>
</table>
</td></tr>
</table>

附录 C-2 通风管道统一规格

表 1 圆形标准风管规格

序号	标准风管直径/mm	风管壁厚/mm	法兰用料规格/mm × mm	螺栓规格/mm × mm	螺孔直径/mm	螺栓数量	铆钉规格/mm × mm	铆钉孔径/mm	铆钉数量
1	ϕ100	0.5	−20 ×4	M6 ×20	ϕ7.5	6			
2	ϕ120	0.5	−20 ×4	M6 ×20	ϕ7.5	6			
3	ϕ140	0.5	−20 ×4	M6 ×20	ϕ7.5	6			
4	ϕ160	0.5	−20 ×4	M6 ×20	ϕ7.5	8			
5	ϕ180	0.5	−20 ×4	M6 ×20	ϕ7.5	8			
6	ϕ200	0.5	−20 ×4	M6 ×20	ϕ7.5	8			
7	ϕ220	0.75	−25 ×4	M6 ×20	ϕ7.5	8			
8	ϕ250	0.75	−25 ×4	M6 ×20	ϕ7.5	8			
9	ϕ280	0.75	L25 ×4	M6 ×20	ϕ7.5	8	ϕ5 ×14	ϕ5.3	8
10	ϕ320	0.75	L25 ×4	M6 ×20	ϕ7.5	10	ϕ5 ×14	ϕ5.3	10
11	ϕ360	0.75	L25 ×4	M6 ×20	ϕ7.5	10	ϕ5 ×14	ϕ5.3	10
12	ϕ400	0.75	L25 ×4	M6 ×20	ϕ7.5	12	ϕ5 ×14	ϕ5.3	12
13	ϕ450	0.75	L25 ×4	M6 ×20	ϕ7.5	12	ϕ5 ×14	ϕ5.3	12
14	ϕ500	0.75	L25 ×4	M6 ×20	ϕ7.5	12	ϕ5 ×14	ϕ5.3	14
15	ϕ560	1.0	L30 ×4	M8 ×25	ϕ9.5	14	ϕ5 ×14	ϕ5.3	16
16	ϕ630	1.0	L30 ×4	M8 ×25	ϕ9.5	16	ϕ5 ×14	ϕ5.3	18
17	ϕ700	1.0	L30 ×4	M8 ×25	ϕ9.5	18	ϕ5 ×14	ϕ5.3	18
18	ϕ800	1.0	L30 ×4	M8 ×25	ϕ9.5	20	ϕ5 ×14	ϕ5.3	20
19	ϕ900	1.0	L30 ×4	M8 ×25	ϕ9.5	22	ϕ5 ×14	ϕ5.3	22
20	ϕ1000	1.0	L40 ×4	M8 ×25	ϕ9.5	24	ϕ5 ×14	ϕ5.3	24
21	ϕ1120	1 ~1.5	L40 ×4	M8 ×25	ϕ9.5	26	ϕ5 ×14	ϕ5.3	26
22	ϕ1250	1 ~1.5	L40 ×4	M8 ×25	ϕ9.5	28	ϕ5 ×14	ϕ5.3	30
23	ϕ1400	1 ~1.5	L40 ×4	M8 ×25	ϕ9.5	32	ϕ5 ×14	ϕ5.3	32
24	ϕ1600	1 ~1.5	L50 ×5	M10 ×25	ϕ12	36	ϕ6 ×16	ϕ6.1	36
25	ϕ1800	1 ~1.5	L50 ×5	M10 ×25	ϕ12	40	ϕ6 ×16	ϕ6.1	40
26	ϕ2000	1 ~1.5	L50 ×5	M10 ×25	ϕ12	44	ϕ6 ×16	ϕ6.1	44

表 2 矩形标准风管规格

序号	标准风管直径 (a/mm) × (b/mm)	法兰用料 /mm × mm	风管壁厚/mm	螺栓规格/mm × mm	螺栓数量	螺孔直径/mm	铆钉规格 /mm × mm	铆钉孔径/mm	铆钉数量
1	120 ×120	L25 ×4	0.5	M6 ×20	6	ϕ7.5	ϕ5 ×1.4	ϕ5.3	8
2	160 ×120	L25 ×4	0.5	M6 ×20	6	ϕ7.5	ϕ5 ×14	ϕ5.3	8
3	160 ×160	L25 ×4	0.5	M6 ×20	8	ϕ7.5	ϕ5 ×14	ϕ5.3	8
4	200 ×120	L25 ×4	0.5	M6 ×20	8	ϕ7.5	ϕ5 ×14	ϕ5.3	8
5	200 ×160	L25 ×4	0.5	M6 ×20	8	ϕ7.5	ϕ5 ×14	ϕ5.3	8
6	200 ×200	L25 ×4	0.5	M6 ×20	8	ϕ7.5	ϕ5 ×14	ϕ5.3	8
7	250 ×120	L25 ×4	0.75	M6 ×20	8	ϕ7.5	ϕ5 ×14	ϕ5.3	8
8	250 ×160	L25 ×4	0.75	M6 ×20	8	ϕ7.5	ϕ5 ×14	ϕ5.3	8
9	250 ×200	L25 ×4	0.75	M6 ×20	8	ϕ7.5	ϕ5 ×14	ϕ5.3	8
10	250 ×250	L25 ×4	0.75	M6 ×20	8	ϕ7.5	ϕ5 ×14	ϕ5.3	8
11	320 ×160	L25 ×4	0.75	M6 ×20	10	ϕ7.5	ϕ5 ×14	ϕ5.3	10
12	320 ×200	L25 ×4	0.75	M6 ×20	10	ϕ7.5	ϕ5 ×14	ϕ5.3	10

（续）

序号	标准风管直径 (a/mm)×(b/mm)	法兰用料 /mm×mm	风管壁厚/mm	螺栓规格/ mm×mm	螺栓数量	螺孔直径/mm	铆钉规格 /mm×mm	铆钉孔径/mm	铆钉数量
13	320×250	L25×4	0.75	M6×20	10	ϕ7.5	ϕ5×14	ϕ5.3	10
14	320×320	L25×4	0.75	M6×20	12	ϕ7.5	ϕ5×14	ϕ5.3	12
15	400×200	L25×4	0.75	M6×20	10	ϕ7.5	ϕ5×14	ϕ5.3	10
16	400×250	L25×4	0.75	M6×20	10	ϕ7.5	ϕ5×14	ϕ5.3	10
17	400×320	L25×4	0.75	M6×20	12	ϕ7.5	ϕ5×14	ϕ5.3	12
18	400×400	L25×4	0.75	M6×20	12	ϕ7.5	ϕ5×14	ϕ5.3	12
19	500×200	L25×4	0.75	M6×20	12	ϕ7.5	ϕ5×14	ϕ5.3	12
20	500×250	L25×4	0.75	M6×20	12	ϕ7.5	ϕ5×14	ϕ5.3	12
21	500×320	L25×4	0.75	M6×20	14	ϕ7.5	ϕ5×14	ϕ5.3	14
22	500×400	L25×4	0.75	M6×20	16	ϕ7.5	ϕ5×14	ϕ5.3	16
23	520×500	L25×4	0.75	M6×20	16	ϕ7.5	ϕ5×14	ϕ5.3	16
24	630×250	L30×4	0.75	M8×20	16	ϕ9.5	ϕ5×14	ϕ5.3	16
25	630×320	L30×4	0.75	M8×20	16	ϕ9.5	ϕ5×14	ϕ5.3	16
26	630×400	L30×4	0.75	M8×20	16	ϕ9.5	ϕ5×14	ϕ5.3	16
27	630×500	L30×4	0.75	M8×25	18	ϕ9.5	ϕ5×14	ϕ5.3	18
28	630×630	L30×4	0.75	M8×25	18	ϕ9.5	ϕ5×14	ϕ5.3	18
29	800×320	L30×4	1.0	M8×25	18	ϕ9.5	ϕ5×14	ϕ5.3	18
30	800×400	L30×4	1.0	M8×25	18	ϕ9.5	ϕ5×14	ϕ5.3	18
31	800×500	L30×4	1.0	M8×25	20	ϕ9.5	ϕ5×14	ϕ5.3	20
32	800×630	L30×4	1.0	M8×25	22	ϕ9.5	ϕ5×14	ϕ5.3	22
33	800×800	L30×4	1.0	M8×25	24	ϕ9.5	ϕ5×14	ϕ5.3	24
34	1000×320	L40×4	1.0	M8×25	20	ϕ9.5	ϕ5×14	ϕ5.3	20
35	1000×400	L40×4	1.0	M8×25	20	ϕ9.5	ϕ5×14	ϕ5.3	20
36	1000×500	L40×4	1.0	M8×25	22	ϕ9.5	ϕ5×14	ϕ5.3	22
37	1000×630	L40×4	1.0	M8×25	24	ϕ9.5	ϕ5×14	ϕ5.3	24
38	1000×800	L40×4	1.0	M8×25	26	ϕ9.5	ϕ5×14	ϕ5.3	26
39	1000×1000	L40×4	1.0	M8×25	28	ϕ9.5	ϕ5×14	ϕ5.3	28
40	1250×400	L40×4	1.0	M8×25	26	ϕ9.5	ϕ5×14	ϕ5.3	26
41	1250×500	L40×4	1.0	M8×25	26	ϕ9.5	ϕ5×14	ϕ5.3	26
42	1250×630	L40×4	1.0	M8×25	28	ϕ9.5	ϕ5×14	ϕ5.3	28
40	1250×800	L40×4	1.0	M8×25	28	ϕ9.5	ϕ5×14	ϕ5.3	28
44	1250×1000	L40×4	1.0	M8×25	30	ϕ9.5	ϕ5×14	ϕ5.3	30
45	1600×500	L40×4	1.2	M8×25	30	ϕ9.5	ϕ5×14	ϕ5.3	30
46	1600×630	L40×4	1.2	M8×25	32	ϕ9.5	ϕ5×14	ϕ5.3	32
47	1600×800	L40×4	1.2	M8×25	34	ϕ9.5	ϕ5×14	ϕ5.3	34
48	1600×1000	L40×4	1.2	M8×25	36	ϕ9.5	ϕ5×14	ϕ5.3	36
49	1600×1250	L40×4	1.2	M8×25	38	ϕ9.5	ϕ5×14	ϕ5.3	38
50	2000×800	L50×5	1.2	M10×30	40	ϕ11.5	ϕ6×16	ϕ6.1	40
51	2000×1000	L50×5	1.2	M10×30	44	ϕ11.5	ϕ6×16	ϕ6.1	44
52	2000×1250	L50×5	1.2	M10×30	48	ϕ11.5	ϕ6×16	ϕ6.1	48

附录 C-3　空调系统中的空气推荐流速

部位＼风速/(m/s)	低速风管			高速风管
	居　住	公　共	工　业	一般建筑
新风入口	2.5	2.5	2.5	3
风机入口	3.5	4.0	5.0	8.5
风机出口	5~8	6.5~10	8~12	12.5
主风道	3.5~4.5	5~6.5	6~9	12.5
水平支风道	3.0	3.0~4.5	4~5	10
垂直支风道	2.5	3.0~3.5	4.0	10
送风口	1~2	1.5~3.5	3~4.0	4

附录 C-4　空调系统中的空气最大流速

部位＼风速/(m/s)	低速风管			高速风管
	居　住	公　共	工　业	一般建筑
新风入口	4.0	4.5	6	5
风机入口	4.5	5.0	7.0	16.5
风机出口	8.5	7.5~11	8.5~14	25
主风道	4~6	5.5~8	6.5~11	30
水平支风道	3.5~4.0	4.0~6.5	5~9	22.5
垂直支风道	3.2~4.0	4.0~6.0	5~8	22.5
送风口	2.0~3.0	3.0~5.0	3~5	—

参考文献

［1］ 赵荣义，范存养，薛殿华，等. 空气调节［M］. 4版. 北京：中国建筑工业出版社，2009.

［2］ 朱立. 空气调节技术［M］. 北京：高等教育出版社，2008.

［3］ 陆亚俊，马最良，邹平华. 暖通空调［M］. 2版. 北京：中国建筑工业出版社，2007.

［4］ 付小平. 空调技术［M］. 2版. 北京：机械工业出版社，2016.

［5］ 中国有色工程设计研究总院. GB 50019—2003 采暖通风与空气调节设计规范［S］. 北京：中国计划出版社，2004.

［6］ 中华人民共和国工业和信息化部. GB 50073—2013 洁净厂房设计规范［S］. 北京：中国计划出版社，2013.

［7］ 邢振禧. 空气调节技术与应用［M］. 北京：高等教育出版社，2002.

［8］ 陈霖新. 洁净厂房的设计与施工［M］. 北京：化学工业出版社，2002.

［9］ 蒋能照，张华. 家用中央空调实用技术［M］. 北京：机械工业出版社，2002.

［10］ 李岱森. 空气调节［M］. 北京：中国建筑工业出版社，2000.

［11］ 建筑工程常用数据系列手册编写组. 暖通空调常用数据手册［M］. 2版. 北京：中国建筑工业出版社，2002.

［12］ 叶大法，杨国荣. 变风量空调系统设计［M］. 北京：中国建筑工业出版社，2007.